高职高专"十二五"规划教材

AutoCAD机械制图职业技能实例教程

第二版

庄竞 编著

化学工业出版社

·北京·

本书以 AutoCAD 2012 为操作平台，紧扣 CAD 职业岗位的工作要求，突出职业技能培养，以实际工作任务及其工作过程为依据，实现理论与实践的教、学、做一体化。让读者能够事半功倍地掌握 AutoCAD 的精髓，在学习和工作中如虎添翼。

本书共分 10 章，主要包括 AutoCAD 机械制图入门、绘图操作基础、精确绘图工具、基本绘图命令、基本编辑命令、使用文字与表格、尺寸标注、块和外部参照、三维实体的绘制及编辑、图形的输入与输出等内容。全书按照“够用为度、强化应用”的原则，基于工作过程中的课程开发设计，突出职业技能的培养和职业素养的养成，精心组织了与行业应用紧密结合的典型案例。同时每章都配有选择题、思考题、操作题及友情提示，以巩固所学知识，举一反三，强化学生的绘图技能及解决实际工程问题的能力。

附录部分收录了国家机械工程 CAD 制图规则、制图员国家职业标准模拟题、计算机辅助设计绘图员技能鉴定试题及答案、AutoCAD 工程师认证考试试题等职业技能相关考核资料，为读者顺利获取职业资格证书搭起了桥梁。

本书依托“基础+综合+职业技能”的三位一体教学模式组织内容，案例丰富，紧贴行业应用，讲解明晰。适合作为高职高专院校相关专业的计算机辅助设计教材，同时还可作为 AutoCAD 的培训教材及辅助设计爱好者的参考和自学用书，书中的设计方法对于其他领域的产品设计亦有很好的借鉴作用。

图书在版编目（CIP）数据

AutoCAD 机械制图职业技能实例教程 / 庄竞编著. —2 版
北京：化学工业出版社，2012.3（2024.2 重印）
ISBN 978-7-122-13312-0

Ⅰ. A… Ⅱ. 庄… Ⅲ. 机械制图-AutoCAD 软件-教材
Ⅳ. TH126

中国版本图书馆 CIP 数据核字（2012）第 015252 号

责任编辑：蔡洪伟　　文字编辑：陈　喆
责任校对：王素芹　　装帧设计：关　飞

出版发行：化学工业出版社（北京市东城区青年湖南街 13 号　邮政编码 100011）
印　　装：北京虎彩文化传播有限公司
787mm×1092mm　1/16　印张 18　字数 493 千字　2024 年 2 月北京第 2 版第 6 次印刷

购书咨询：010-64518888　　售后服务：010-64518899
网　　址：http: // www. cip. com. cn
凡购买本书，如有缺损质量问题，本社销售中心负责调换。

定　　价：**48.00** 元

第二版前言

本书第一版自出版以来得到了使用学校的一致认可，为了更好地服务于广大读者，笔者结合近几年的教学改革实践，在原有知识的基础上做了大量补充与修订工作。

AutoCAD 是目前应用较为普遍的绘图软件，是工程技术人员必备的绘图工具。它以其功能强大、操作方便、设计高效而赢得了广大用户的信赖和喜爱。本书以 AutoCAD 2012 为操作平台，详细讲解该软件的使用方法与技巧。

如何在较短的时间内让学生掌握 AutoCAD 的各种操作命令，并做到灵活运用，是提高教学质量的关键所在，也是本书始终围绕的主题。笔者通过有代表性的案例来介绍 AutoCAD 在机械制图中的各种基本方法和操作技巧，并非只局限于软件的应用，还特别讲解了机械设计的方法和规范，并且利用实际的设计实例来进一步诠释。

本书共分 10 章，主要包括 AutoCAD 机械制图入门、绘图操作基础、精确绘图工具、基本绘图命令、基本编辑命令、使用文字与表格、尺寸标注、块和外部参照、三维实体的绘制及编辑、图形的输入与输出等内容。全书按照“够用为度、强化应用”的原则，基于工作过程中的课程开发设计，突出职业技能的培养和职业素养的养成，精心组织了与行业应用紧密结合的典型案例与课后练习。

内容选择上，紧密结合《国家中长期教育改革和发展规划纲要》（2010～2020 年），依托“基础+综合+职业技能”的三位一体教学模式组织内容，实例丰富，紧贴行业应用。在多个符合学生认知过程和学习领域要求、模拟任务与实际工作岗位要求一致的案例中，融入相关知识点，采用分步讲解的方式，循序渐进，具有很强的实用性、指导性和操作性，同时每章都配有选择题、思考题、操作题及友情提示，以巩固所学知识，举一反三，强化学生的绘图技能及解决实际工程问题的能力。附录部分收录了国家机械工程 CAD 制图规则、制图员国家职业标准模拟题、计算机辅助设计绘图员技能鉴定试题及答案、AutoCAD 工程师认证考试试题等职业技能相关考核资料，为读者顺利获取职业资格证书搭起了桥梁。

笔者多年来一直从事计算机辅助绘图与设计教学工作，具有丰富的教学经历和经验。在编写过程中，针对“让学生自立于社会，能动手、会操作、有真功夫”的教学目的，引导职业改革教学模式，改变“动口不动手”的现象，实现职业教育的五个对接（专业与产业、企业、岗位对接，专业课程内容与职业标准对接，教学方案与生产过程对接，学历证书与职业资格证书对接，职业教育与终身教育对接），真正使该课程的教学改革适应于社会经济发展对劳动力资源素质的需求。

本书由庄竞编著，参加本书资料收集和整理的还有梁承忠、张兴军、杨淑启、袁卫华、王晓静、宗存元、张玉香、李美芳、郝敬思等。

在教材的编写过程中，得到了编者所在单位的领导和同行的大力支持，在此表示衷心的感谢。

本书经过多次校对，其中难免还有不足之处，敬请使用本书的专家及读者不吝指正，我们将非常感谢。

编　者

前言

目 录

第3章 精确绘图工具 49

第4章 基本绘图命令 65

第1章　AutoCAD机械制图入门

本章导读

通过本章的学习，我们将逐步了解机械制图国家标准，并将循序渐进地对 AutoCAD 有整体上的初步认识，了解如何启动和设置初始绘图环境，熟悉“AutoCAD 经典”工作界面组成，掌握图形文件管理方法等。

学习指导

★ 熟悉机械制图国家标准
★ 了解 AutoCAD 功能
★ 掌握设置初始绘图环境
★ 熟悉“AutoCAD 经典”工作界面
★ 掌握图形文件管理

1.1 机械制图国家标准

机械制图和技术制图的标准规定是最基本、最重要的工程技术语言的组成部分，是发展经济、产品参与国内外交流的重要工具，是各国之间、行业之间、相同或不同工作性质的人之间进行技术交流和经济贸易的统一依据。

图样是现代机器制造过程中重要的技术文件之一，是工程界的技术语言。设计师通过图样设计新产品，工艺师依据图样制造新产品。此外，图样还广泛应用于技术交流。

在各个工业部门，为了科学地进行生产和管理，对图样的各个方面，如图幅的安排、尺寸注法、图纸大小、图线粗细等，都需要有统一的规定，这些规定称为制图标准。

1.1.1 图纸幅面和格式

（1）图纸幅面

绘制图样时，应优先采用表 1.1 所规定的基本幅面，必要时，也允许选用国家标准所规定的加长幅面。

表 1.1 图纸幅面和边框尺寸 mm

<table>
<tr><td colspan="2">幅面代号</td><td>A0</td><td>A1</td><td>A2</td><td>A3</td><td>A4</td></tr>
<tr><td colspan="2">宽（B）×长（L）</td><td>841×1189</td><td>594×841</td><td>420×594</td><td>297×420</td><td>210×297</td></tr>
<tr><td rowspan="3">边框</td><td>a</td><td colspan="5">25</td></tr>
<tr><td>c</td><td colspan="3">10</td><td colspan="2">5</td></tr>
<tr><td>e</td><td colspan="2">20</td><td colspan="3">10</td></tr>
</table>

这些幅面的尺寸由基本幅面的短边成整数倍增加后得出，见图 1.1。其中粗实线部分为基本幅面；细实线部分为第一选择的加长幅面；虚线为第二选择的加长幅面。加长幅面代号记作：基本幅面代号×倍数。如 A3×3，表示按 A3 图幅短边加长为 297 的 3 倍，即 420×891。

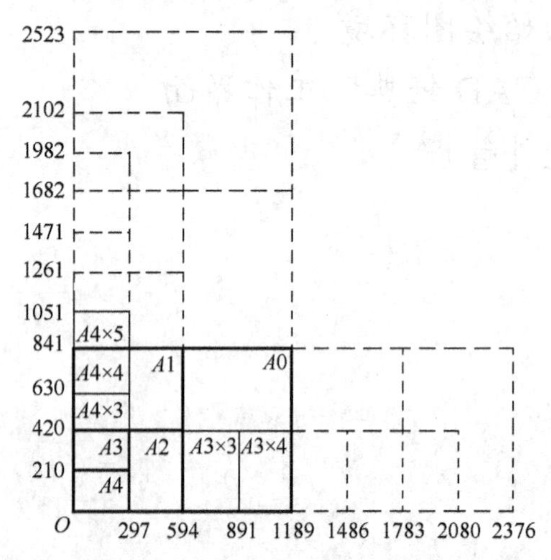

图 1.1 基本幅面与加长幅面尺寸

（2）图框格式

每张图样均需有粗实线绘制的图框。要装订的图样，应留装订边，其图框格式如图 1.2 所示。不需要装订的图样，其图框格式如图 1.3 所示。但同一产品的图样，只能采用同一种格式，图样必须画在图框之内。

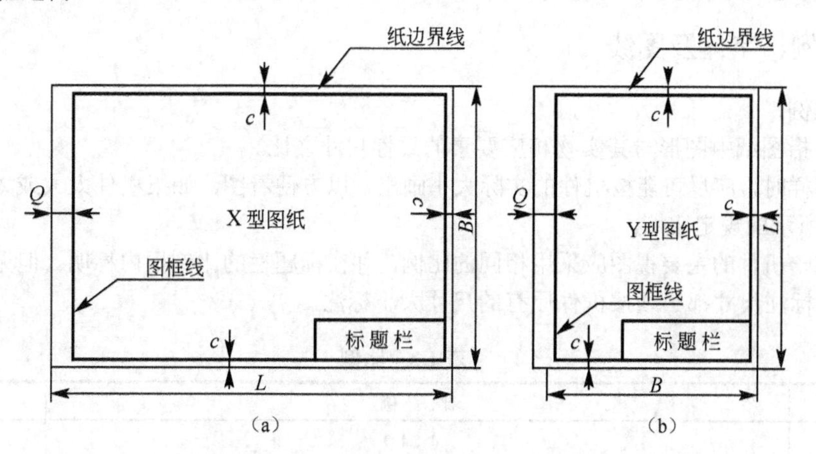

（a）　　（b）

图 1.2　需要装订图样的图框格式

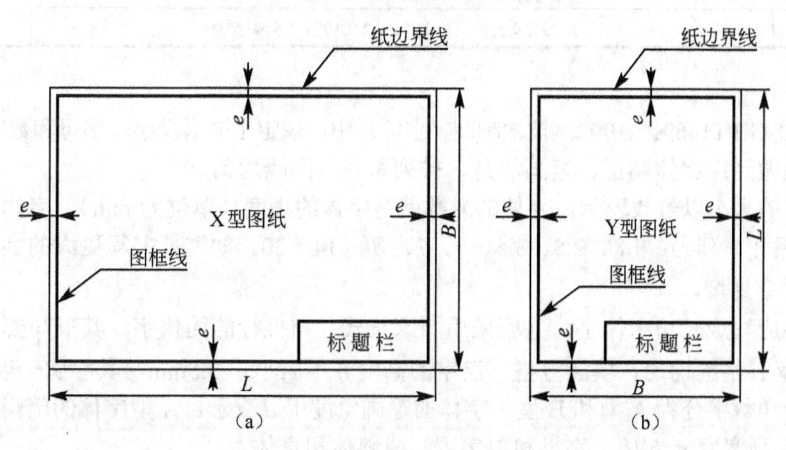

（a）　　（b）

图 1.3　不需要装订图样的图框格式

（3）标题栏及其方位

每张技术图样中均应画出标题栏。标题栏的格式和尺寸按 GB10609.1—1989 的规定。本教材将标题栏作了简化，如图 1.4 所示，建议在作业中采用。

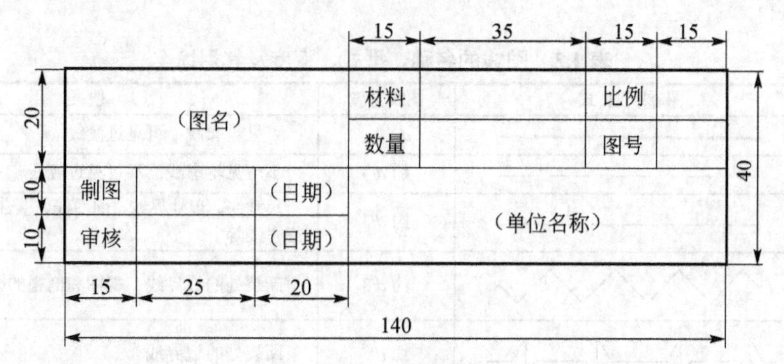

图 1.4　标题栏

标题栏一般应位于图纸的右下角。当标题栏的长边置于水平方向并与图纸的长边平行时，则构成 X 型图纸；当标题栏的长边与图纸的长边垂直时，则构成 Y 型图纸，如图 1.2 和图 1.3 所示。在此情况下，看图的方向与看标题栏的方向一致，即标题栏中的文字方向为看图方向。

此外，标题栏的线型、字体（签字除外）和年、月、日的填写格式均应符合相应国家标准的规定。

1.1.2 比例、字体及图线

（1）比例

比例是指图纸中图形与其实物相应要素的线性尺寸之比。

绘制图样时，应尽可能按机件的实际大小画出，以方便看图，如果机件太大或太小，一般采用表 1.2 中所示的规定比例。

绘制同一机件的主要视图应采用相同的比例，并在标题栏的比例框内标明。但无论采用何种比例画图，标注尺寸都必须按机件原有的尺寸大小标注。

表 1.2 比例

种　类	比　例	备　注
原值比例	1：1	n 为正整数
放大比例	2：1,5：1,1×10^n：1,2×10^n：1,5×10^n：1	
缩小比例	1：2,1：5,1：1×10^n,1：2×10^n,1：5×10^n	

（2）字体

国家标准 GB/T14691—1993《技术制图　字体》中，规定了书写汉字、字母和数字的基本要求：

① 必须做到：字体端正、笔画清楚、排列整齐、间隔均匀。

② 字体的大小以号数表示，字体的号数就是字体的高度（单位为 mm），字体高度（用 h 表示）的公称尺寸系列为：1.8、2.5、3.5、5、7、10、14、20。如需要书写更大的字，其字体高度应按 $\sqrt{2}$ 的比率递增。

③ 汉字应写成长仿宋体字，并应采用国家正式公布推行的简化字。其书写要领是：横平竖直、注意起落、结构均匀、填满方格。汉字的高度 h 不应小于 3.5mm，其字宽一般为 $h/\sqrt{2}$ 。

④ 字母和数字分为 A 型和 B 型。字体的笔画宽度用 d 表示。A 型字体的笔画宽度 $d=h/14$，B 型字体的笔画宽度 $d=h/10$。字母和数字可写成斜体和直体。

⑤ 斜体字字头向右倾斜，与水平基准线成 75°。绘图时，一般用 B 型斜体字。

⑥ 在同一图样上，只允许选用一种字体。

（3）图线

绘制技术图样时，应遵循国标《技术制图　图线》的规定。常见图线的名称、型式、宽度及其用途见表 1.3。

表 1.3 图线的名称、型式、宽度及其用途

图线名称	图线型式	图线宽度	一般应用
粗实线		d	可见轮廓线；可见过渡线
虚线		约 $d/3$	不可见轮廓线；不可见过渡线
细实线		约 $d/3$	尺寸线、尺寸界线、剖面线、重合断面的轮廓线及指引线等
波浪线		约 $d/3$	断裂处的边界线、视图和剖视的分界线
双折线		约 $d/3$	断裂处的边界线
细点画线		约 $d/3$	轴线、对称中心线等
粗点画线		d	有特殊要求的线或表面的表示线
双点画线		约 $d/3$	相邻零件的轮廓线、移动件的限位线

图线的画法规定如下，图 1.5 所示为常用图线举例。

① 所有图线的宽度 d 应按图样的类型和尺寸大小在下列系数中选择：

0.13mm；0.18mm；0.25mm；0.35mm；0.5mm；0.7mm；1mm；1.4mm；2mm。

粗线、中粗线和细线的宽度比率为 4∶2∶1。

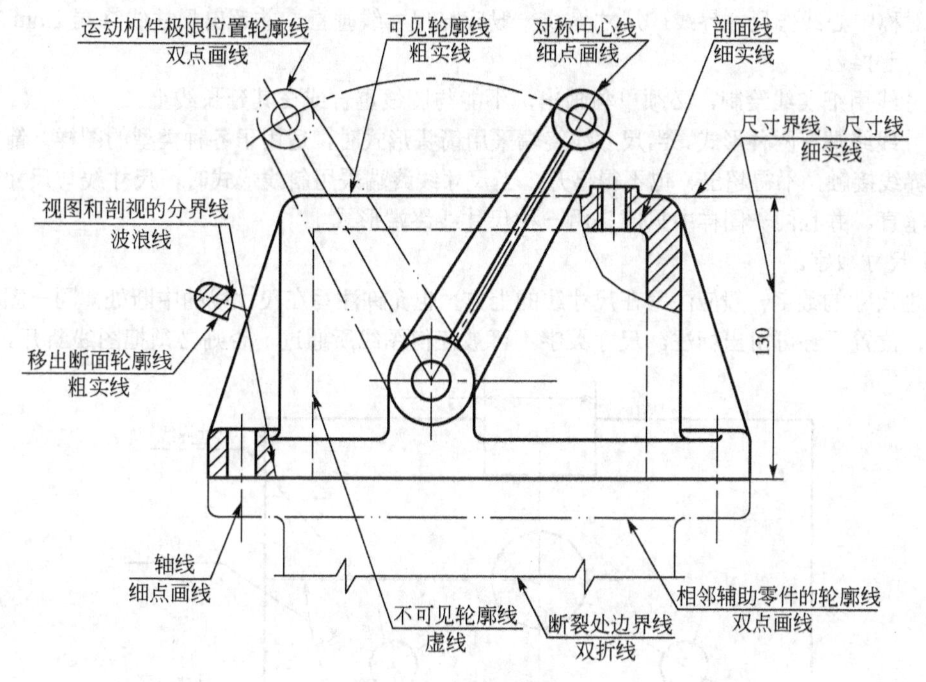

图 1.5 常用图线举例

② 同一图样中，同类图线的宽度应基本一致。虚线、点画线及双点画线的线段长短间隔应各自大致相等。

③ 两条平行线之间的距离应不小于粗实线的两倍宽度，其最小距离不得小于 0.7mm。

④ 虚线及点画线与其他图线相交时，都应以线段相交，不应在空隙或短画处相交；当虚线是粗实线的延长线时，粗实线应画到分界点，而虚线应留有空隙；当虚线圆弧和虚线直线相切时，虚线圆弧的线段应画到切点，而虚线直线需留有空隙。

⑤ 绘制圆的对称中心线（细点画线）时，圆心应为线段的交点。点画线和双点画线的首末两端应是线段而不是短画，同时其两端应超出图形的轮廓线 3～5mm。在较小的图形上绘制点画线或双点画线有困难时，可用细实线代替。

1.1.3 尺寸标注

图形只能表达机件的形状，而机件的大小则由标注的尺寸确定。国标中对尺寸标注的基本方法作了一系列规定，必须严格遵守。

（1）基本规则

① 机件的真实大小应以图样上所注的尺寸数值为依据，与图形的大小及绘图的准确度无关。

② 图样中的尺寸，以毫米为单位时，不需标注计量单位的代号或名称，如采用其他单位，则必须注明。

③ 图样所注尺寸是该图样所示机件最后完工时的尺寸，否则应另加说明。

④ 机件的每一尺寸，一般只标注一次，并应标注在反映该结构最清晰的图形上。

（2）尺寸的组成

一个完整的尺寸应由尺寸界线、尺寸线和尺寸数字等要素组成，见图 1.6。

①尺寸界线。

尺寸界线用细实线绘制，并应由图形的轮廓线、轴线或对称中心线处引出。也可利用轮廓线、轴线或对称中心线作尺寸界线。尺寸界线一般应与尺寸线垂直，并超出尺寸线终端 2mm 左右。

② 尺寸线。

尺寸线用细实线绘制，必须单独画出，不能与图线重合或在其延长线上。

尺寸线终端有两种形式。当尺寸线终端采用箭头形式时，适用于各种类型的图样，箭头尖端与尺寸界线接触，不得超出、也不得离开；当尺寸线终端采用斜线形式时，尺寸线与尺寸界线必须相互垂直，并且同一图样中只能采用一种尺寸线终端形式。

③ 尺寸数字。

线性尺寸的数字一般应注写在尺寸线的上方，也允许注写在尺寸线的中断处，同一图样内大小一致，位置不够可引出标注。尺寸数字不可被任何图线所通过，否则必须把图线断开。

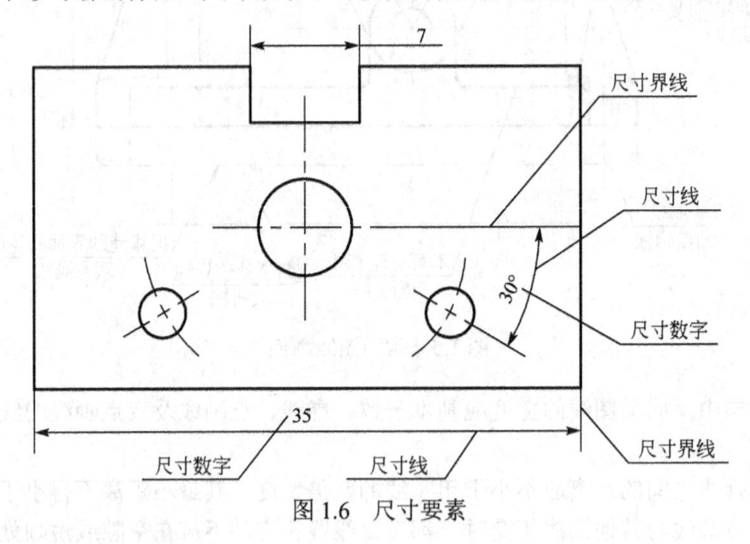

图 1.6　尺寸要素

1.1.4　平面图形的分析和画法

任何平面图形总是由若干线段（包括直线段、圆弧、曲线）连接而成的，每条线段又由相应的尺寸来决定其长短（或大小）和位置。一个平面图形能否正确绘制出来，要看图中所给的尺寸是否齐全和正确。因此，绘制平面图形时应先进行尺寸分析和线段分析，以明确作图步骤。

（1）尺寸分析

平面图形中的尺寸可以分为两大类：

① 定形尺寸。

定形尺寸是指确定平面图形中几何元素大小的尺寸。例如直线段的长度、圆弧的半径等。

② 定位尺寸。

定位尺寸是指确定几何元素位置的尺寸。例如圆心的位置尺寸、直线与中心线的距离尺寸等。

案例 1-1　分析如图 1.7 所示定形尺寸和定位尺寸。

【案例分析】

定形尺寸：直线段长度尺寸 35、10、20，圆的直径尺寸ϕ12、ϕ24，圆弧半径 *R*12、*R*22。

定位尺寸：37 和 50 是以底面和右侧面为基准，确定ϕ24 圆心位置的尺寸；5 和 6 是确定长 35 和宽 10 的矩形位置的尺寸。

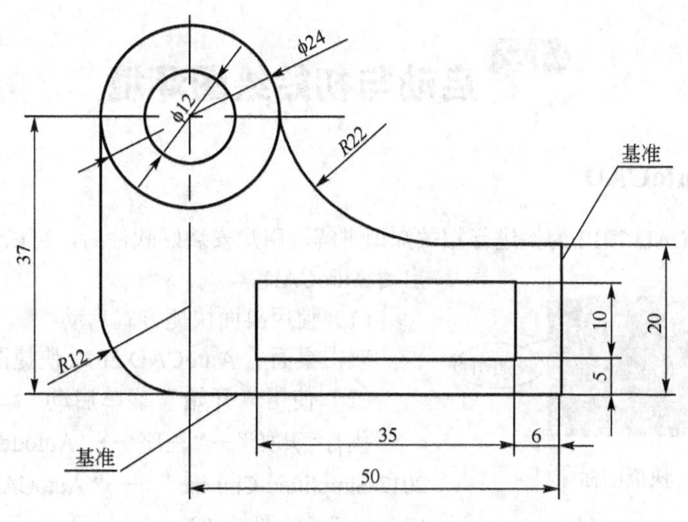

图 1.7　尺寸分析

【提示与技巧】

✓ 在标注定位尺寸时需要注意，定位尺寸应以尺寸基准作为标注尺寸的起点，并且一个平面图形应有两个方向的尺寸基准（水平方向和竖直方向），通常是以图形的对称轴线、大直径圆的中心线和主要轮廓线作为尺寸基准。

（2）线段分析

平面图形的线段（直线、圆和圆弧）按线段尺寸是否齐全，可分为已知线段、中间线段和连接线段。已知线段是定形尺寸和定位尺寸全部给出的线段；中间线段是已知定形尺寸和一个方向的定位尺寸，需要根据边界条件用连接关系才能画出的线段；连接线段是只给出了定形尺寸而未标注定位尺寸的线段。

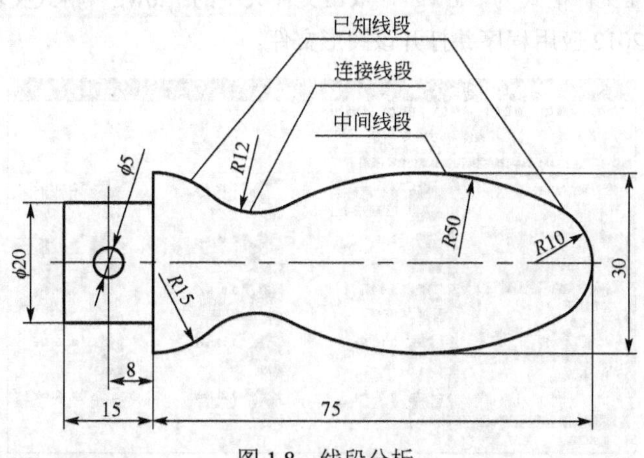

图 1.8　线段分析

案例 1-2　分析如图 1.8 所示手柄零件图中的线段。

【案例分析】

*ϕ*20、15、*ϕ*5、*R*10、*R*15 为已知线段；*R*50 为中间线段；*R*12 为连接线段。

（3）平面图形的画法

在画图时，首先应根据图形的尺寸分析、线段分析和确定基准，依次画出已知线段、中间线段和连接线段，然后校核底稿并标注尺寸，最后整理图形，加深图线，即可完成图形的绘制。

1.2 启动与初始绘图环境

1.2.1 启动 AutoCAD

本书以 AutoCAD 2012 为例进行相关知识讲解。用户安装好软件后，可以通过以下三种方法启动 AutoCAD。

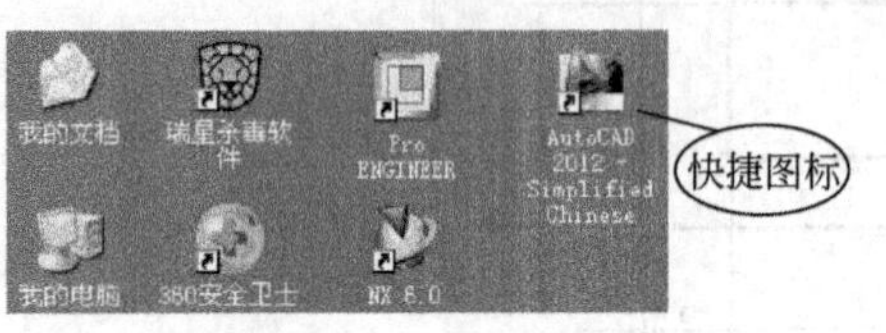

图 1.9 快捷图标

（1）使用桌面快捷方式启动

双击桌面上 AutoCAD 2012 快捷图标（见图 1.9）。

（2）使用“开始”菜单启动

执行“开始”→“程序”→“Autodesk” →“AutoCAD 2012-Simplified-Chinese ” → “ AutoCAD 2012-Simplified-Chinese”（见图 1.10）。

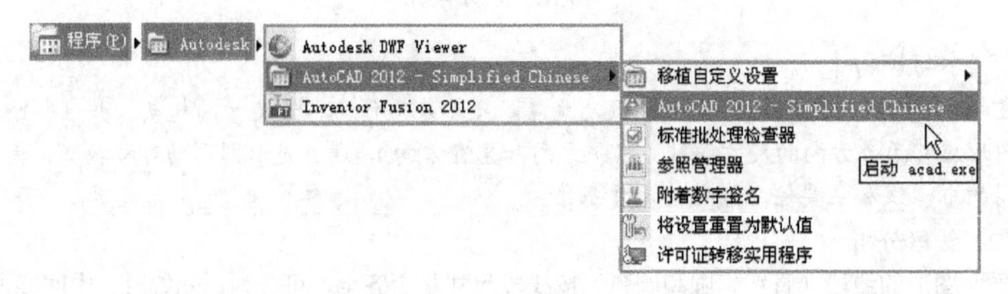

图 1.10 从程序中打开 AutoCAD

（3）通过“.dwg”格式文件启动

AutoCAD 的标准文件格式为“.dwg”，双击文件夹中的“.dwg”格式文件，如图 1.11 所示，即可启动 AutoCAD 2012 应用程序并打开该图形文件。

图 1.11 启动“.dwg”格式文件

1.2.2 初始绘图环境

默认情况下，启动 AutoCAD 2012 后，会直接进入 AutoCAD“初始设置工作空间”。如果点击“新建”按钮，则会弹出“选择样板”对话框（见图 1.12），选择对应的样板后（初学者一般选择样板文件 acadiso.dwt 即可），单击“打开”按钮，就会以对应的样板为模板建立一新图形。但很多用户习惯使用“启动”对话框进行设置。

图 1.12 “选择样板”对话框

【提示与技巧】

✓ 如果使用“启动”对话框，则必须在命令窗口输入 startup，并将其值改为 1（一般建设初学者和习惯 AutoCAD 旧版本的用户使用“启动”对话框）。

如果系统变量 startup=1，则启动 AutoCAD 2012 后，首先显示“启动”对话框（见图 1.13），“AutoCAD 经典”提供 4 种进入绘图环境的方式。

图 1.13 “启动”对话框

进入 AutoCAD 初始绘图环境的“启动”对话框提供了 4 种方式：

① 选择“打开图形”（见图 1.14），系统可以按“浏览”搜索并打开某个已保存的图形，这样绘图环境就和所打开的图形绘图环境相同。

② 选择“从草图开始”（见图 1.15），系统会提示用户选择绘图单位（“英制”或“公制”），建议初学者选择“公制”，点击“确定”，即可进入默认设置绘图状态。

③ 选择“使用样板”（见图 1.16），可以用预定义的样板文件完成特定绘图环境设置。用户在列表框下或按“浏览”选择样板图作为新图的初始图样。

④ 选择“使用向导”（见图 1.17），可使用系统提供的向导来设置绘图环境。该设置方式有“高级设置”和“快速设置”两个选项，下面分别介绍。

a.“高级设置”。

单击“高级设置”选项后会弹出如图 1.18 所示的“高级设置”对话框。其设置过程共有五个步骤，分别设置单位及精度、角度单位及精度、角度测量起始方向、角度方向和绘图区域。

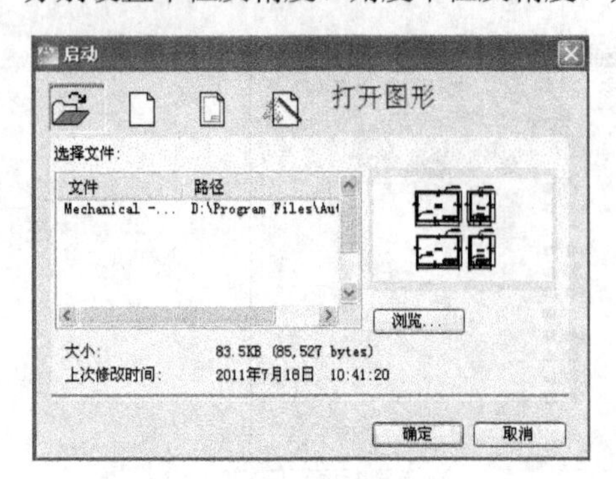

图 1.14 打开图形

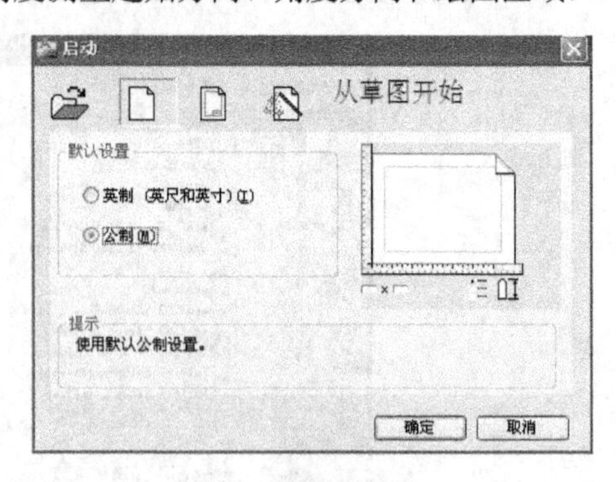

图 1.15 从草图开始

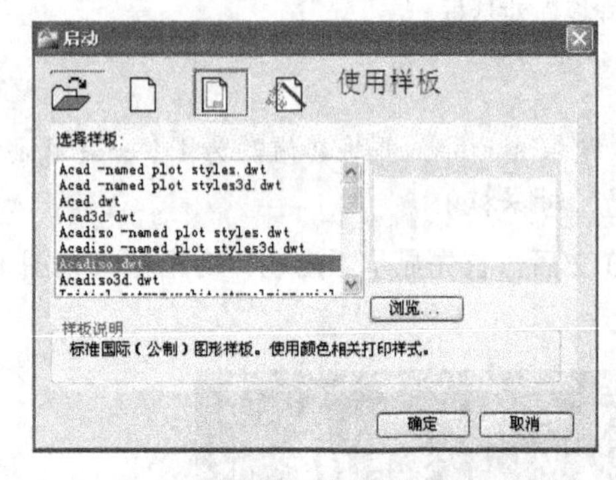

图 1.16 使用样板

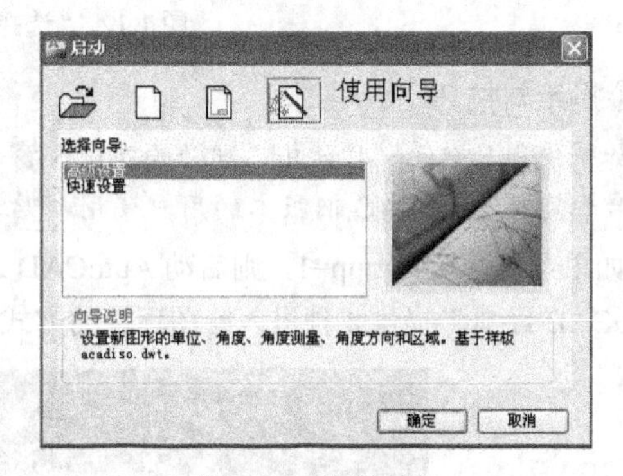

图 1.17 使用向导

b.“快速设置”。

单击“快速设置”选项，AutoCAD 会弹出“快速设置”对话框，在该对话框中可以设置新图形中的单位和区域，如图 1.19 所示。

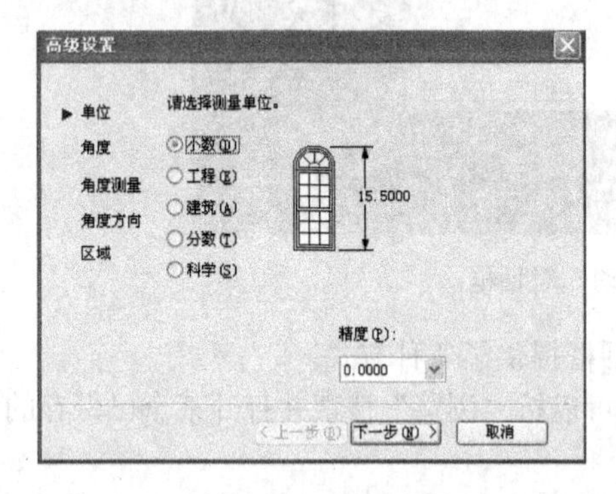

图 1.18 高级设置

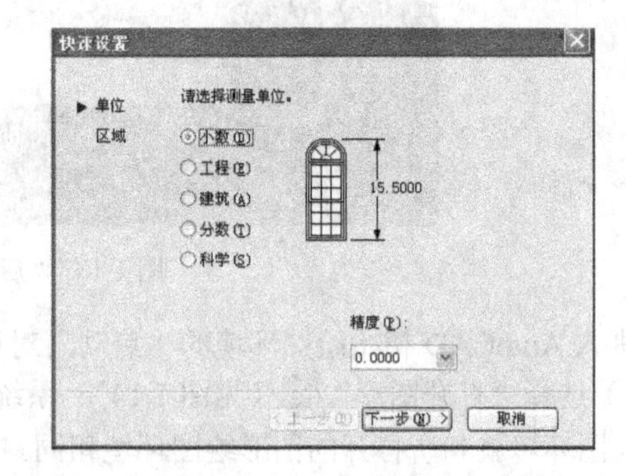

图 1.19 快速设置

【提示与技巧】

- ✓ 无论采取哪种方法，都可以选择测量单位和其他单位格式惯例。关闭该对话框，进入“AutoCAD 经典”绘图环境。
- ✓ 无论何时重新启动 AutoCAD，不管是使用向导、样板或缺省创建新图，AutoCAD 都将为这张新图命名为“Drawing1.dwg”。

1.3 AutoCAD 经典工作界面

"AutoCAD 经典"工作界面（如图 1.20 所示）是显示和编辑图形的区域，主要由标题栏、菜单栏、绘图窗口、工具栏、命令提示窗口、状态栏、滚动条、十字光标、坐标系图标、布局选项卡等几部分组成。

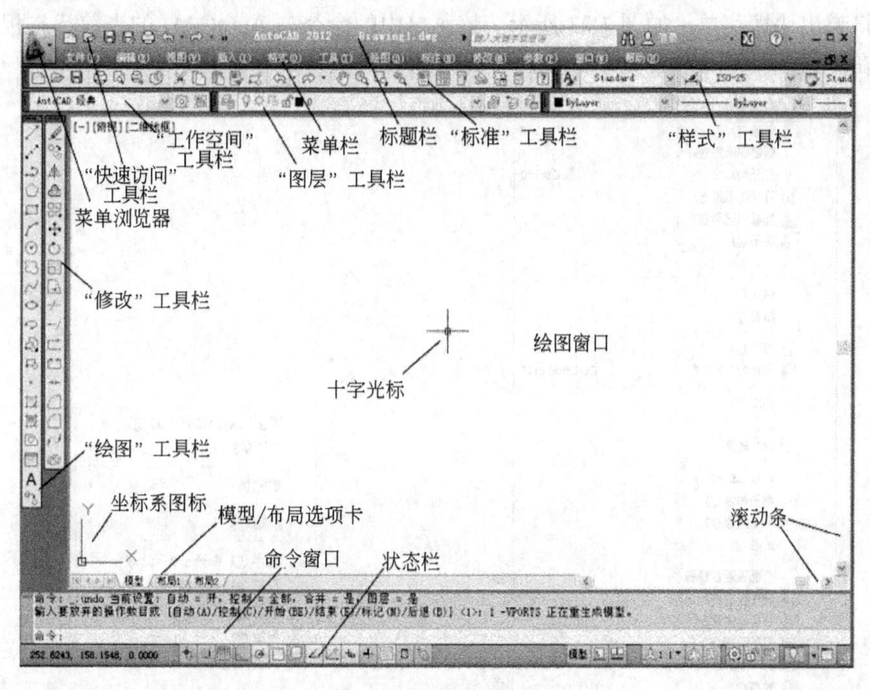

图 1.20 "AutoCAD 经典"工作界面

1.3.1 标题栏

标题栏位于工作界面的最上方，用来显示 AutoCAD 的程序图标以及当前所操作图形文件的名称，此名称随着用户所选用的图形文件不同而不同。如果新打开一个图形文件，或新建一图形文件，那么中括号内就会显示该图形文件名称。在标题栏的右侧有三个按钮，分别为：窗口最小化按钮、还原或最大化按钮和关闭应用程序按钮。

1.3.2 菜单栏与快捷菜单

（1）菜单栏

在标题栏下面，以级联的层次结构来组织各个菜单项，并以下拉的形式逐级显示，又称为下拉菜单。

下拉菜单主要由【文件】、【编辑】、【视图】等组成，如图 1.21 所示。它有以下几种形式：

文件(F) 编辑(E) 视图(V) 插入(I) 格式(O) 工具(T) 绘图(D) 标注(N) 修改(M) 参数(P) 窗口(W) 帮助(H)

图 1.21 菜单栏

① 命令后跟有"▸"符号，表示该命令下还有子命令；

② 命令后跟有快捷键，表示按下快捷键即可执行该命令；

③ 命令后跟有组合键，表示直接按组合键即可执行菜单命令；

④ 命令后跟有“…”符号，表示选择该命令可打开一个对话框；

⑤ 命令呈现灰色，表示该命令在当前状态下不可使用。

只要单击任一主菜单，便可以得到它的一系列子菜单，如图 1.22 所示是“文件”子菜单。

（2）快捷菜单

又称为右键菜单，在绘图区域、工具栏、状态栏、模型与布局选项卡以及一些对话框上单击鼠标右键将弹出快捷菜单，如图 1.23 所示。该菜单中的命令与 AutoCAD 的当前状态相关。使用它们可以在不必启动菜单栏的情况下快速、高效地完成某些操作。

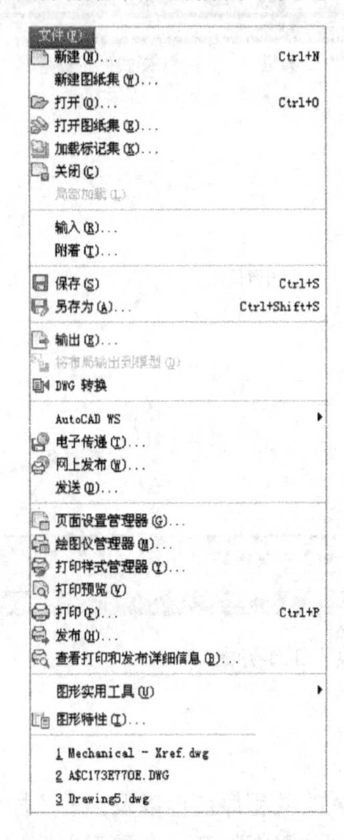

图 1.22 “文件”子菜单

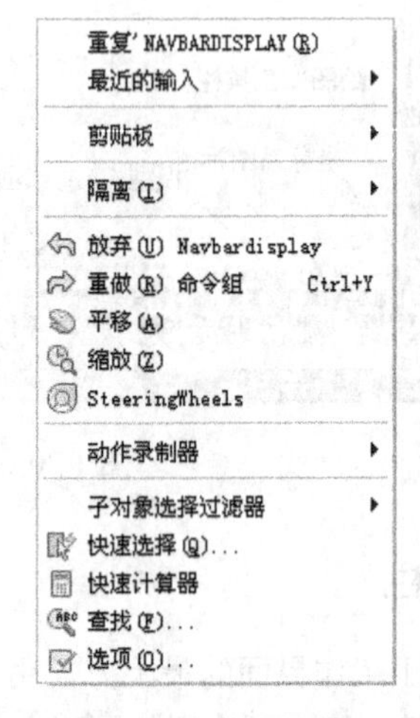

图 1.23 右键菜单

1.3.3 工具栏

工具栏是一组图标型工具的集合，默认情况下，可以见到【标准】、【工作空间】、【图层】、【样式】、【修改】和【绘图】工具栏（如图 1.24 所示）。把光标移到某个图标上，稍停片刻即会在该图标一侧显示相应的工具提示，同时在状态栏中会显示对应的说明和命令名，此时单击图标也可启动相应的命令。

（1）显示工具栏

AutoCAD 2012 的工具栏有 53 种，可以通过右键单击任何工具栏，然后单击快捷菜单上的某个工具栏。在相应的“工具栏”名称前面单击一下，出现“√”符号即打开此工具栏。

（2）关闭工具栏

① 右键单击任何工具栏，再单击工具栏，工具栏前面“√” 符号消失，此时相应的工具栏被关闭。

② 如果工具栏是固定的，使其浮动，单击工具栏右上角的“关闭”按钮。

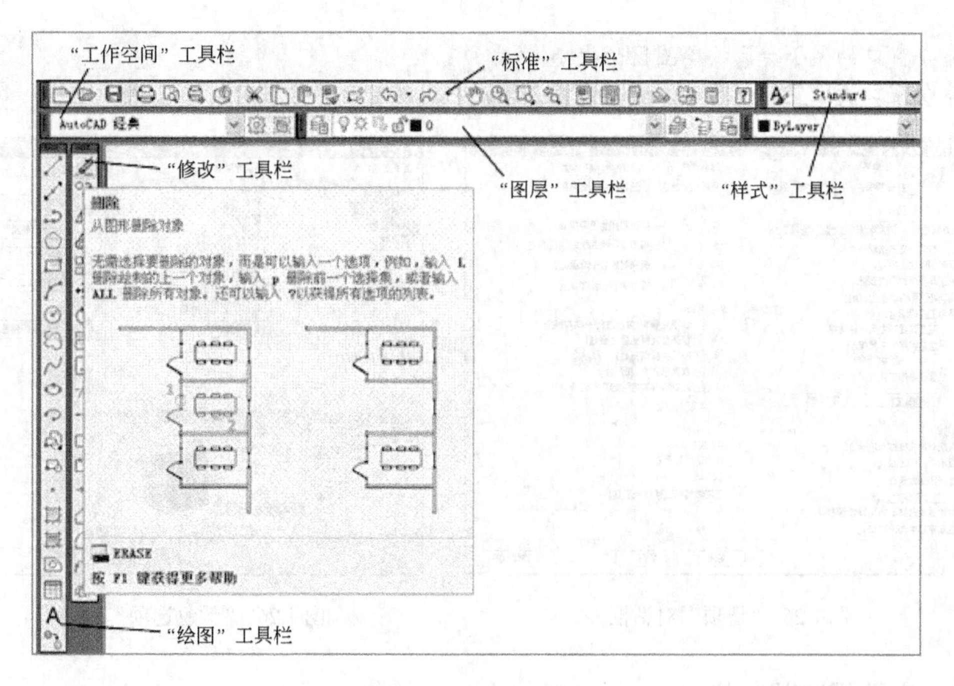

图1.24 默认的工具栏

（3）调整工具栏

① 将光标定位在浮动工具栏的边上，直到光标变成水平或垂直的双箭头。

② 按住按钮并移动光标，直到工具栏变成需要的形状为止。

1.3.4 绘图窗口

AutoCAD的工作界面上最大的空白窗口便是绘图窗口，它是用户用来绘图的地方。

在绘图窗口中有十字光标、用户坐标系图标。在绘图窗口右边和下面分别有两个滚动条，用户可利用它进行视图的上下或左右的移动，便于观察图纸的任意部位。在绘图窗口左下角有一个模型选项卡和多个布局选项卡，分别用于显示图形的模型空间和图纸空间。

绘图窗口默认的背景颜色是黑色，用户可以定制它的颜色，方法如下：

① 单击下拉菜单【文件】→【选项】，弹出如图1.25所示"选项"对话框。

② 单击"显示"选项卡，单击按钮"颜色"，弹出如图1.26所示"图形窗口颜色"对话框，选择"二维模型空间"—"统一背景"—"白色"，单击"应用并关闭"，返回"选项"对话框，单击"确定"，绘图窗口的背景颜色变成白色。

1.3.5 命令行与文本窗口

在绘图区的下面是命令窗口，它由命令行和命令历史窗口共同组成。命令行显示的是用户从键盘上输入的命令信息，而命令历史窗口中含有AutoCAD启动后的所有信息中的最新信息。命令历史窗口与绘图窗口之间切换可以通过功能键【F2】进行。

【提示与技巧】

- ✓ 在绘图时，用户要注意命令行的各种提示，以便准确快捷地绘图。
- ✓ 命令窗口的大小可以由用户自己确定。将鼠标移到命令窗口的边框线上，按住左键上下移动鼠标即可。

✓ 命令窗口的大小会影响绘图区的大小。
✓ 命令窗口的位置可以移动。单击边框并拖动它，就可以将它移动到任意的位置上。

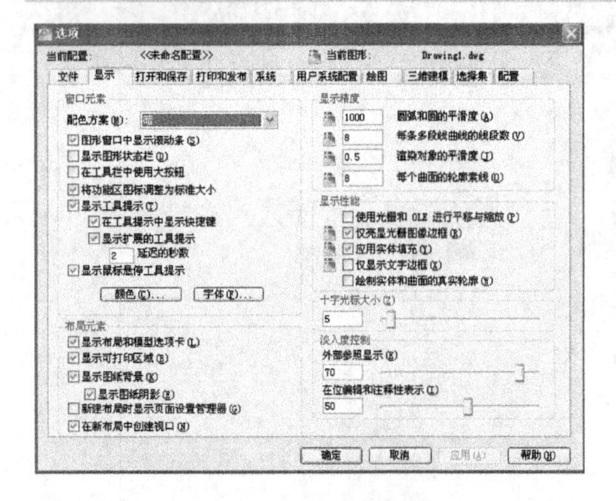

图 1.25 “选项”对话框

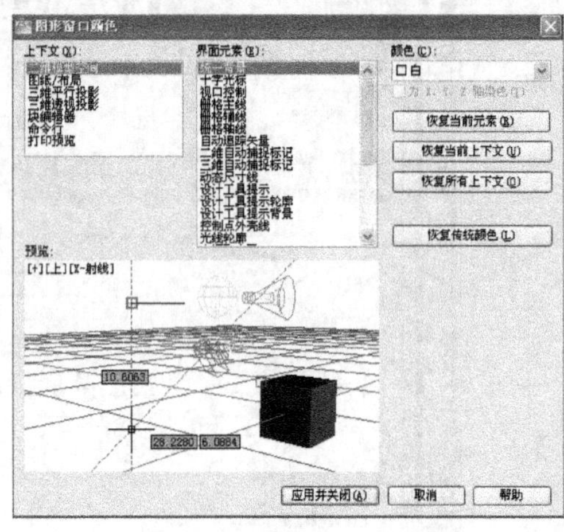

图 1.26 “颜色选项”对话框

1.3.6 应用程序状态栏

应用程序状态栏位于绘图屏幕的底部，显示了光标的坐标值、绘图工具，以及用于快速查看和注释缩放的工具，详细如图 1.27 所示。

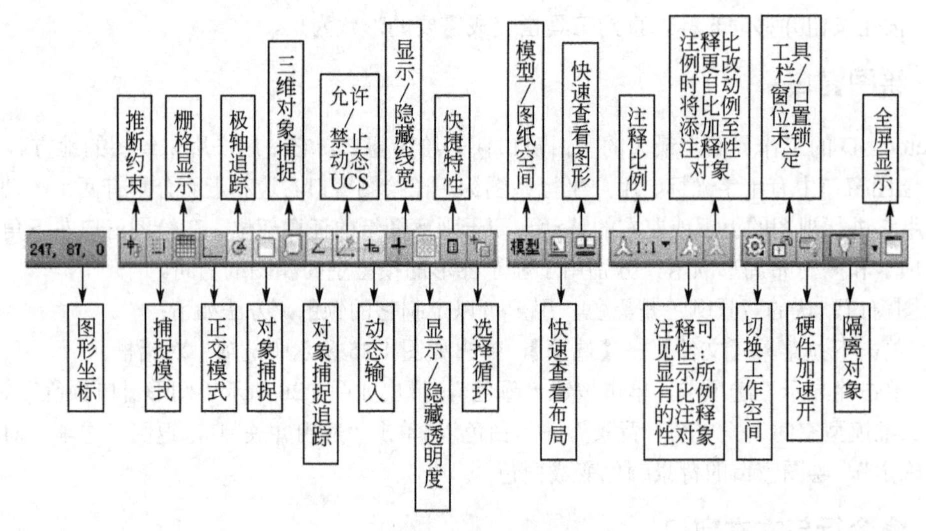

图 1.27 应用程序状态栏

① 绘图工具：可以图标或文字的形式查看图形工具按钮。通过捕捉工具、极轴工具、对象捕捉工具和对象追踪工具的快捷菜单，可以轻松更改这些绘图工具的设置，如图 1.28 所示。

② 快速查看工具：可预览打开的图形和图形中的布局，并在其间进行切换。

③ 图形状态栏：可以显示缩放注释的若干工具，如图 1.29 所示。对于模型空间和图纸空间，显示不同的工具。

④ 使用“工作空间”按钮，用户可以切换工作空间并显示当前工作空间的名称。锁定按钮可锁定工具栏和窗口的当前位置。要展开图形显示区域，请单击“全屏显示”按钮。

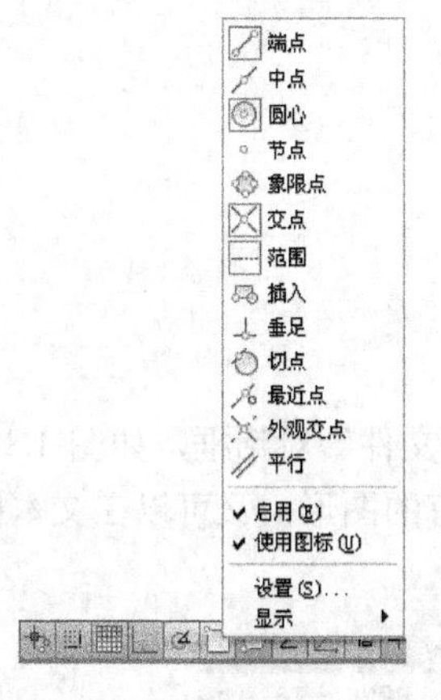

图 1.28　查看设置绘图工具

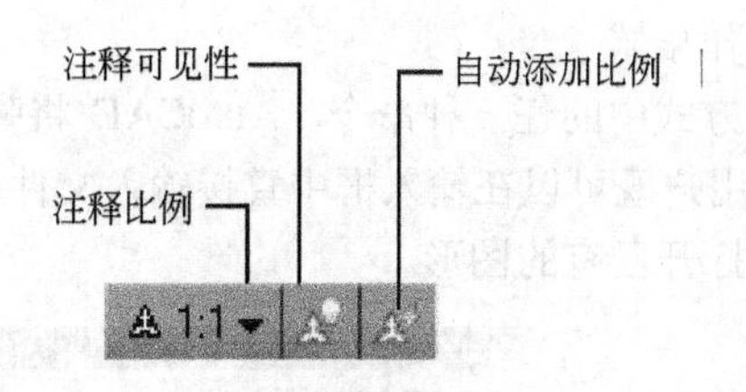

图 1.29　图形状态栏工具

⑤ 可通过状态栏的快捷菜单向应用程序状态栏添加按钮或从中删除按钮。

⑥ 模型或图纸空间：表示当前的空间是模型空间还是图纸空间。如果此格显示的是“布局”，那就表示当前在图纸空间中。单击它们，可以在模型空间和图纸空间之间切换。

【提示与技巧】

- ✓ 应用程序状态栏关闭后，屏幕上将不显示“全屏显示”按钮。
- ✓ 应用程序状态栏这些工具都是以直接单击这些功能按钮后，“状态操作”按钮图标出现“浮”或“陷”的表观现象来表示开启或关闭的。“陷”表示开启，“浮”则代表关闭。
- ✓ 在 AutoCAD 主窗口中，除了标题栏、菜单栏和状态栏之外，其他各个组成部分都可以根据用户的喜好来任意改变其位置和形状。

1.4 图形文件管理

1.4.1　新建文件

（1）命令功能

建立一个新的绘图文件，以便开始一个新的绘图作业。

（2）命令调用

命令行：New。

菜单：【文件】→【新建】。

工具栏：【标准】→ 。

快捷键：【Ctrl+N】。

（3）操作格式

输入命令后，AutoCAD 弹出如图 1.30 所示的“创建新图形”对话框。用户可以在该对话框中使用样板、向导等方式创建新图形。

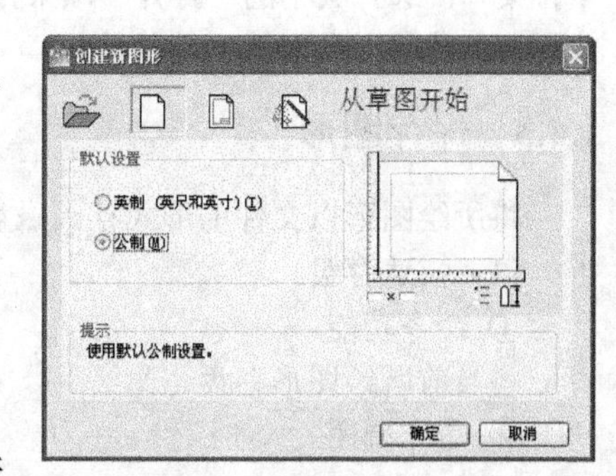

图 1.30 “创建新图形”对话框

1.4.2　打开文件

（1）命令功能

打开已存在的图形文件。

（2）命令调用

命令行：Open。

菜单：【文件】→【打开】。

工具栏：【标准】→ 。

快捷键：【Ctrl+O】。

（3）操作格式

用上述方式中的任一种命令，AutoCAD 将弹出“选择文件”对话框，如图 1.31 所示。在该对话框中，用户既可以在输入框中直接输入文件名打开已有的图形，又可以在文本框中双击要打开的文件名打开已有的图形。

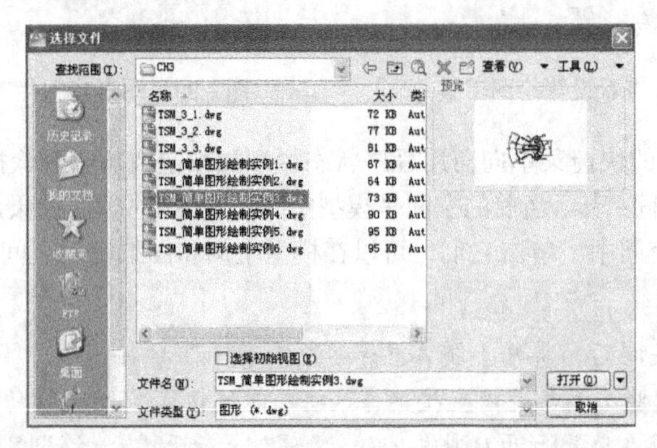

图 1.31 “选择文件”对话框

该对话框中主要控件作用如下：

①“查找范围”下拉列表：指定文件搜索路径，并在其下面的列表中显示当前目录的内容。

②“预览”栏：显示指定文件的预览图像。

③“文件名”下拉列表：指定需要打开的文件。

④“文件类型”下拉列表：指定需要打开的文件的类型。

⑤“打开”按钮：单击该按钮可打开指定的文件。用户也可以单击该按钮右侧的 按钮弹出下拉菜单，选择其中的“打开”项来打开指定图形，或选择“打开只读”项将指定文件以只读方式打开，从而避免对该文件的修改。

1.4.3 保存图形

将所绘图形以文件的形式存入磁盘时，主要有以下两种方式：

（1）快速存盘

① 命令功能。

将当前所绘图形存盘。

② 命令调用。

命令行：qsave。

菜单：【文件】→【保存】。

工具栏：【标准】→ 。

快捷键：【Ctrl+S】。

③ 操作格式。

调用该命令后，如果当前图形已经命名，则系统自动将该图形的改变保存在磁盘中；如果当前图形还没有命名，则系统将弹出“图形另存为”对话框，提示用户指定保存的文件名称、类型和路径，如图1.32所示。

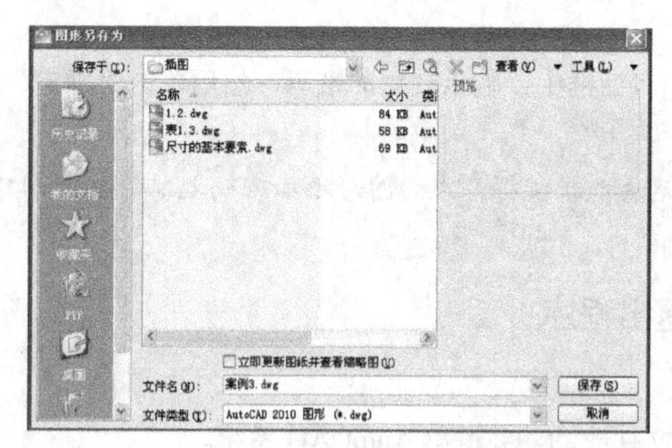

图1.32 “图形另存为”对话框

（2）换名存盘

① 命令功能。

将当前编辑的图形用新的名字存盘。

② 命令调用。

命令行：saveas。

菜单：【文件】→【另保存】。

③ 操作格式。

调用该命令后，系统将弹出“另存为”对话框，参见图1.32，其作用同上。

【提示与技巧】

✓ 用户若单击【标准】工具栏上的保存图标，文件将以当前文件名称进行保存。用户如果不注意，很容易做出用一个文件覆盖另一个文件的错误操作。

✓ 在绘图的过程中，要记住经常存盘，建议每隔10～15min保存一次绘制的图形，以免在发生事故（死机、断电）时丢失文件。

1.4.4 设置密码

AutoCAD可以提供一个安全的环境，用来发送和接收数据以及保持图形的真实性。设置密码主要用于防止数据被盗取，还可以保护数据的机密性。密码仅适用于AutoCAD 2004®和更新版本的图形文件（DWG、DWS和DWT文件）。

保存图形前添加密码的步骤：

① 保存文件之前，在“图形另存为”对话框中依次单击“工具”菜单下“安全选项”。在“安全选项”对话框的“密码”选项卡中，输入密码，见图1.33。

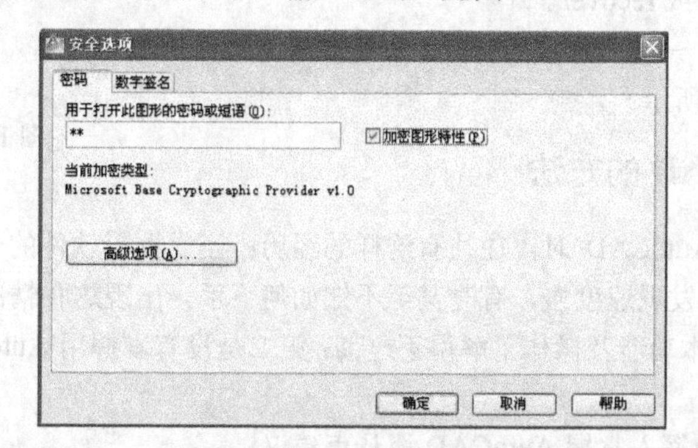

图1.33 “安全选项”对话框

② 要加密图形特性（例如标题、作者、主题和关键字），请单击“加密图形特性”。

③ 单击“确定”。

④ 在“确认密码”对话框中，输入使用的密码，然后单击“确定”。

【提示与技巧】

✓ 如果密码丢失，将无法重新获得。在向图形添加密码之前，建议创建一个不带密码保护的备份。

1.4.5 关闭文件和退出程序

（1）命令功能

存储或放弃已作的文件改动，并退出 AutoCAD 系统。

（2）命令调用

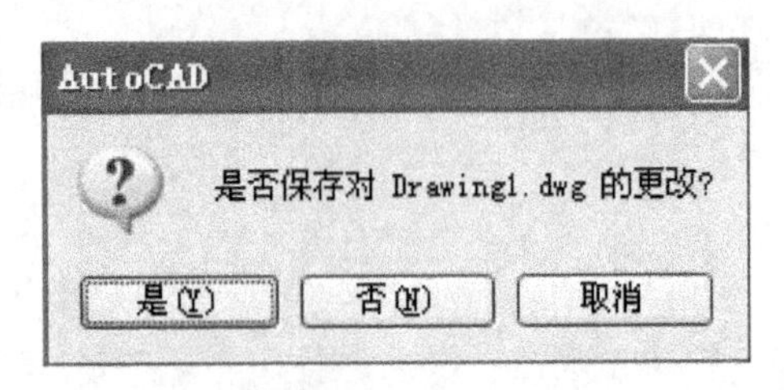

图 1.34 系统提示对话框

命令行：quit（或别名 exit）。

菜单：【文件】→【退出】。

标题栏：按钮。

（3）操作格式

在退出 AutoCAD 时，如果当前图形没被保存，则系统将弹出提示对话框，提示用户在退出 AutoCAD 前保存或放弃对图形所做的修改，如图 1.34 所示。

① 单击“是（Y）”，将对已命名的文件存盘并退出 AutoCAD 系统；对未命名的文件则出现如图 1.31 所示对话框，命名后存盘并退出 AutoCAD 系统。

② 单击“否（N）”，将放弃对图形所做的修改并退出 AutoCAD 系统。

③ 单击“取消”，将取消退出命令并返回到原绘图、编辑状态。

【提示与技巧】

✓ 在命令行方式下输入命令是不区分大小写的，同一个命令无论键入的是大写字母、还是小写字母，都会得到相同的结果。

1.4.6 修复或恢复图形文件

（1）命令功能

在当前图形中查找并更正错误，或核查并尝试打开任意图形文件。

（2）命令调用

命令行：audit 或 recover。

菜单：【文件】→【图形实用工具】→【核查】或【修复】（如图 1.35 所示）。

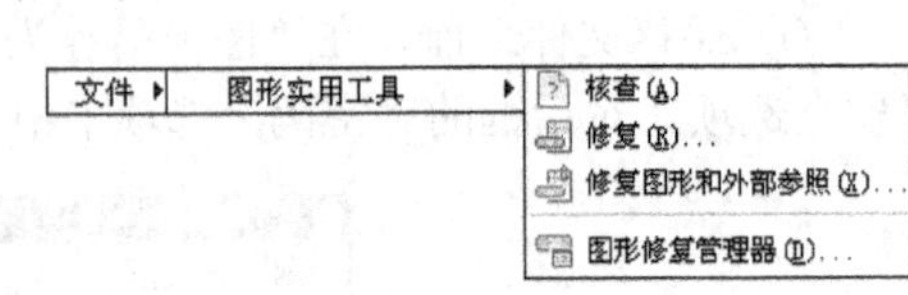

图 1.35 菜单

1.4.7 学习 AutoCAD 的方法

许多读者在学习 AutoCAD 时，往往有这样的经历：当掌握了软件的一些基本命令后，就开始上机绘图，但此时却发现速度慢，有时甚至不知如何下手。出现这种情况的原因主要有两个：第一是对 AutoCAD 基本功能及操作了解得不透彻；第二是没有掌握用 AutoCAD 进行工程设计的一般方法和技巧。

下面就如何学习及深入掌握 AutoCAD 谈几点建议。

① 熟悉 AutoCAD 操作环境，切实掌握 AutoCAD 基本命令。

要提高绘图效率，首先必须熟悉其操作环境，其次是要掌握常用的一些基本操作。常用的基本命令主要有【绘图】及【修改】工具栏中包含的命令，如果用户要绘制三维图形，则还应掌握【实体】、【实体编辑】工具栏中的命令。由于工程设计中这些命令的使用频率非常高，因而熟练且灵活地使用这些命令是提高作图效率的基础。

② 跟随实例上机演练，巩固所学知识，提高应用水平。

了解 AutoCAD 的基本功能、学习 AutoCAD 的基本命令后，接下来就应参照实例进行练习，在实战中发现问题、解决问题，掌握 AutoCAD 的精髓，达到得心应手的水平。本书第 1～10 章提供了大量的练习题，并总结了许多绘图技巧，非常适合 AutoCAD 初学者学习。

③ 结合专业，学习 AutoCAD 实用技巧，提高解决实际问题的能力。

AutoCAD 是一个高效的设计工具，在不同的工程领域中，人们常常使用不同的设计方法，并且还形成了一些特殊的绘图技巧。只有掌握了这方面的知识，用户才能在某个领域中充分发挥 AutoCAD 的强大功能。

1.5 综合案例：文件操作

1.5.1 案例介绍

本案例将通过文件操作进一步增强对 AutoCAD 的感性认识，有助于用户方便、快捷地操作本软件。

1.5.2 启动 AutoCAD 2012

双击桌面上的 AutoCAD 2012 图标，启动 AutoCAD 2012 程序。

1.5.3 创建新图形

单击【标准】工具栏 ，出现图 1.36 所示的创建新图形对话框，选择“从草图开始”，默认设置“公制”，单击“确定”，进入 AutoCAD 经典的工作界面。

1.5.4 图形绘制

以画三角形为例,如图 1.37 所示。

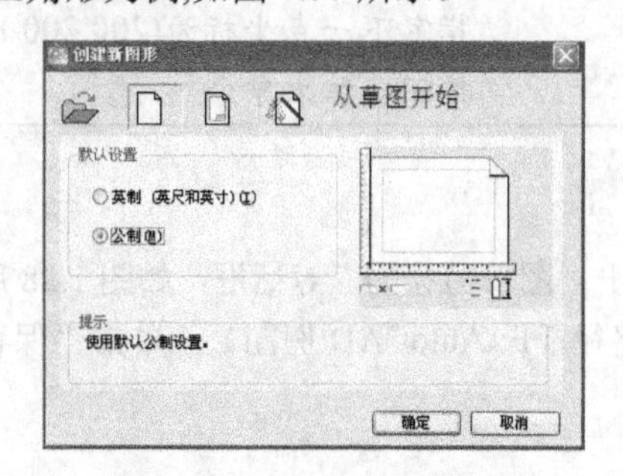

图 1.36 创建新图形对话框

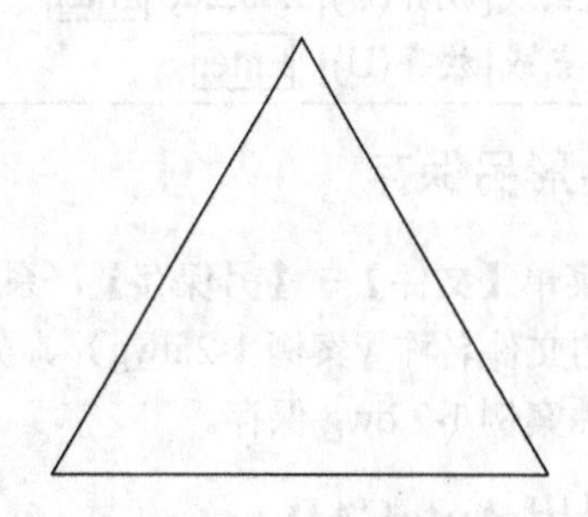

图 1.37 绘三角形

选择【绘图】工具栏中 图标，并根据提示在命令行中输入：

命令:_line 指定第一点:45,125 Enter	//指定第一点坐标为(45,125)
指定下一点或[放弃(U)]:95,210 Enter	//指定下一点坐标为(95,210)
指定下一点或[放弃(U)]:145,125 Enter	//指定下一点坐标为(145,125)
指定下一点或[闭合(C)/放弃(U)]:C	//闭合

1.5.5 保存图形

单击菜单【文件】→【保存】，系统将弹出“图形另存为”对话框，如图 1.38 所示，我们指定保存的文件名称（例 1-1.dwg）、类型和路径（E:\AutoCAD 例图），单击“保存”，即可将图形文件案例 1-1 保存到指定文件夹中。

1.5.6 打开图形

单击菜单【文件】→【打开】，AutoCAD 将弹出“选择文件”对话框，如图 1.39 所示，从“搜索”下拉列表：指定文件搜索路径“E:\AutoCAD 例图”，选择案例 1-1.dwg，在“预览”栏显示指定文件的预览图像，双击要打开的文件名，即可打开该图形。

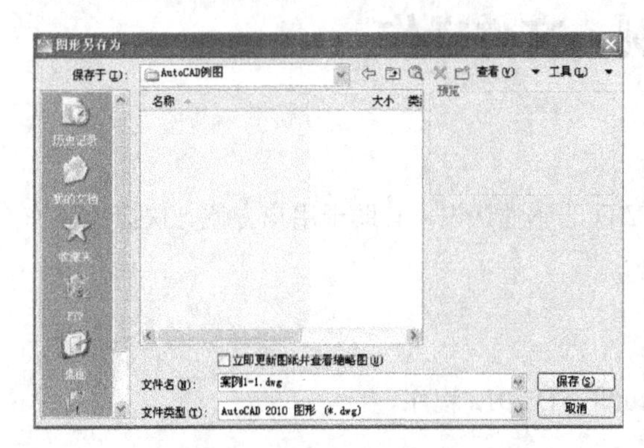

图 1.38 “图形另存为”对话框

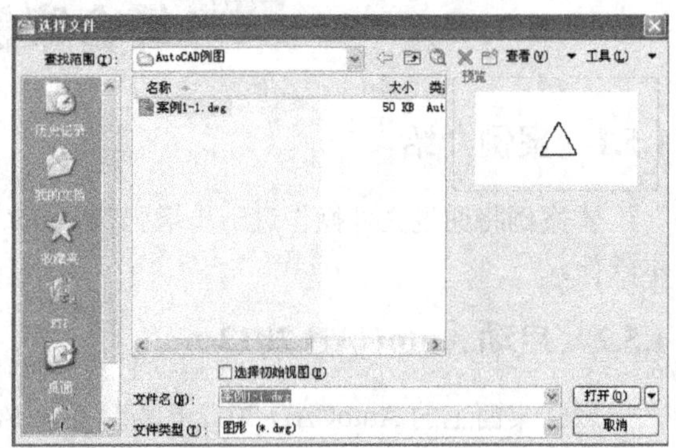

图 1.39 “选择文件”对话框

1.5.7 图形绘制

选择【绘图】工具栏中 ⁄ 图标，并根据提示在命令行中输入：

命令:_line 指定第一点:200,100 Enter	//指定第一点坐标为(200,100)
指定下一点或[放弃(U)]:200,200 Enter	//指定下一点坐标为(200,200)
指定下一点或[放弃(U)]: Enter	//按回车结束命令

1.5.8 图形另保存

单击菜单【文件】→【另保存】，系统将弹出“图形另存为”对话框，如图 1.38 所示，我们指定保存的文件名称（案例 1-2.dwg）、类型和路径（E:\AutoCAD 例图），单击“保存”，即可将图形文件案例 1-2.dwg 保存。

1.5.9 退出 AutoCAD

通过如下任意一种方式退出 AutoCAD。

⌨ 命令行：quit（或别名 exit）。

- 菜单：【文件】→【退出】。
- 快捷键：直接单击 AutoCAD 主窗口右上角的 ✕ 按钮。

1.6 总结提高

在本章中我们讲述了机械制图国家标准与 AutoCAD 的一些基本内容，包括设置初始绘图环境的几种方法，熟悉 AutoCAD 软件经典工作界面组成及其功能，掌握“新建图形”、“打开图形”、“保存”、“设置密码”等文件管理方法。

通过本章的学习，用户能对机械制图相关标准和 AutoCAD 有整体上的初步认识，可以了解一些基本知识，为以后的绘图打下基础。

1.7 思考与上机训练

1.7.1 选择题

1．在 AutoCAD 的菜单中，如果菜单命令后跟有 ▶ 符号，表示（　　）。

A．在命令下还有子命令　　B．该命令具有快捷键

C．单击该命令可打开一个对话框　　D．该命令在当前状态下不可使用

2．使用“选项”对话框中的（　　）选项卡，可以设置背景颜色。

A．“系统”　B．“显示”　C．“打开和保存”　D．“草图”

3．如果一张图纸的左下角点为（10,10），右上角点为（100,80），那么该图纸的图形界限范围为（　　）。

A．100×80　B．70×90　C．90×70　D．10×10

4．可以利用以下（　　）方法来调用命令。

A．选择下拉菜单中的菜单项　　B．单击工具栏上的按钮

C．在命令状态行输入命令　　D．三者均可

5．AutoCAD 图形文件和样板文件的扩展名分别是（　　）。

A．DWT,DWG　B．DWG,DWT　C．BMP,BAK　D．BAK,BMP

6．AutoCAD 环境文件在不同的计算机上使用而（　　）。

A．效果相同　　B．效果不同

C．与操作环境有关　　D．与计算机 CPU 有关

7．在十字光标处被调用的菜单，称为（　　）。

A．鼠标菜单　　B．十字交叉线菜单

C．快捷菜单　　D．此处不出现菜单

8．打开已创建图形文件的命令是（　　）。

A．OPENTO　B．OPEN　C．OPENDWG　D．DWGOPEN

9．创建新图形文件的命令是（　　）。

A．STARTUP　B．CREAT　C．NEWSTARTUP　D．NEW

10．关闭图形文件的方法，以下正确的方法是（　　）。

A．单击【菜单浏览器】按钮　　B．在绘图窗口中单击【关闭】按钮

C．命令行中运行“CLOSE”命令　　D．按下显示器上的关闭按钮

【友情提示】

1. A 2. B 3. C 4. D 5. B 6. A 7. C 8. B 9. D 10. ABC

1.7.2 思考题

1. 一个完整的尺寸应由哪些要素组成？标注时各有什么要求？
2. 简述如何进行平面图形的分析。
3. 简述启动和关闭 AutoCAD 2012 的方法。
4. “AutoCAD 经典”工作界面主要由哪些部分组成，各有什么功能？
5. 以打开一个图形文件为例，说明在 AutoCAD 中有哪些调用命令的方法。

1.7.3 操作题

1. 新建一文件，练习三种创建方法：用使用向导、用样板、用缺省设置。
2. 对应三种不同的创建新图的方法，练习绘图界限、绘图单位等基本设置的方法。
3. 练习从“启动”对话框中打开已有的图形文件，熟悉浏览、选择文件等操作。
4. 熟悉工作界面，主要包括：标题行、下拉菜单、绘图区、工具栏（标准、绘图屏幕菜单）、命令提示区、状态栏、滚动条、十字光标等。
5. 创建一个 AutoCAD 文件，使用“直线”命令绘制如图 1.34 所示的三角形，将其保存在 E 盘的“AutoCAD 文件”文件夹中，文件名为“练习 1”。文件夹中再保存一个备份，文件名为“练习 1 备份”，保存完成后，退出 AutoCAD 系统。
6. 用“新建”命令新建一张图（图幅为 A3）；用“保存”命令指定路径，用“一面视图”为名保存；用“另存为”命令将图形另存到硬盘上的另一处；关闭当前图形，用“打开”命令打开图形文件“一面视图”；关闭当前图形，正确退出 AutoCAD。

第2章　绘图操作基础

本章导读

本章将介绍 AutoCAD 的基本操作命令和知识，包括坐标系统、数据输入方法、命令输入方式、绘图环境设置和控制图形显示的方法和技巧。这些知识是学习本软件的基础，同时又是非常重要的知识。对这些知识的了解，有助于用户方便、快捷地操作本软件。

学习指导

★ 了解人机交互的基本技能

★ 熟悉坐标系统

★ 掌握命令输入方式

★ 熟悉绘图环境设置

★ 灵活控制图形显示

2.1 坐标系统

在绘图过程中，要精确定位某个对象，必须以某个坐标系作为参照，以便精确拾取点的位置。AutoCAD 为用户提供了笛卡儿坐标系统、世界坐标系统、用户坐标系统三种坐标系统。通过 AutoCAD 的坐标系可以按照非常高的精度标准准确地设计并绘制图形。

2.1.1 笛卡儿坐标系统（CCS）

笛卡儿坐标系(cartesian coordinate system，缩写为 CCS)，又称为直角坐标系，由一个原点[坐标为（0,0）]和两个通过原点的、相互垂直的坐标轴构成（见图 2.1）。其中，水平方向的坐标轴为 *X* 轴，向右为正方向；垂直方向的坐标轴为 *Y* 轴，向上为正方向。平面上任何一点 *P* 都可以由 *X* 轴和 *Y* 轴的坐标，即用一对坐标值（*x, y*）来定义一个点。

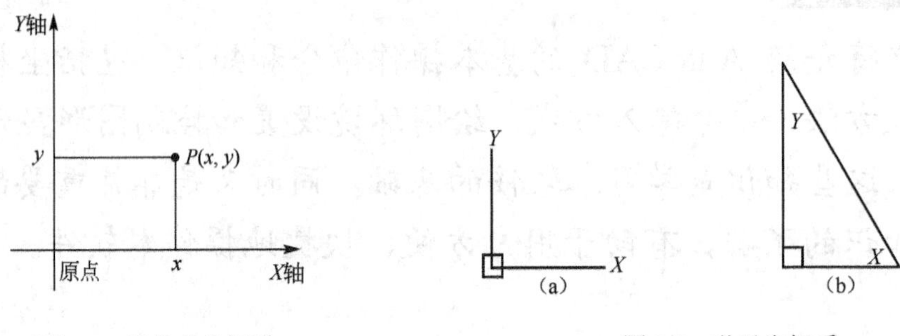

图 2.1 笛卡儿坐标系

图 2.2 世界坐标系

2.1.2 世界坐标系统（WCS）

世界坐标系（world coordinate system，缩写为 WCS）是 AutoCAD 的基本坐标系。它由三个相互垂直的坐标轴组成。图 2.2(a)是模型空间的世界坐标系，图 2.2(b)是图纸空间的世界坐标系。

2.1.3 用户坐标系统（UCS）

用户坐标系（user coordinate system，缩写为 UCS）是 AutoCAD 提供给用户的可变坐标系，以方便用户绘图。默认情况下用户坐标系统与世界坐标系统相重合，用户也可以根据自己的需要重新定义 UCS 的 *X*、*Y* 和 *Z* 轴的方向及坐标原点。

2.1.4 坐标

（1）绝对坐标

绝对坐标是指相对于当前坐标系原点的坐标，可以采用直角坐标或极坐标。

① 绝对直角坐标。

绝对直角坐标是指从点（0,0）或（0,0,0）出发的位移，表示点的 *X*、*Y*、*Z* 坐标值，*X* 坐标值向右为正增加，*Y* 坐标值向上为正增加。当使用键盘键入点的 *X*、*Y* 坐标时，之间用逗号“,”隔开，不能加括号，坐标值可以为负，形式为“*X*，*Y*”。

案例 2-1 绘制点 *A*（50,50）。

【案例分析】 绘制点 *A* 时，只需输入 50,50 即可，如图 2.3(a)所示。

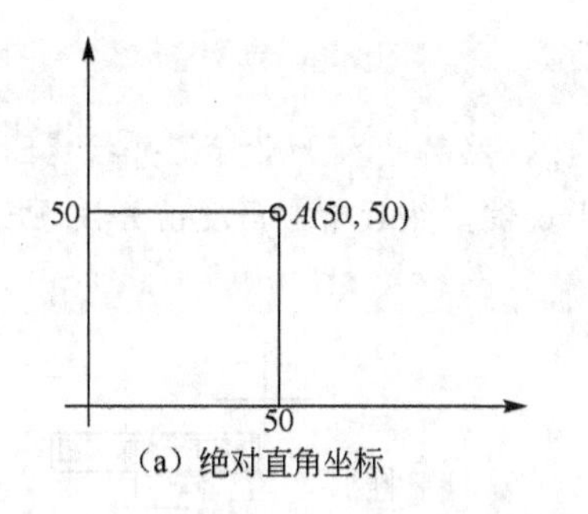

（a）绝对直角坐标

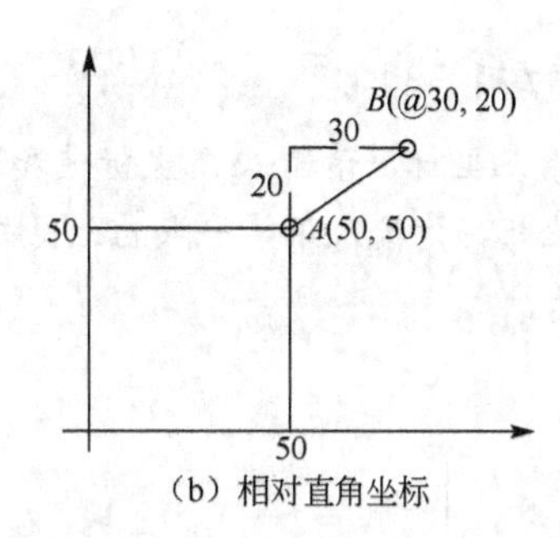

（b）相对直角坐标

图 2.3　直角坐标

② 绝对极坐标。

绝对极坐标也是指从点（0,0）或（0,0,0）出发的位移，但它给定的是距离和角度，其中距离和角度用“<”分开，且规定“角度”方向以逆时针为正，*X* 轴正向为 0°，可用“$\rho<\theta$”来定义一个点。

案例 2-2　绘制点 *C*（100<30）。

【案例分析】 当绘制点 *C* 时，只需输入极坐标 100<30 即可，见图 2.4(a)。

（2）相对坐标

所谓相对坐标，就是某点与相对点的相对位移值，它的表示方法是在绝对坐标表达方式前加上“@”号。

① 相对直角坐标。

相对直角坐标是指相对于前一点的直角坐标值，其表示方法为“@*X*，*Y*”。

案例 2-3　绘制直线 *AB*。

【案例分析】 直线 *AB* 的起点 *A* 坐标为（50,50）、终点 *B* 坐标为（80,70），则终点 *B* 相对于起点 *A* 的相对坐标为（@30,20），见图 2.3(b)。

② 相对极坐标。

指相对于前一点的极坐标值，表达方式为@$\rho<\theta$。

案例 2-4　绘制直线 *CD*。

【案例分析】 直线 *CD* 的起点 *C* 坐标为（100<30），终点 *D* 的相对极坐标为（@50<90），见图 2.4(b)。

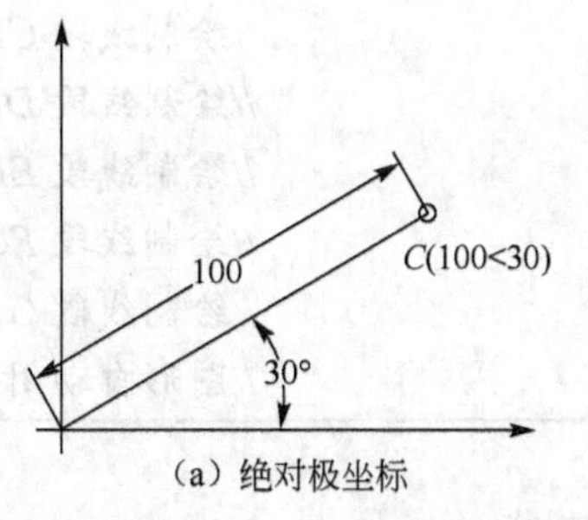

（a）绝对极坐标

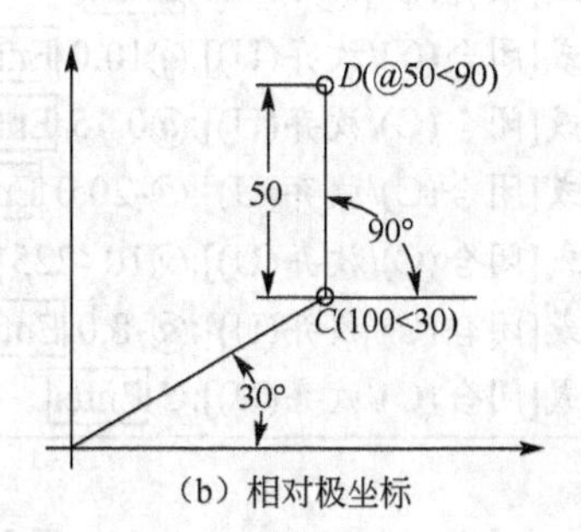

（b）相对极坐标

图 2.4　极坐标

2.1.5　数据输入方法

① 直角坐标法：用点的（*X*，*Y*）坐标值表示二维点的坐标。

② 极坐标法：用 $\rho<\theta$ 坐标表示二维点的坐标。

③ 动态输入法：按下状态栏上的按钮，可以在屏幕上动态地输入数据。

【提示与技巧】

- ✓ 要输入笛卡儿坐标，请输入 *X* 坐标值和逗号 (,)，然后输入 *Y* 坐标值并按【Enter】键。
- ✓ 要输入极坐标，请输入距第一点的距离并按 Tab 键，然后输入角度值并按【Enter】键。如图 2.5 所示。

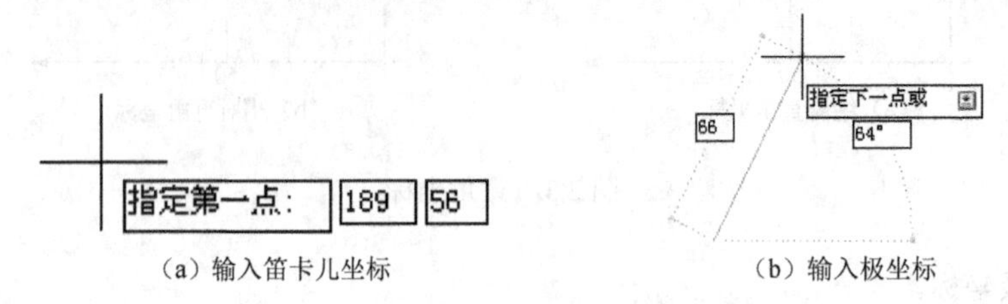

（a）输入笛卡儿坐标　　（b）输入极坐标

图 2.5　动态输入

案例 2-5　至少用两种方案绘制如图 2.6 所示的图形。

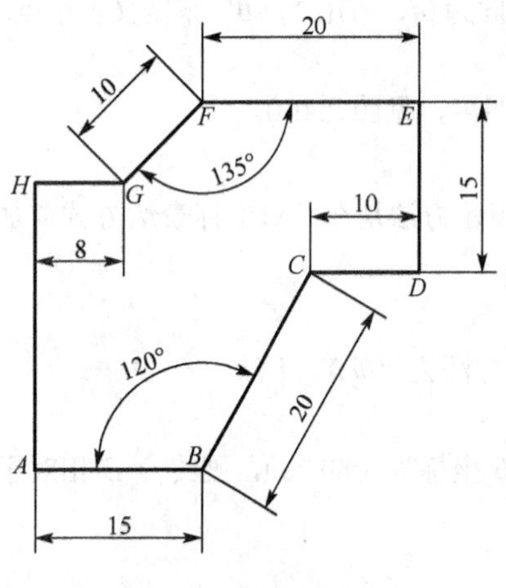

图 2.6　案例 2-5 图

【案例分析及操作】

方案 1：用相对坐标输入法。

选择"⁄"命令，在屏幕上任意单击鼠标确定起点 *A* 位置，接着依次输入点 *B*（@15,0）、*C*（@20<60）、*D*（@10,0）、*E*（@0,15）、*F*（@-20,0）、*G*（@10<225）、*H*（@-8,0）的坐标值，最后输入"C（闭合）"回车结束命令。

方案 2：用动态输入法。

按下状态栏上的⊢按钮，选择"⁄"命令，在屏幕上任意单击鼠标确定起点 *A* 位置，接着在屏幕上动态地输入点 *B*（15<0）、*C*（20<60）、*D*（10<0）、*E*（15<90）、*F*（20<180）、*G*（10<135）、*H*（8<180）的相关数据，输入距离与角度，按【Tab】键切换，按【Enter】键确认，具体操作见表 2.1。

```
命令:_line 指定第一点:                                  //指定第一点 A
指定下一点或[放弃(U)]:@15,0 Enter                       //绘制线段 AB
指定下一点或[放弃(U)]:@20<60 Enter                      //绘制线段 BC
指定下一点或[闭合(C)/放弃(U)]:@10,0 Enter               //绘制线段 CD
指定下一点或[闭合(C)/放弃(U)]:@0,15 Enter               //绘制线段 DE
指定下一点或[闭合(C)/放弃(U)]:@-20,0 Enter              //绘制线段 EF
指定下一点或[闭合(C)/放弃(U)]:@10<225 Enter             //绘制线段 FG
指定下一点或[闭合(C)/放弃(U)]:@-8,0 Enter               //绘制线段 GH
指定下一点或[闭合(C)/放弃(U)]:C Enter                   //图形自动闭合
```

表 2.1　具体操作

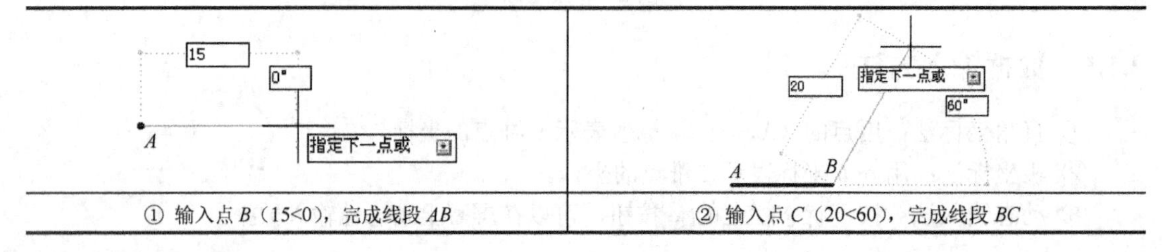

① 输入点 *B*（15<0），完成线段 *AB*	② 输入点 *C*（20<60），完成线段 *BC*

续表

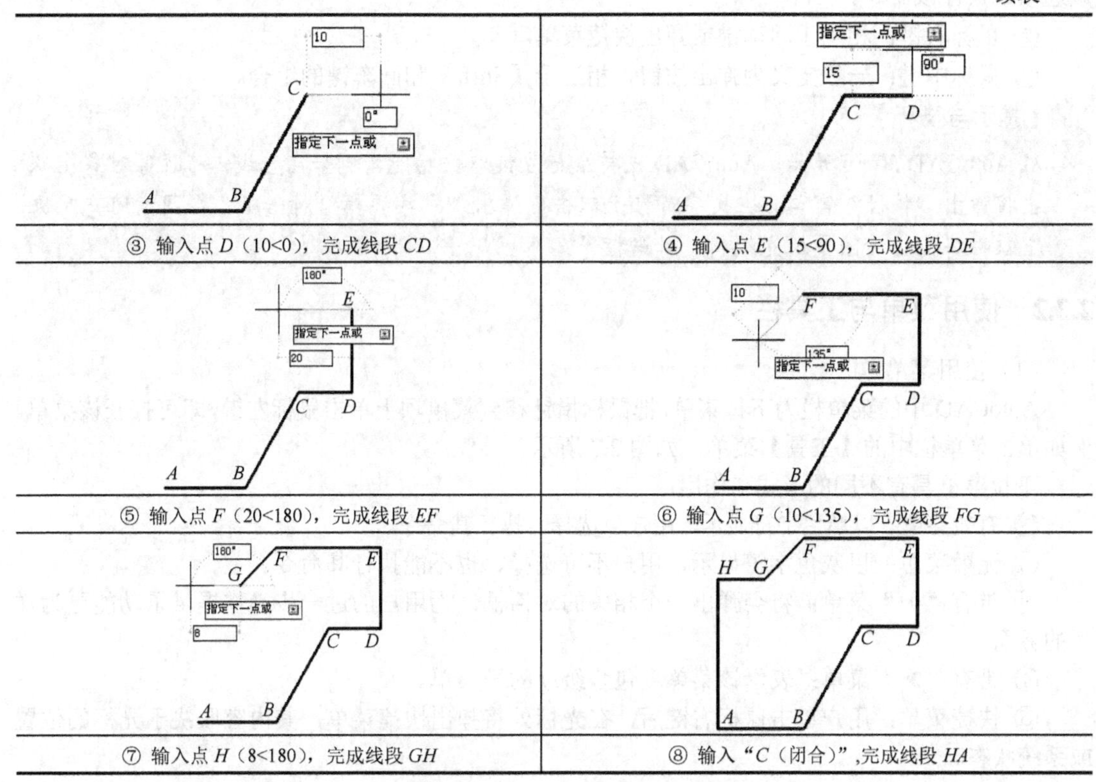

③ 输入点 D（10<0），完成线段 CD

④ 输入点 E（15<90），完成线段 DE

⑤ 输入点 F（20<180），完成线段 EF

⑥ 输入点 G（10<135），完成线段 FG

⑦ 输入点 H（8<180），完成线段 GH

⑧ 输入“C（闭合）”,完成线段 HA

2.2 命令输入方式

AutoCAD 交互绘图必须输入必要的命令和参数，它有多种命令输入方式。

2.2.1 键盘和鼠标

（1）使用键盘

大部分 AutoCAD 功能都可以通过键盘输入完成，而且键盘是输入文本及在命令提示符下输入命令或在对话框中输入参数的唯一方法。

用户可以在命令行中的提示符“命令:”后输入 AutoCAD 命令，并按回车键或空格键确认，提交给系统去执行。此外，用户还可以使用【Esc】键来取消操作，用向上或向下的箭头使命令行显示上一个命令行或下一个命令行。

【提示与技巧】

- ✓ 在命令行中输入命令时，不能在命令中间输入空格键，因 AutoCAD 系统将命令行中空格等同于回车。
- ✓ 如果需要多次执行同一个命令，那么在第一次执行该命令后，可以直接按回车键或空格键重复执行，而无需再进行输入。

（2）使用鼠标

鼠标用于控制 AutoCAD 的光标和屏幕指针。鼠标按钮一般是这样定义的（以右手使用鼠标为例）：

① 鼠标左键：一般定义为拾取键，主要用来选择对象和定位等，用于单击对象，表示选取

该选项或执行该命令。

② 鼠标右键：相当于回车键或弹出快捷菜单。

③ 鼠标中键：一般定义为弹出按钮，相当于【Shift】和回车键的组合。

【提示与技巧】

✓ 从 AutoCAD 2000i 开始，AutoCAD 支持鼠标左键双击功能，例如在直线、标注等对象上双击将弹出“特性”窗口，在文字对象上双击则弹出“文字编辑”对话框，在图案填充对象上双击将弹出“图案填充编辑”对话框等。

2.2.2 使用菜单与工具栏

（1）使用菜单

AutoCAD 中的菜单栏为下拉菜单，把鼠标指针移到菜单项上单击鼠标左键，即可打开该菜单。例如单击菜单栏中的【工具】菜单，如图 2.7 所示。

下拉菜单具有不同的形式和作用：

① 有效菜单：以黑色字符显示，用户可选择、执行其命令。

② 无效菜单：以灰色字符显示，用户不可选择、也不能执行其命令。

③ 带有“…”菜单：将会弹出一个相关的对话框，为用户的进一步操作提供了功能更为详尽的界面。

④ 带有“▶”菜单：表示该菜单项包含级联的子菜单。

⑤ 快捷菜单：用户单击鼠标右键后，在光标处将弹出快捷菜单，其内容取决于光标的位置或系统状态。

（2）使用工具栏

在 AutoCAD2012 中，系统共提供了 53 个工具栏。工具栏为用户提供了更为快捷方便地执行命令的方式，工具栏由若干图标按钮组成，这些图标按钮分别代表了一些常用的命令。直接单击工具栏上的图标按钮就可以调用相应的命令，然后根据对话框中的内容或命令行上的提示执行进一步的操作。

AutoCAD 还具有“命令提示”功能，即当用户将鼠标箭头移动到工具栏中的某一按钮上停留时，该图标按钮呈现凸起状态，同时出现一个文本框显示该命令的名称，并显示有关该命令功能的详细说明（见图 2.8）。

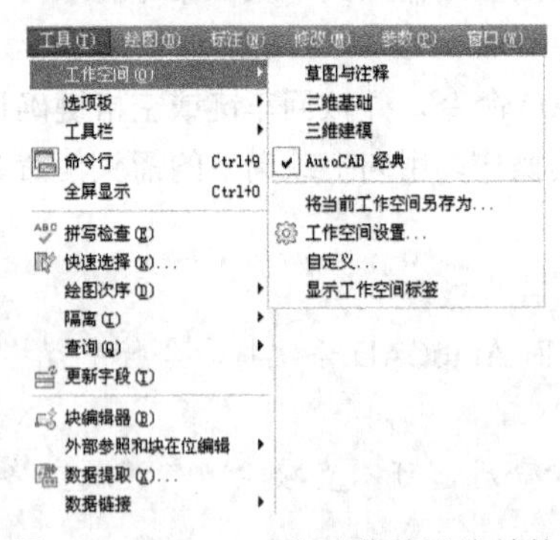

图 2.7 AutoCAD 中的菜单层次结构

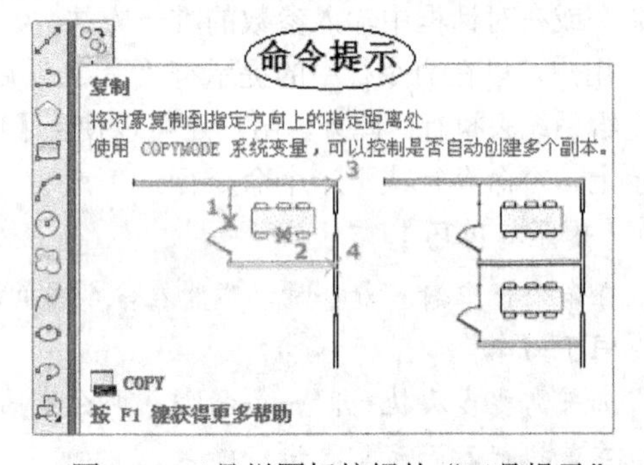

图 2.8 工具栏图标按钮的“工具提示”

2.2.3 使用文本窗口和对话框

（1）使用文本窗口

AutoCAD 的文本窗口与 AutoCAD 窗口相对独立，用户可通过如下方式来显示该窗口：

命令行：textscr。

菜单：【视图】→【显示】→【文本窗口】。

快捷键：按【F2】键。

如果用户想切换到绘图窗口，则可采用如下几种方式：

命令行：graphscr。

快捷键：【Alt】+【Tab】组合键。

快捷键：按【F2】键。

（2）使用对话框

对话框由各种控件组成，用户可进行查看、选择、设置、输入信息或调用其他命令和对话框等操作。一个典型的对话框如图 2.9 所示。

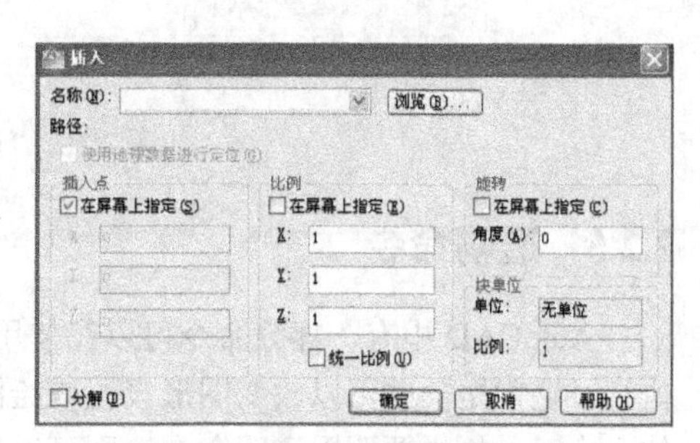

图 2.9 对话框示例

对话框中所包含的控件主要有：

① 标题栏：位于对话框顶部，标明对话框名称；

② 编辑框：可输入文本，并可以进行剪切、复制、粘贴和删除等操作；

③ 列表框：显示一系列列表项，用户可选择其中的一个或多个；

④ 单选按钮：在多个选项中选择且只能选择其中一个；

⑤ 复选框：方框中显示“✓”表示选中状态，否则为取消状态；

⑥ 命令按钮：至少有确定、取消和帮助按钮，单击按钮完成相应功能。

2.2.4 命令的重复、撤销、重做

（1）命令的重复

按【Enter】键或右击弹出快捷菜单，可重复调用上一个命令。

（2）命令的撤销

① 命令功能。

可以取消和终止命令的执行。

② 命令调用。

菜单：【编辑】→【放弃】。

工具栏：【标准】→ 。

快捷键：【Ctrl+Z】或【Esc】。

【提示与技巧】

✓ UNDO 对一些命令和系统变量无效，包括用以打开、关闭或保存窗口或图形、显示信息、更改图形显示、重生成图形和以不同格式输出图形的命令及系统变量。

（3）命令的重做

① 命令功能。

已被撤销的命令还可以恢复重做。

② 命令调用。

菜单：【编辑】→【重做】。

工具栏：【标准】→ 。

快捷键：【CTRL+Y】。

AutoCAD 可以一次执行多重放弃和重做操作，单击“ ”或“ ”列表箭头，可以选择要

放弃或重做的操作，见图 2.10。

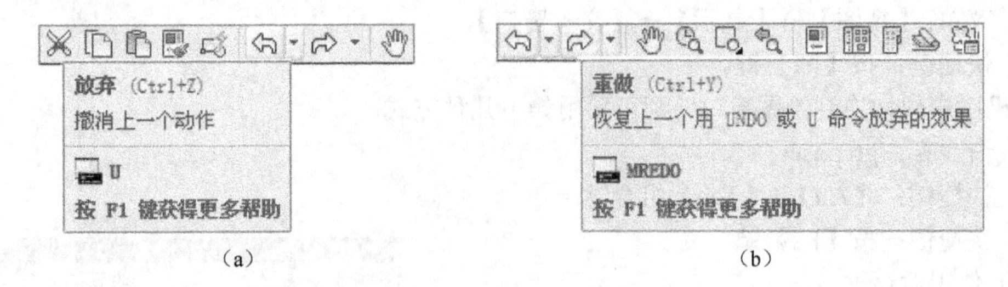

图 2.10 “放弃”或“重做”的操作

2.2.5 透明命令

AutoCAD 中有一部分命令可以在使用其他命令的过程中嵌套执行，这种方式称为“透明”地执行。通常是一些可以改变图形设置或绘图工具的命令，如缩放、捕捉和正交等命令。在使用其他命令时，如果要调用透明命令，则可以在命令行中输入该透明命令，并在它之前加一个单引号（’）即可。执行完透明命令后，AutoCAD 自动恢复原来执行的命令。

2.2.6 功能键和快捷键

在 AutoCAD 中，可以通过使用键盘上的一组快捷键来快速实现指定功能。快捷键是指用于启动命令的键或键组合。表 2.2 列出了常用的部分功能键和快捷键对应的默认操作。

表 2.2 常用的功能键和快捷键

功能键	操作说明	快捷键	操作说明
F1	显示帮助	Ctrl+N	创建新图形
F2	打开/关闭文本窗口	Ctrl+O	打开现有图形
F3	切换“目标捕捉”	Ctrl+P	打印当前图形
F4	切换“数字化仪”	Ctrl+S	保存当前图形
F5	切换“等轴测投影”	Ctrl+0	切换“清除屏幕”
F6	切换“坐标显示”	Ctrl+1	切换“特性”选项板
F7	切换“栅格显示”	Ctrl+2	切换设计中心
F8	切换“正交”	Ctrl+R	在布局视口之间循环
F9	切换“栅格捕捉”	Ctrl+L	切换正交模式
F10	切换“极轴追踪”	Ctrl+T	切换数字化仪模式
F11	切换“对象捕捉追踪”	Ctrl+V	粘贴剪贴板中的数据
F12	切换“动态输入”	Ctrl+X	将对象剪切到剪贴板

2.3 绘图环境设置

本节介绍绘制图形前的一些准备过程，包括如何设置绘图单位、绘图界限、图层、颜色和线型等。

2.3.1 绘图单位设置

（1）命令功能

确定绘图时的长度单位、角度单位及其精度和角度方向。

（2）命令调用

命令行：units（或别名 un）。

菜单：【格式】→【单位】。

（3）操作格式

系统将弹出“图形单位”对话框，如图 2.11 所示。用户可在“长度”栏中选择单位类型“小数”及其精度；在“角度”栏中选择角度类型“十进制度数”及其精度，以及角度的正方向“东”。用户可以单击“方向”按钮弹出“方向控制”对话框，进一步确定角度的起始方向，如图 2.12 所示。

【提示与技巧】

✓ “units”命令可透明地使用，并具有命令行形式“-units”。

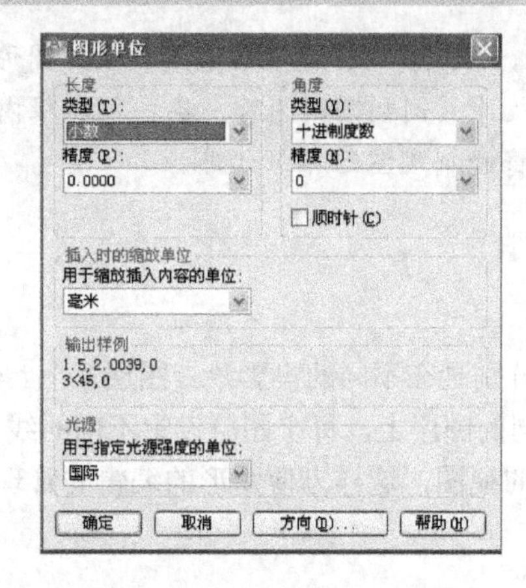

图 2.11 “图形单位”对话框

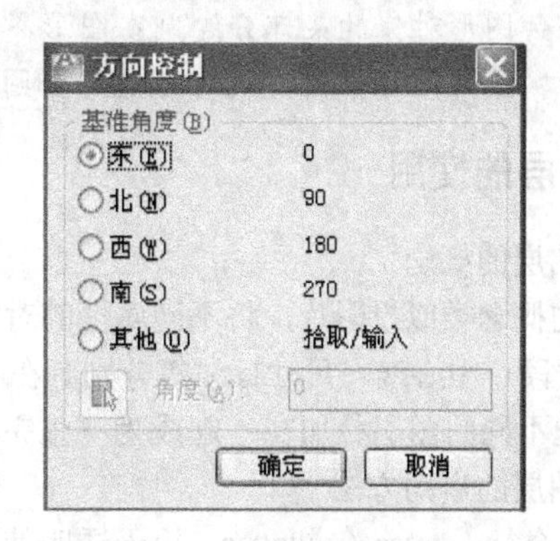

图 2.12 “方向控制”对话框

2.3.2 绘图界限设置

在 AutoCAD 中绘图要求按照 1∶1 进行绘图，同时必须参照国家标准（见表 2.3）GB/T 14665—1998 来设置图纸的幅面尺寸。

表 2.3 GB/T 14665—1998 基本图纸幅面

幅面代号	A0	A1	A2	A3	A4
尺寸 $B \times L$/mm	841×1189	594×841	420×594	297×420	210×297

（1）命令功能

确定绘图范围，相当于选图幅。

（2）命令调用

命令行：limits（可透明地使用）。

菜单：【格式】→【图形界限】。

（3）操作格式

可通过指定左下角和右上角两点坐标来确定图形界限（见图 2.13）。

右上角点

左下角点

图 2.13 图形界限示意图

使用“limits”命令后系统提示如下：

```
重新设置模型空间界限:
指定左下角点或[开(ON)/关(OFF)] <0.0000,0.0000>:Enter        //指定左下角点
```

指定右上角点<420.0000,297.0000>:Enter	//指定右上角点
命令:z	
ZOOM	//输入 ZOOM
指定窗口的角点，输入比例因子(nX 或 nXP)，或者[全部(A)/中心(C)/动态(D)/范围(E)/上一个(P)/比例(S)/窗口(W)/对象(O)] <实时>:a	//将图形界限整个显示到屏幕

“limits”命令中的[ON/OFF]选择用于控制界限检查的开关状态：

① ON（开）：打开界限检查。此时 AutoCAD 将检测输入点，并拒绝输入图形界限外部的点。

② OFF（关）：关闭界限检查，AutoCAD 将不再对输入点进行检测。

【提示与技巧】

✓ 由于 AutoCAD 中的界限检查只是针对输入点，因此在打开界限检查后，创建图形对象仍有可能导致图形对象的某部分绘制在图形界限之外。例如绘制圆时，在图形界限内部指定圆心点后，如果半径很大，则有可能部分圆弧将绘制在图形界限之外。

2.3.3 图层的使用

（1）图层的概念

图层的概念类似投影片，将不同属性的对象分别画在不同的投影片（图层）上。例如，将图形的主要线段、中心线、尺寸标注等分别画在不同的图层上，每个图层设定不同的线型、线条颜色，然后把不同的图层叠加在一起成为一张完整的视图，这样方便图形的编辑与管理。

（2）图层的启动方法

命令行：layer（或'layer，用于透明使用）。

菜单：【格式】→【图层】。

工具栏：【图层】→【图层特性管理器】。

（3）选项说明

用上述方法中的任一种输入命令后，AutoCAD 会弹出如图 2.14 所示的“图层属性管理”对话框。

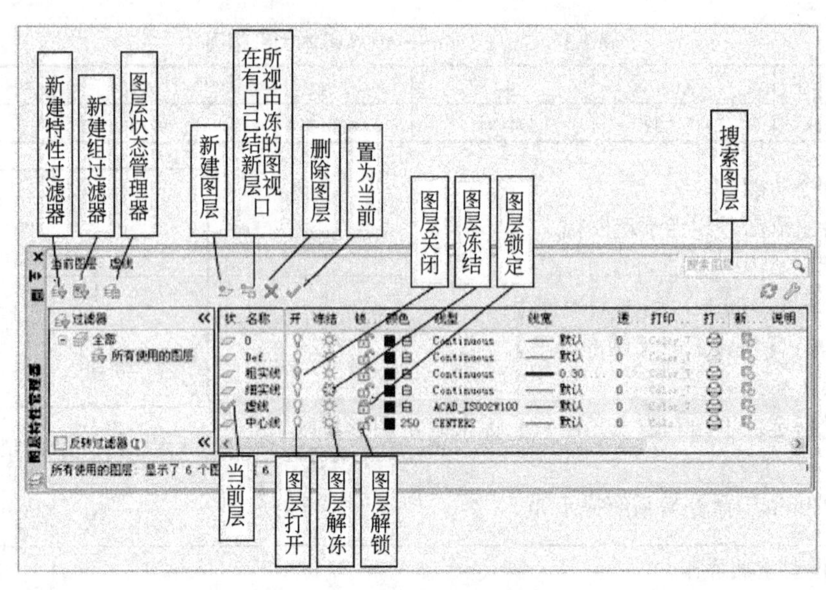

图 2.14 “图层属性管理”对话框

➢ “新建特性过滤器”按钮。

显示“图层过滤器特性”对话框，从中可以基于一个或多个图层特性创建图层过滤器。

➢ “新建组过滤器”按钮。

创建一个图层过滤器，其中包含用户指定并添加到该过滤层的图层。

➢ “图层状态管理器”按钮。

显示图层状态管理器，从中可以将图层的当前特性设置保存到命名图层状态中，以后可以再恢复这些设置。

➢ “新建图层”按钮。

创建新图层。列表中将显示名为LAYER1的图层。该名称处于选中状态，从而用户可以直接输入一个新图层名。支持长达255个字符的图层名称，也可以输入中文的图层名。新图层将继承图层列表中当前选定图层的特性（颜色、开/关状态等）。

➢ 在所有视口中已冻结的新图层视口。

创建新图层，然后在所有现有布局视口中将其冻结。可以在“模型”选项卡或布局选项卡上访问此按钮。

➢ “删除图层”按钮。

标记选定图层，以便进行删除。

【提示与技巧】

✓ 要删除的图层必须是空图层，即该图层上没有绘制任何实体的图形，否则AutoCAD会拒绝删除。当前层、0层、Defpoints层、含有实体的层、外部引用层以及局部打开图形中的图层不能删除。

✓ 如果绘制的是共享工程中的图形或是基于一组图层标准的图形，删除图层时要小心。

➢ “置为当前”按钮。

将选定图层设置为当前图层。用户创建的对象将被放置到当前图层中（CLAYER系统变量）。

➢ “搜索图层”文本框 搜索图层。

输入字符时，按名称快速过滤图层列表。关闭图层特性管理器时并不保存此过滤器。

➢ “反向过滤器”复选框。

显示所有不满足选定图层特性过滤器中条件的图层。

➢ “图层列表区”。

显示已有的图层及其特性。要修改某一图层的某一特性，单击它对应的图标即可。列表区中各列的含义如下：

① 状态。

显示项目的类型：图层过滤器、所用图层、空图层或当前图层。

② 名称。

显示图层或过滤器的名称。如果要修改某图层，先选中该层，按【F2】键输入新名称；或者单击图层名，该层的名字会以蓝色的底色显示，此时可以对它进行修改。

③ 打开或关闭图层。

打开或关闭选定图层。当呈现打开状态时，它是可见的，并且可以打印；当呈现关闭状态时，该图层上的所有对象将不显示。绘制复杂图形时，先将不编辑的图层暂时关闭，可降低图形的复杂性。

④ 解冻或冻结。

将图层设为解冻或冻结状态。当呈现冻结状态时，该图层上的对象均不会显示在屏幕上，也不会由打印机打出。因此若将图中不编辑的图层暂时冻结，可以加快操作的运行速度，增强对象选择的性能并减少复杂图形的重生成时间。

【提示与技巧】

✓ 请冻结长时间不用看到的图层。如果要频繁地切换可见性设置，请使用“开/关”设置，以避免重生成图形。可以冻结所有视口或当前布局视口中的图层，还可以在创建新的图层视口时冻结其中的图层。

⑤ 锁定或解锁。

将图层设为锁定或解锁状态。被锁定的图层仍然显示在屏幕上，但不能编辑修改被锁定的对象，只能绘制新的对象，这样可防止重要的图形被修改。

【提示与技巧】

✓ 用户不能锁定当前层、0层。

⑥ 颜色设置。

显示和改变图层的颜色。单击颜色名可以显示“选择颜色”对话框，如图 2.15 所示，用户可从中选取需要的颜色。

⑦ 选择线型。

显示和改变图层的线型。单击线型名称可以显示“选择线型”对话框，如图 2.16 所示，单击“加载”按钮，弹出如图 2.17 所示的“加载或重载线型”对话框，用户可从中选取需要的线型。

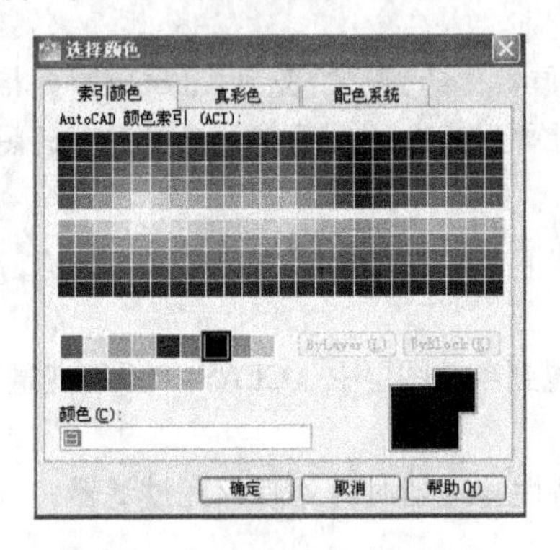

图 2.15 “选择颜色”对话框

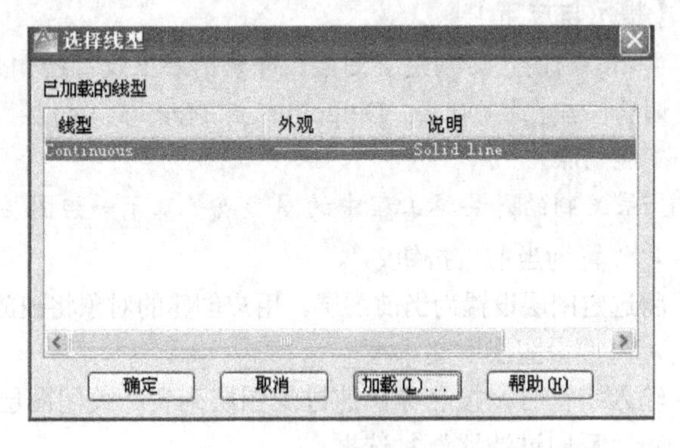

图 2.16 “选择线型”对话框

⑧ 设置线宽。

显示和改变图层的线宽。单击线宽名称可以显示“线宽”对话框，如图 2.18 所示，用户可从中选取需要的线宽。

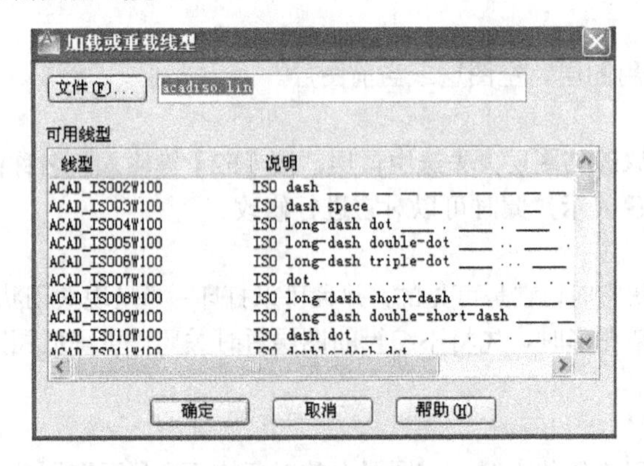

图 2.17 “加载或重载线型”对话框

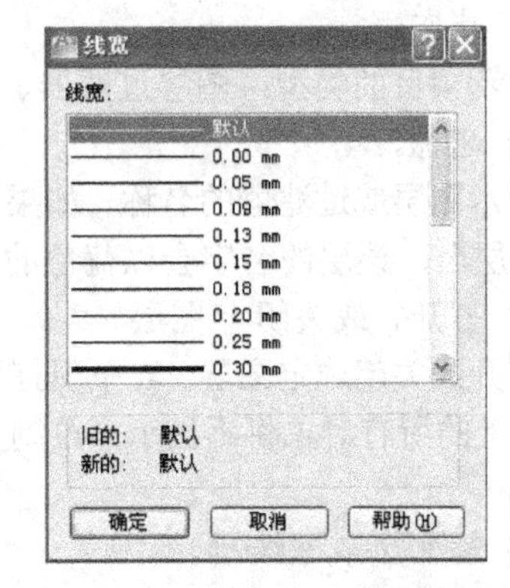

图 2.18 “线宽”对话框

⑨ 打印样式。

控制选定图层是否可打印。无论如何设置“打印”，都不会打印处于关闭或冻结状态的图层。

⑩ 打印或不打印。

设定该图层是否可以打印图形。

（4）图层的使用

图层的名称、颜色、线型和线宽等设置好后，用户通过【图层】工具栏（见图 2.19）和【对象特性】工具栏（见图 2.20）的下拉列表可以方便地切换当前图层或修改对象所在的图层。缺省情况下，【对象特性】工具栏的“颜色控制”、“线型控制”和“线宽控制”3 个下拉列表中显示的是“Bylayer（随层）”，“随层”是指所绘对象的颜色、线型和线宽等属性与当前层所设定的完全相同。

（5）修改已有对象的图层

先单击要修改的对象，然后通过“图层”工具栏下拉列表选择要改变的图层。

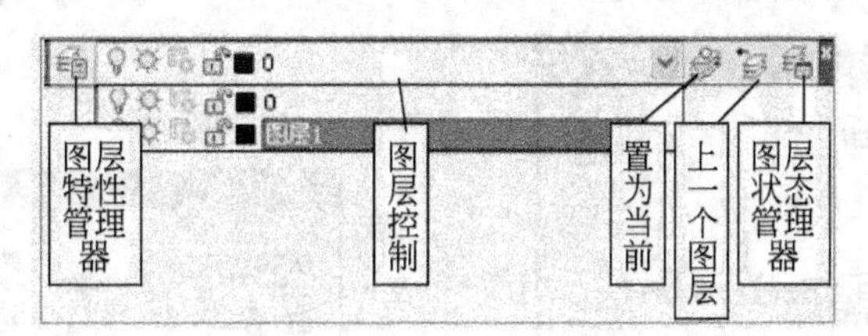

图 2.19 “图层”工具栏

图 2.20 “对象特性”工具栏

2.3.4 设置线型比例

有时用户选取点画线、中心线等有间距的线型，但可能在屏幕上看起来仍是实线，为在屏幕上显示真实的线型，必须配制适当的线型比例。用户可以通过如下几种方法设置。

① 单击下拉菜单【格式】→【线型】，弹出如图 2.21 所示的“线型管理器”对话框。单击“全局比例因子”输入框，用户可以在输入框中输入新的比例数值，然后单击“确定”按钮，则 AutoCAD 会按新比例重新生成图形。

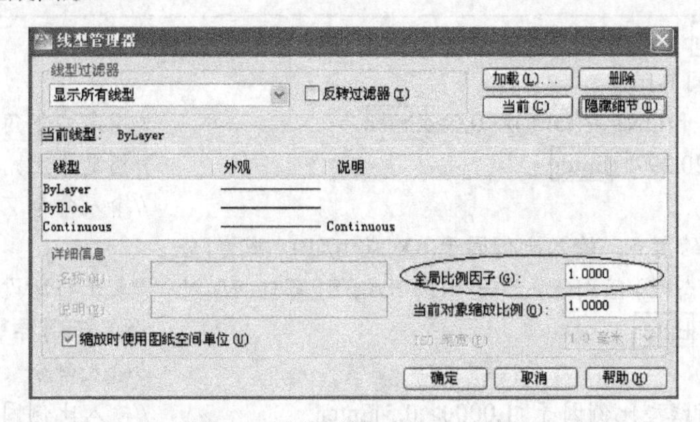

图 2.21 “线型管理器”对话框

② 从键盘输入 Ltscale 或 Lts，操作如下：

命令:lts Enter	//输入命令
LTSCALE 输入新线型比例因子<1.0000>:0.2Enter	//输入比例因子 0.2

【提示与技巧】

✓ 在 AutoCAD 中，若想为单独实体设置线型比例，而不是依靠总体比例因子，则可选取该实体，单击鼠标右键，选择“快速选择”项，则弹出图 2.22 所示的“快速选择”对话框，在该对话框中的“特性”文本框中选取“线型比例”项，然后在“值”输入框中输入新的比例数值。

案例 2-6　创建 A3 模板。

【案例操作】

① 设置绘图单位，如图 2.23 所示。

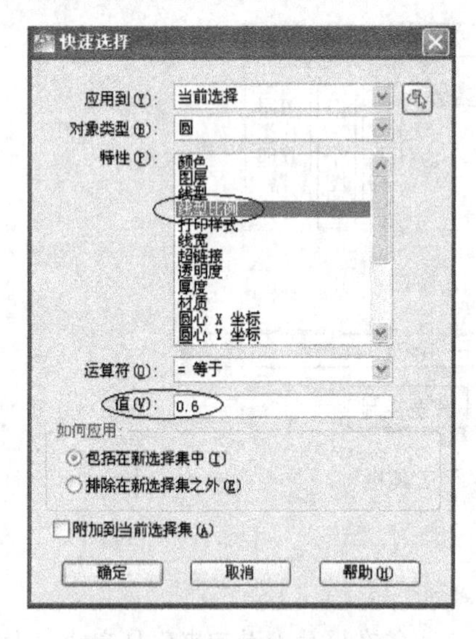

图 2.22 “快速选择”对话框

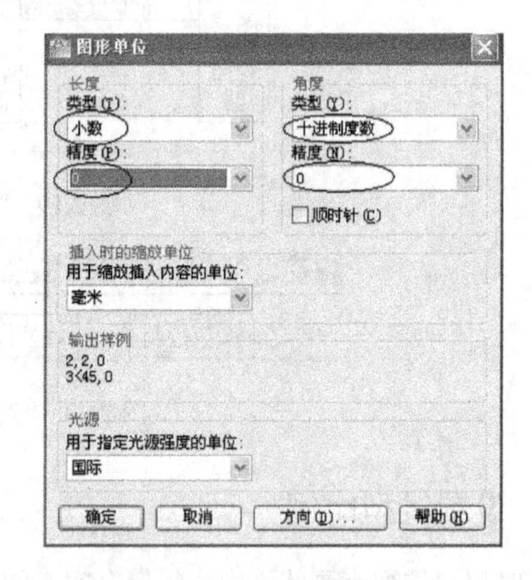

图 2.23 设置绘图单位

长度单位“小数”，角度单位“十进制度数”，精度都为 0。

② 设置绘图界限：420×297。

③ 设置线型比例：0.5。

命令:'_limits Enter	
重新设置模型空间界限:	
指定左下角点或[开(ON)/关(OFF)] <0,0>:Enter	//指定左下角点（0,0）
指定右上角点<420,297>:Enter	//指定右上角点（420,297）
命令:Z Enter	//输入命令 Z
ZOOM 指定窗口的角点，输入比例因子(nX 或 nXP)，或者[全部(A)/中心(C)/动态(D)/范围(E)/上一个(P)/比例(S)/窗口(W)/对象(O)] <实时>: A Enter	//表示将所设置的图形界限整个显示到屏幕上
命令:lts Enter	//输入命令
LTSCALE 输入新线型比例因子<1.0000>:0.5 Enter	//输入比例因子 0.5

④ 设置图层，如图 2.24 所示。

状态	名称	开	冻结	锁定	颜色	线型	线宽	透..	打印样式	打..	新.	说明
	0				白	Continuous	默认	0	Color_7			
	尺寸				白	Continuous	0.20...	0	Color_7			
	粗实线				红	Continuous	0.70...	0	Color_1			
	剖面线				青	Continuous	0.20...	0	Color_4			
	剖切符号				白	Continuous	0.20...	0	Color_7			
	视口				白	Continuous	0.20...	0	Color_7			
	文字				白	Continuous	0.20...	0	Color_7			
	细实线				洋红	Continuous	0.20...	0	Color_6			
	虚线				蓝	DASHED	0.20...	0	Color_5			
	中心线				绿	CENTER	0.20...	0	Color_3			

图 2.24 设置图层

⑤ 保存图形为样板文件 A3.dwt（见图 2.25）。

图 2.25 保存图形为样板文件

案例 2-7 练习用多种方法和不同的颜色绘制如图 2.26 所示的图形。

【案例操作】

先用“使用样板”A3.dwt 新建一文件（见图 2.27），然后用多种方法绘图（参见图 2.28）。

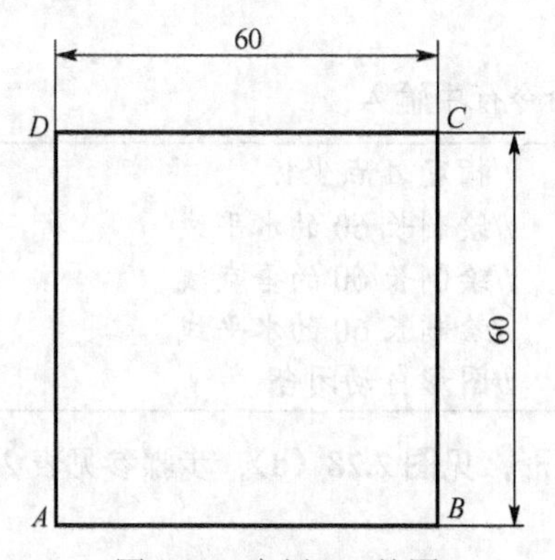

图 2.26 案例 2-7 的图

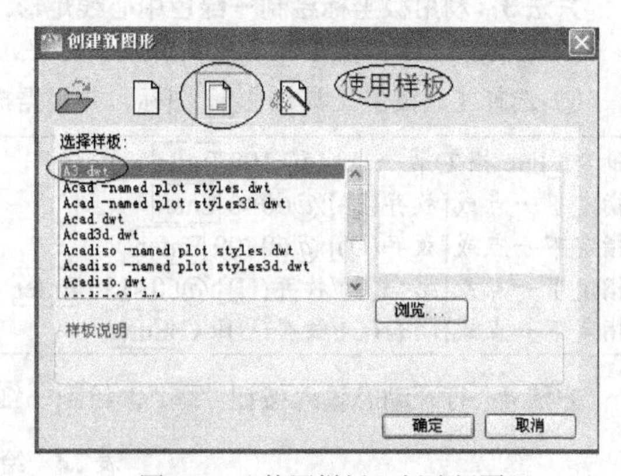

图 2.27 “使用样板”创建新图形

方法 1：利用绝对直角坐标绘制一红色粗实线矩形，见图 2.28（a）。

① 将图层“粗实线”置为当前（见图 2.29）。

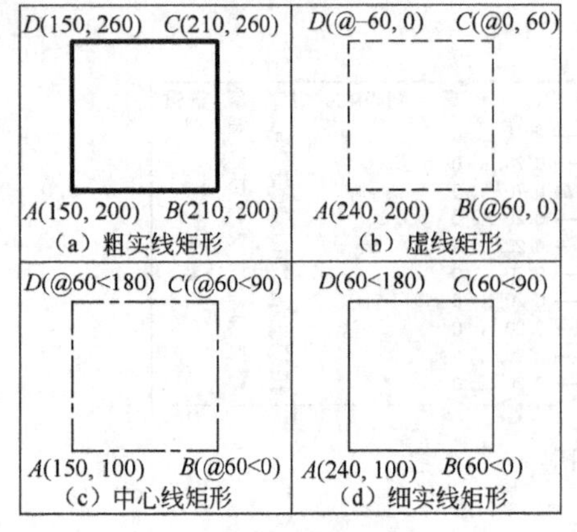

图 2.28　不同形式的矩形

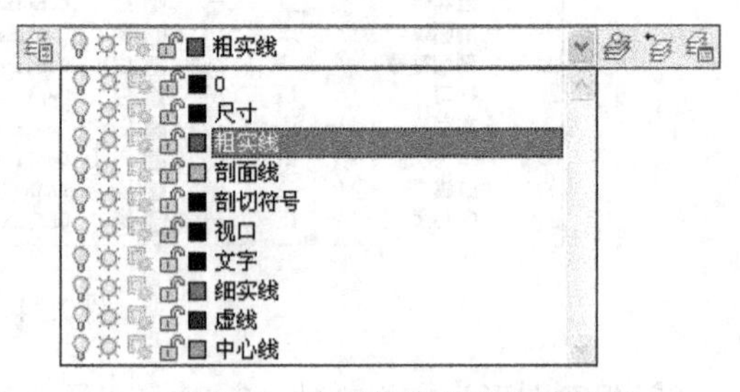

图 2.29　将“粗实线”置为当前

② 选择【绘图】工具栏中 图标，并根据提示在命令行中输入：

```
命令:_line 指定第一点:150,200 Enter                          //指定 A 点坐标（150, 200）
指定下一点或[放弃(U)]:210,200 Enter                          //指定 B 点坐标（210,200）
指定下一点或[放弃(U)]:210,260 Enter                          //指定 C 点坐标（210,260）
指定下一点或[闭合(C)/放弃(U)]:150,260 Enter                  //指定 D 点坐标（150,260）
指定下一点或[闭合(C)/放弃(U)]:150,200 Enter                  //指定 A 点坐标（150,200）
指定下一点或[闭合(C)/放弃(U)]:Enter                          //按回车结束命令
```

方法 2：利用相对直角坐标绘制一蓝色虚线矩形，见图 2.28（b）。

① 将图层“虚线”置为当前。

② 选择【绘图】工具栏中 图标，并根据提示在命令行中输入：

```
命令:_line 指定第一点: 240,200 Enter                         //指定 A 点坐标
指定下一点或[放弃(U)]:@60,0 Enter                            //绘制长 60 的水平线
指定下一点或[放弃(U)]:@0,60 Enter                            //绘制长 60 的垂直线
指定下一点或[闭合(C)/放弃(U)]:@-60,0 Enter                   //绘制长 60 的水平线
指定下一点或 [闭合(C)/放弃(U)]:C Enter                       //图形自动闭合
```

方法 3：利用极坐标绘制一绿色中心线矩形，见图 2.28（c）。

① 将图层“中心线”置为当前。

② 选择【绘图】工具栏中 图标，并根据提示在命令行中输入：

```
命令:_line 指定第一点: 150,100 Enter                         //指定 A 点坐标
指定下一点或[放弃(U)]:@60<0 Enter                            //绘制长 60 的水平线
指定下一点或[放弃(U)]:@60<90 Enter                           //绘制长 60 的垂直线
指定下一点或[闭合(C)/放弃(U)]:@60<180 Enter                  //绘制长 60 的水平线
指定下一点或[闭合(C)/放弃(U)]: C Enter                       //图形自动闭合
```

方法 4：打开动态输入按钮“ ”，绘制一细实线矩形，见图 2.28（d），步骤参见表 2.4。

表 2.4　绘图步骤

60 / 0° / 指定下一点或 / A / B	指定下一点或 / 90° / 60 / A / B
① 绘长 60 水平线段 *AB*	② 绘长 60 垂直线段 *BC*

续表

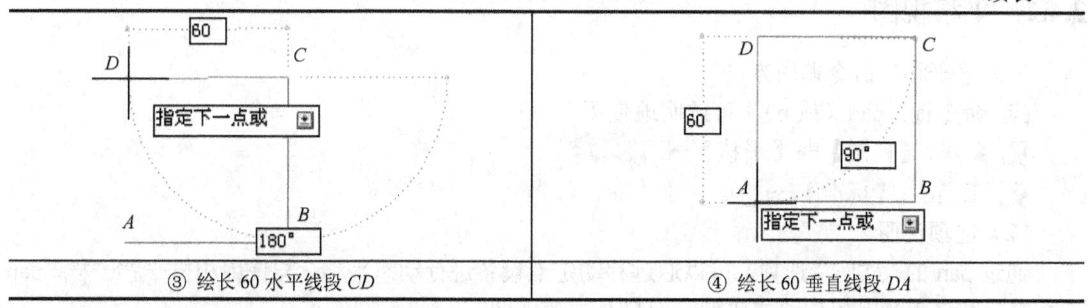

③ 绘长 60 水平线段 *CD*　　④ 绘长 60 垂直线段 *DA*

① 将图层“细实线”置为当前。

② 选择【绘图】工具栏中 图标，并根据提示在命令行中输入：

命令:_line 指定第一点: 240, 100 Enter	//指定第一点 *A*
指定下一点或[放弃(U)]: 0 Enter	//绘长 60 水平线段 *AB*
指定下一点或[放弃(U)]: 90 Enter	//绘长 60 垂直线段 *BC*
指定下一点或[闭合(C)/放弃(U)]: 180 Enter	//绘长 60 水平线段 *CD*
指定下一点或[闭合(C)/放弃(U)]:90 Enter	//绘长 60 垂直线段 *DA*
指定下一点或[闭合(C)/放弃(U)]:Enter	//按回车结束命令

2.4 控制图形显示

为便于绘图操作，AutoCAD 提供了一系列控制图形显示的命令，这些命令可以按用户期望的位置、比例和范围进行显示，但对图形本身并没有任何改变。

2.4.1 缩放视图

（1）“缩放”命令调用方法

命令行：zoom（或 z），可透明地使用。

菜单：【视图】→【缩放】→子菜单。

工具栏：【缩放】工具栏（见图 2.30）。

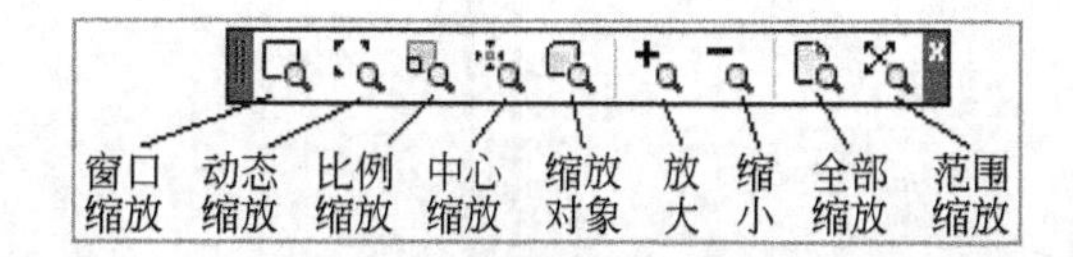

图 2.30 “缩放”工具栏

（2）选项说明

“缩放”命令类似于照相机的镜头，可以放大或缩小屏幕所显示的范围，但对象的实际尺寸并不发生变化，详细内容见表 2.5。

表 2.5 “缩放”命令选项说明

选项类型	说明	选项类型	说明
窗口缩放	缩放用矩形框选取的指定区域	放　大	以一定倍数放大图形
动态缩放	动态缩放图形	缩　小	以一定倍数缩小图形
比例缩放	按所指定的比例缩放图形	全部缩放	在当前视窗中显示整张图形
中心缩放	以新建立的中心点和高度缩放图形	范围缩放	显示图纸的范围
缩放对象	将选取的对象放大使图形充满屏幕		

2.4.2 平移视图

（1）“平移”命令调用方法

命令行：pan（或 p），可透明地使用。

菜单：【视图】→【平移】→ 实时 点 左 右 上 下。

工具栏：【标准】→ 。

（2）选项说明

通过 pan 的“实时”选项，可以通过移动定点设备进行动态平移。与使用相机平移一样，pan 不会更改图形中的对象位置或比例，而只是更改视图。

【提示与技巧】

- ✓ 按【Esc】键或【Enter】键退出实时平移命令，或单击右键从快捷菜单中选“退出”选项。从快捷菜单中还可选其他与缩放和平移命令有关的选项。
- ✓ 如果使用滚轮鼠标，可以按住滚轮按钮同时移动鼠标。
- ✓ 可以平移视图以重新确定其在绘图区域中的位置，或缩放视图以更改比例。

案例 2-8　使用“缩放”与“平移”命令查看图形。

【案例操作】

（1）打开图形文件“db_samp.dwg”

打开 AutoCAD 提供的文件夹“Sample/Database Connectivity”中的示例文件“db_samp.dwg”，该图为某建筑平面图，如图 2.31 所示。

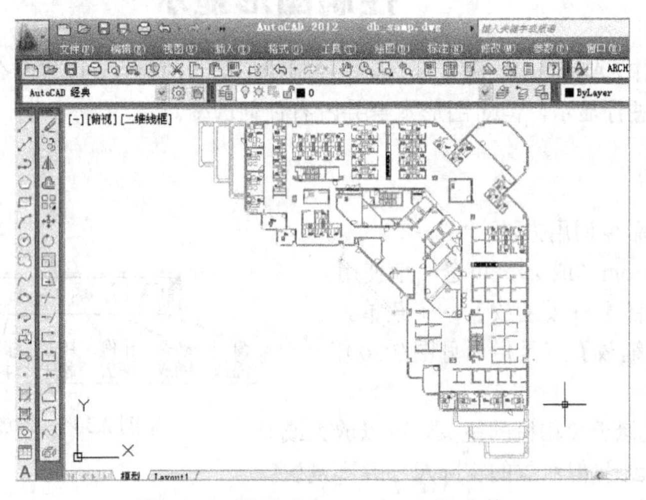

图 2.31　显示“db_samp.dwg”文件

（2）使用“缩放”命令查看图形

为了查看该图的细部，首先使用“实时缩放”来进行控制。选择【标准】工具栏上的图标按钮，这时光标变为形状。如果按住鼠标左键垂直向上移动，则随着鼠标移动距离的增加，图形不断地自动放大；反之，如果用户按住鼠标左键垂直向下移动，则随着鼠标移动距离的增加，图形不断地自动缩小。现在将图形放大到可以在屏幕上看清房间号为止，如图 2.32 所示。

（3）使用“平移”命令查看图形

为了在同样的显示比例下查看图形的其他部分，则可使用“平移”工具。先按【Enter】或【Esc】键终止实时缩放命令，然后选【标准】工具栏上的图标按钮，这时光标变为形状，然后按住鼠标左键在屏幕上向任意方向拖动，则屏幕上的图形也随之移动，从而查看任意部分的图形，参见图 2.33。

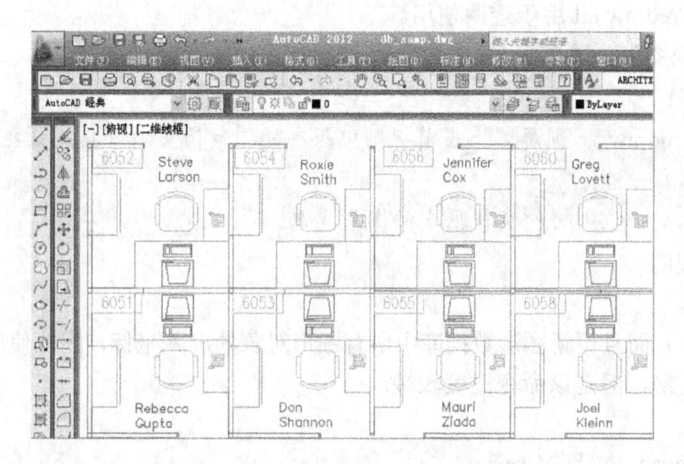

图 2.32　使用“实时缩放”命令放大图形

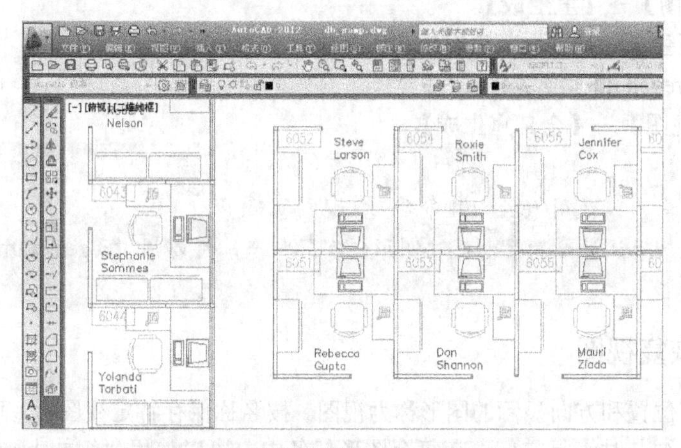

图 2.33　使用“平移”命令移动图形

（4）利用“缩放”命令重新显示整幅图形

先按【Enter】或【Esc】键终止平移命令，然后在命令行输入：

命令:zoom Enter　　　　//键入“zoom”命令
指定窗口的角点，输入比例因子(nX 或 nXP)，或者[全部(A)/中心(C)/动态(D)/范围(E)/上一个(P)/比例(S)/窗口(W)/对象(O)]<实时>:all Enter　　　　///根据提示选择“all”选项

这时屏幕上重新显示出了图形的整体情况。

2.4.3　重画与重生成视图

在绘图时，常在图上留下一些修改的痕迹，利用“redraw”能刷新屏幕或当前视图，擦除残留的光标。

（1）重画视图

① 命令功能。

刷新所有视口中的显示，擦除残留的光标，以显示正确的图形。

② 命令调用。

命令行：redraw all（或别名 ra），redraw（或别名 r）。

命令行：'redraw all 用于透明使用。

菜单：【视图】→【重画】。

【提示与技巧】

✓ 用户若输入"redraw"，则屏幕上当前视区中原有的图形消失，紧接着又把该图除去残留的光标之后重新画一遍。

✓ 若输入"redraw all"则将所有视区中的图形重画。

（2）重生成视图

① 命令功能。

不仅刷新显示，而且更新图形数据库中所有图形对象的屏幕坐标，因此使用该命令通常可以准确地显示图形数据。但是该命令速度较慢。

② 命令调用。

命令行：regen（或别名 re）。

菜单：【视图】→【重生成】。

另一种是重新生成图形并刷新所有视口，其调用方式为：

命令行：regen all（或别名 rea）。

菜单：【视图】→【全部重生成】。

【提示与技巧】

✓ 要删除零散像素，请使用 regen all 命令。

✓ 在编辑图形时，想让屏幕的显示反映图形的实际状态，可以用"regen auto"命令设置自动地再生整个图形。

2.4.4 保存和恢复视图

按一定比例、位置和方向显示的图形称为视图。按名称保存特定视图后，可以为布局和打印或在需要参考特定细节时恢复它们。在每个图形任务中，可以使用"缩放上一个"恢复最多 10 个以前在每个视口中显示的视图。

（1）保存视图

① 命令功能。

使用用户提供的名称来保存当前视口中的显示。

② 命令调用。

命令行：view。

工具栏：【视图】→ （参见图 2.34）。

菜单：【视图】→【命名视图】。

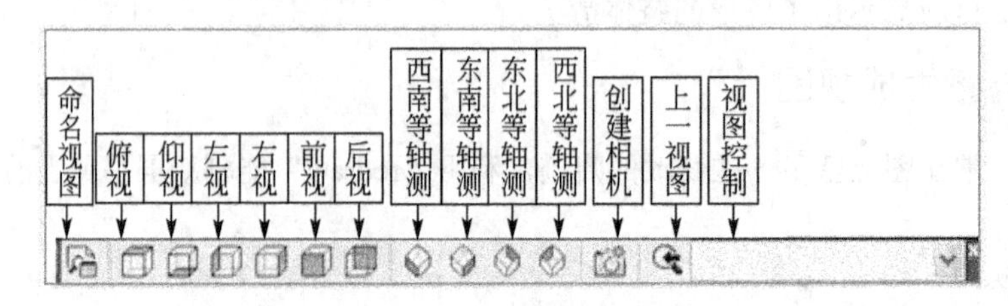

图 2.34 "视图"工具栏

③ 操作格式。

按上述任意方式调用命令，将弹出"视图管理器"对话框，如图 2.35 所示。

单击“新建”按钮，弹出“新建视图/快照特性”对话框（见图2.36），输入视图名称：tu1，选择视图类型。单击“确定”按钮保存新视图并返回“视图管理器”对话框，再单击“确定”按钮。

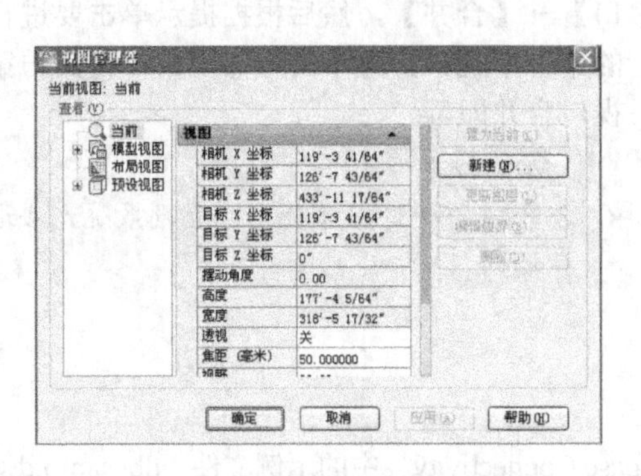

图2.35 “视图管理器”对话框

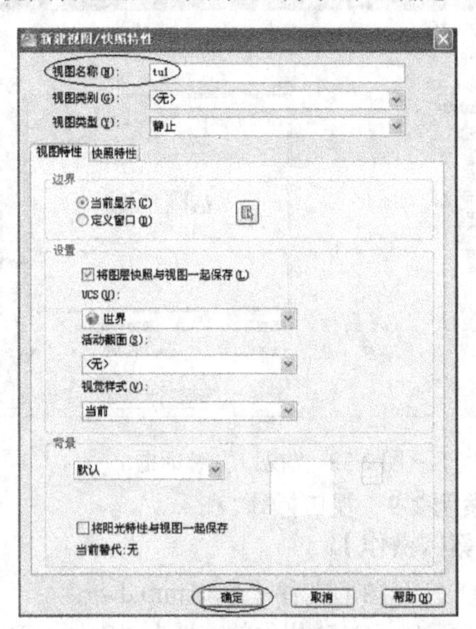

图2.36 “新建视图/快照特性”对话框

【提示与技巧】

- ✓ view 命令不能透明使用。
- ✓ view 命令保存和恢复命名模型空间视图、布局视图和预设视图。

（2）恢复视图

① 命令功能。

恢复指定视图到当前视口中。

② 命令调用。

命令行：view。

工具栏：【视图】→ 。

菜单：【视图】→【命名视图】。

按上述任意方式调用命令，将弹出“视图管理器”对话框，选择要恢复的视图（如tu1），单击“置为当前”，如图2.37所示，单击“确定”按钮恢复视图并退出所有对话框。

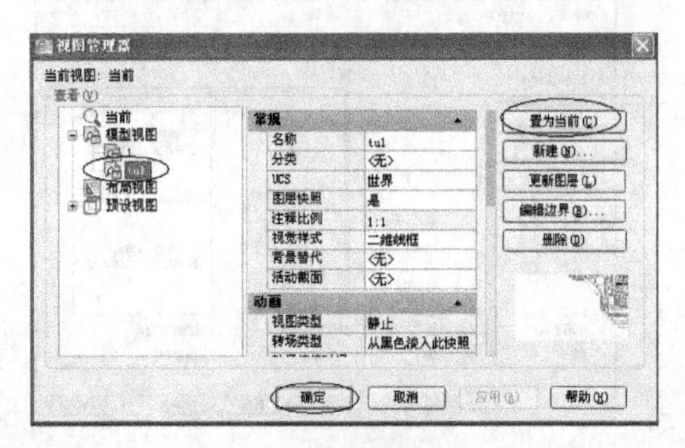

图2.37 把视图置为当前

2.4.5 设置视口

（1）命令功能

视口是显示图形的区域。默认状态下把整个绘图区域作为一个视窗，用户可通过视窗观察和绘制图形。用户也可根据需要将绘图区域分为多个视口以便同时显示图形的各个部分或各个侧面，但是同一时间只能在同一个视口中进行操作。

（2）命令调用

命令行：viewports 或 vports。

菜单：【视图】→【视口】→子菜单。

工具栏：【视口】→ 。

在 AutoCAD 中提供了 12 个标准视口，“视口”对话框如图 2.38 所示。

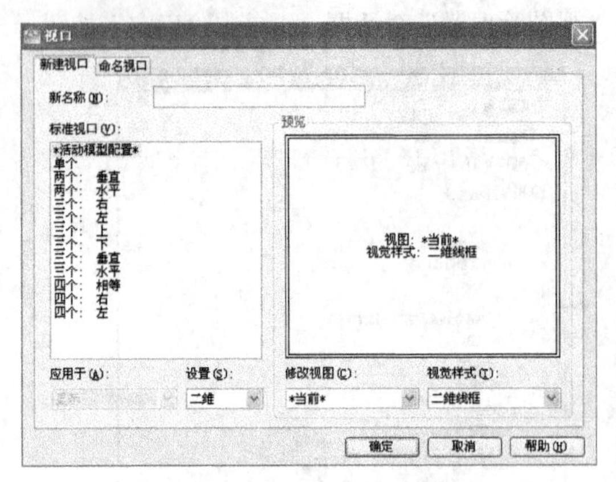

图 2.38 “视口”对话框

为了让用户能够更加灵活地使用视口来显示图形，AutoCAD 还允许用户对视口进行拆分。即将要拆分的视口设置为当前视口，然后使用“viewports”命令选择拆分后要显示标准视口类型。

与拆分视口相反，AutoCAD 也允许用户对两个相邻的视口进行合并。选择菜单【视图】→【视口】→【合并】，然后根据提示单击要进行合并的第一个视口，再单击相邻视口，将其与第一个视口合并即可。

【提示与技巧】

✓ 合并后的视口应为矩形，否则系统无法进行合并操作。

案例 2-9 视口操作。

【案例操作】

① 打开图形文件“db_samp.dwg”。

打开 AutoCAD 提供的文件夹“Sample/Database Connectivity”中的示例文件“db_samp.dwg”。

② 使用“新建视口”命令进行视口操作。

选择菜单【视图】→【视口】→【新建视口】，弹出“视口”对话框，如图 2.39 所示，单击“确定”，如图 2.40 所示。

③ 使用“缩放”与“平移”命令操作（如图 2.41 所示）。

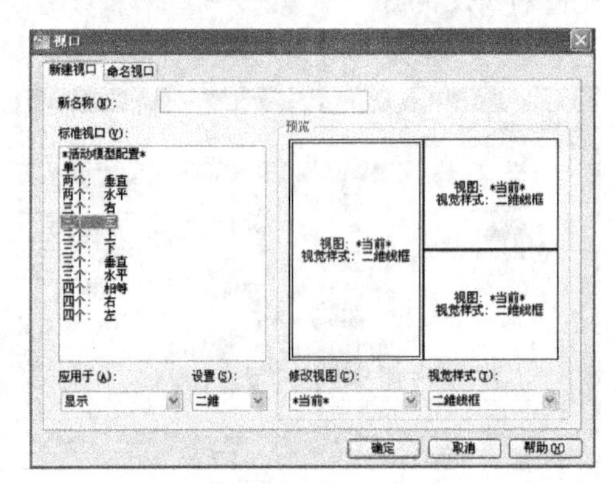

图 2.39 “视口”对话框

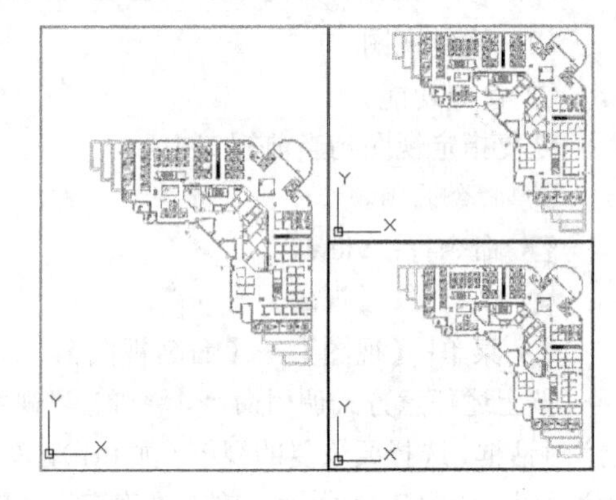

图 2.40 三个视口

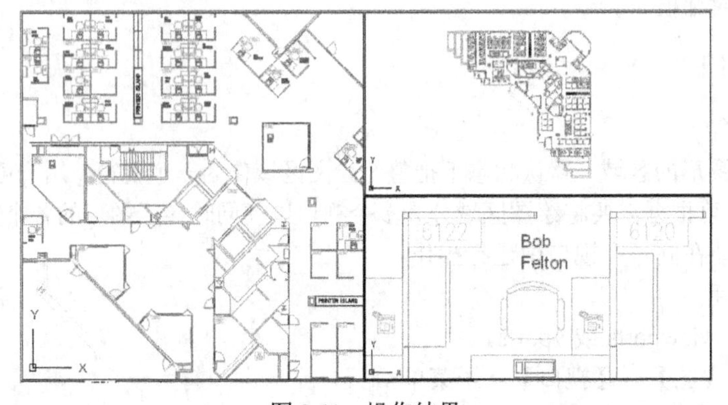

图 2.41 操作结果

2.5 总结提高

本章主要介绍了 AutoCAD 基本操作的命令和知识，包括坐标系统、数据输入方法、命令输入方式、绘图环境设置和控制图形显示的方法和技巧。

通过本章的学习，用户可以熟悉 AutoCAD 的基本操作，充分做好绘图前的一些准备工作，掌握查看图形的各种方法，有利于更加方便快捷地绘制复杂图形。但要想熟练掌握其具体操作和使用技巧，还得靠用户在实践中多多练习、慢慢领会。

2.6 思考与上机训练

2.6.1 选择题

1. 在 AutoCAD 中，中断一个命令可以按（　　）。

A.【Esc】键　　B.【Ctrl】+【C】键

C.【Ctrl】+【S】键　　D.【Ctrl】+【P】键

2.（　　）可以进入文本窗口。

A. 功能键 F2　　B. 功能键 F3　　C. 功能键 F1　　D. 功能键 F4

3. 使用缩放功能改变的只是图形的（　　）。

A. 实际尺寸　　B. 显示比例　　C. 图纸大小　　D. 形状

4. 要快速显示整个图限范围内的所有图形，可使用（　　）命令。

A. “视图”/“缩放”/“窗口”　　B. “视图”/“缩放”/“动态”

C. “视图”/“缩放”/“范围”　　D. “视图”/“缩放”/“全部”

5. 实时缩放中按住鼠标左键往（　　）方向为放大图形。

A. 上　　B. 下　　C. 左　　D. 右

6. 在 AutoCAD 中，标准视口最多可提供（　　）个视口。

A. 2　　B. 3　　C. 4　　D. 5

7.（　　）的名称不能被修改或删除。

A. 标准层　　B. 0 层　　C. 未命名的层　　D. 缺省的层

8. 当前图层（　　）被关闭，（　　）被冻结。

A. 不能，可以　　B. 不能，不能　　C. 可以，可以　　D. 可以，不能

9. AutoCAD 默认的图形界限是（　　）的图形单位，这是国际 A3 图幅标准。

A. 420×297　　B. 1024 ×768　　C. 640×560　　D. 1440×600

10. 当用户在创建新的图形文件时，系统将自动生成一个默认图层，且图层名为（　　）。

A. 默认图层　　B. 0 层　　C. 新建图层 1　　D. 新建图层

11. 在 AutoCAD 中可以给图层定义的特性不包括（　　）

A. 颜色　　B. 线宽　　C. 打印/不打印　　D. 透明/不透明

12. 下列属于 AutoCAD 中改变视图的方法有（　　）。

A. 窗口缩放　　B. 范围缩放　　C. 实时缩放　　D. 实时平移

13. 下列属于【图形单位】对话框参数的是（　　）。

A. 长度类型　　B. 长度精度　　C. 顺时针　　D. 方向程序

【友情提示】

1. A 2. A 3. B 4. D 5. A 6. C 7. B 8. D 9. A 10. B 11. D
12. ABCD 13. ABCD

2.6.2 思考题

1. AutoCAD 有几种坐标系统？有几种坐标形式？各如何表示？

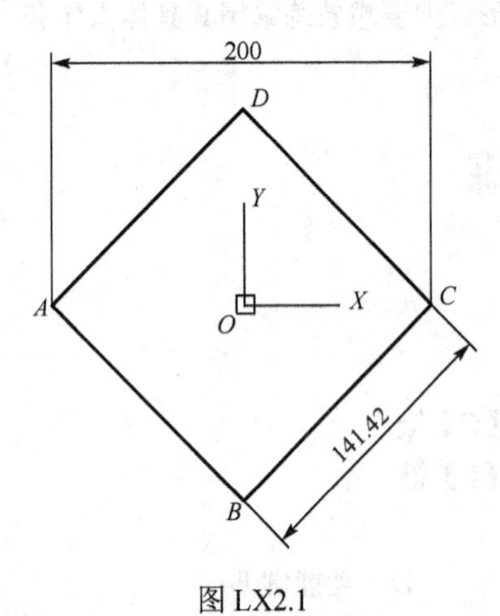

图 LX2.1

2. 在 AutoCAD 中，如何输入点？

3. 简述 AutoCAD 的命令输入方法。

4. 直线的起点为（20,10），如果要画出与 Y 轴正方向成 35° 夹角、长度为 50 的直线段应输入什么？

5. AutoCAD 的图层特性与功能是什么？如何设置与管理？

6. 如何设置初始绘图环境？

7. 简述控制图形显示的常用命令。

8. AutoCAD 的缩放命令有哪几种？

9. 简述设置视口的方法。

2.6.3 操作题

1. 分别用四种坐标和颜色绘制图 LX2.1 所示图形（其中心 O 在坐标原点）。

2. 灵活运用点的坐标形式绘制如图 LX2.2 所示图形。

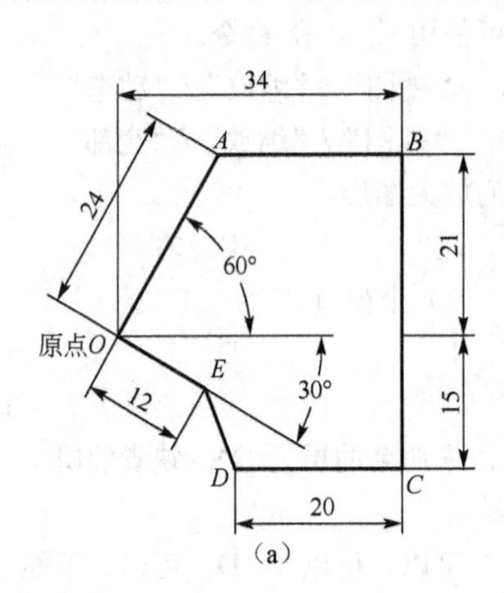

（a）

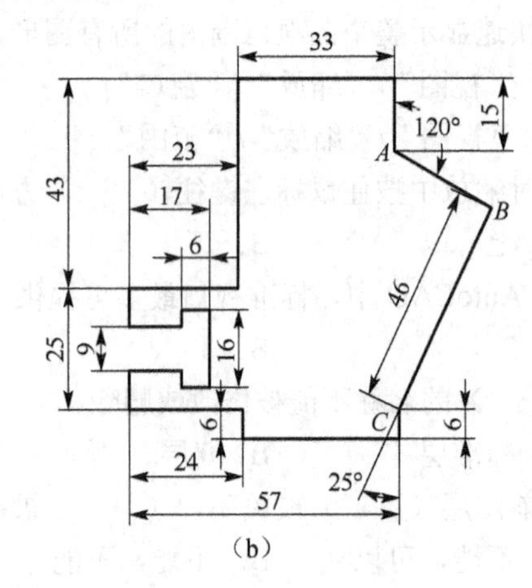

（b）

图 LX2.2

3. 按以下要求创建 A4 模板。

（1）设置单位：长度单位“小数”，角度单位“十进制度数”，精度都为 0.0。

（2）设置绘图界限：210×297，并全部缩放。

（3）按下表要求设置图层名、颜色、线型、线宽。

（4）利用点的坐标输入方式绘制如图 LX2.3 所示 A4 图框，外框用细实线绘制，里框用粗实线绘制。

（5）保存图形为样板文件 A4.dwt。

4. 参照图 LX2.4（b），利用“视口”、“视点”和“缩放”等命令，对图 LX2.4（a）进行图形显示操作，其中视点分别为（0,–1,0），（1,0,0），（0,0,1），（1,–2,1.5）；缩放比例均为 0.5。

5．参照图 LX2.5（b），利用“视口”、“三维视图”和“缩放”等命令，对图 LX2.5（a）进行图形显示操作，缩放比例均为 1。

图层名	颜色	线 型	线宽
粗实线	黑色	Continuous	0.5
细实线	蓝色	Continuous	0.25
中心线	红色	Center	0.25
虚线	黄色	Dashed	0.25
汉字	青色	Continuous	默认
尺寸标注	品红	Continuous	默认

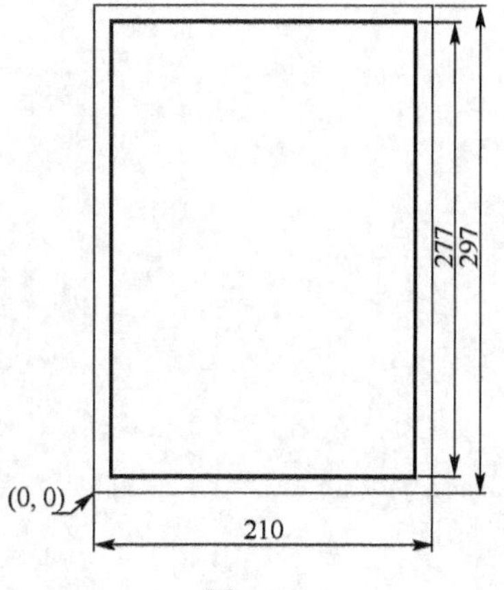

图 LX2.3

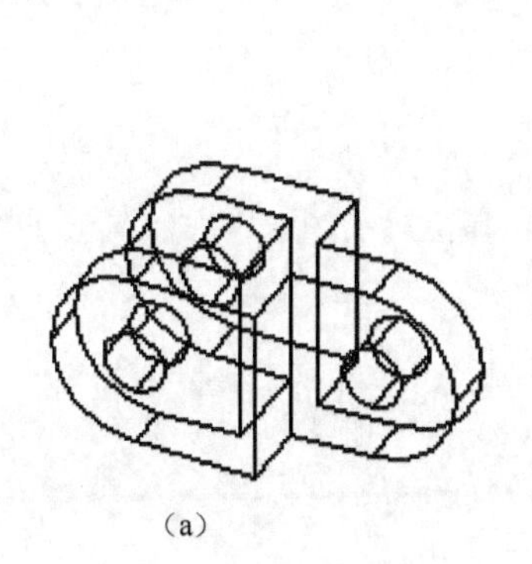

（a）

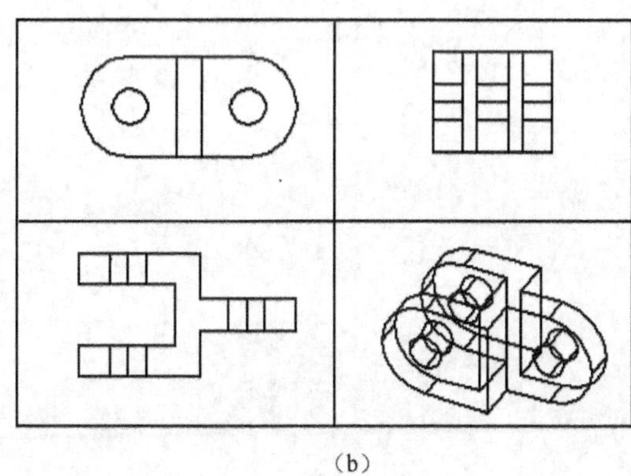

（b）

图 LX2.4

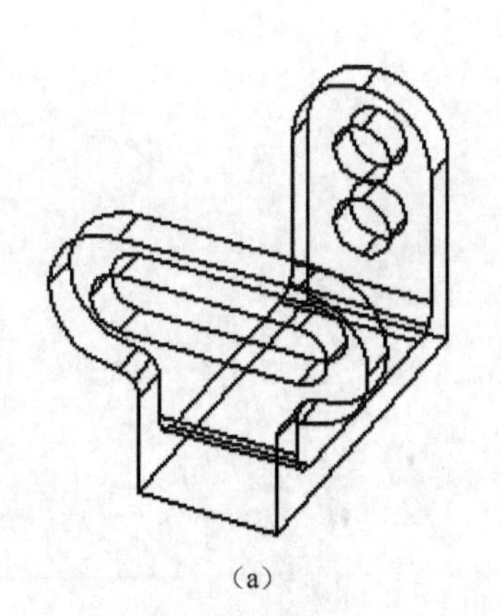

（a）

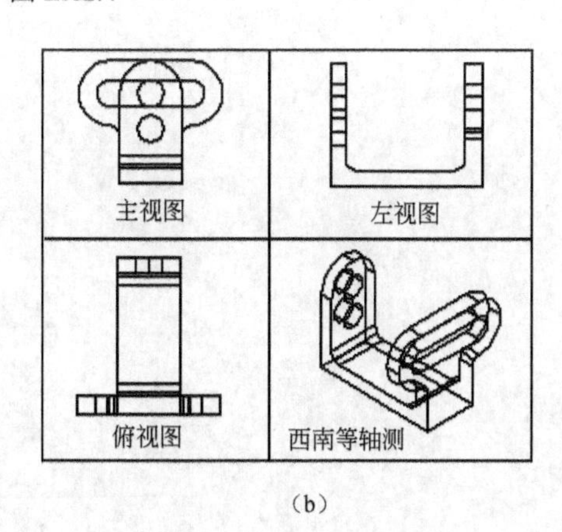

（b）

图 LX2.5

第3章　精确绘图工具

本章导读

在工程设计中，为了快捷、准确地绘制图形，AutoCAD 提供了强大的精确绘图功能，其中包括对象捕捉、追踪、极轴、栅格、正交等。利用这些工具，可以方便、迅速、准确地实现图形的绘制和编辑，既提高了工作效率，又能更好地保证图形的质量。

学习指导

★ 精确定位工具：捕捉工具、栅格工具、正交模式

★ 对象捕捉工具：设置对象捕捉、基点捕捉、点过滤器捕捉

★ 对象追踪：自动追踪、临时追踪

★ 动态输入

3.1 精确定位工具

3.1.1 捕捉工具

（1）命令功能

指定捕捉和栅格设置，可以直接使用鼠标快捷准确地定位目标点。

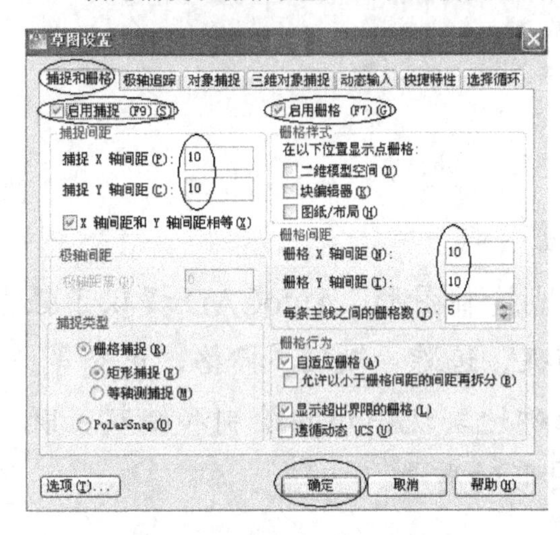

图 3.1 “捕捉和栅格”选项卡

（2）调用方式

命令行：snap。

菜单：【工具】→【绘图设置】，如图 3.1 所示。

状态栏：捕捉模式。

快捷键：【F9】。

（3）捕捉模式

① 栅格捕捉（gird snap）：栅格捕捉又可分为“矩形捕捉（rectangular snap）”和“等轴测捕捉（isometric snap）”两种类型。缺省设置为矩形捕捉，即捕捉点的阵列类似于栅格，用户可以指定捕捉模式在 *X* 轴方向和 *Y* 轴方向上的间距，也可改变捕捉模式与图形界限的相对位置。

与栅格不同之处在于：捕捉间距的值必须为正实数；另外捕捉模式不受图形界限的约束。

② 极轴捕捉（polar snap）：用于捕捉相对于初始点、且满足指定的极轴距离和极轴角的目标点。用户选择极轴捕捉模式后，将激活“极轴距离（polar spacing）”项，来设置捕捉增量距离。

【提示与技巧】

✓ 打开或关闭捕捉模式：可以通过单击状态栏上的“捕捉模式”、按 F9 键，或使用 SNAPMODE 系统变量，来打开或关闭捕捉模式。

3.1.2 栅格工具

（1）命令功能

用户可以应用显示栅格工具使绘图区域出现可见的网格。

（2）调用方式

菜单：【工具】→【绘图设置】，如图 3.1 所示。

状态栏：栅格。

快捷键：【F7】（仅限于打开与关闭）。

【提示与技巧】

✓ 打开或关闭栅格：可以通过单击状态栏上的“栅格”、按 F7 键，或使用 GRIDMODE 系统变量，来打开或关闭栅格模式。

✓ LIMITS 命令和 GRIDDISPLAY 系统变量可控制栅格的界限。

案例 3-1　用光标捕捉和栅格显示绘制如图 3.2（a）所示图形。

【操作步骤】

① 设置捕捉和栅格 *X* 轴和 *Y* 轴间距，均为 10，并打开捕捉和栅格显示，如图 3.1 所示。

② 单击“直线”命令，任选一点作为起点 A，然后按尺寸分别绘制各线段，参见图 3.2（b）、（c）。

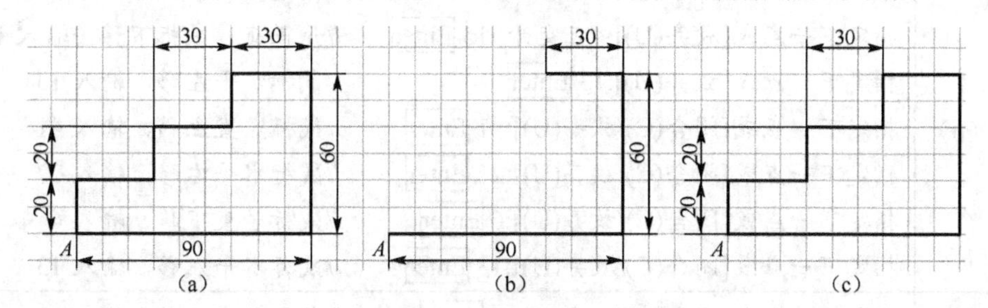

图 3.2 案例 3-1 的图

3.1.3 正交模式

（1）命令功能

可以将光标限制在水平或垂直方向上移动，以便于精确地创建和修改对象。

（2）调用方式

命令行：ortho。

状态栏：正交。

快捷键：【F9】。

案例 3-2 运用正交模式绘制如图 3.3（a）所示图形。

【操作步骤】 参见图 3.3（b）、（c）、（d）。

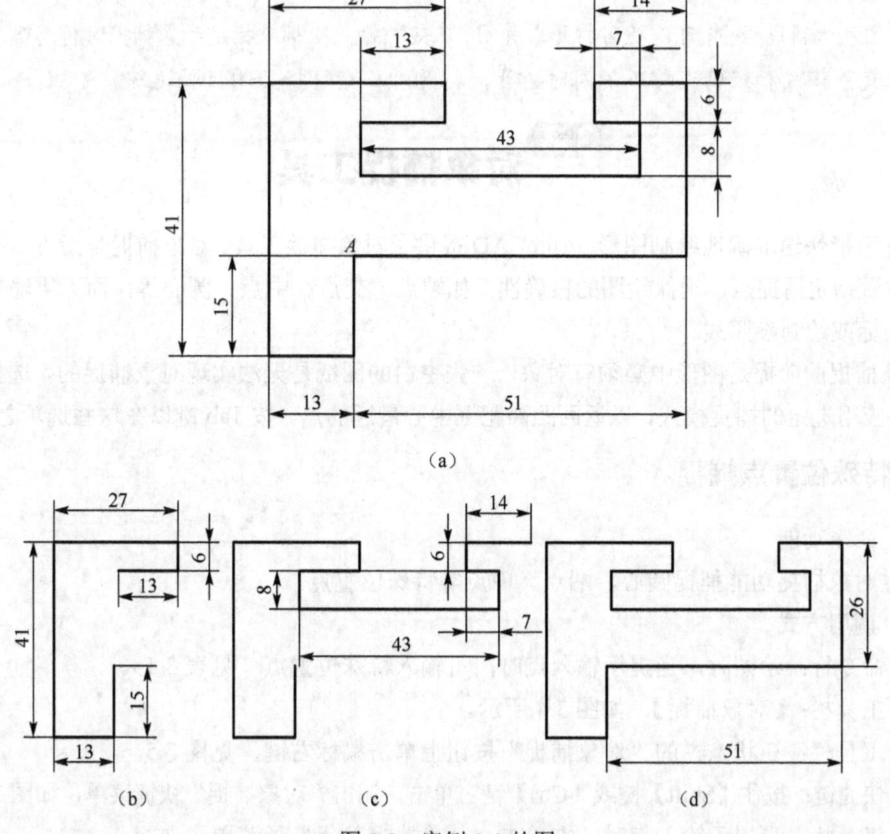

图 3.3 案例 3-2 的图

图 3.3（b）	命令:_line 指定第一点:	//指定第一点 A
	指定下一点或[放弃(U)]:<正交开>15 Enter	//开正交，鼠标下移，输入 15
	指定下一点或[放弃(U)]:13 Enter	//鼠标水平左移，输入 13
	指定下一点或[闭合(C)/放弃(U)]:41 Enter	//鼠标竖直上移，输入 41
	指定下一点或[闭合(C)/放弃(U)]:27 Enter	//鼠标水平右移，输入 27
	指定下一点或[闭合(C)/放弃(U)]:6 Enter	//鼠标竖直下移，输入 6
	指定下一点或[闭合(C)/放弃(U)]:13 Enter	//鼠标水平左移，输入 13
图 3.3（c）	指定下一点或[闭合(C)/放弃(U)]:8 Enter	//鼠标竖直下移，输入 8
	指定下一点或[闭合(C)/放弃(U)]:43 Enter	//鼠标水平右移，输入 43
	指定下一点或[闭合(C)/放弃(U)]:8 Enter	//鼠标竖直上移，输入 8
	指定下一点或[闭合(C)/放弃(U)]:7 Enter	//鼠标水平左移，输入 7
	指定下一点或[闭合(C)/放弃(U)]:6 Enter	//鼠标竖直上移，输入 6
	指定下一点或[闭合(C)/放弃(U)]:14 Enter	//鼠标水平右移，输入 14
图 3.3（d）	指定下一点或[闭合(C)/放弃(U)]:26 Enter	//鼠标水平左移，输入 26
	指定下一点或[闭合(C)/放弃(U)]:C Enter	//图形闭合

【提示与技巧】

- ✓ 打开“正交”模式时，指定方向，使用直接距离输入方法以创建指定长度的正交线或将对象移动指定的距离。
- ✓ 在绘图和编辑过程中，可以随时打开或关闭“正交”。输入坐标或指定对象捕捉时将忽略“正交”。
- ✓ “正交”模式和极轴追踪不能同时打开。打开“正交”将关闭极轴追踪。

3.2 对象捕捉工具

为尽可能快速准确地绘制图形，AutoCAD 提供了对象捕捉工具。对象捕捉是指可以在对象上的精确位置指定捕捉点，确保绘图的精确性，如端点、交点、中点、圆心等，而无需输入这些点的精确坐标或绘制参照线。

对象捕捉的前提是图形中必须有对象，一张空白的图纸是无法实现对象捕捉的。选择多个选项后，将应用选定的捕捉模式，以返回距离靶框中心最近的点。按 Tab 键以在这些选项之间循环。

3.2.1 特殊位置点捕捉

（1）命令功能

通过对象捕捉功能捕捉圆心、端点、中点等特殊位置点。

（2）调用方式

命令行：绘图时，当提示输入点时，可输入特殊位置点（见表 3.1）。

工具栏：【对象捕捉】，如图 3.4 所示。

工具栏：在状态栏的“对象捕捉”按钮上单击鼠标右键，见图 3.5。

快捷键：按住【Shift】键或【Ctrl】键右单击，调出“对象捕捉”快捷菜单，如图 3.6 所示。

工具栏：当提示输入点时，右单击，从“捕捉替代”子菜单中选择。

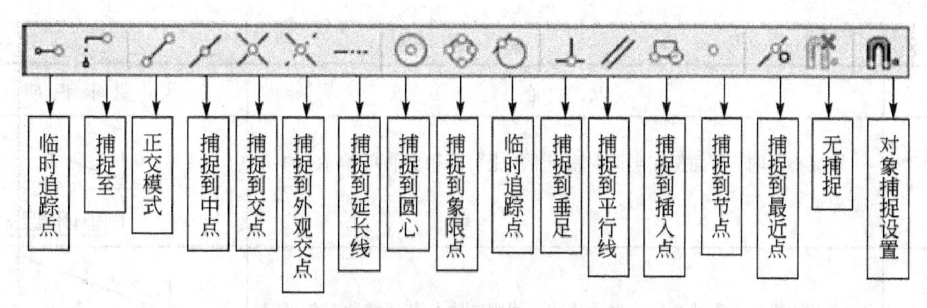

图 3.4 “对象捕捉”工具栏

表 3.1 对象捕捉模式

捕 捉 模 式	功 能	图 示 说 明
端点 □	捕捉到圆弧、椭圆弧、直线、多行、多段线线段、样条曲线、面域或射线最近的端点，或捕捉宽线、实体或三维面域的最近角点	端点
中点 △	捕捉到圆弧、椭圆、椭圆弧、直线、多行、多段线线段、面域、实体、样条曲线或参照线的中点	中点
圆心 ○	捕捉到圆弧、圆、椭圆或椭圆弧的中心点	圆心
节点 ⊠	捕捉到点对象、标注定义点或标注文字原点	节点
象限点 ◇	捕捉到圆弧、圆、椭圆或椭圆弧的象限点	象限点
交点 ×	捕捉到圆弧、圆、椭圆、椭圆弧、直线、多行、多段线、射线、面域、样条曲线或参照线的交点。“延伸交点”不能用作执行对象捕捉模式	交点
延伸	当光标经过对象的端点时，显示临时延长线或圆弧，以便用户在延长线或圆弧上指定点	范围:15.4343<0°
插入点	捕捉到属性、块、形或文字的插入点	AutoCAD 插入点
垂足	捕捉圆弧、圆、椭圆、椭圆弧、直线、多线、多段线、射线、面域、实体、样条曲线或构造线的垂足	垂足
切点	捕捉到圆弧、圆、椭圆、椭圆弧或样条曲线的切点	捕捉点 选择点
最近点	捕捉到圆弧、圆、椭圆、椭圆弧、直线、多行、点、多段线、射线、样条曲线或参照线的最近点	最近点

续表

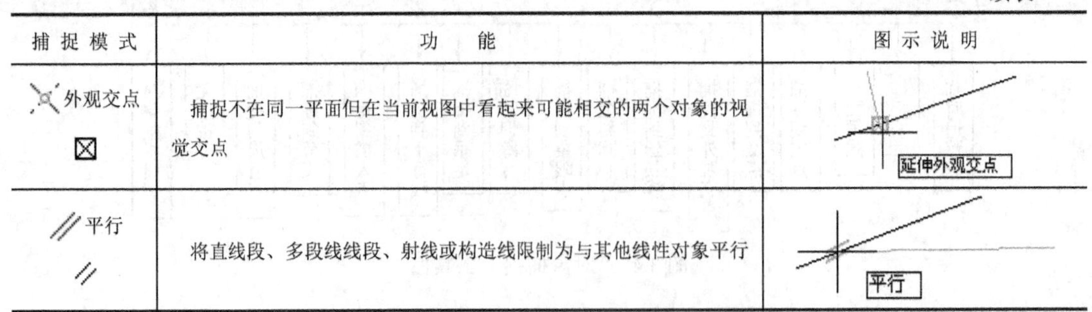

捕 捉 模 式	功　能	图 示 说 明
外观交点	捕捉不在同一平面但在当前视图中看起来可能相交的两个对象的视觉交点	延伸外观交点
平行	将直线段、多段线线段、射线或构造线限制为与其他线性对象平行	平行

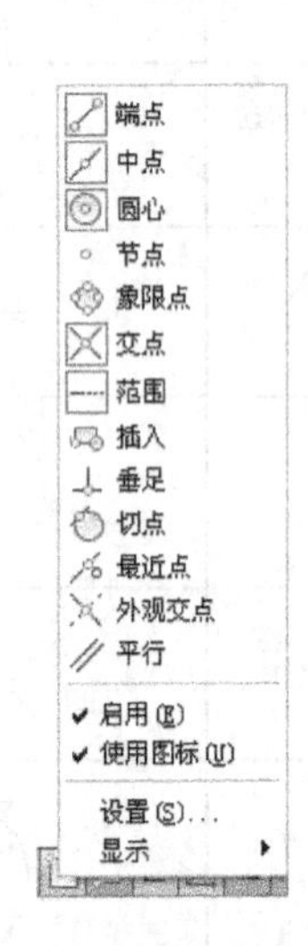

图 3.5　状态栏的“对象捕捉”快捷菜单

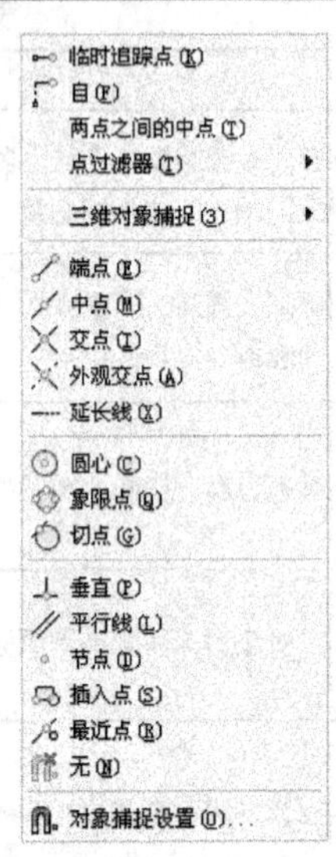

图 3.6　“对象捕捉”快捷菜单

【提示与技巧】

✓ 在提示输入点时指定对象捕捉后，对象捕捉只对指定的下一点有效。

✓ 仅当提示输入点时，对象捕捉才生效。如果尝试在命令提示下使用对象捕捉，将显示错误信息。

3.2.2　设置对象捕捉

（1）命令功能

如果要经常使用对象捕捉，可以通过“草图设置”对话框中的对象捕捉选项卡完成这一心愿，如图 3.7 所示。

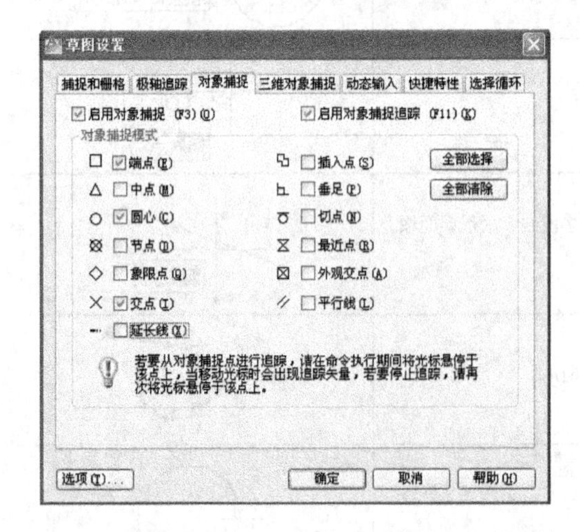

图 3.7　“草图设置”对话框的“对象捕捉”选项卡

（2）调用方式

命令行：Osnap。

工具栏：【对象捕捉】→ ，如图 3.4 所示。

状态栏：右击状态栏的 ，在右键快捷菜单中选择【设置】菜单。

菜单：【工具】→【绘图设置】。

（3）操作格式

用上述任一种方法输入命令后，AutoCAD 将弹出如图 3.7 所示的“草图设置”对话框，可以利用该对话框中的对象捕捉选项卡设置运行目标的捕捉方式。

（4）选项说明

① 启用对象捕捉复选钮：可通过复选按钮、功能键【F3】、打开或关闭 来控制。只有在打开目标捕捉命令时，关于目标捕捉样式的选项才被激活。

② 启用对象捕捉追踪复选钮：可设置是否运行跟踪目标捕捉，或通过功能键【F11】打开或关闭跟踪目标捕捉。

③ 目标捕捉样式：在该设置区中，可以设置自动运行目标捕捉的内容。

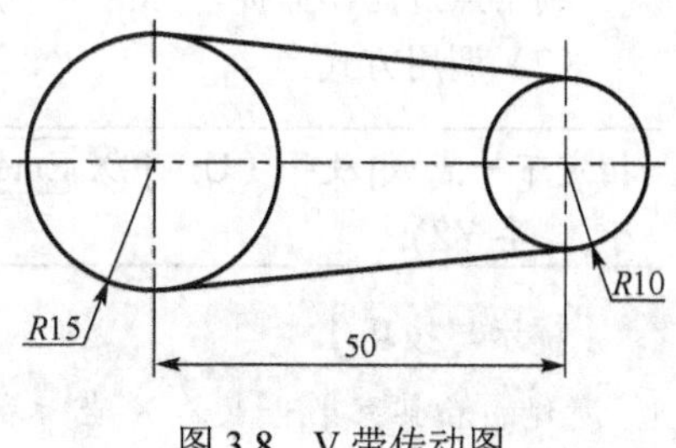

图 3.8　V 带传动图

案例 3-3　绘制如图 3.8 所示 V 带传动图。

【操作步骤】　参见表 3.2。

表 3.2　操作步骤

		递延切点
① 绘中心线	② 绘两圆	③ 直线命令，捕捉切点
递延切点		
④ 捕捉另一切点	⑤ 绘出一条切线	⑥ 同理，绘另一切线

3.2.3　基点捕捉

（1）命令功能

在绘制图形时，有时需要指定以某个点为基点的一个点。这时，可以利用基点捕捉功能来捕捉此点。基点捕捉要求确定一个临时参考点作为指定后继点的基点，通常与其他对象捕捉模式及相对坐标联合使用。

（2）调用方式

命令行：From。

工具栏：【对象捕捉】→ 。

菜单：快捷键菜单，对象捕捉设置。

案例 3-4　绘制一条从点 *A*（50,50）到点 *B*（100,120）的线段 *AB*。

【操作步骤】

命令:_line 指定第一点:50,50	//输入点 A 坐标	B(100, 120)
指定下一点或[放弃(U)]:from	//选	
基点:100,100	//输入临时参考点坐标	
<偏移>:@0,20	//输入偏移量	
指定下一点或[放弃(U)]:	//回车结束命令	A(50, 50)

3.2.4 点过滤器捕捉

（1）命令功能

利用点过滤器捕捉，可由一个点的*X*坐标和另一点的*Y*坐标确定一个新点。

（2）调用方式

指定下一点或[放弃（U）]:.X Enter 于(需要 YZ):	//先指定一个点，“于”后面出现(需要 *YZ*)选项，再指定另一个点

【提示与技巧】

✓ 新建的点具有第一点的 X 坐标和第二点的 Y 坐标。

案例 3-5 绘制一条从点 *C*（45,45）到点 *D*（80,120）的线段 *CD*。

【操作步骤】

命令:_line 指定第一点:45,45	//输入点 *C* 坐标	*D*(80, 120)
指定下一点或[放弃(U)]:	//右键快捷菜单见图 3.9，选择点过滤器.X	
.X 于 80,100	//输入第一点坐标	
(需要 YZ):100,120	//输入第二点坐标	
指定下一点或[放弃(U)]:	//回车结束命令	*C*(45, 45)

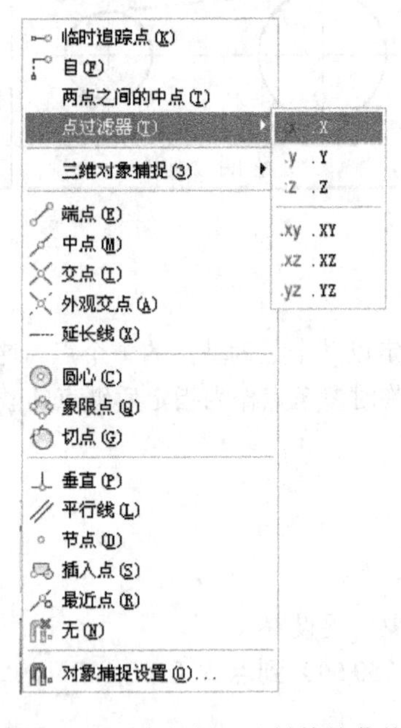

图 3.9 “对象捕捉”右键快捷菜单

3.3 对象追踪

对象追踪是指按指定角度或与其他对象的指定关系绘制对象。可以结合对象捕捉功能进行自动追踪，也可以指定临时点进行临时追踪。

3.3.1 自动追踪

（1）极轴追踪

① 命令功能。

指按指定的极轴角或极轴角的倍数对齐要指定点的路径。“极轴追踪”必须配合“极轴”功能和“对象追踪”功能一起使用。

② 调用方式。

命令行：Osnap。

菜单：【工具】→【绘图设置】，如图3.10所示。

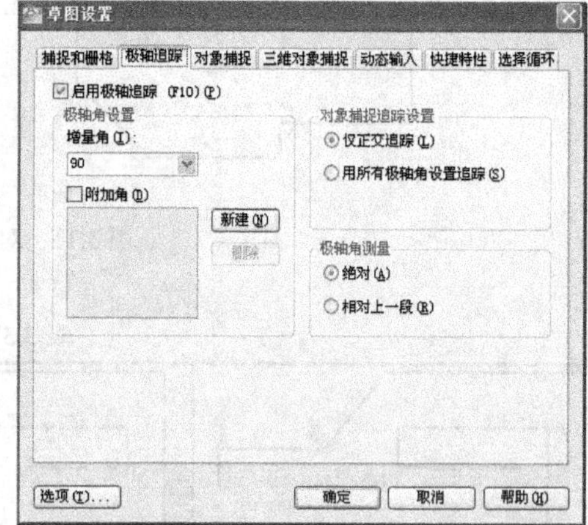

图3.10 “草图设置”对话框的“极轴追踪”选项卡

工具栏：【对象捕捉】→ 。

快捷键：【F10】。

快捷键菜单：对象捕捉设置。

状态栏：极轴追踪 。

③ 选项说明。

- “启用极轴追踪”复选框：选中即启用极轴追踪功能。
- “极轴角设置”选项组：设置极轴角的值。可以在“增量角”下拉列表中选择一种角度值。也可选中“附加角”复选框，单击“新建”来设置任意附加角，系统在进行极轴追踪时，同时追踪增量角和附加角，可以设置多个附加角。
- “对象捕捉追踪设置”和“极轴角测量”选项组：按界面提示设置相应单项选项。

（2）对象捕捉追踪

① 命令功能。

可以沿指定方向按指定角度或与其他对象的指定关系绘制对象。

② 调用方式。

命令行：Osnap。

菜单：【工具】→【绘图设置】。

工具栏：【对象捕捉】→ 。

快捷键：【F11】。

快捷键菜单：对象捕捉设置 。

状态栏：对象捕捉 +对象捕捉追踪 。

③ 操作格式。

按照上面的执行方式操作，打开“草图设置”对话框的“对象捕捉”选项卡，选中“启用对象捕捉追踪”复选框，即完成了对象捕捉追踪设置。

对象捕捉追踪只需将光标在该点上停留片刻，当自动捕捉标记中出现黄色的“+”标记，以该点为基准点进行追踪，来得到准确的目标点。

案例3-6　用对象捕捉追踪功能将左图变为右图，如图3.11所示。

【操作步骤】 如表3.3所示。

设置捕捉方式为端点、中点、打开对象捕捉 和对象捕捉追踪 。

【提示与技巧】

✓ 即使关闭了对象捕捉追踪，也可以从命令中的最后一个拾取点追踪“垂足”或“切点”对象捕捉。

✓ 默认情况下，对象捕捉追踪将设定为正交。可以选择仅在按 Shift 键时才获取点。
✓ 使用临时替代键进行对象捕捉追踪时，无法使用直接距离输入方法。

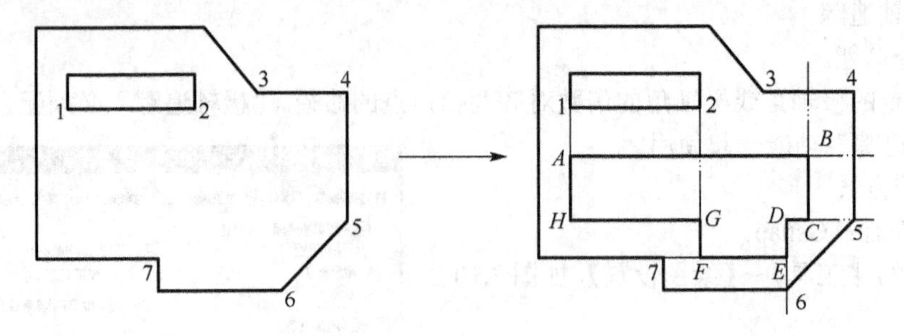

图 3.11 对象追踪应用实例

表 3.3 操作步骤

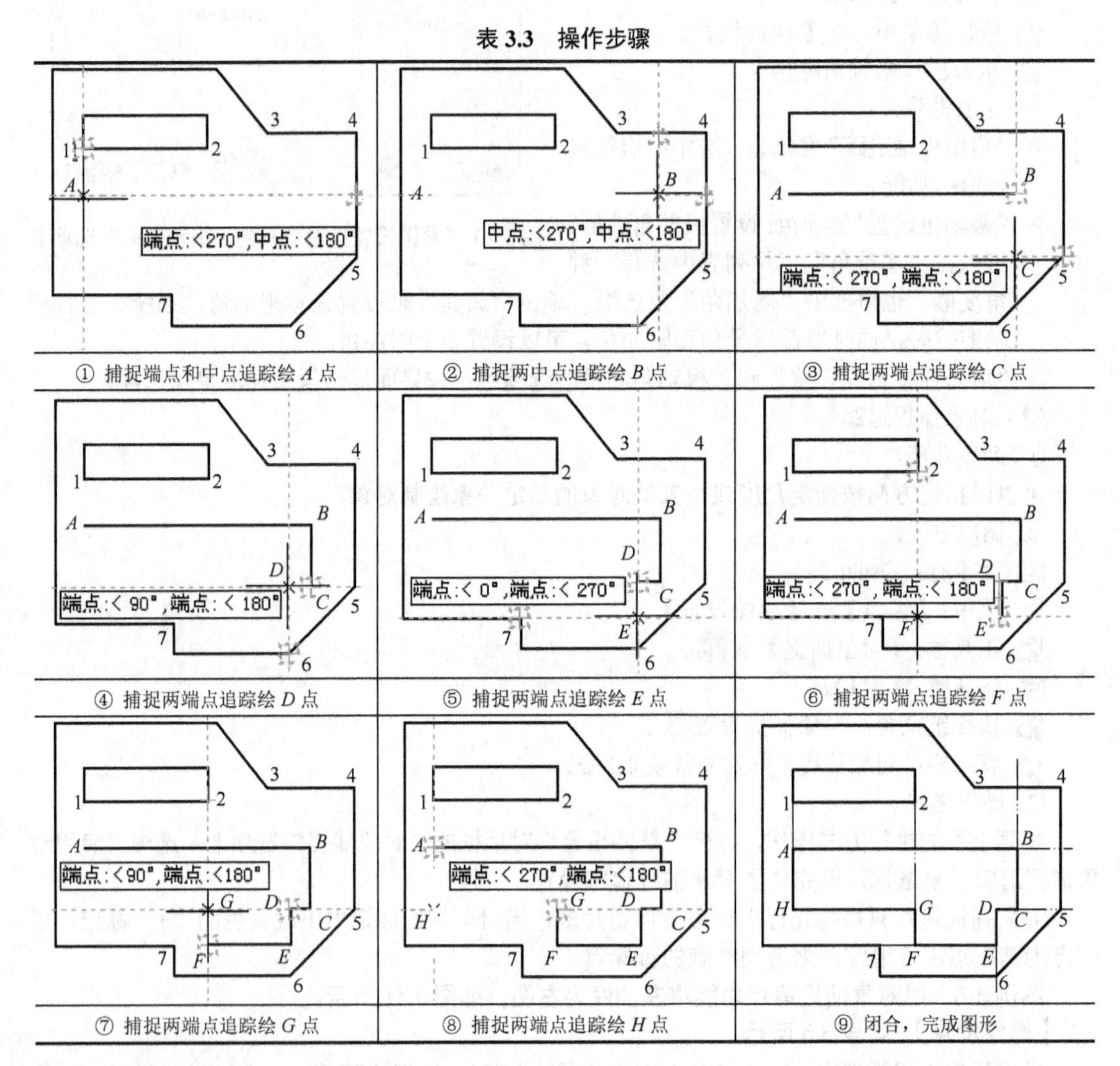

① 捕捉端点和中点追踪绘 *A* 点	② 捕捉两中点追踪绘 *B* 点	③ 捕捉两端点追踪绘 *C* 点
④ 捕捉两端点追踪绘 *D* 点	⑤ 捕捉两端点追踪绘 *E* 点	⑥ 捕捉两端点追踪绘 *F* 点
⑦ 捕捉两端点追踪绘 *G* 点	⑧ 捕捉两端点追踪绘 *H* 点	⑨ 闭合，完成图形

3.3.2 临时追踪

绘制图形对象时，除了可以进行自动追踪外，还可以指定临时点作为基点进行临时追踪。在提示输入点时，输入 tt 或打开右键快捷菜单，选择“临时追踪点”命令，然后指定一个临时追踪点。

案例 3-7　绘制如图 3.12（a）所示的内部小矩形。

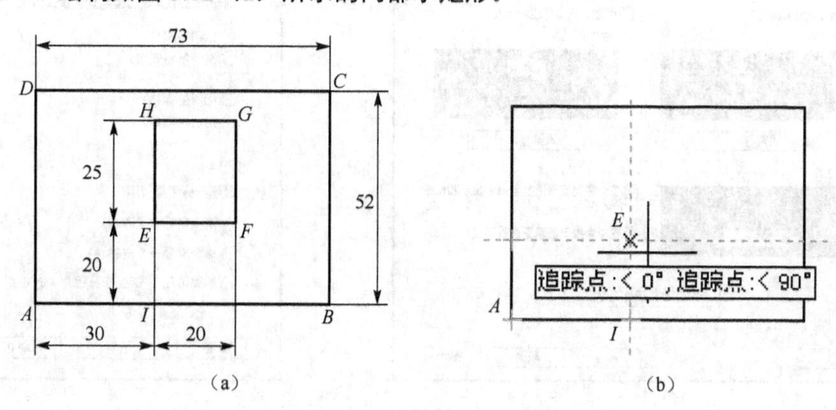

（a）　　（b）

图 3.12　临时追踪应用实例

【操作步骤】:

命令:_line 指定第一点:_tt 指定临时对象追踪点:30 Enter	//点取图标，捕捉临时对象追踪点 A，追踪到 I 点
指定第一点:_tt 指定临时对象追踪点:20 Enter 指定第一点:	//再点取图标，捕捉临时对象追踪点 A，确定点 E，如图 3.13（b）所示
指定下一点或[放弃(U)]:20 Enter	//确定点 F
指定下一点或[放弃(U)]:25 Enter	//确定点 G
指定下一点或[闭合(C)/放弃(U)]:20 Enter	//确定点 H
指定下一点或[闭合(C)/放弃(U)]:C Enter	//封闭矩形并结束命令

3.4 动态输入

（1）命令功能

“动态输入”在光标附近提供了一个命令界面，以帮助用户专注于绘图区域。主要由指针输入、标注输入、动态提示三部分组成。

（2）调用方式

命令行：dsettings。

菜单:【工具】→【绘图设置】子菜单，选择【动态输入】。

状态栏：在按钮上右击。

（3）操作格式

在弹出的“草图设置”对话框中选择“动态输入”，如图 3.13 所示。

3.4.1　启用指针输入

当启用指针输入且有命令在执行时，十字光标的位置将在光标附近的工具栏提示中显示为坐标。可以在工具栏提示中输入坐标值，而不用在命令行中输入，使用【Tab】键可以在多个工具栏提示中切换。

使用指针输入设置可更改坐标的默认格式，以及控制指针输入工具提示何时显示。在“动态输入”对话框中单击“设置”，调出“指针输入设置”对话框。如图 3.14 所示。

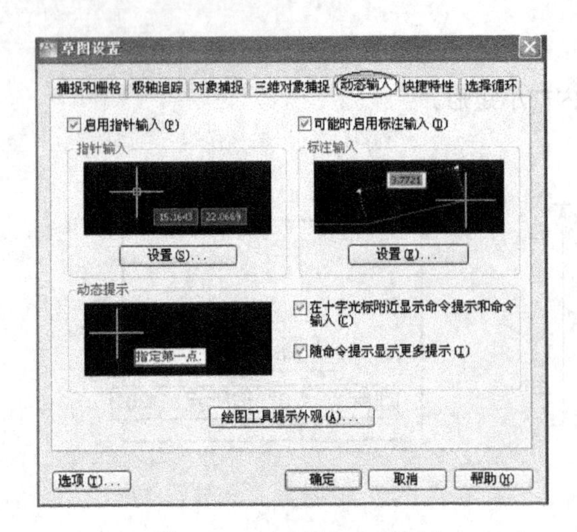

图 3.13 “动态输入”选项卡

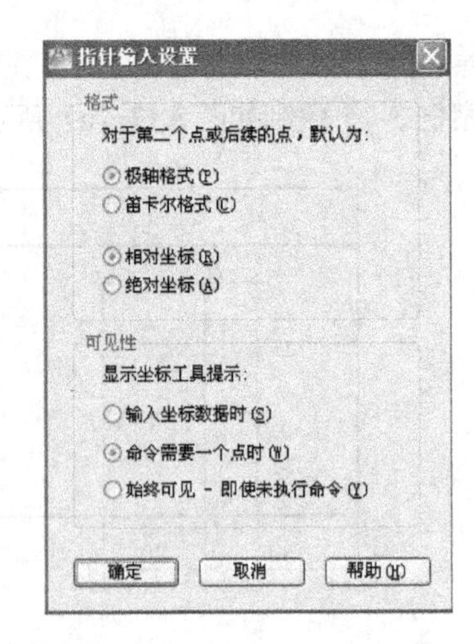

图 3.14 “指针输入设置”对话框

3.4.2 启用标注输入

启用标注输入时，当命令提示输入第二点时，工具栏提示将显示距离和角度值。在工具栏提示中的值将随着光标移动而改变。可以在工具栏提示中输入距离或角度值，按【Tab】键可以移动到要更改的值。标注输入可以用于绘制直线、多段线、圆、圆弧、椭圆等命令。

3.4.3 显示动态提示

启用动态提示时，提示会显示在光标附近的工具栏提示中。用户可以在工具栏提示（而不是在命令行）中输入响应。按向下箭头键可以查看和选择选项；按向上箭头键可以显示最近的输入。

【提示与技巧】

✓ 要在动态提示中使用粘贴文字，请键入字母，然后在粘贴输入之前用退格键将其删除。否则，输入将作为文字粘贴到图形中。

3.5 综合案例：绘制简单图形

3.5.1 操作任务

绘制如图 3.15 所示图形。

3.5.2 操作目的

① 复习单位、图形界限和图层的设置方法。
② 训练并掌握灵活选用精确定位工具的技巧。
③ 掌握捕捉的设置方法和运用技巧。
④ 掌握临时追踪的设置方法和运用技巧。
⑤ 熟悉简单图形的绘图步骤。

3.5.3 操作要点

① 注意捕捉的设置方法及灵活运用。

② 注意坐标的输入方法及灵活运用。

③ 注意灵活运用临时追踪的绘图技巧。

④ 进一步熟悉机械图识图和绘图的基本技能。

3.5.4 操作步骤

① 设置单位：长度单位（0），角度单位（0）。

② 设置图形界限：左下角（0,0），右上角（100,120）。

③ 设置图层：A 层（粗实线），B 层（中心线）。

④ 设置捕捉方式为端点□、垂足⊾、打开对象捕捉和对象捕捉追踪。

⑤ 步骤参见表 3.4。

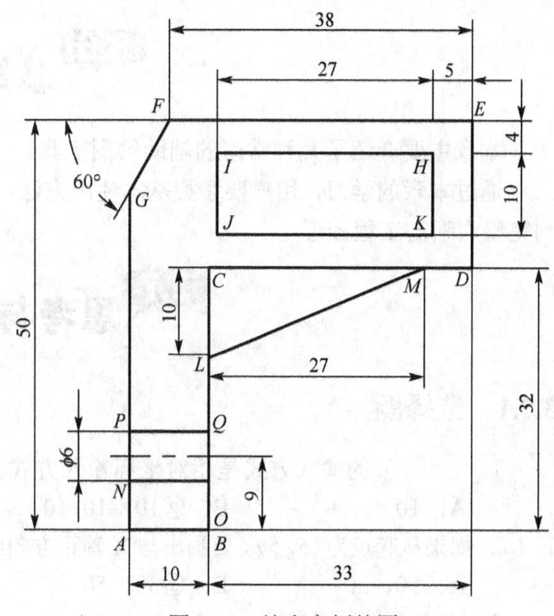

图 3.15 综合案例的图

表 3.4 步骤

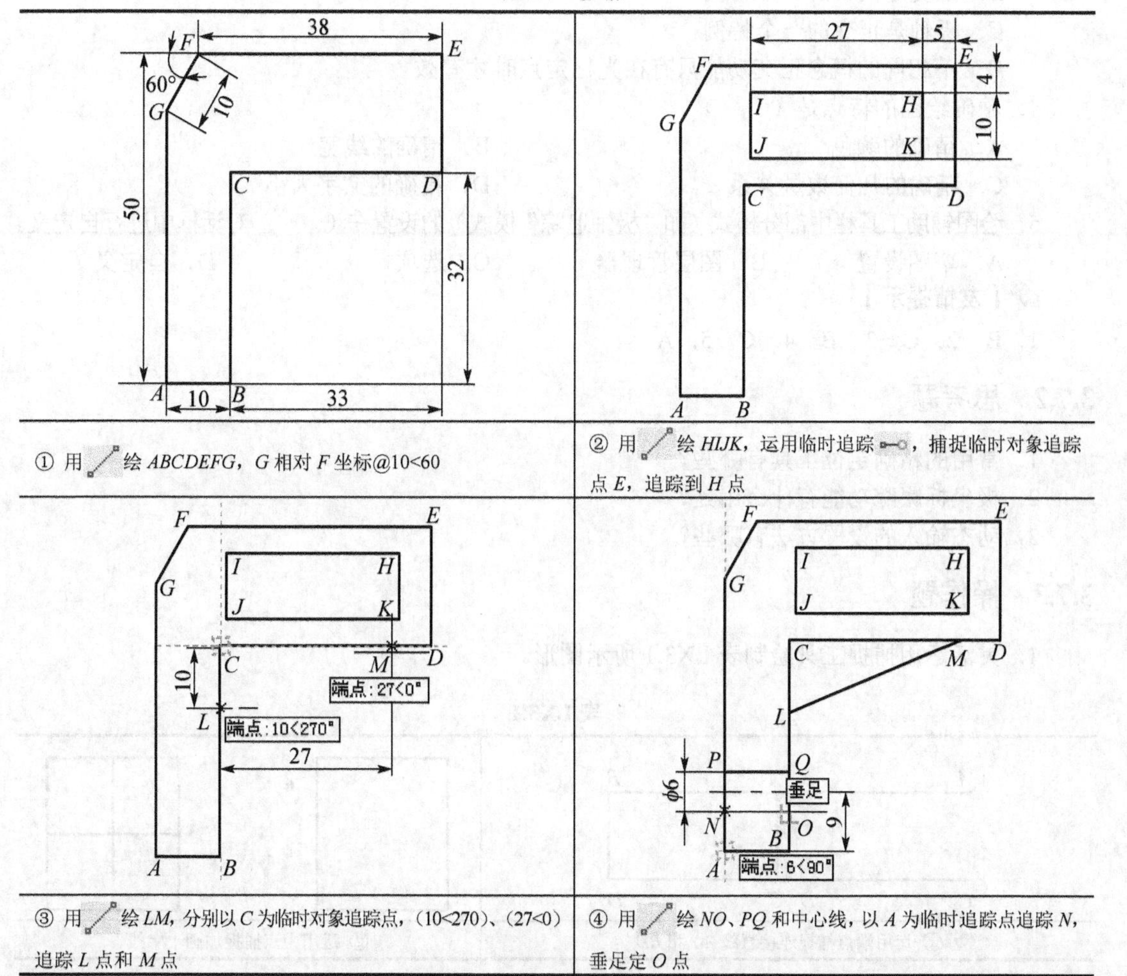

① 用 绘 *ABCDEFG*，*G* 相对 *F* 坐标@10<60	② 用 绘 *HIJK*，运用临时追踪，捕捉临时对象追踪点 *E*，追踪到 *H* 点
③ 用 绘 *LM*，分别以 *C* 为临时对象追踪点，(10<270)、(27<0)追踪 *L* 点和 *M* 点	④ 用 绘 *NO*、*PQ* 和中心线，以 *A* 为临时追踪点追踪 *N*，垂足定 *O* 点

3.6 总结提高

本章主要介绍了几种常用的辅助绘图工具。

通过本章的学习，用户要掌握基本使用方法，根据需要灵活运用，有利于更加方便快捷地绘制完整清晰的工程图形。

3.7 思考与上机训练

3.7.1 选择题

1.（　　）的输入方式是相对坐标输入方式。

A．10　　B．@10，10，0　　C．10，10，0　　D．@10<0

2. 如果从起点为（5，5），要画出与 X 轴正方向成 30° 夹角、长度为 50 的直线段应输入（　　）。

A．50，30　　B．@30，50　　C．@50<30　　D．30，50

3．正交和极轴追踪（　　）。

A．名称不同，但是一个概念

B．正交是极轴的一个特例

C．极轴是正交的一个特例

D．不相同的概念正交功能只有在光标定点时才有效

4．精确绘图的特点是（　　）。

A．精确的颜色　　B．精确的线宽

C．精确的几何数量关系　　D．精确的文字大小

5．绘图辅助工具栏中部分模式（如“极轴追踪”模式）的设置在（　　）对话框中进行自定义。

A．草图设置　　B．图层管理器　　C．选项　　D．自定义

【友情提示】

1．B　2．C　3．B　4．C　5．A

3.7.2 思考题

1．常用的精确定位工具有哪些？

2．极坐标跟踪功能有什么用处？

3．动态输入的设置方法有哪些？

3.7.3 操作题

1．灵活运用捕捉工具绘制表 LX3.1 所示图形。

表 LX3.1

A　B　A　B C　D　C　D	
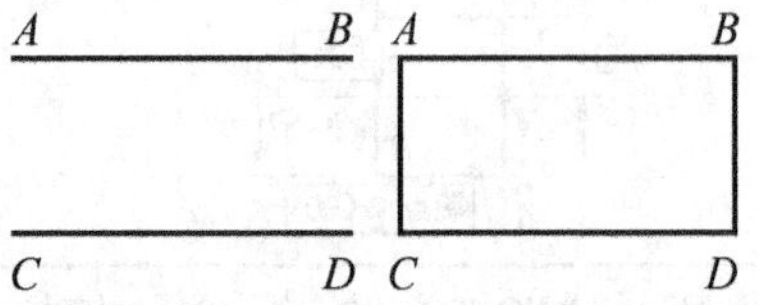 ① 运用端点捕捉连接直线 *AC* 和 *BD*	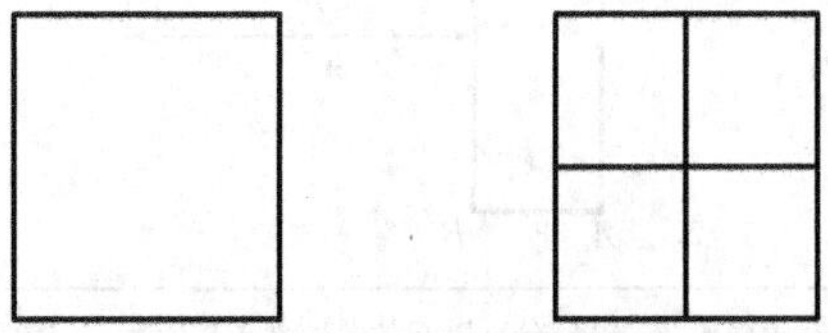 ② 运用中点捕捉加画十字线

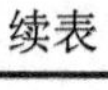

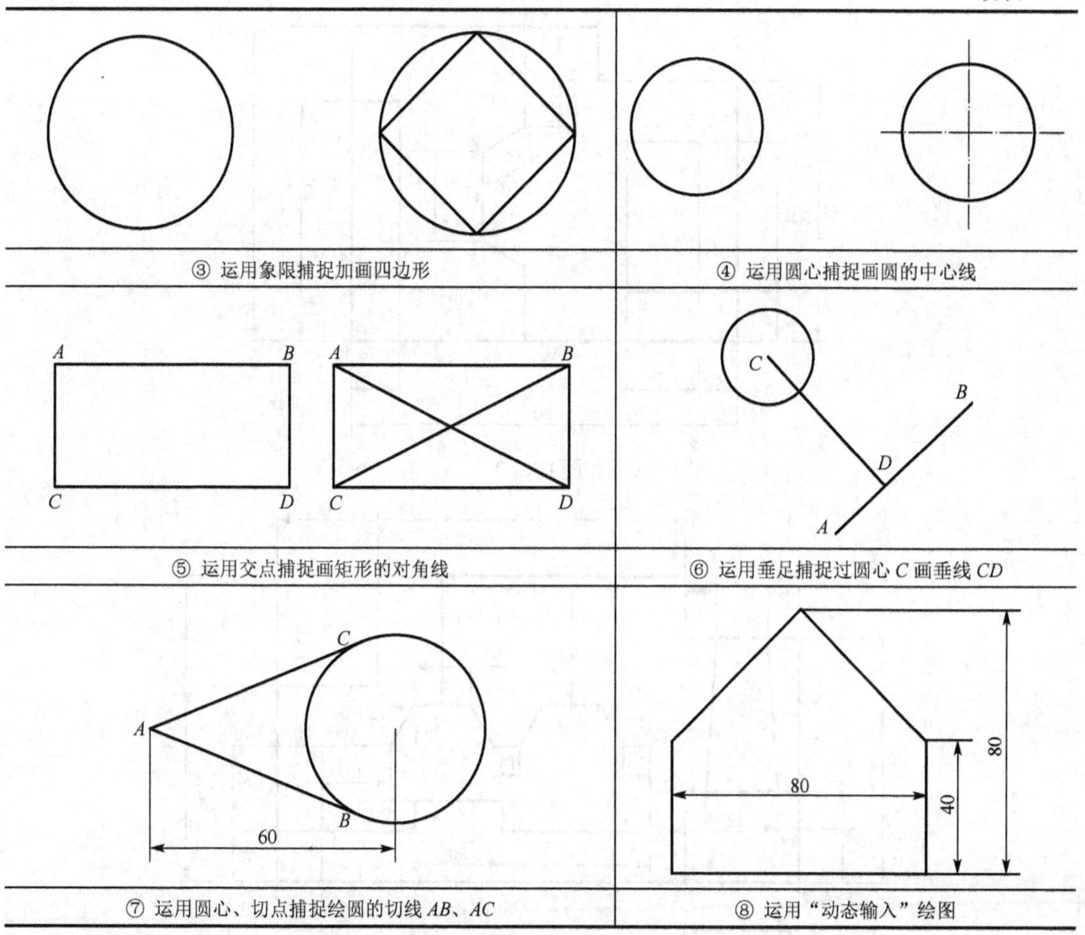

2．用光标捕捉、栅格显示和正交方式画如图 LX3.1 所示图形。

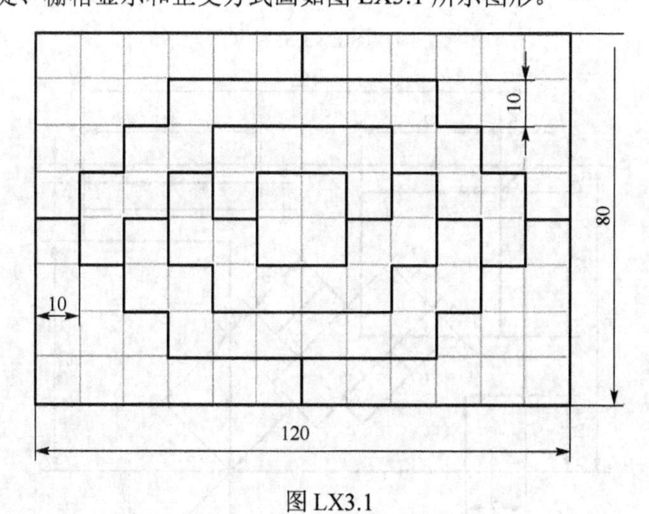

图 LX3.1

3．灵活利用精确定位工具绘制如图 LX3.2～图 LX3.4 所示图形。

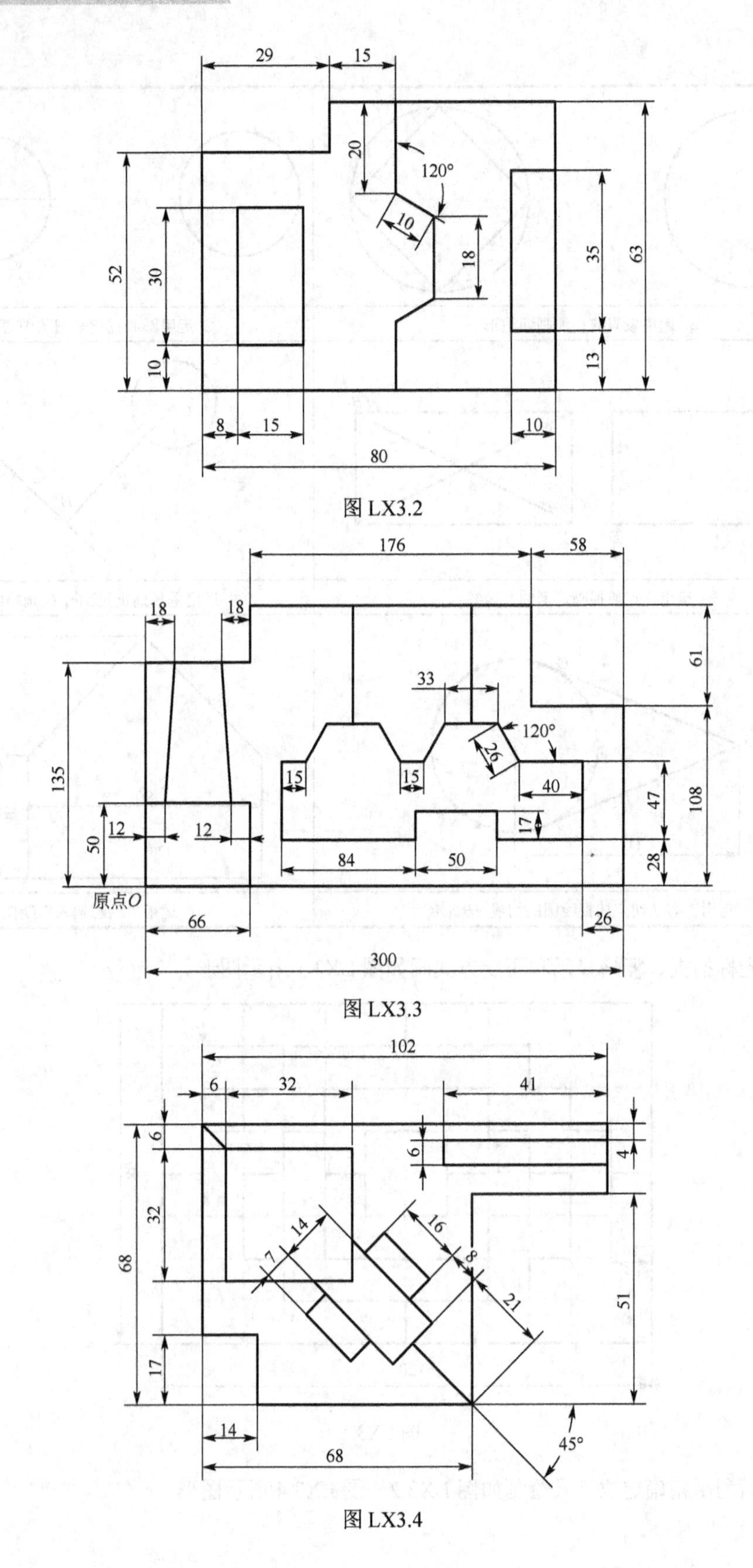

图 LX3.2

图 LX3.3

图 LX3.4

第 4 章　基本绘图命令

本章导读

在工程图的绘制过程中，要求图形的形状必须准确，并可作为创建三维对象的基础。无论多复杂的图形都是由对象组成的，都可以分解成最基本的图形要素：点、直线、圆弧、圆、椭圆、矩形和多边形等。AutoCAD 提供了大量的绘图工具，可以帮助我们完成二维图形的绘制。

学习指导

★ 直线类命令：直线、射线、构造线
★ 圆类图形命令：圆、圆弧、圆环、椭圆与椭圆弧
★ 平面图形命令：矩形、正多边形
★ 点：绘制点、等分点、测量点
★ 多段线：绘制多段线、编辑多段线
★ 样条曲线和徒手绘制图形
★ 图案填充：图案填充的方法、编辑图案填充
★ 面域与查询

4.1 直线类命令

4.1.1 直线

（1）命令功能

用于绘制一条或连续多条直线段，每个直线段作为一个图形对象处理。

（2）调用方式

命令行：Line 或 L。

菜单：【绘图】→【直线】。

工具栏：【绘图】→ 。

（3）操作格式

调用该命令后，AutoCAD 将显示提示：

命令:_line 指定第一点:	//指定点 1
指定下一点或[放弃(U)]:	//指定点 2
指定下一点或[放弃(U)]:	//指定点 3
指定下一点或[闭合(C)/放弃(U)]:	//闭合

执行完以上操作后，AutoCAD 会绘制出如图 4.1 所示的直线。

（4）选项说明

如果在“指定下一点或[放弃(U)]:”提示行中继续指定点，则可以绘制出多条线段。在画两条以上线段后，若在“指定下一点或[闭合(C)/放弃(U)]:”提示行中输入“C”，则形成闭合的折线。

如想取消所绘的直线，可以在提示行中输入“U”。图 4.2 为执行命令“U”前后的两条直线，其中图 4.2（a）是执行“U”命令前的图形，图 4.2（b）是执行“U”命令后的图形。

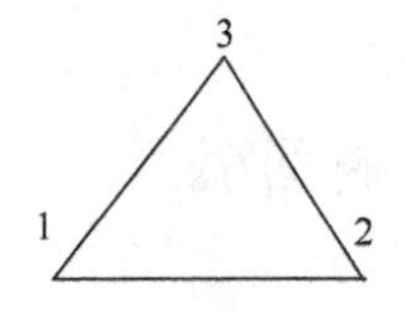

图 4.1　直线

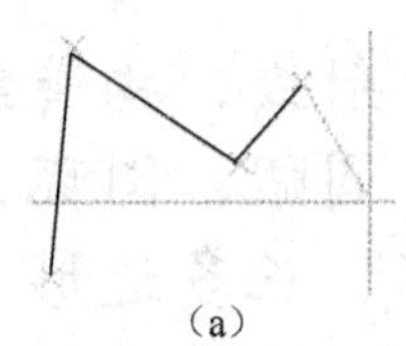

（a）

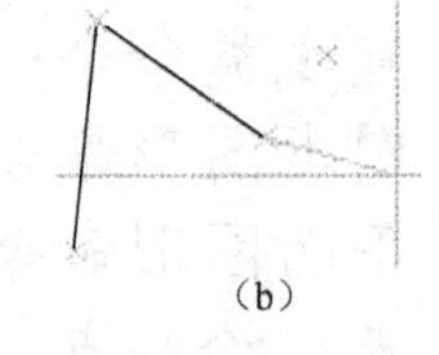

（b）

图 4.2　执行“U”命令前后的图形

案例 4-1　绘制如图 4.3 所示的五边形和五角星。

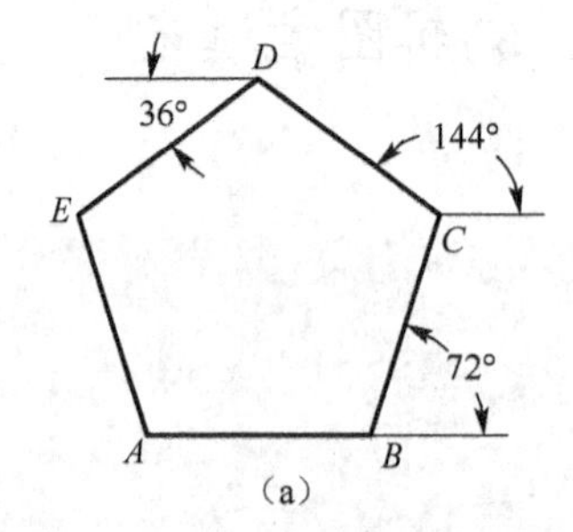

（a）

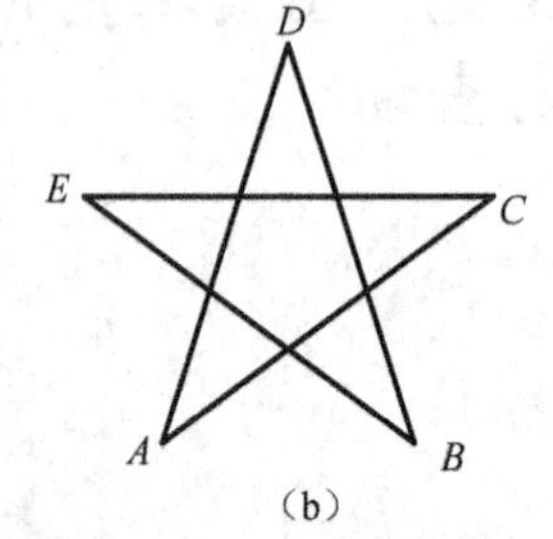

（b）

图 4.3　五边形和五角星

【操作步骤】

命令:_line 指定第一点:100,100 Enter	//指定点 A

```
指定下一点或[放弃(U)]:@60,0 Enter                         //指定点 B
指定下一点或[放弃(U)]:@60<72 Enter                        //指定点 C
指定下一点或[闭合(C)/放弃(U)]:@60<144 Enter               //指定点 D
指定下一点或[闭合(C)/放弃(U)]:@60<216 Enter               //指定点 E
指定下一点或[闭合(C)/放弃(U)]:C Enter                     //闭合（得到五边形）
命令:_line 指定第一点:                                    //捕捉端点 A
指定下一点或[放弃(U)]:                                    //捕捉点 C
指定下一点或[放弃(U)]:                                    //捕捉点 E
指定下一点或[闭合(C)/放弃(U)]:                            //捕捉点 B
指定下一点或[闭合(C)/放弃(U)]:                            //捕捉点 D
指定下一点或[闭合(C)/放弃(U)]:C Enter                     //闭合
命令:_erase                                               //选择删除命令
选择对象:找到 1 个                                        //选择五边形
选择对象:Enter                                            //结束命令
```

4.1.2 射线

（1）命令功能

绘制射线，并可用来作为图形设计的辅助线以帮助定位。

（2）调用方式

命令行：Ray 或 R。

菜单：【绘图】→【射线】。

（3）操作格式

用上述三种方法中任一种命令后，AutoCAD 将显示如下提示：

```
命令:_ray 指定起点:                                       //输入射线的起点 1
指定通过点:                                               //输入通过点 2
```

执行完以上操作后，AutoCAD 会绘制出射线，如图 4.4 所示。

用户如果在“指定通过点：”提示下继续指定点，则又可以绘制出多条射线。

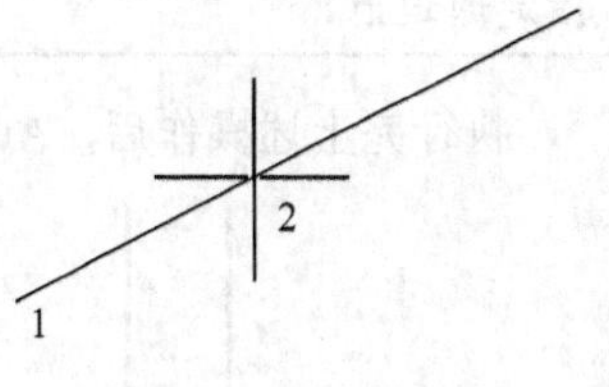

图 4.4 绘制射线

4.1.3 构造线

（1）命令功能

生成无限长的构造线，在机械制图中主要用作辅助线，以便精确绘图。

（2）调用方式

命令行：Xline。

菜单：【绘图】→【构造线】。

工具栏：【绘图】→。

（3）操作格式

用上述三种方法中任一种命令后，AutoCAD 将提示：

命令:_xline 指定点或[水平(H)/垂直(V)/角度(A)/
二等分(B)/偏移(O)]: //输入线的起点

（4）选项说明

① 指定点：两点确定一条构造线。

指定通过点: //输入通过点

执行完该命令后，AutoCAD 会绘出如图 4.5 所示的两点确定一条构造线。

② 水平（H）：沿一点的水平方向确定一条构造线。

执行该选项，AutoCAD 将提示：

指定通过点: //输入通过点

执行完上述操作后，AutoCAD 会绘制出如图 4.6 所示的一条构造线。

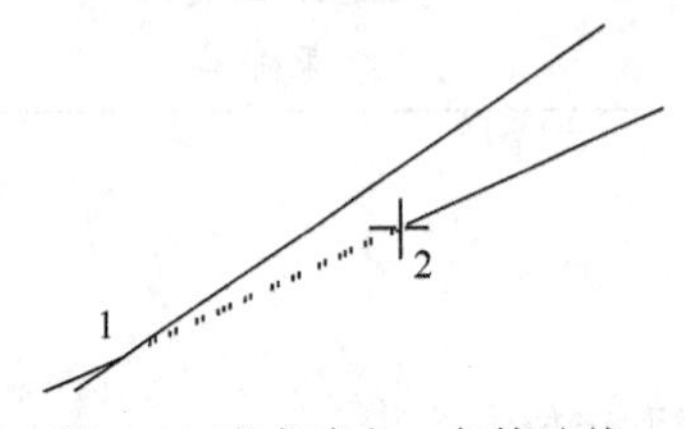

图 4.5　两点确定一条构造线

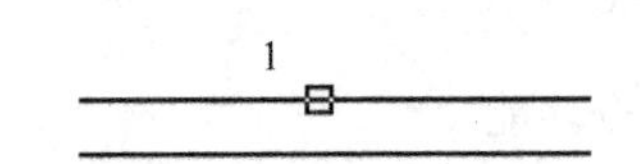

图 4.6　沿一点水平方向确定一条构造线

③ 垂直（V）：沿一点的垂直方向确定一条构造线。

执行该选项后，AutoCAD 将提示：

指定通过点: //输入通过点

执行完上述操作后，AutoCAD 会绘制出如图 4.7 所示的一条构造线。

④ 角度（A）：过一点并按一定的角度确定一条构造线。

执行该选项，AutoCAD 将提示：

输入参照线角度(0)或[参照(R)]:60 Enter //输入角度 60°
指定通过点: //输入通过点

执行完上述操作后，AutoCAD 会绘制出如图 4.8 所示的一条构造线。

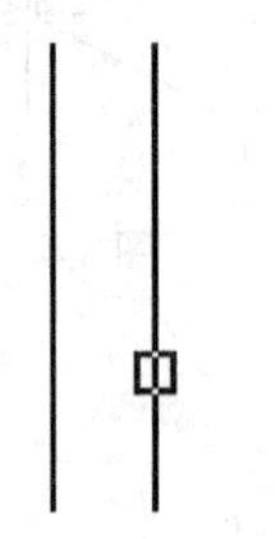

图 4.7　垂直方向确定一条构造线

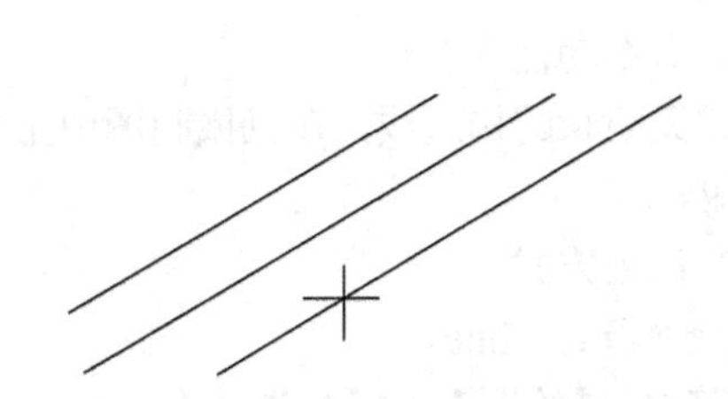

图 4.8　按一定的角度确定一条构造线

⑤ 二等分（B）：等分两条相交直线的夹角来画线。

执行该选项，AutoCAD 将提示：

指定角的顶点: //输入角的顶点 1

指定角的起点: //输入角的起点2
指定角的端点: //输入角的终点3

执行完上述操作后，AutoCAD会绘制出如图4.9所示的一条构造线。

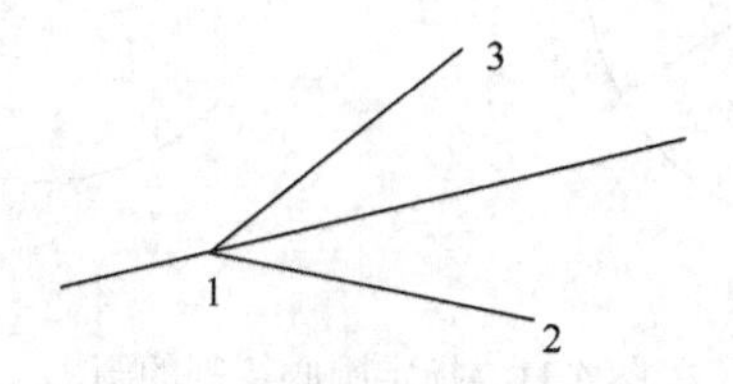

图4.9 等分两条相交直线的夹角确定一条构造线

⑥ 偏移（O）：与已知线平行的构造线。

执行该选项，AutoCAD将提示：

指定偏移距离或[通过(T)]<50.0000>: Enter //输入偏离值
选择直线对象: //选取一条线
指定要偏移的边: //选取要偏离的方向

执行完上述操作后，AutoCAD会绘制出与已知线平行的构造线。用户也可以通过指定点绘与指定线平行的构造线。

4.2 圆类图形命令

4.2.1 圆

（1）命令功能

圆是图形中常见实体，它可以表示柱、轴、孔等。

（2）调用方式

命令行：Circle或C。

菜单：【绘图】→【圆】，见图4.10。

工具栏：【绘图】→。

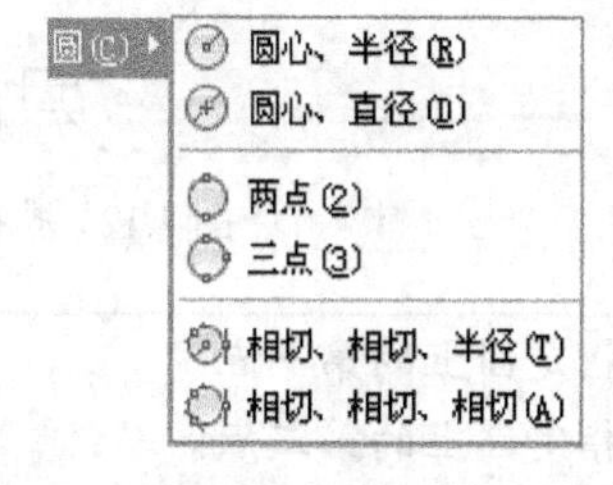

图4.10 圆子菜单

（3）操作格式

用上述任一种命令输入，则AutoCAD提示：

命令:_circle 指定圆的圆心或[三点(3P)/两点(2P)/相切、相切、半径(T)]:

（4）选项说明

① 指定圆心：执行该选项时，AutoCAD会提示：

指定圆的半径或[直径(D)]:

在该提示下，用户既可直接输入半径值，也可输入“D”。若输入半径值，则得到图4.11（a）所示的图形。用户若输入直径值，结果如图4.11（b）所示。用户若输入“D”，则AutoCAD会提示：

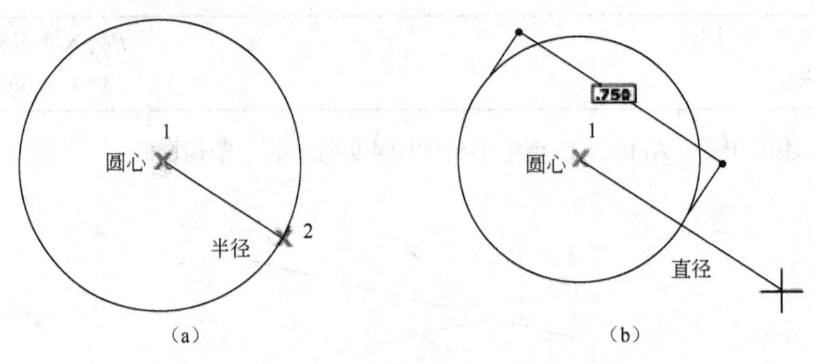

图 4.11　指定圆心绘制的圆

```
指定圆的直径<40>:
```

② 两点（2P）：直径上的两点确定圆（如图 4.12 所示）。执行时，AutoCAD 会提示：

```
指定圆直径的第一个端点:                    //指定一个端点 1
指定圆直径的第二个端点:                    //指定另一个端点 2
```

③ 三点（3P）：三点确定一个圆（如图 4.13 所示）。执行时，系统会提示：

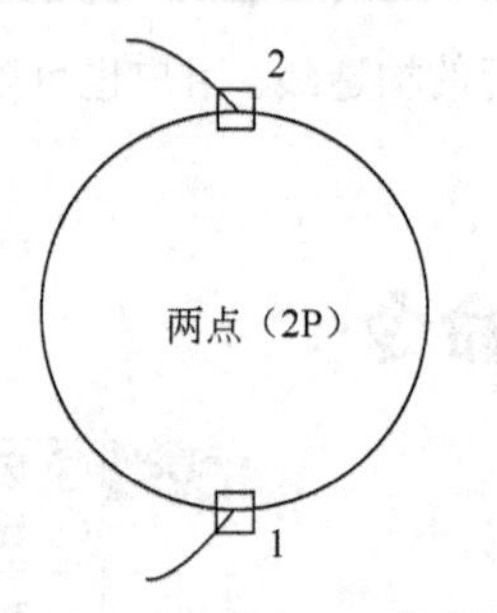

图 4.12　执行 2P 绘制圆

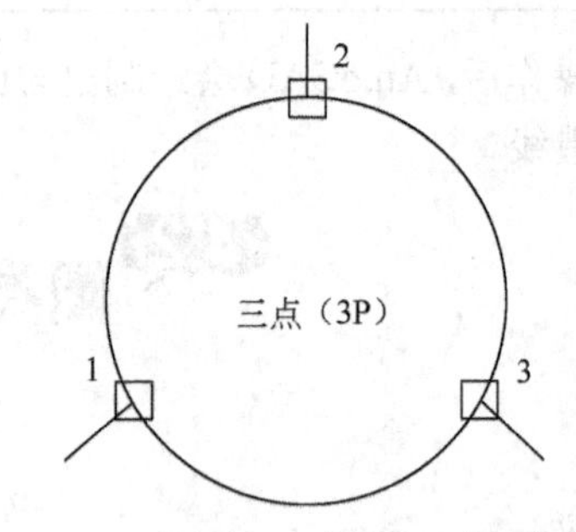

图 4.13　执行 3P 绘制圆

```
指定圆上的第一点:                          //指定一点 1
指定圆上的第二点:                          //指定一点 2
指定圆上的第三点:                          //指定一点 3
```

④ 相切、相切、半径（T）：由两个切点和半径确定一个圆（如图 4.14 所示）。执行时，系统会提示：

```
在对象上指定一点作圆的第一条切线:          //选取一个相切的对象
在对象上指定一点作圆的第二条切线:          //选取另一个相切的对象
指定圆的半径<20>:Enter                     //输入半径值
```

⑤ 相切、相切、相切（A）：创建相切于三个对象的圆（如图 4.15 所示）。执行时，系统会提示：

```
circle 指定圆的圆心或[三点(3P)/两点(2P)/相切、相切、半径    //"执行相切、相切、相切"
(T)]:_3p 指定圆上的第一个点:_tan 到                         命令
                                                            选取圆上的第一个点
指定圆上的第二个点:_tan 到                                 //选取圆上的第二个点
```

指定圆上的第三个点:_tan 到	//选取圆上的第三个点

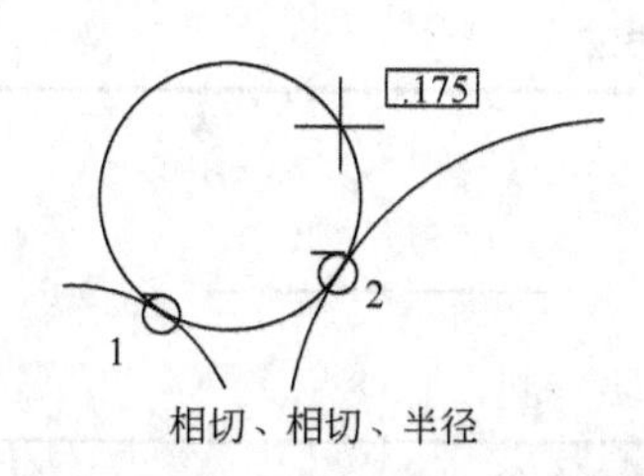

图 4.14 “相切、相切、半径”绘制圆

1
2
3
相切、相切、相切

图 4.15 “相切、相切、相切”绘制圆

案例 4-2 按图 4.16（b）尺寸绘制如图 4.16（a）所示粗糙度符号。

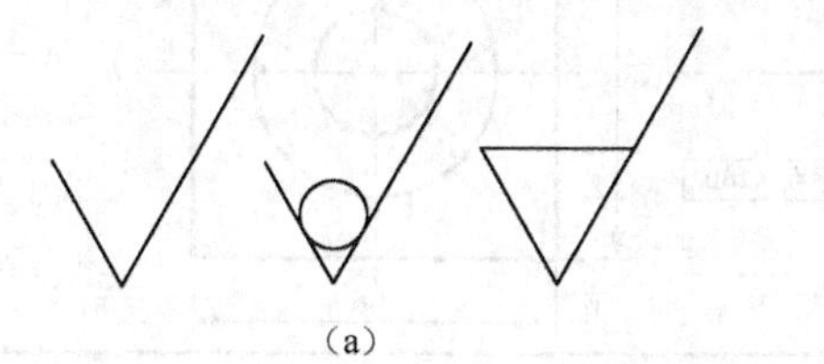

（a）

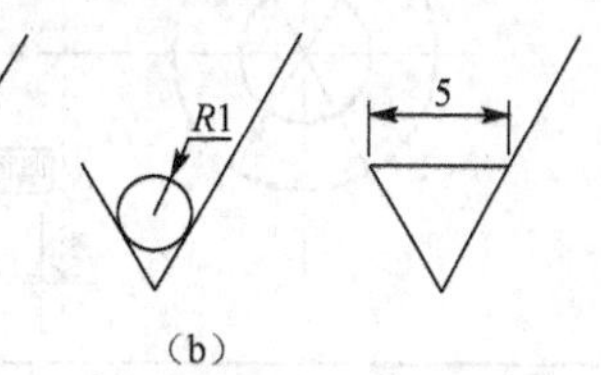

（b）

图 4.16 粗糙度符号

【操作步骤】：参见表 4.1。

表 4.1 操作步骤

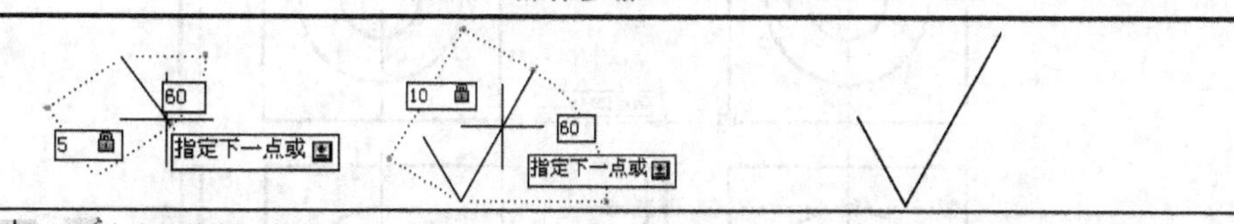
① 打开动态输入，命令绘线段，完成
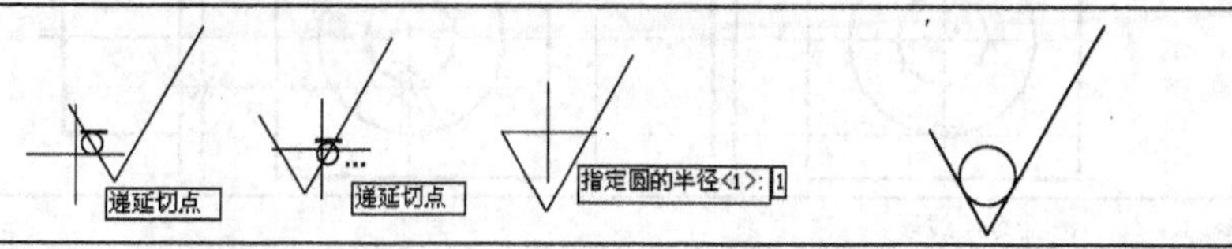
② 命令：相切、相切、半径(T)绘圆，完成
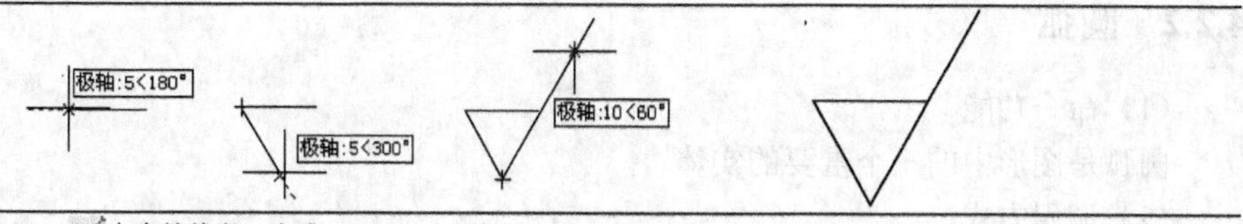
③ 设极轴角增量为 30，命令绘线段，完成

案例 4-3 绘制如图 4.17 所示底座二视图。

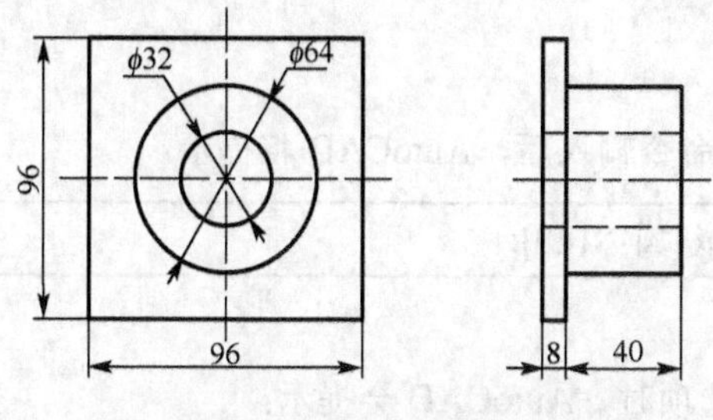

图 4.17 底座二视图

【操作步骤】：参见表 4.2。

表 4.2 操作步骤

① 设置图层和对象捕捉，打开对象捕捉、对象捕捉追踪，命令绘中心线
② 命令：圆心、半径(R)绘圆，命令绘线段（灵活运用临时追踪命令追踪点 A）
③ 打开正交模式，命令绘线段

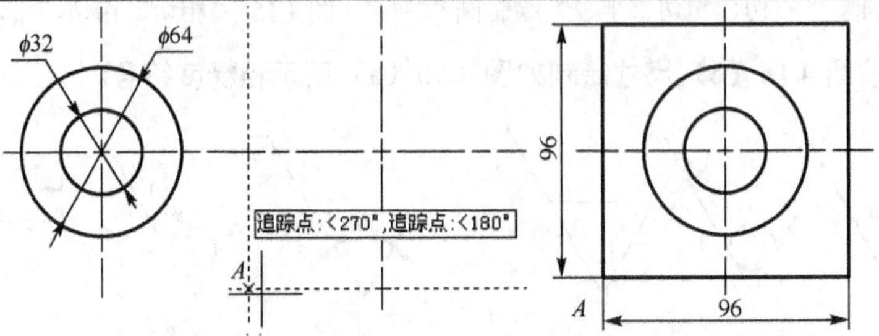

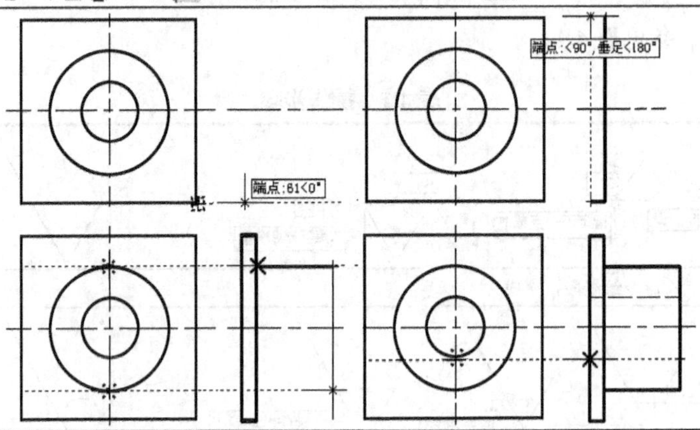

4.2.2 圆弧

（1）命令功能

圆弧是图形中的一个重要的实体。

（2）调用方式

命令行：Arc 或 A。

菜单：【绘图】→【圆弧】，见图 4.18。

工具栏：【绘图】→。

（3）操作格式

用上述方式中的任一种命令输入后，AutoCAD 将提示：

```
命令:_arc 指定圆弧的起点或[圆心(C)]:
```

（4）选项说明

① 指定起点：执行该选项时，AutoCAD 会提示：

指定圆弧的第二个点或[圆心(C)/端点(E)]:

在该提示下，用户有三种选择，它们分别是：

➢ 指定第二点：执行该选项时，AutoCAD 会继续提示：

指定圆弧的端点:

即三点确定圆弧，如图 4.19 所示。

图 4.18 圆弧子菜单

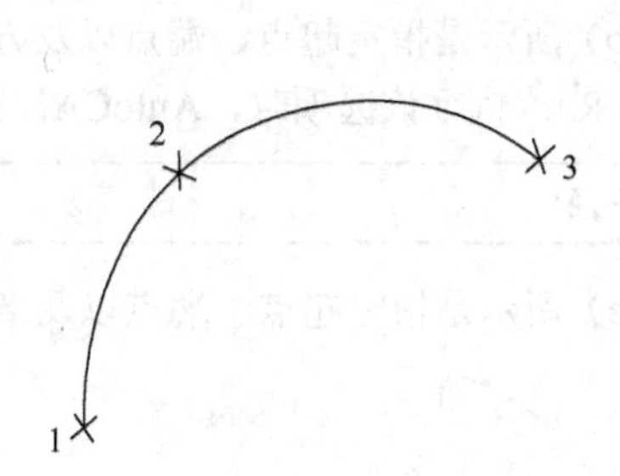

图 4.19 三点确定圆弧

➢ 圆心（C）：执行该选项时，AutoCAD 会提示：

指定圆弧的端点或[角度(A)/弦长(L)]:

在该提示下，用户有如下三种选择：

- 指定端点：如图 4.20（a）所示为指定起点、中心点以及终点绘制圆弧。
- 角度（A）：执行该选项时，AutoCAD 会提示：

指定包含角: //指定角度值

如图 4.20（b）所示是指定起点、中心点以及角度绘制圆弧。

- 弦长（L）：执行该选项时，AutoCAD 会提示：

指定弦长: //指定弦长

如图 4.20（c）所示是指定起点、中点以及弦长绘制圆弧。

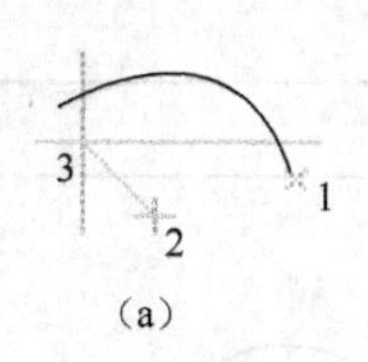

（a）

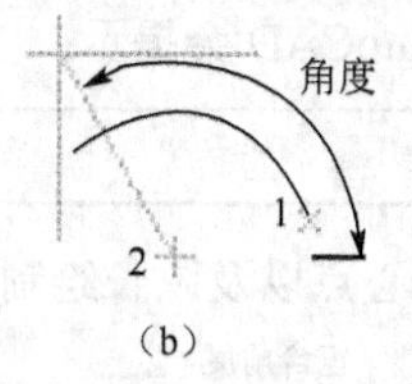

（b）

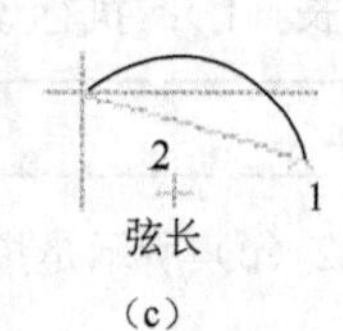

（c）

图 4.20 指定中心点绘制圆弧

➢ 端点（E）：执行该选项时，AutoCAD 会提示：

指定圆弧的端点:
指定圆弧的圆心或[角度(A)/方向(D)/半径(R)]:

在该提示下，用户有如下几种选择：

- 指定圆心点：指定起点、端点以及中点绘制圆弧。
- 角度（A）：执行该选项时，AutoCAD 会提示：

```
指定包含角:                                //确定角度
```

图 4.21（a）所示是指定起点、端点以及角度绘制圆弧。

- 方向（D）：执行该选项时，AutoCAD 会提示：

```
指定圆弧的起点切向:                        //指定圆弧起始点的切线方向
```

图 4.21（b）所示是指定起点、端点以及方向绘制圆弧。

- 半径（R）：执行该选项时，AutoCAD 会提示：

```
指定圆弧的半径:                            //指定圆弧的半径
```

图 4.21（c）所示是指定起点、端点以及半径绘制圆弧。

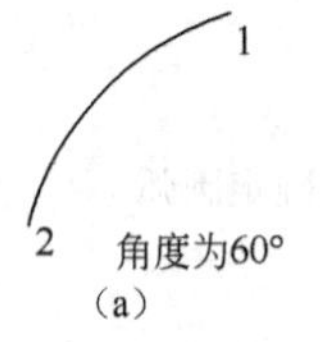

（a）

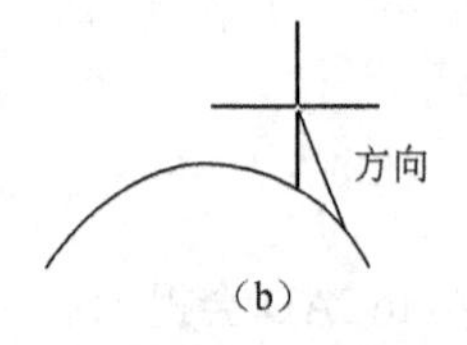

（b）

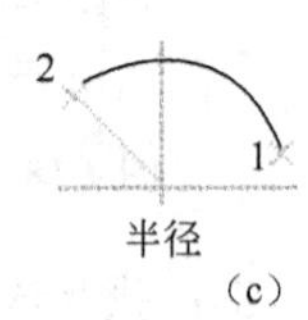

（c）

图 4.21　指定端点确定圆弧

② 圆心（C）：执行该选项时，AutoCAD 会提示：

```
指定圆弧的圆心:
指定圆弧的起点:
指定圆弧的端点或[角度(A)/弦长(L)]:
```

在该提示下，用户有如下几种选择：

- 指定端点：图 4.22（a）所示是指定起点、中点以及终点绘制圆弧。
- 角度（A）：执行该选项时，AutoCAD 会提示：

```
指定包含角:                                //确定角度
```

图 4.22（b）所示是指定起点、终点以及角度绘制圆弧。

- 弦长（L）：执行该选项时，AutoCAD 会提示：

```
指定弦长:                                  //指定弦长
```

图 4.22（c）所示是指定起点、中心点以及弦长绘制圆弧。

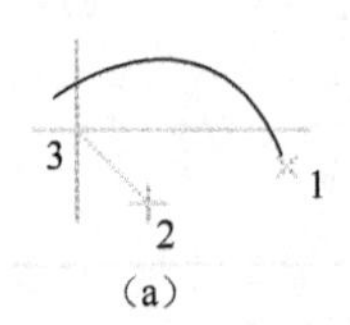

（a）

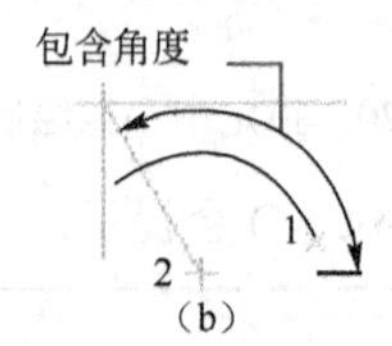

（b）

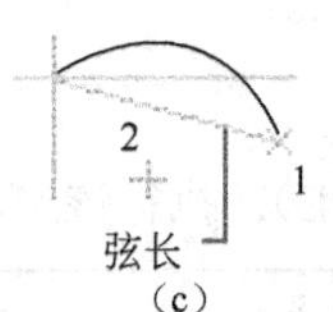

（c）

图 4.22　指定圆心绘圆弧

案例 4-4　绘制如图 4.23 所示的支架。

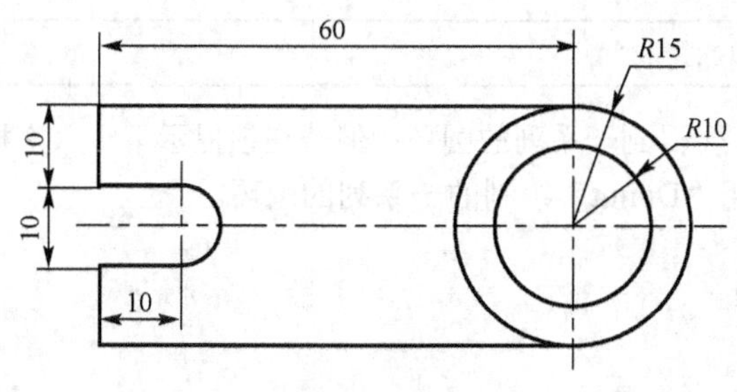

图 4.23 支架

【操作步骤】：参见表 4.3。

表 4.3 操作步骤

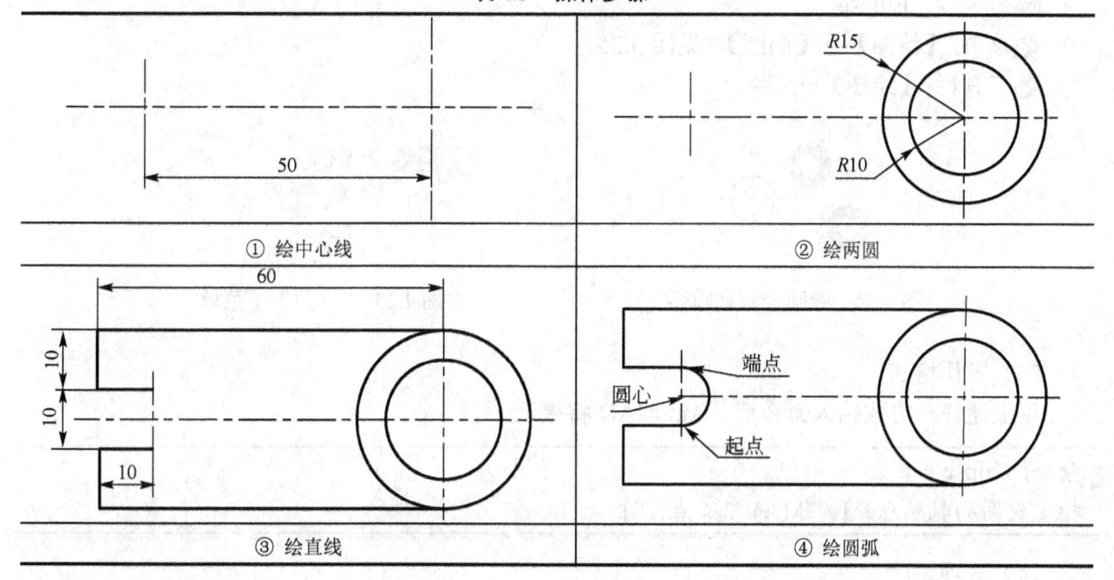

4.2.3 圆环

（1）命令功能

用于绘制内外径已指定的圆环或填充圆。填充圆是内径为零的圆环。

（2）调用方式

命令行：Donut。

菜单：【绘图】→【圆环】。

（3）操作格式

用上述任一种方式输入命令后，AutoCAD 会提示：

```
命令:_donut
指定圆环的内径<10.0000>:Enter                    //确定圆环内径
指定圆环的外径<20.0000>:Enter                    //确定圆环外径
指定圆环的中心点<退出>:                          //输入圆环的中心
```

（4）选项说明

此时系统会在给定位置，用给定的内、外径绘出圆环，同时会提示：

指定圆环的中心点<退出>:

若继续输入中心点，会得到一系列的圆环；但若在该提示下输入空格或回车，将结束本命令的操作。图 4.24 所示是用“Donut”绘制的一系列的圆环。

4.2.4 椭圆与椭圆弧

（1）命令功能

椭圆的几何元素包括圆心、长轴和短轴，但在 AutoCAD 中绘制椭圆时并不区分长轴和短轴的次序。

（2）调用方式

命令行：Ellipse。

菜单：【绘图】→【椭圆】，见图 4.25。

工具栏：【绘图】→。

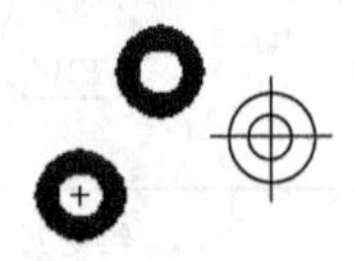

图 4.24 绘制一系列圆环

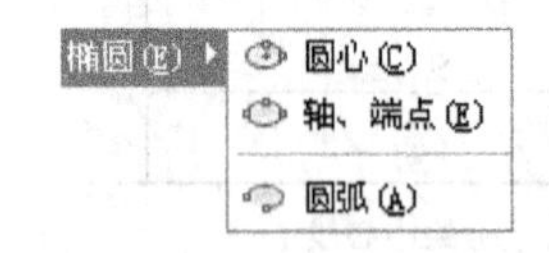

图 4.25 “椭圆”子菜单

（3）操作格式

用上述任一方式输入命令后，AutoCAD 将提示：

命令:_ellipse
指定椭圆的轴端点或[圆弧(A)/中心点(C)]:

（4）选项说明

① 中心点（C）法：分别指定椭圆的中心点、第一条轴的一个端点和第二条轴的一个端点来绘制椭圆，如图 4.26 所示。

命令:_ellipse	
指定椭圆的轴端点或[圆弧(A)/中心点(C)]: c	//中心点法
指定椭圆的中心点:	//拾取点 0
指定轴的端点:	//拾取点 1
指定另一条半轴长度或[旋转(R)]:	//拾取点 2

② 轴、端点法：先指定两个点来确定椭圆的一条轴，再指定另一条轴的端点（或半径）来绘制椭圆，如图 4.27 所示。

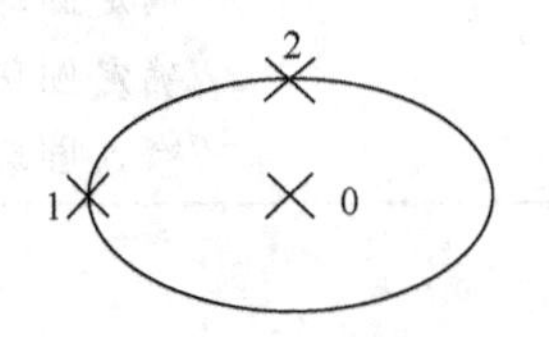

图 4.26 中心点法绘制椭圆

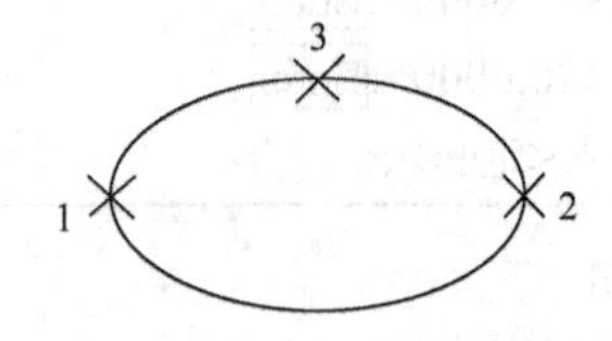

图 4.27 轴、端点法绘制椭圆

```
命令:_ellipse
指定椭圆的轴端点或[圆弧(A)/中心点(C)]:              //拾取点 1
指定轴的另一个端点:                                  //拾取点 2
指定另一条半轴长度或[旋转(R)]:                        //拾取点 3
```

③ 圆弧（A）：在 AutoCAD 中还可以绘制椭圆弧。其绘制方法是在绘制椭圆的基础上再分别指定圆弧的起点角度和端点角度（或起点角度和包含角度）。

【提示与技巧】

✓ 指定角度时长轴角度定义为 0°，并以逆时针方向为正（缺省）。

4.3 平面图形命令

4.3.1 矩形

（1）命令功能

利用该命令绘制矩形。可以指定矩形参数（长度、宽度、旋转角度）并控制角的类型（圆角、倒角或直角）。

（2）调用方式

命令行：Rectang 或 Rectangle。

菜单：【绘图】→【矩形】。

工具栏：【绘图】→□。

（3）操作格式

用上述任一方法输入命令后，AutoCAD 将提示：

```
命令:_rectang
指定第一个角点或[倒角(C)/标高(E)/圆角(F)/厚度(T)/宽度(W)]:      //点 1
指定另一个角点或[面积(A)/尺寸(D)/旋转(R)]:                    //点 2
```

结果如图 4.28 所示。

（4）选项说明

➢ 倒角（C）：设定矩形四角为倒角及大小。

➢ 标高（E）：确定矩形在三维空间内的某面高度。

➢ 圆角（F）：设定矩形四角为圆角及半径大小。

➢ 厚度（T）：设置矩形厚度，即 *Z* 轴方向的高度。

➢ 宽度（W）：设置线条宽度。

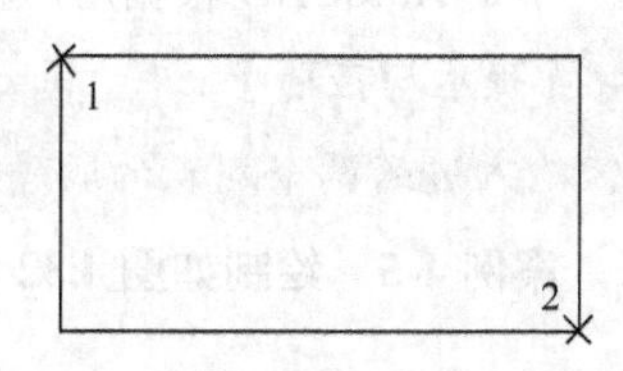

图 4.28　利用对角点绘制的矩形

【提示与技巧】

✓ 绘出的矩形当作一个实体，其四条边不能分别编辑。

4.3.2 正多边形

（1）命令功能

多边形是指由三条以上的线段组成的封闭图形。用户可以绘制多边形。

（2）调用方式

命令行：Polygon。

菜单：【绘图】→【正多边形】。

工具栏：【绘图】→。

（3）操作格式

用上述三种方法中任一种输入命令后，AutoCAD 将提示：

```
命令:_polygon 输入边的数目<4>:                          //指定边数
指定多边形的中心点或[边(E)]:                            //指定中心点
```

（4）选项说明

① 指定中心点：执行该选项时，AutoCAD 会提示：

```
输入选项[内接于圆(I)/外切于圆(C)]<C>:
```

➢ 外切于圆（C）：

用户若在提示下直接回车，即默认 C，AutoCAD 将提示：

```
指定圆的半径:                                           //输入半径值
```

于是 AutoCAD 在指定半径的圆的外面构造出正多边形，如图 4.29 所示。

➢ 内接于圆（I）：在指定半径的圆内（此圆一般不画出来）作正多边形，见图 4.30。用户若在提示下输入 I，则 AutoCAD 将提示：

```
指定圆的半径:
```

② 边（E）：执行该选项时，AutoCAD 将提示：

```
指定边的第一个端点:
指定边的第二个端点:
```

于是 AutoCAD 根据用户指定的边长绘制正多边形。

【提示与技巧】

✓ 输入边的两个端点的顺序确定了正多边形的方向，可在图 4.31 中看到区别。

案例 4-5　绘制如图 4.32 所示的六角螺母。

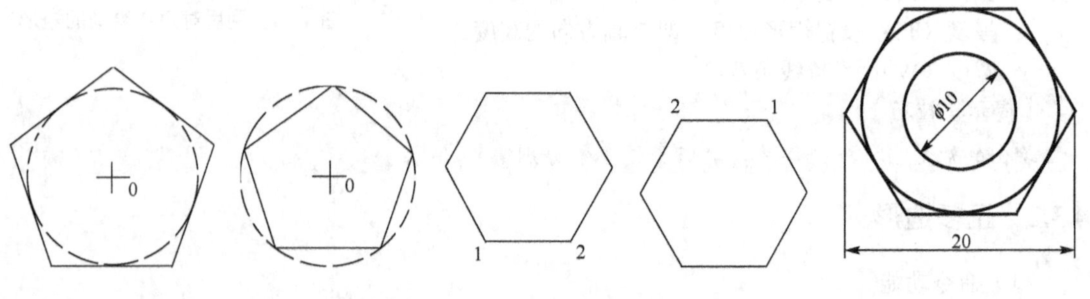

图 4.29　外切于圆　图 4.30　内接于圆　图 4.31　指定边界　图 4.32　六角螺母

【操作步骤】：参见表 4.4。

表 4.4 操作步骤

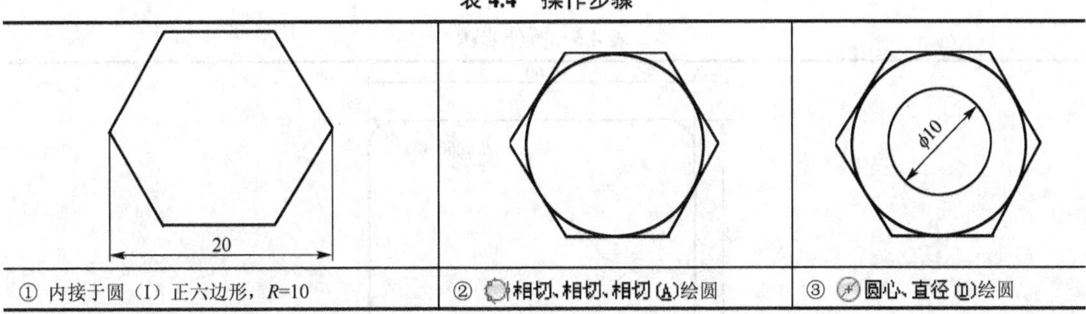

① 内接于圆（I）正六边形，*R*=10	② 相切、相切、相切(A)绘圆	③ 圆心、直径(D)绘圆

案例 4-6 完成如图 4.33 所示的正多边形的绘制。

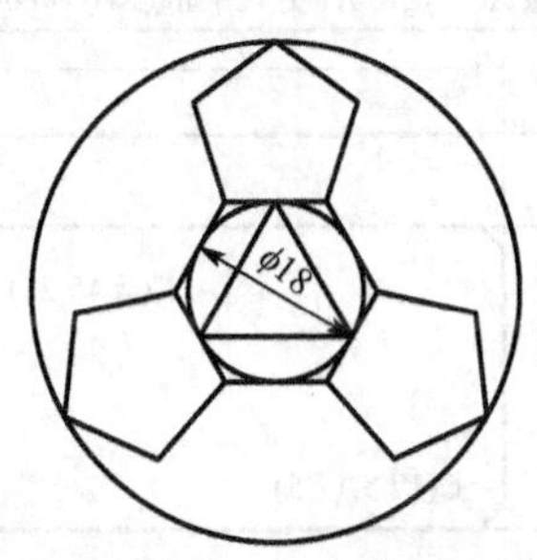

图 4.33 正多边形的绘制

【操作步骤】：参见表 4.5。

表 4.5 操作步骤

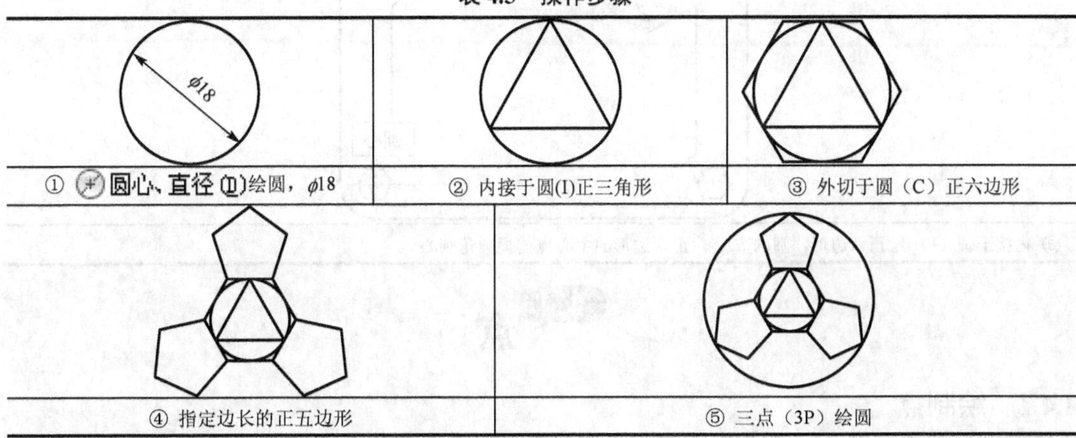

① 圆心、直径(D)绘圆，φ18	② 内接于圆(I)正三角形	③ 外切于圆（C）正六边形
④ 指定边长的正五边形	⑤ 三点（3P）绘圆	

【提示与技巧】

- ✓ 当已知边长绘制正多边形时，将按逆时针方向画出正多边形。
- ✓ 当正多边形不是水平放置时，则控制点的确定以相对极坐标确定比较方便。
- ✓ 绘制的正多边形是一多段线，编辑时是一个整体，可通过分解命令分解。

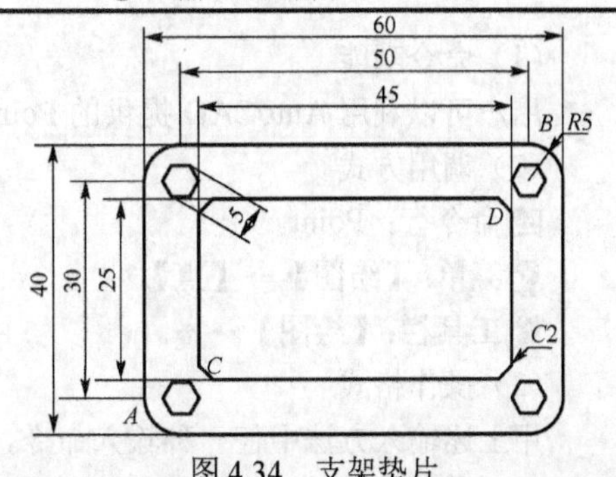

图 4.34 支架垫片

案例 4-7 绘制如图 4.34 所示的垫片。

【操作步骤】：参见表 4.6。

表 4.6 操作步骤

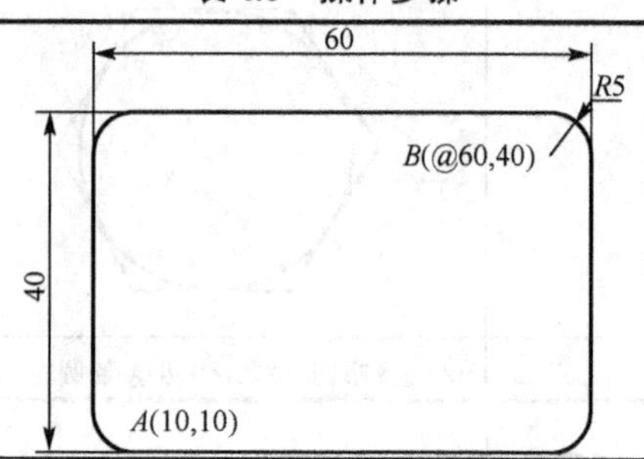
① 绘带圆角矩形，圆角 F=5，第一个角点 A（10,10），另一个角点 B（@60,40）
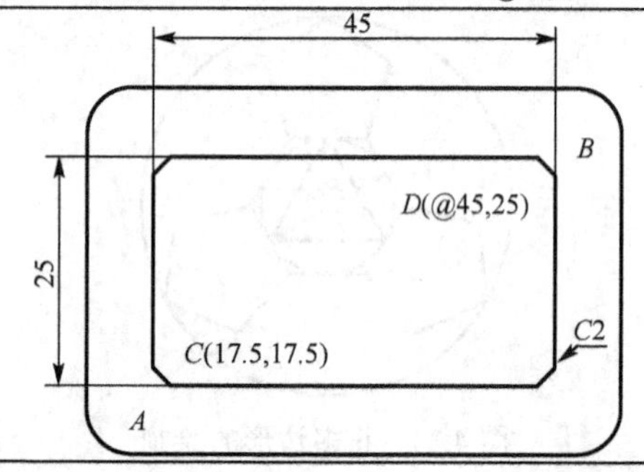
② 绘带倒角矩形，倒角 C=2，第一个角点 C（17.5,17.5），另一个角点 D（@45,25）
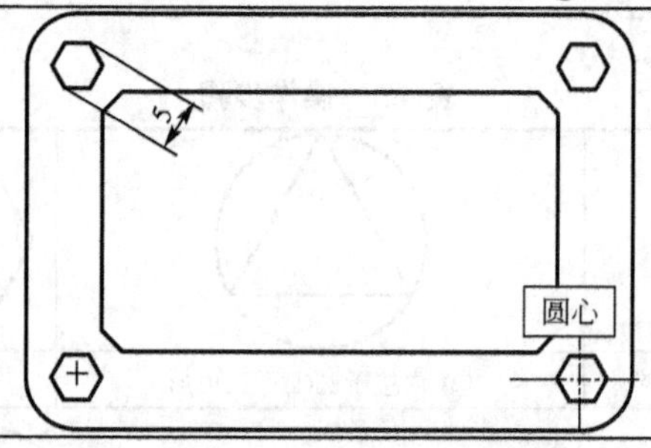
③ 内接于圆（I）/绘正六边形，圆的 R2.5，正六边形的中心点捕捉圆角圆心

点

4.4.1 绘制点

（1）命令功能

用户可以利用 AutoCAD 提供的 Point 命令绘制点。

（2）调用方式

命令行：Point。

菜单：【绘图】→【点】。

工具栏：【绘图】→ 。

（3）操作格式

用上述输入方法中任一种输入命令，AutoCAD 将提示：

```
命令:_point
当前点模式:PDMODE=0 PDSIZE=0.0000
指定点:
```

（4）选项说明

在该提示中，用户可在命令行输入点的坐标，也可通过光标在绘图屏幕上直接确定一点。

在 AutoCAD 中，确定点的类型可通过以下两种途径：

菜单：【格式】→ 点样式(P)...。

命令行：Ddptype。

执行完其中任一种方法后，将出现如图 4.35 所示的点样式对话框。

在对话框上部四排小方框中共列出 20 种点的类型，单击其中任一种，该小框颜色变黑，则表明用户已选中这种类型的点。

- 点大小：用户可任意设置点的大小。
- 相对于屏幕设置大小（R）：按屏幕尺寸的百分比控制点的尺寸。
- 按绝对单位设置大小（A）：按实际的图形的大小来设置点的尺寸。

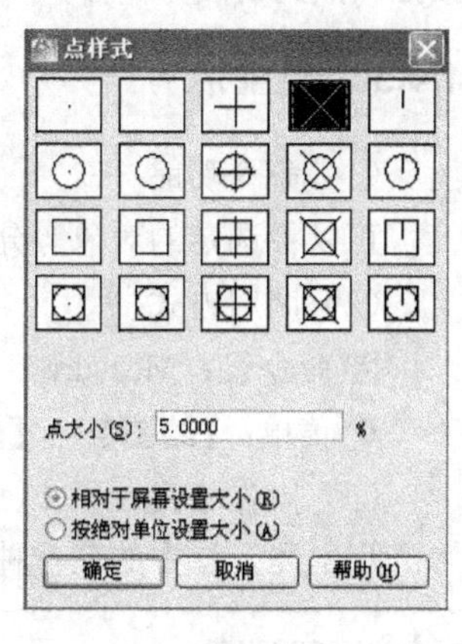

图 4.35 点样式对话框

4.4.2 等分点

（1）命令功能

创建沿对象的长度或周长等间隔排列的点对象或块。

（2）调用方式

命令行：divide。

菜单：【绘图】→【点】→ 定数等分(D)。

（3）操作格式

用上述方法中的任一种命令后，AutoCAD 会提示：

```
命令:_divide
选择要定数等分的对象:                                   //选择对象
输入线段数目或[块(B)]:3 Enter                           //输入等分数目
```

结果如图 4.36 所示。

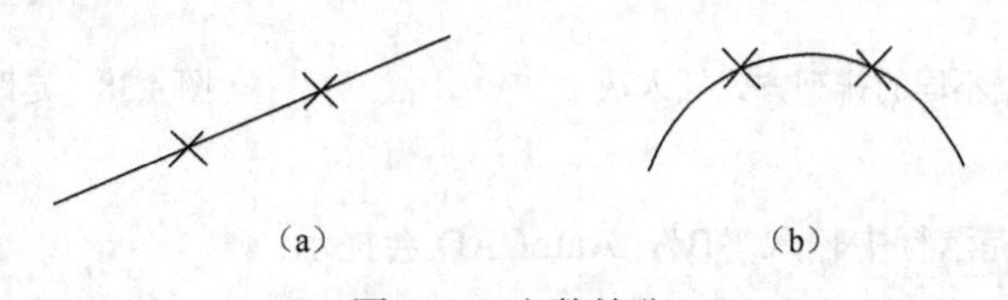

图 4.36 定数等分

块（B）：执行该选项时，AutoCAD 会提示：

```
命令:_divide
选择要定数等分的对象:
输入线段数目或[块(B)]:b Enter                           //执行块选项
输入要插入的块名:
是否对齐块和对象？[是(Y)/否(N)]<Y>:
```

（4）选项说明

➢ "是"：直接回车即默认该选项，则 AutoCAD 将沿着插入点的切线方向或切线的平行线的方向在等分点上排列块。

➢ "否"：用户如果在该提示行中输入"N"，则 AutoCAD 将按正常的方向排列块。

执行完以上操作后，AutoCAD 会继续提示：

```
输入线段数目:                                    //输入等分段的数目
```

用户可输入的等分段的数目最少是 2，最大是 32767。

如图 4.37 所示是将圆弧等分成五份，其中图 4.37（b）是按正常方向排列块，图 4.37（a）是按插入点的切线方向排列块。

4.4.3 测量点

（1）命令功能

可以将选定的对象等分为指定数目的相等长度。

（2）调用方式

命令行：Measure。

菜单：【绘图】→【点】→ 定距等分(M)。

（3）操作格式

用上述方法中的任一种命令后，AutoCAD 会提示：

```
命令:_measure
选择要定距等分的对象:                              //选择对象
指定线段长度或[块(B)]:30 Enter                    // 输入线段长度
```

结果如图 4.38 所示。

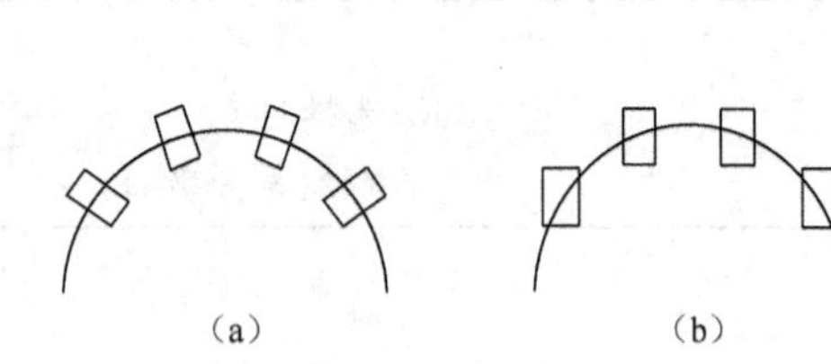

图 4.37 根据不同的排列方式插入块

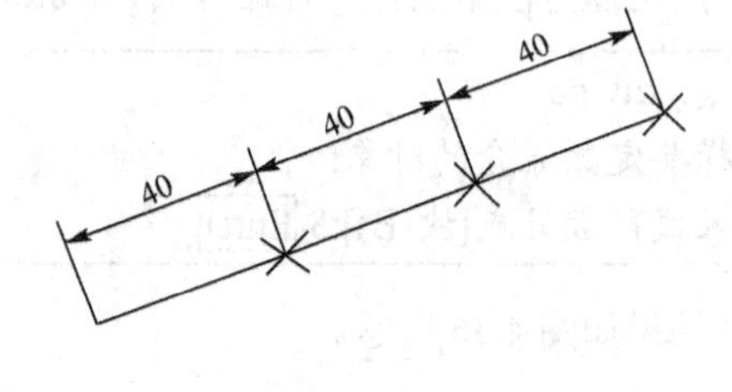

图 4.38 定距等分直线段

（4）选项说明

用户如果在上述提示行中输入"B"，AutoCAD 会提示：

```
命令:_measure
选择要定距等分的对象:
指定线段长度或[块(B)]:b Enter
输入要插入的块名:
是否对齐块和对象？[是(Y)/否(N)]<Y>:
指定线段长度:20 Enter
```

图 4.39（a）是响应“Y”后的排列方式；图 4.39（b）是响应“N”后的排列方式。

执行完以上操作后，AutoCAD 会根据用户的设置排列块。如果用户输入的块中含有可变参数，则在插入的块中不包含这些可变参数。

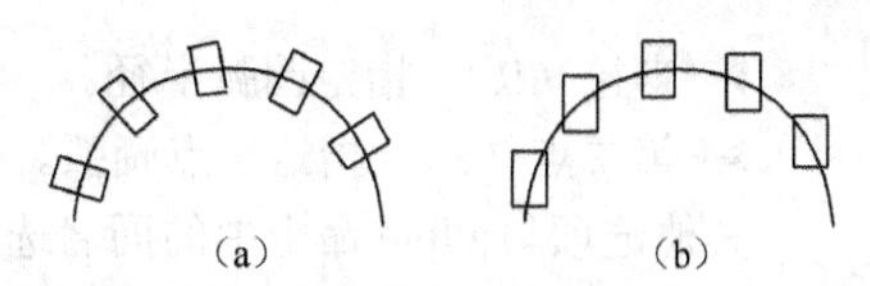

图 4.39 根据不同的排列方式插入块

【提示与技巧】

✓ 定距等分或定数等分的起点随对象类型变化。
✓ 直线或非闭合的多段线，始点是距离选择点最近的端点。
✓ 闭合的多段线，起点是多段线的起点。
✓ 圆，起点是以圆心为起点、当前捕捉角度为方向的捕捉路径与圆的交点。

4.5 多段线

4.5.1 绘制多段线

（1）命令功能

多段线是作为单个对象创建的相互连接的线段序列，可以创建直线段、圆弧段或两者的组合线段。在实际绘图中，主要是利用多段线可以改变宽度的特性，绘制具有宽度的直线、指针和箭头，例如机械零件图剖面符号。

（2）调用方式

命令行：Pline 或 PL。

菜单：【绘图】→【多段线】。

工具栏：【绘图】→。

（3）操作格式

用上述几种方法中的任一种命令输入，AutoCAD 将提示：

```
命令:_pline
指定起点:
当前线宽为 0.0000
指定下一点或[圆弧(A)/闭合(C)/半宽(H)/长度(L)/放弃(U)/宽(W)]:
```

（4）选项说明

① 指定下一点:用户可直接输入一点作为线的一个端点。

② 圆弧（A）：选 A 后，AutoCAD 将提示如下以帮助生成多义线中的圆弧。

```
指定圆弧的端点或[角度(A)/圆心(CE)/闭合(CL)/方向(D)/半宽(H)/直线(L)/半径(R)/第二点(S)/
放弃(U)/宽度(W)]:
```

在该提示下移动字光标，屏幕上出现橡皮线，提示行中各选项的含义如下：

➢ 角度（A）：该选项用于指定圆弧的内含角。

➢ 圆心（CE）：为圆弧指定圆心。

以上两种操作与绘圆弧相似。

➢ 方向（D）：取消直线与弧的相切关系设置，改变圆弧的起始方向。

➢ 直线（L）：返回绘制直线方式。

➢ 半径（R）：指定圆弧半径。

➢ 第二点（S）：指定三点画弧。

其他选项与 Pline 命令中的同名选项含义相同，用户可以参考下面的介绍。

③ 闭合（C）：该选项自动将多段线闭合，并结束 Pline 命令的操作。

④ 半宽（H）：该选项用于指定多段线的半宽值。执行该选项时，AutoCAD 将提示用户输入多段线段的起点半宽值和终点半宽值。

⑤ 长度（L）：定义下一段多段线的长度。执行该选项时，AutoCAD 会自动按照上一段多段线的方向绘制下一段多义线；若上一段多段线为圆弧，则按圆弧的切线方向绘制下一段多段线。

⑥ 放弃（U）：取消上一次绘制的多段线段。该选项可以连续使用。

⑦ 宽度（W）：设置多段线的宽度。执行后，AutoCAD 将出现如下提示：

指定起点宽度<0.0000>:0.5 Enter
指定端点宽度<0.5000>:0 Enter

案例 4-8　绘制包含圆弧和直线的多段线如图 4.40 所示。

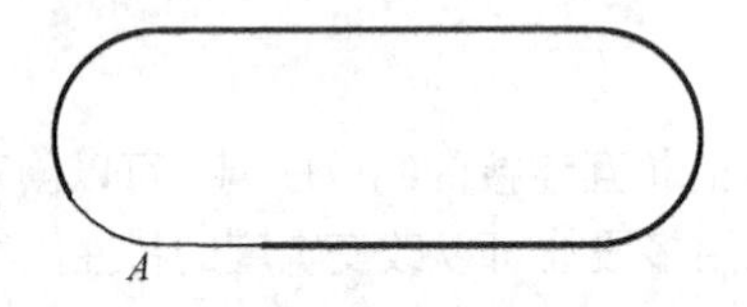

图 4.40　绘制多段线

【操作步骤】

命令:_pline	
指定起点:	//拾取一点 *A*
当前线宽为 0.0000	
指定下一个点或[圆弧(A)/半宽(H)/长度(L)/放弃(U)/宽度(W)]:w Enter	//选择指定宽度方式
指定起点宽度<0.0000>:0 Enter	
指定端点宽度<0.0000>:2 Enter	
指定下一个点或[圆弧(A)/半宽(H)/长度(L)/放弃(U)/宽度(W)]:60 Enter	//鼠标向右，确认已显水平追踪线
指定下一点或[圆弧(A)/闭合(C)/半宽(H)/长度(L)/放弃(U)/宽度(W)]:a Enter	//选择圆弧方式
指定圆弧的端点或[角度(A)/圆心(CE)/闭合(CL)/方向(D)/半宽(H)/直线(L)/半径(R)/第二个点(S)/放弃(U)/宽度(W)]:30 Enter	//鼠标向上，确认已显竖直追踪线
指定圆弧的端点或[角度(A)/圆心(CE)/闭合(CL)/方向(D)/半宽(H)/直线(L)/半径(R)/第二个点(S)/放弃(U)/宽度(W)]:l Enter	//选择直线方式
指定下一点或[圆弧(A)/闭合(C)/半宽(H)/长度(L)/放弃(U)/宽度(W)]:60 Enter	//鼠标向左，确认已显水平追踪线
指定下一点或[圆弧(A)/闭合(C)/半宽(H)/长度(L)/放弃(U)/宽度(W)]:a Enter	//选择圆弧方式
指定圆弧的端点或[角度(A)/圆心(CE)/闭合(CL)/方向(D)/半宽	

(H)/直线(L)/半径(R)/第二个点(S)/放弃(U)/宽度(W)]:w Enter　　//选择指定宽度方式
指定起点宽度<2.0000>:2 Enter
指定端点宽度<2.0000>:0 Enter
指定圆弧的端点或[角度(A)/圆心(CE)/闭合(CL)/方向(D)/半宽
(H)/直线(L)/半径(R)/第二个点(S)/放弃(U)/宽度(W)]:cl Enter　　//闭合多段线结束命令

【提示与技巧】

✓ 当多段线的宽度大于0时，绘制闭合的多段线，一定要用Close选项，才能使其完全封闭；否则，会出现缺口。

✓ 多段线起点宽度以上一次输入值为默认值，而终点宽度值则以起点宽度为默认值。

4.5.2 编辑多段线

（1）命令功能

对于用“pline”命令创建的多段线对象，可使用“pedit”命令来进行修改。

（2）调用方式

命令行：pedit或pe。

菜单：【修改】→【对象】→【多段线】。

工具栏：【修改Ⅱ】→。

快捷菜单：选择要编辑的多段线并单击右键，选择【多段线】→【编辑多段线】。

（3）操作格式

调用该命令后，系统首先提示用户选择多段线：

命令:_pedit 选择多段线:

（4）选项说明

用户可选择“Multiple”选项来选择多个多段线对象，否则只能选择一个多段线对象。如果用户选择了直线（line）、圆弧（arc）对象时，系统将提示用户：

是否将其转换为多段线?<Y>:

当用户选择了一个多段线对象（或将直线、圆弧等对象转换为多段线对象）后，系统进一步提示：

输入选项[闭合(C)/合并(J)/宽度(W)/编辑顶点/拟合(F)/样条曲线(S)/非曲线化(D)/线型生成(L)/放弃(U)]:

各项具体作用如下：

①“闭合（C）”：闭合开放的多段线。注意，即使多段线的起点和终点均位于同一点上，AutoCAD仍认为它是打开的，而必须使用该选项才能进行闭合。对于已闭合的多段线，则该项被“Open（打开）”所代替，其作用相反。

②“合并（J）”：将直线、圆弧或多段线对象和与其端点重合的其他多段线对象合并成一个多段线。对于曲线拟合多段线，在合并后将删除曲线拟合。

③“宽度（W）”：指定多段线的宽度，该宽度值对于多段线各个线段均有效。

④“编辑顶点（E）”：用于对组成多段线的各个顶点进行编辑。用户选择该项后，多段线的第一个顶点以“×”为标记，如果该顶点具有切线，则还将在切线方向上绘有箭头。系统进一步提示选择如下，各选项的作用见表 4.7。

```
输入顶点编辑选项
[下一个(N)/上一个(P)/打断(B)/插入(I)/移动(M)/重生成(R)/拉直(S)/切向
(T)/宽度(W)/退出(X)]<N>:
```

表 4.7 “编辑顶点”选项的作用

选　项	作　用
下一个（N）	将标记“×”移到下一个顶点处
上一个（P）	将标记“×”移到上一个顶点处
打断（B）	保存当前标记“×”的顶点位置，并提示用户选择其他顶点，确定后选择“Go”选项来删除这两个指定顶点之间的部分
插入（I）	在标记“×”的顶点后添加一个新的顶点
移动（M）	修改标记“×”的顶点的位置
重生成（R）	重新生成多段线
拉直（S）	操作过程同“Break”选项，但操作结果是将两个指定顶点之间的部分用一条直线段代替，而不是删除
切向（T）	修改标记“×”的顶点的切线方向，该方向将用于以后的曲线拟合
宽度（W）	修改标记“×”的顶点后面线段的起点宽度和端点宽度
退出（X）	退出“编辑顶点”选项，返回主选项

⑤“拟合（F）”：在每两个相邻顶点之间增加两个顶点，由此来生成一条光滑的曲线，该曲线由连接各对顶点的弧线段组成。曲线通过多段线的所有顶点并使用指定的切线方向。如果原多段线包含弧线段，在生成样条曲线时等同于直线段。如果原多段线有宽度，则生成的样条曲线将由第一个顶点的宽度平滑过渡到最后一个顶点的宽度，所有中间的宽度信息都将被忽略。

⑥“样条曲线（S）”：使用多段线的顶点作控制点来生成样条曲线，该曲线将通过第一个和最后一个控制点，但并不一定通过其他控制点。这类曲线称为 B 样条曲线。AutoCAD 可以生成二次或三次样条拟合多段线。

⑦“非曲线化（D）”：删除拟合曲线和样条曲线插入的多余顶点，并将多段线的所有线段恢复为直线，但保留指定给多段线顶点的切线信息。但对于使用“break”、“trim”等命令编辑后的样条拟合多段线，不能使其“非曲线化”。

⑧“线型生成（L）”：如果该项设置为“ON”状态，则将多段线对象作为一个整体来生成线型；如果设置为“OFF”，则将在每个顶点处以点画线开始和结束生成线型。注意，该项不适用于带变宽线段的多段线。

⑨“放弃（U）”：取消上一编辑操作而不退出命令。

“pedit”命令还可用于对三维多段线和三维网格的修改操作。

案例 4-9　设计拼图图案，如图 4.41 所示。

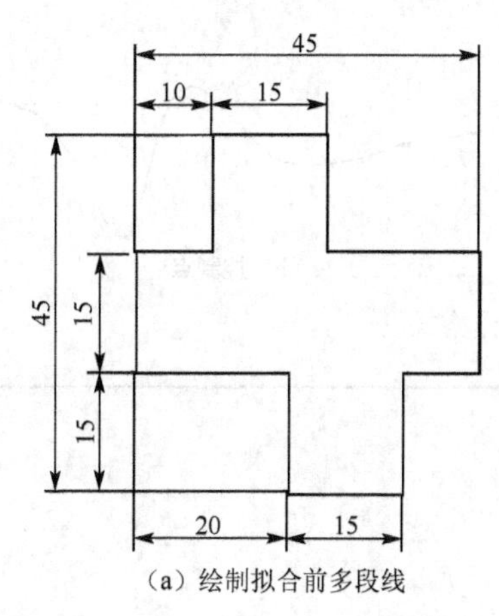

(a) 绘制拟合前多段线

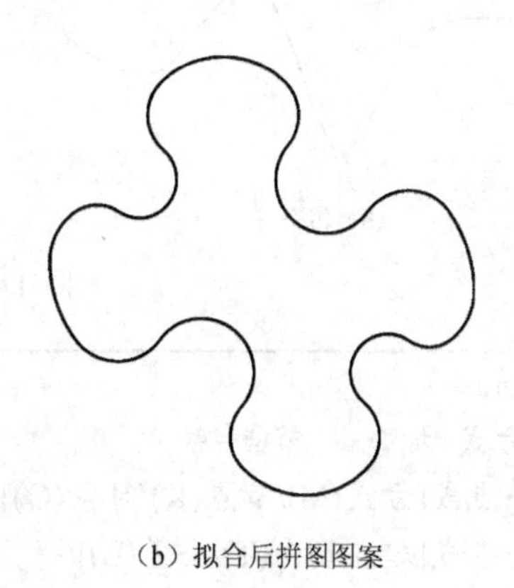

(b) 拟合后拼图图案

图 4.41 编辑多段线

【操作步骤】

```
命令:_pline
指定起点:
当前线宽为 0.0000
指定下一个点或[圆弧(A)/半宽(H)/长度(L)/放弃(U)/宽度(W)]:15 Enter     //绘制拟合前多段线
…
指定下一点或[圆弧(A)/闭合(C)/半宽(H)/长度(L)/放弃(U)/宽度(W)]:C
Enter
命令:_pedit
输入选项[打开(O)/合并(J)/宽度(W)/编辑顶点(E)/拟合(F)/样条曲线(S)/
非曲线化(D)/线型生成(L)/反转(R)/放弃(U)]:F Enter                   //编辑多段线
输入选项 [打开(O)/合并(J)/宽度(W)/编辑顶点(E)/拟合(F)/样条曲线(S)/
非曲线化(D)/线型生成(L)/反转(R)/放弃(U)]: Enter
```

4.6 样条曲线

(1) 命令功能

创建经过或靠近一组拟合点或由控制框的顶点定义的平滑曲线。

(2) 调用方式

命令行：Spline 或 SPL。

菜单：【绘图】→【样条曲线】→【拟合点(F)】。

菜单：【绘图】→【样条曲线】→【控制点(C)】。

工具栏：【绘图】→ 。

(3) 操作格式

样条曲线使用拟合点或控制点进行定义。默认情况下，拟合点与样条曲线重合，而控制点定义控制框。控制框提供了一种便捷的方法，用来设置样条曲线的形状，每种方法都有其优点。所显示的提示取决于是使用拟合点还是使用控制点来创建样条曲线，如图 4.42 所示。

① 对于使用拟合点方法创建的样条曲线：

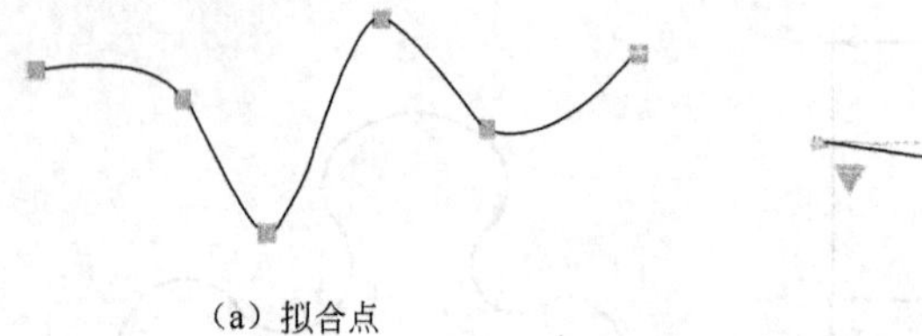
（a）拟合点

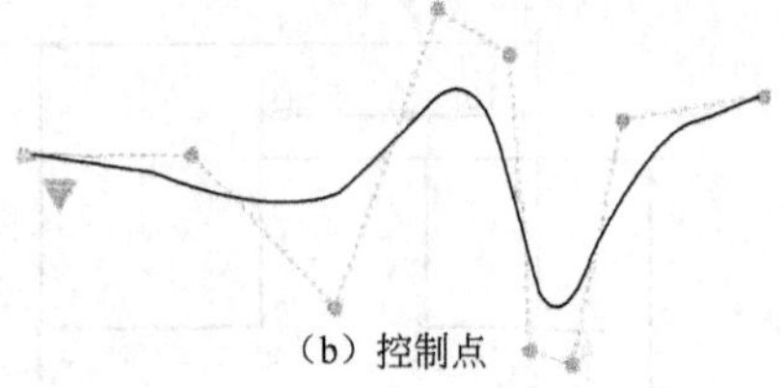
（b）控制点

图 4.42　操作格式

```
命令:_spline
当前设置:方式=拟合　　节点=弦
指定第一个点或[方式(M)/节点(K)/对象(O)]:
输入下一个点或[起点切向(T)/公差(L)]:
输入下一个点或[端点相切(T)/公差(L)/放弃(U)]:
输入下一个点或[端点相切(T)/公差(L)/放弃(U)/闭合(C)]:
```

② 对于使用控制点方法创建的样条曲线：

```
命令:_spline
当前设置:方式=控制点　　阶数=3
指定第一个点或[方式(M)/阶数(D)/对象(O)]:
输入下一个点:
输入下一个点或[放弃(U)]:
输入下一个点或[闭合(C)/放弃(U)]:
```

（4）选项说明

① 指定第一个点：指定样条曲线的第一个点，或者是第一个拟合点或者是第一个控制点，具体取决于当前所用的方法。

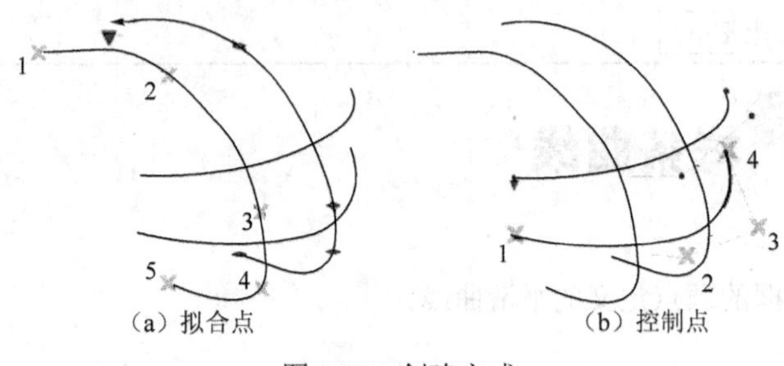

图 4.43　创建方式

② 方式：控制是使用拟合点还是使用控制点创建样条曲线（见图 4.43）。

③ 对象：将二维或三维的二次或三次样条曲线拟合多段线转换成等效的样条曲线。根据 DELOBJ 系统变量的设置，保留或放弃原多段线。

④ 下一点：创建其他样条曲线段，直到按 Enter 键为止（见图 4.44）。

⑤ 放弃：删除最后一个指定点。

⑥ 关闭：定义与第一个点重合的最后点，闭合样条曲线（见图 4.45）。

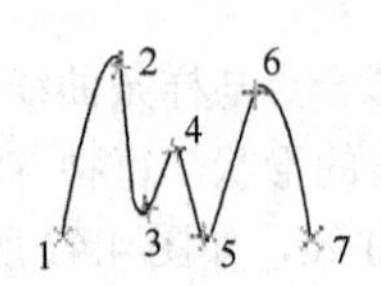

图 4.44　指定下一点

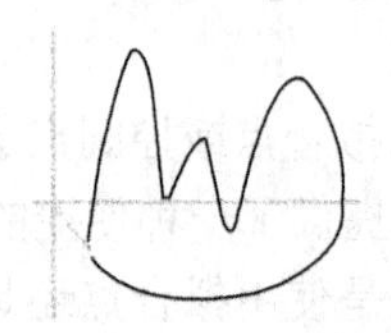

图 4.45　绘制指定条件的闭合样条曲线

⑦ 使用拟合点创建样条曲线的选项。

➢ 公差：指定样条曲线可以偏离指定拟合点的距离（见图 4.46）。

图 4.46　指定拟合公差绘制的样条曲线

➢ 起点的切线方向：指定在样条曲线起点的相切条件，见图 4.47（a）。

➢ 端点相切：指定在样条曲线终点的相切条件，见图 4.47（b）。

【提示与技巧】

✓ 对拟合点较多的样条曲线来讲，使用拟合公差，可得到一条光滑样条曲线。

✓ 样条曲线适合于绘制那些具有不规则变化的曲线，如局部剖视图中视图和剖视的分界线、断裂处的边界线，见图 4.48。

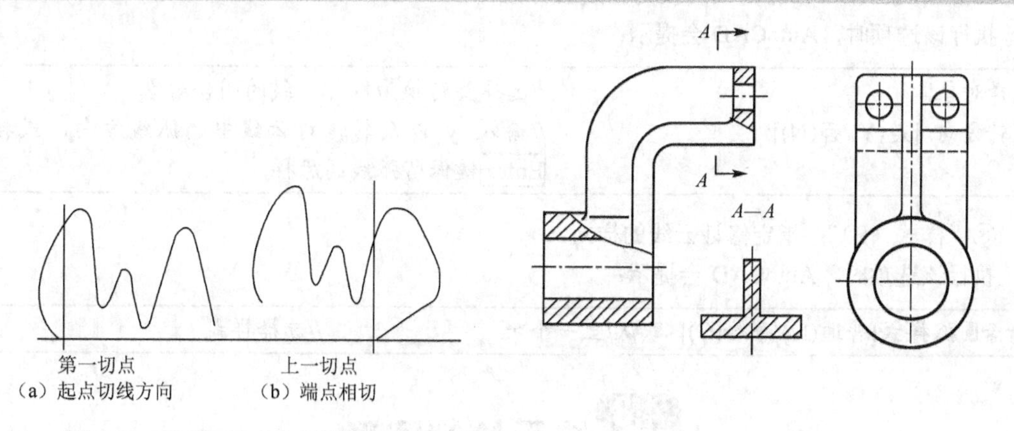

图 4.47　起点切线方向和端点相切

图 4.48　局部剖视图

4.7 修订云线

（1）命令功能

修订云线是由连续圆弧组成的多段线。用于在检查阶段提醒用户注意图形的某个部分。在检查或用红线圈阅图形时，可以使用修订云线功能亮显标记以提高工作效率，见图 4.49。

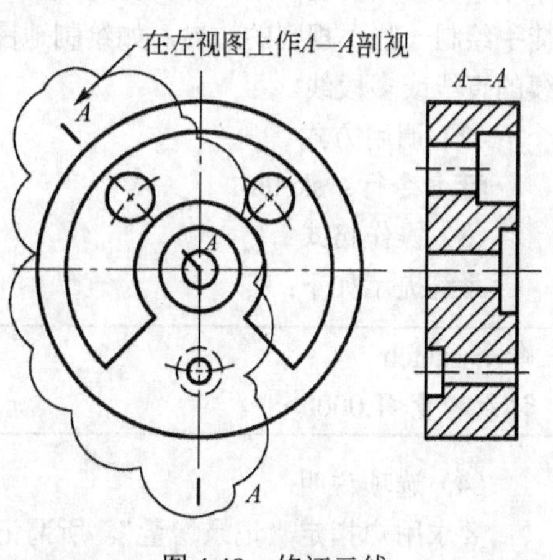

图 4.49　修订云线

（2）调用方式

命令行：revcloud。

菜单：【绘图】→【修订云线】。

工具栏：【绘图】→ 。

（3）操作格式

用上述方法中任一种输入命令后，AutoCAD 会提示：

命令行:revcloud	
最小弧长:15 最大弧长:15 样式:普通	//通过拖动绘制修订云线，或
指定起点或[弧长(A)/对象(O)/样式(S)]<对象>:	输入选项，又或按 Enter 键
沿云线路径引导十字光标...	
修订云线完成	

（4）选项说明

①“弧长（A）”：指定云线中弧线的长度。

执行该选项时，AutoCAD 会提示：

指定最小弧长<15>: Enter	//指定最小弧长的值
指定最大弧长<15>: Enter	//指定最大弧长的值

【提示与技巧】

✓ 最大弧长不能大于最小弧长的三倍。

② “对象（O）”：指定要转换为云线的对象。

执行该选项时，AutoCAD 会提示：

选择对象:	//选择要转换为修订云线的闭合对象
反转方向 [是(Y)/否(N)]:	//输入 y 以反转修订云线中的弧线方向，或按 Enter 键保留弧线的原样

③“样式（S）”：指定修订云线的样式。

执行该选项时，AutoCAD 会提示：

选择圆弧样式[普通(N)/手绘(C)]<默认/上一个>:	//选择样式

4.8 徒手绘制图形

（1）命令功能

为了使用户更加方便地使用 AutoCAD，AutoCAD 系统提供了“徒手画”的功能，即“sketch”命令。利用该功能，用户可以将定点设备（鼠标和数字化仪的光笔或指示设备）当作画笔来用，徒手绘制一些不规则的边界，如绘制地图、地形图、规划图和签名等。徒手画实质上是一系列连续的直线或多段线。

（2）调用方式

命令行：sketch。

（3）操作格式

系统提示如下：

```
命令:sketch
记录增量<1.0000>:
```

（4）选项说明

要求用户指定“记录增量”。所谓记录增量，是徒手画线段中最小线段的长度，每当光标移动的距离达到该长度，系统将临时记录这一段线段。指定“记录增量”后，系统进一步提示如下：

徒手画。画笔(P)/退出(X)/结束(Q)/记录(R)/删除(E)/连接(C)	输入一个选项或按下定点设备按钮

各选项具体说明如表4.8所示。

表4.8 徒手画命令选项说明

命令选项	说明
画笔（P）	该选项用于控制提笔和落笔状态。用户在绘制徒手画时必须先落笔，此时鼠标被当作画笔来使用，其常规功能无效。如果用户需要暂停或结束绘制，则需要提笔。注意，抬笔并不能退出Sketch命令，它也不能永久记录当前绘制的徒手线 用户也可以通过单击左键在提笔和落笔状态之间转换
退出（X）	该选项可记录所有临时线并退出Sketch命令 用户也可按Enter键或空格键完成同样的功能
结束（Q）	该选项不记录任何临时线并退出Sketch命令 相当于用户按Esc键
记录（R）	该选项记录最后绘制的徒手线，但不退出Sketch命令。被记录的徒手线以白颜色显示，而临时的徒手线是以绿颜色显示
删除（E）	该选项可以在临时线段未被记录之前将其删除。选择该选项后，可以用光标从最后绘制的线段开始向前逐步删除任何一段线段。在选择该选项时如果画笔处于落笔状态，则自动提起画笔
连接（C）	当用户抬笔或删除线段后会出现断点，这时使用该选项可以从最后的断点处继续绘制徒手线。选择该选项后，当光标移至断点附近并且光标点与断点间距离小于增量长度时，AutoCAD将自动从断点开始绘制徒手线 该选项可以在提笔状态下从最后徒手线的终点至光标所在处绘制一条直线，而不受增量长度的限制。绘制后仍保持提笔状态

系统变量SKPOLY取值为0时（缺省），调用“sketch” 命令将生成一系列的直线；而如果该变量取值为1，则生成一条多段线。

系统变量SKETCHINC保存了当前的“sketch”命令的记录增量值。

4.9 图案填充

在工程和产品设计中，经常会通过图案填充来区分设备的零件或表现组成对象的材质。例如机械零件的剖面线代表零件的剖切断面；在建筑制图中用填充的图案表示构件的材质或用料。

可以使用预定义填充图案填充区域、使用当前线型定义简单的线图案，也可以创建更复杂的填充图案，或创建渐变填充。渐变填充在一种颜色的不同灰度之间或两种颜色之间使用过渡。渐变填充提供光源反射到对象上的外观，可用于增强演示图形。

4.9.1 使用对话框

（1）命令功能

调用、编辑图案填充命令。

（2）调用方式

命令行：hatch或bh。

菜单：【绘图】→【图案填充】或【渐变色】。

工具栏：【绘图】→图案填充图标或渐变色图标。

拖动【工具选项板】中的“图案填充”工具栏。

（3）操作格式

激活图案填充命令后，系统弹出“图案填充和渐变色”对话框，见图 4.50。

（4）选项说明

①“图案填充”选项卡。

➢ “类型和图案”选项区域。

“类型”下拉列表框：设置图案类型。可以控制任何图案的角度和比例。

“图案”下拉列表框：列出可用的预定义图案。

“...”按钮：显示“填充图案选项板”对话框（见图 4.51），从中可以同时查看所有预定义图案的预览图像，这将有助于用户做出选择。“ANSI”选项卡表示由美国国家标准化组织建议使用的填充图案；“ISO”选项卡表示由国际标准化组织建议使用的填充图案；“其他预定义”表示由 AutoCAD 提供的可用填充图案；“自定义”表示由用户自己定制的填充图案。如果用户没有定制过填充图案，则此项为空白。

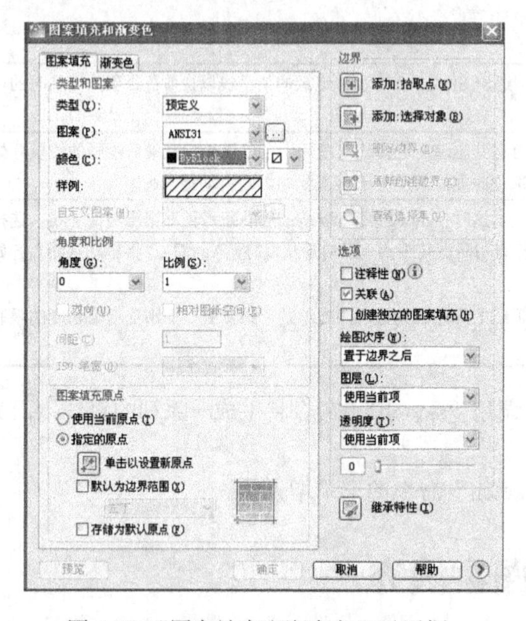

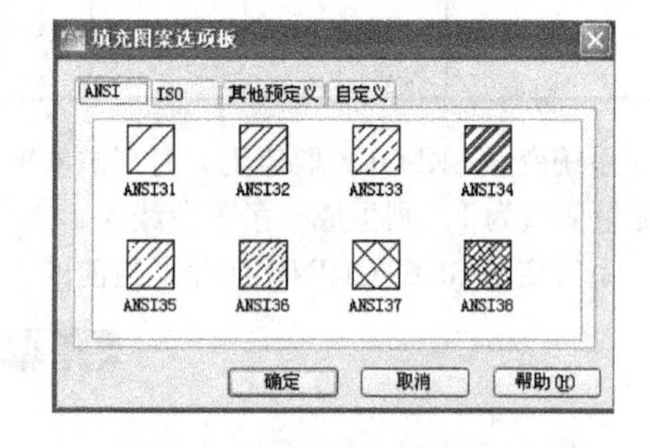

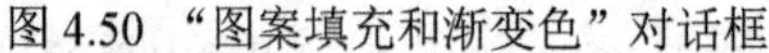

图 4.50 “图案填充和渐变色”对话框　　　　图 4.51 “填充图案选项板”对话框

“样例”预览窗口：显示选定图案的预览图像。可以单击“样例”以显示“填充图案选项板”对话框。

“自定义图案”下拉列表框：列出可用的自定义图案。六个最近使用的自定义图案将出现在列表顶部。选定图案的名称存储在 HPNAME 系统变量中。只有在“类型”中选择了“自定义”，此选项才可用。

“...”按钮：显示“填充图案选项板”对话框，从中可以同时查看所有自定义图案的预览图像，这将有助于用户做出选择。

➢ “角度和比例”选项区。

“角度”下拉列表框：指定填充图案的角度（相对当前 UCS 坐标系的 *X* 轴）。

“比例”下拉列表框：放大或缩小预定义或自定义图案。只有将“类型”设置为“预定义”或“自定义”，此选项才可用。

“双向”复选框：对于用户定义的图案，将绘制第二组直线，这些直线与原来的直线成 90°角，从而构成交叉线。只有在“图案填充”选项卡上将“类型”设置为“用户定义”时，此选项才可用。

“相对图纸空间”复选框：相对于图纸空间单位缩放填充图案。使用此选项，可很容易地做到以适合于布局的比例显示填充图案。该选项仅适用于布局。

“间距”文本框：指定用户定义图案中的直线间距。只有将“类型”设置为“用户定义”，此选项才可用。

“ISO 笔宽”下拉列表框：基于选定笔宽缩放 ISO 预定义图案。只有将“类型”设置为“预定义”，并将“图案”设置为可用的 ISO 图案的一种，此选项才可用。

➢ “图案填充原点”选项区。

控制填充图案生成的起始位置。一些图案填充（例如砖块图案）需要与图案填充边界上的一点对齐。默认情况下，所有图案填充原点都对应于当前的 UCS 原点。

➢ “边界”选项区。

“添加：拾取点”按钮：用于指定边界内的一点，并在现有对象中检测距该点最近的边界，构成一个闭合区域。

“添加：选择对象”按钮：根据构成封闭区域的选定对象确定边界。

“删除边界”按钮：从边界定义中删除以前添加的任何对象。

“查看选择集”按钮：暂时关闭对话框，并使用当前的图案填充或填充设置显示当前定义的边界。如果未定义边界，则此选项不可用。

“重新创建边界”按钮：围绕选定的图案填充或填充对象创建多段线或面域，并使其与图案填充对象相关联（可选）。

➢ “选项”选项区。

“关联”复选框：控制图案填充或填充的关联。关联的图案填充或填充在用户修改其边界时将会更新。不关联时，图案填充不随边界的改变而变化，仍保持原来的形状。

“创建独立的图案填充”复选框：控制当指定了几个独立的闭合边界时，是创建单个图案填充对象，还是创建多个图案填充对象。

“绘图次序”下拉列表框：为图案填充或填充指定绘图次序。包括不指定、前置、后置、置于边界之前、置于边界之后等多种选择。

“继承特性”按钮：用于选择一个已使用的填充样式及其特性来填充指定的边界，相当于复制填充样式。

②“渐变色”选项卡。

定义要应用的渐变填充的外观。AutoCAD 提供了 9 种固定的图案和单色、双色渐变色填充。使用渐变色填充，可以创建从一种颜色到另一种颜色的平滑过渡，还能体现出光照在平面或三维对象上所产生的过渡颜色，增加演示图形的效果，如图 4.52 所示。

➢ “颜色”选项区。

“单色”复选框：指定使用由深到浅平滑过渡的单色填充。选择“单色”时，HATCH 将显示带有浏览按钮和“着色”与“渐浅”滑块的颜色样本。

“双色”复选框：指定在两种颜色之间平滑过渡的双色渐变填充。

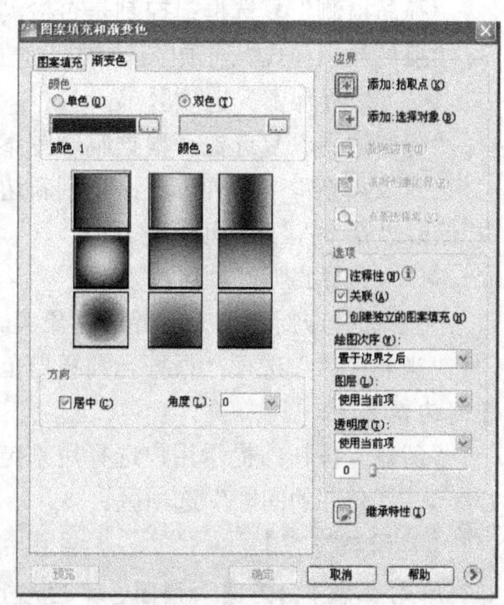

图 4.52 “渐变色”选项卡

“渐变图案”预览：显示用于渐变填充的九种固定图案。

➢ “方向”选项区。

指定渐变色的角度以及其是否对称。

“居中”复选框：用于创建均匀渐变。

“角度”下拉列表：指定渐变填充的角度。

③ 高级选项。

单击“图案填充和渐变色”对话框右下角的⊙按钮，将展开更多选项，如图 4.53 所示。该部分用于选择孤岛检测方式——在封闭的填充区域内的填充方式，指定在最外层边界内填充对象的方法。

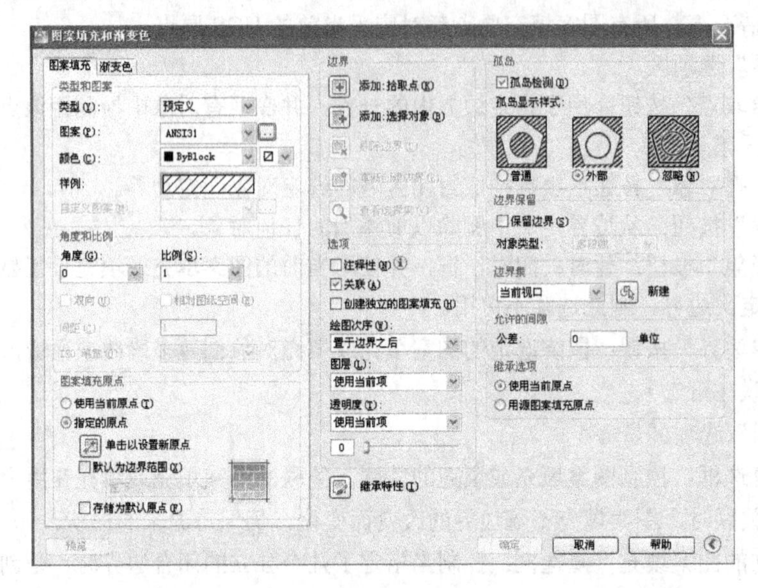

图 4.53　包含更多选项的“图案填充和渐变色”对话框

➢ “孤岛”选项区。

“孤岛检测”复选框：控制是否检测内部闭合边界（称为孤岛）。

“孤岛显示样式”选项区：用于设置孤岛的填充，包括“普通”、“外部”和“忽略”3 种方式。

➢ “边界保留”选项区。

“保留边界”复选框：根据临时图案填充边界创建边界对象，并将它们添加到图形中。

“对象类型”下拉列表框：控制新边界对象的类型。保留类型可以是面域或多段线。仅当选中“保留边界”时，此选项才可用。

➢ “边界集”选项区。

用于选择或新建填充边界的对象集。

“当前视口”选项：根据当前视口范围内的所有对象定义边界集。选择此选项将放弃当前的任何边界集。

“新建”按钮：提示用户选择用来定义边界集的对象。

➢ “允许的间隙”选项区。

【提示与技巧】

✓ 填充边界可以是圆、椭圆、多边形等封闭的图形，也可以是由直线、曲线、多段线等围成的封闭区域。

✓ 在选择对象时，一般用“拾取点”来选择边界。这种方法既快又准确，“选择对象”只是作为补充手段。

✓ 边界图形必须封闭，并且边界不能重复选择。

4.9.2 使用工具选项板

可以将常用的填充图案放置在工具选项板上，当需要向图中添加填充图案时，只需将其从工具选项板拖至图中即可。

调用工具选项板的方法：

命令行：toolpalettes。

菜单：【工具】→【自定义】→【工具选项板】。

工具栏：【标准】→【工具选项板窗口】。

打开【工具选项板窗口】时，右键单击图案工具，如图4.54所示，从快捷菜单中选择“特性”，系统弹出“工具特性”对话框，如图4.55所示。在此对话框中可以直接修改填充图案的参数。

4.9.3 编辑图案填充

（1）命令功能

通过AutoCAD提供的Hatchedit（编辑填充图案）的命令重新设置图案填充。

（2）调用方式

命令行：Hatchedit。

菜单：【修改】→【对象】→【图案填充】。

工具栏：【修改Ⅱ】→。

双击要编辑的对象。

右击要编辑的图案，从快捷菜单中选择“特性”，如图4.56所示。

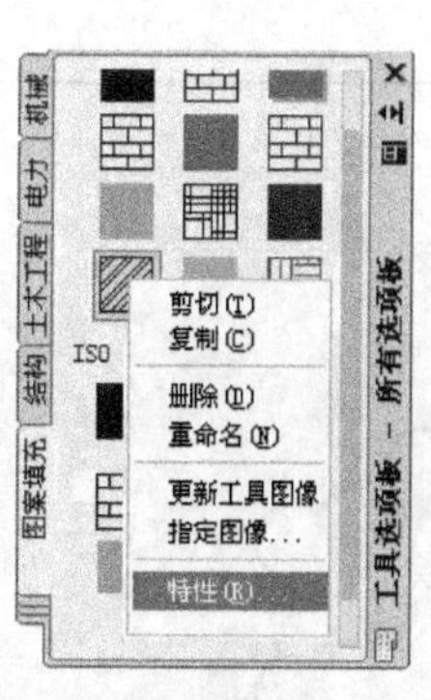

图4.54 “工具选项板”对话框

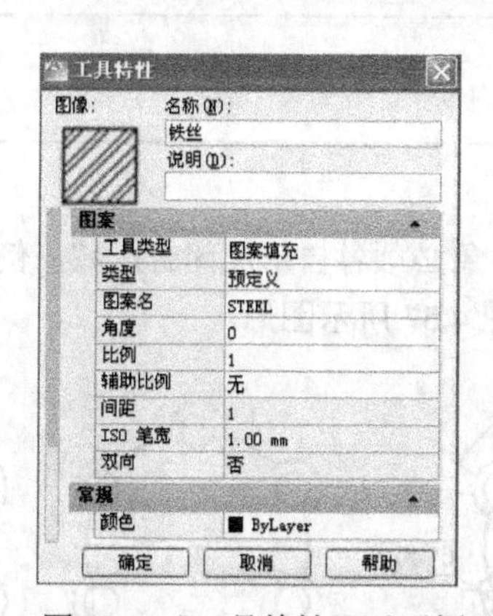

图4.55 “工具特性”对话框

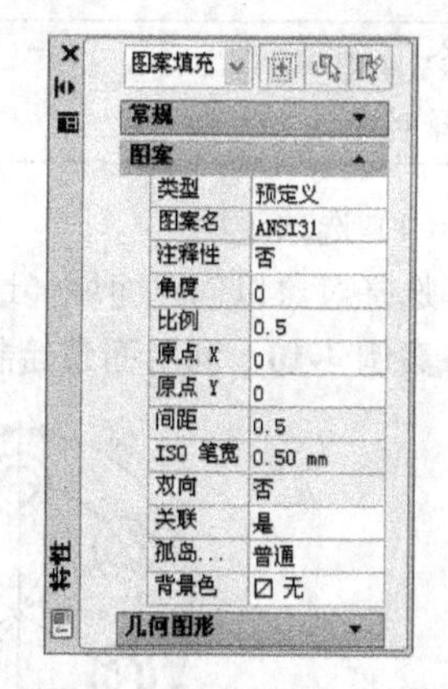

图4.56 “特性”工具栏

（3）操作格式

激活“图案填充编辑”对话框后，可以修改现有图案或渐变色填充的相关参数。此对话框与“图案填充和渐变色”对话框一致。

用HE命令将左图变为右图

he 回车，拾取左上图中的剖面线，在编辑图案填充对话框的间距一栏中，输入4，单击确定

双击左下图中的剖面线，单击对象类型下拉列表，选择预定义，选择ANSI31图案，在编辑图案填充对话框的比例一栏中，输入2，单击确定

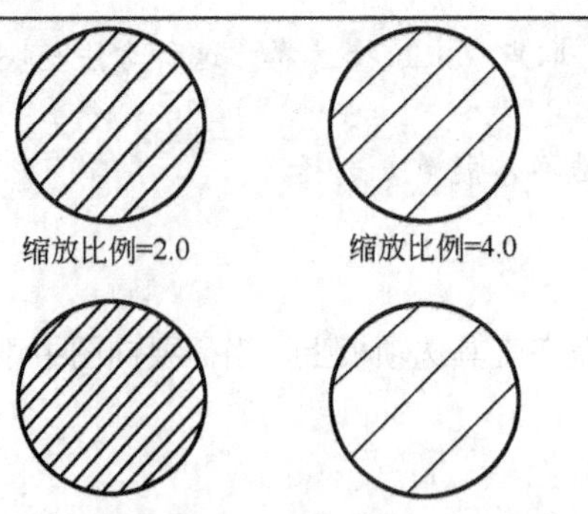

4.10 面域与查询

4.10.1 面域

（1）命令功能

面域是用闭合的形状或环创建的二维区域。闭合多段线、闭合的多条直线和闭合的多条曲线（包括圆弧、圆、椭圆和样条曲线）都是有效的选择对象。

（2）调用方式

命令行：region。

菜单：【绘图】→ 面域(N)。

工具栏：【绘图】→面域。

（3）操作格式

调用该命令后，AutoCAD 将显示提示：

```
命令:_region
选择对象:
```

（4）选项说明

选择对象以创建面域（这些对象必须各自形成闭合区域，例如圆）。

案例 4-10　利用面域绘制如图 4.57 所示图形。

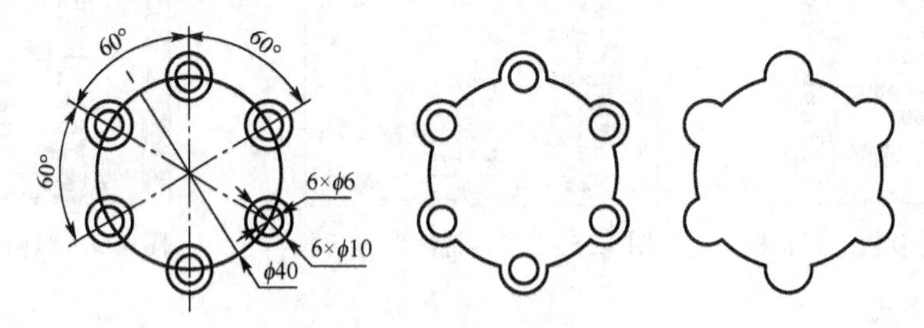

图 4.57　利用面域绘制图形

【操作步骤】：参见表 4.9。

【提示与技巧】

✓ 面域可应用填充和着色。

✓ 使用布尔操作将简单对象合并到更复杂的对象。

表 4.9 操作步骤

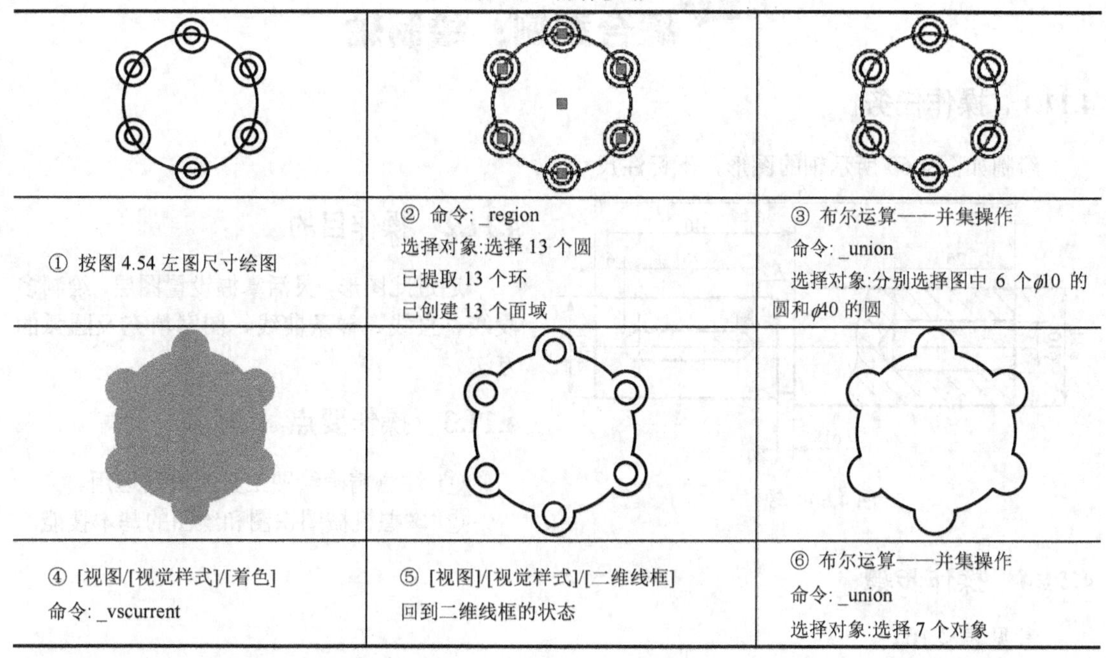

① 按图 4.54 左图尺寸绘图	② 命令: _region 选择对象:选择 13 个圆 已提取 13 个环 已创建 13 个面域	③ 布尔运算——并集操作 命令: _union 选择对象:分别选择图中 6 个ϕ10 的圆和ϕ40 的圆
④ [视图/[视觉样式]/[着色] 命令: _vscurrent	⑤ [视图]/[视觉样式]/[二维线框] 回到二维线框的状态	⑥ 布尔运算——并集操作 命令: _union 选择对象:选择 7 个对象

4.10.2 查询面积与质量特性信息

（1）命令功能

计算面域或三维实体的质量特性。

（2）调用方式

命令行：MASSPROP。

菜单：【工具(T)】→【查询(Q)】→【面域/质量特性(M)】，见图 4.58。

工具栏：【查询】→面域/质量特性。

（3）操作格式

调用该命令后，AutoCAD 将显示提示：

```
命令: massprop
选择对象:
```

案例 4-11 查询表 4.9 中⑥所示图形的相关信息，结果见图 4.59。

图 4.58 菜单

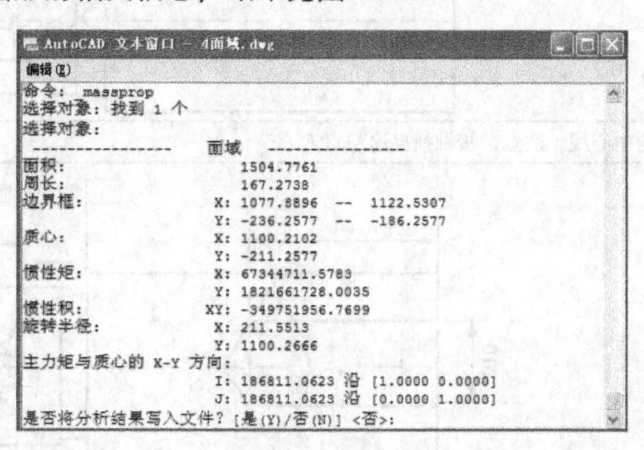

AutoCAD 文本窗口 - 4面域.dwg

编辑(E)

```
命令: massprop
选择对象: 找到 1 个
选择对象:
----------------    面域    ----------------
面积:                  1504.7761
周长:                  167.2738
边界框:             X: 1077.8896  --  1122.5307
                    Y: -236.2577  --  -186.2577
质心:               X: 1100.2102
                    Y: -211.2577
惯性矩:             X: 67344711.5783
                    Y: 1821661728.0035
惯性积:            XY: -349751956.7699
旋转半径:           X: 211.5513
                    Y: 1100.2666
主力矩与质心的 X-Y 方向:
                    I: 186811.0623 沿 [1.0000 0.0000]
                    J: 186811.0623 沿 [0.0000 1.0000]
是否将分析结果写入文件? [是(Y)/否(N)] <否>:
```

图 4.59 案例 4-11 的图

4.11 综合案例：绘制轴

4.11.1 操作任务

绘制如图 4.60 所示轴的图形，不标注尺寸。

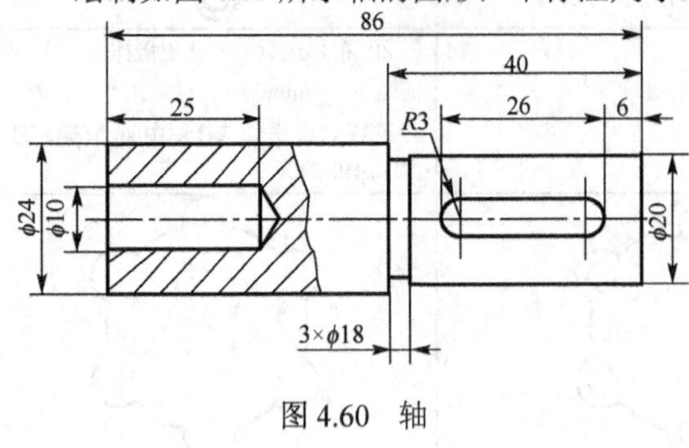

图 4.60 轴

4.11.2 操作目的

通过此图形，灵活掌握设置图层，绘制多段线、直线、样条曲线、图案填充及圆弧的方法。

4.11.3 操作要点

① 注意精确绘图工具的灵活运用。

② 掌握机械图识图和绘图的基本技能。

4.11.4 操作步骤

参见表 4.10。

表 4.10 操作步骤

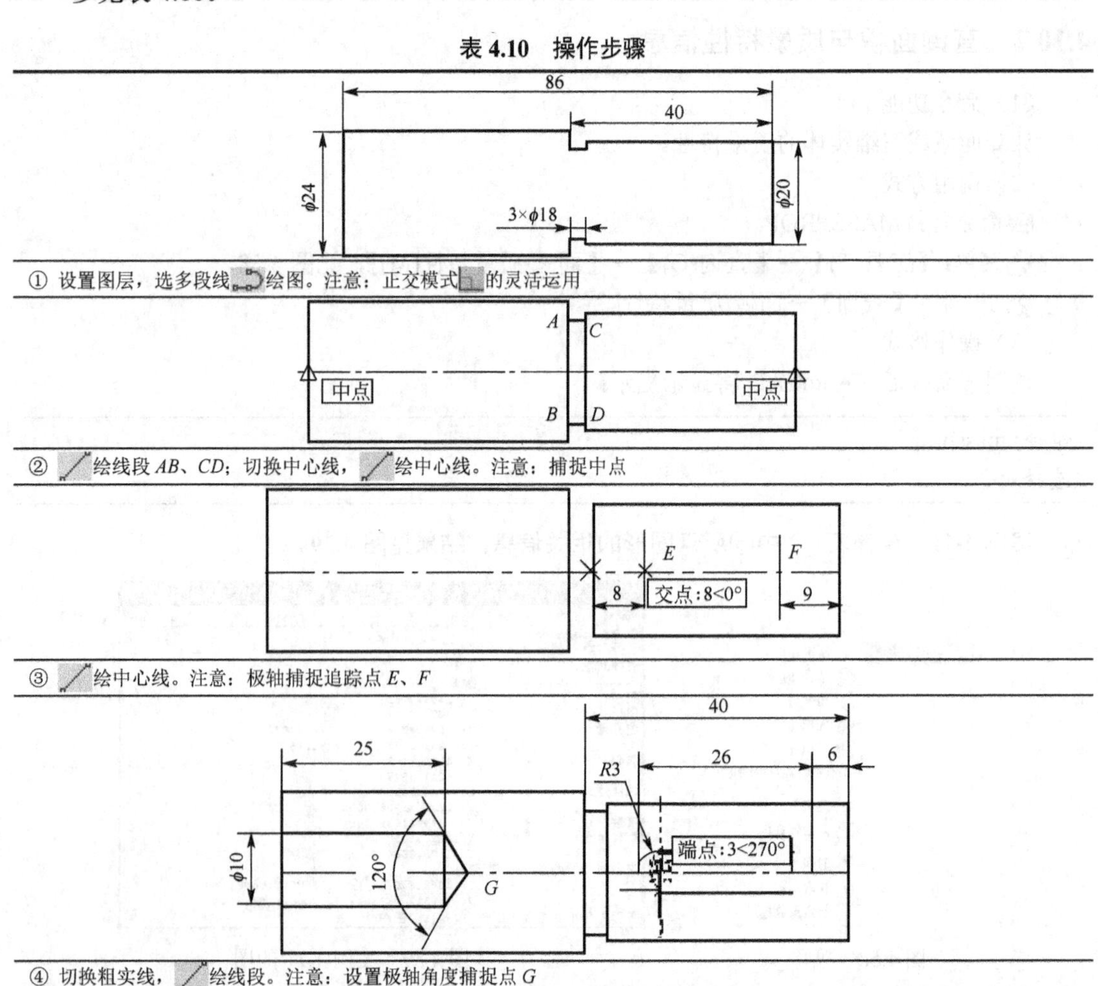

① 设置图层，选多段线绘图。注意：正交模式的灵活运用

② 绘线段 AB、CD；切换中心线，绘中心线。注意：捕捉中点

③ 绘中心线。注意：极轴捕捉追踪点 E、F

④ 切换粗实线，绘线段。注意：设置极轴角度捕捉点 G

续表

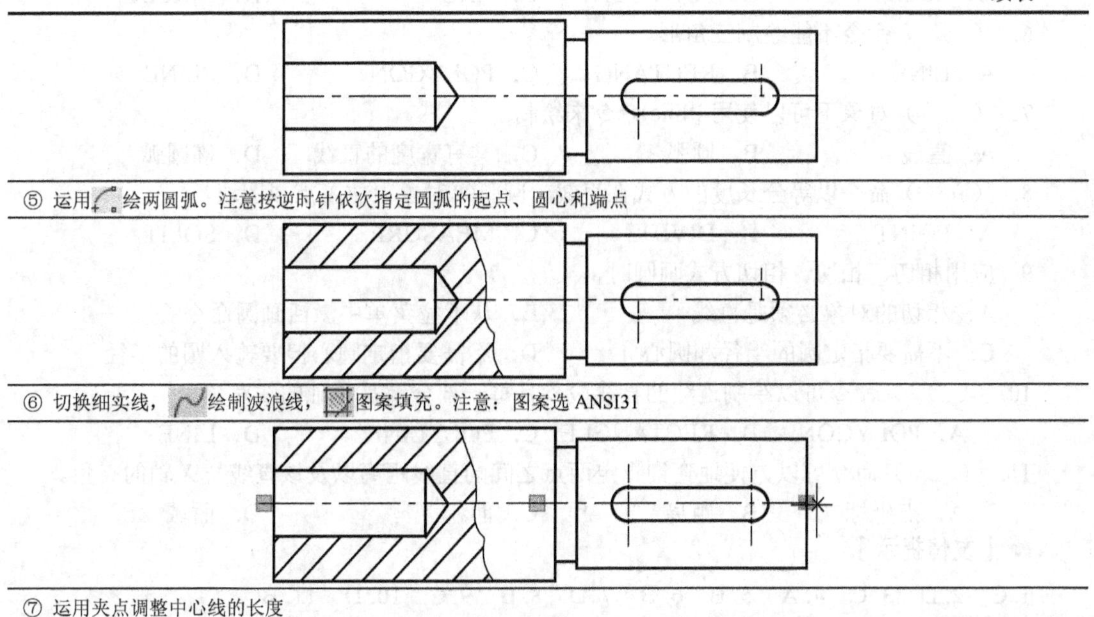

⑤ 运用绘两圆弧。注意按逆时针依次指定圆弧的起点、圆心和端点

⑥ 切换细实线，绘制波浪线，图案填充。注意：图案选 ANSI31

⑦ 运用夹点调整中心线的长度

【提示与技巧】

✓ 绘制轴的方法有多种，这里选用多段线来绘制轴的轮廓，后面学习了镜像等编辑命令后，操作会更简单。

4.12 总结提高

本章主要介绍了绘制二维图形的常用绘图命令的功能与操作。

通过本章的学习，用户要掌握基本绘图命令，根据需要灵活运用，从而准确快速地绘制图形。但要想熟练掌握其具体操作和使用技巧，还得靠用户在实践中多练习、慢慢领会。

4.13 思考与上机训练

4.13.1 选择题

1．构造线命令可以绘制（　　）。

A．无限长的多段线　　B．无限长的样条曲线

C．无限长的直线　　D．无限长的射线

2．构造线中没有的选项是（　　）。

A．水平　　B．垂直　　C．二等分　　D．圆弧

3．系统提供了（　　）方式来绘制圆弧。

A．10 种　　B．9 种　　C．11 种　　D．12 种

4．系统提供了（　　）方式来绘制正多边形。

A．3 种　　B．6 种　　C．10 种　　D．1 种

5．（　　）命令不可绘制圆形的线条。

A. ELLIPSE　　B. POLYGON　　C. ARC　　D. CIRCLE

6. （　　）命令不能绘制三角形。

A. LINE　　B. RECTANG　　C. POLYGON　　D. PLINE

7. （　　）对象不可以使用 Pline 命令来绘制。

A. 直线　　B. 圆弧　　C. 具有宽度的直线　　D. 椭圆弧

8. （　　）命令以等分长度的方式在直线、圆弧等对象上放置点或图块。

A. POINT　　B. DIVIDE　　C. MEASURE　　D. SOLIT

9. 应用相切、相切、相切方式画圆时，（　　）。

A. 相切的对象必须是直线　　B. 从下拉菜单中激活画圆命令

C. 不需要指定圆的半径和圆心　　D. 不需要指定圆心但要输入圆的半径

10. （　　）命令可以绘制连续的直线段，且每一部分都是单独的线对象。

A. POLYGON　　B. RECTANGLE　　C. POLYLINE　　D. LINE

11. （　　）命令可以方便地查询指定两点之间的直线距离以及该直线与 X 轴的夹角。

A. 点坐标　　B. 距离　　C. 面积　　D. 面域

【友情提示】

1. C　2. D　3. C　4. A　5. B　6. B　7. D　8. B　9. C　10. D　11. B

4.13.2 思考题

1. 绘出的点在屏幕上是否能看见？
2. 构造线与一般直线有什么实质区别？
3. 如何根据具体情况选择使用各种绘制圆的方法？
4. 如何根据具体情况选择使用各种绘制圆弧的方法？
5. 使用“矩形”命令和使用“直线”命令绘出的矩形有何不同？

4.13.3 操作题

1. 绘制图 LX4.1 所示图形。

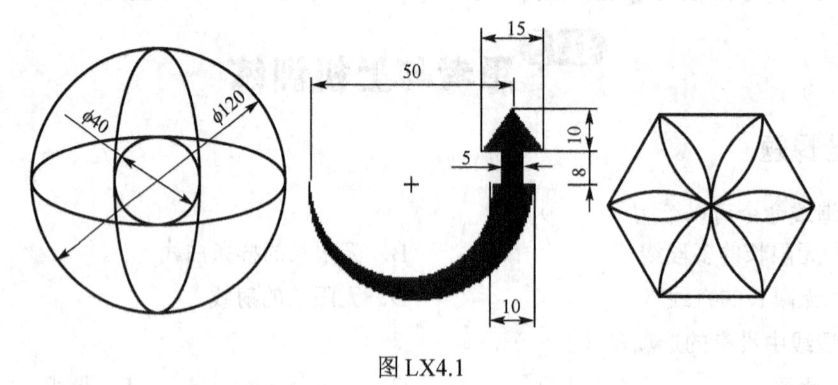

图 LX4.1

2. 多段线绘制图 LX4.2 所示样板件。

3. 定数等分图 LX4.3 所示图形。

4. 绘制图 LX4.4（a）所示图形，已知圆环内径=20，外径=40。

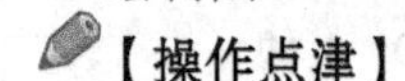

【操作点津】

见图 LX4.4（b）。

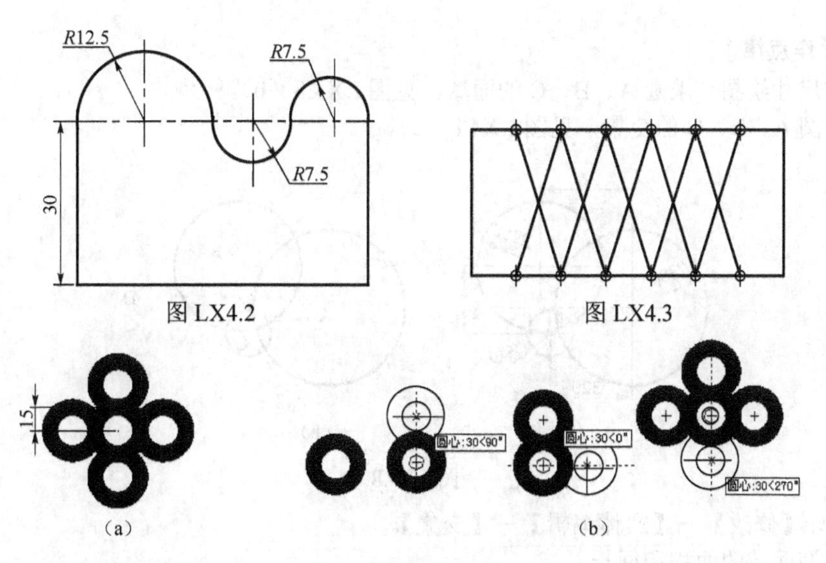

图 LX4.2　　图 LX4.3

(a)　　(b)

图 LX4.4

5. 绘制图 LX4.5（a）所示图形。

【操作点津】

见图 LX4.5（b）。

6. 绘制图 LX4.6（a）所示图形。

【操作点津】

见图 LX4.6（b）。

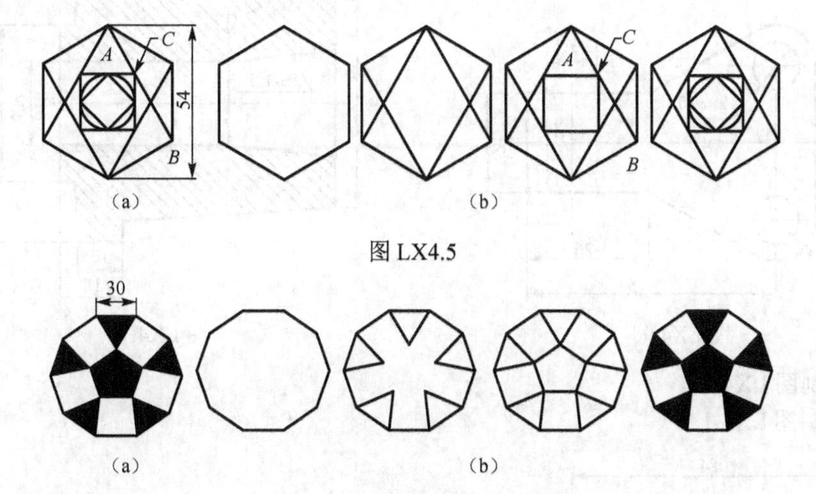

(a)　　(b)

图 LX4.5

(a)　　(b)

图 LX4.6

7. 将长度和角度精度设置为小数点后三位，绘制图 LX4.7 所示图形，并查询阴影面积及周长。

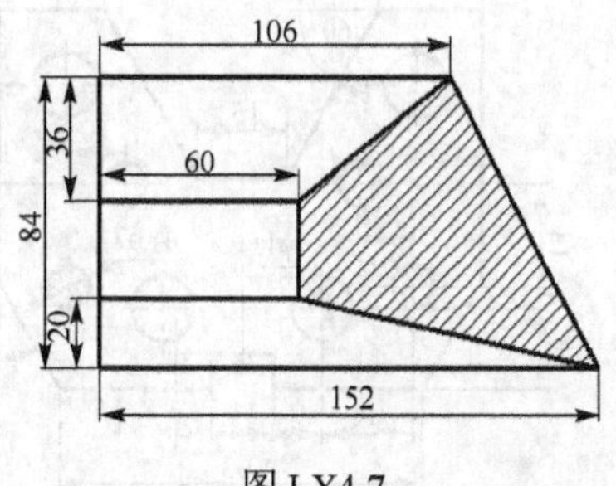

图 LX4.7

【操作点津】

菜单：【工具（T）】→【查询（Q）】→【面域/质量特性（M）】。

结果：面积=4048，周长=276.332。

8. 将长度和角度精度设置为小数点后三位，绘制图 LX4.8（a）所示图形，并查询阴影部分 D 的面积及周长。

【操作点津】

（1）按尺寸绘图，求圆 A、B、C 的面域，见图 LX4.8（b）。

（2）求圆 A、B、C 的交集，见图 LX4.8（c）。

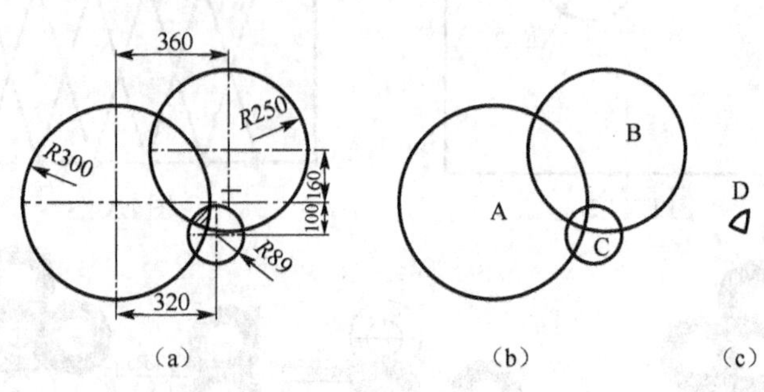

图 LX4.8

菜单：【修改】→【实体编辑】→【交集】。

（3）查询面域的面积和周长。

菜单：【工具（T）】→【查询（Q）】→【面域/质量特性（M）】。

结果：面积=2270.088，周长=197.494。

9. 绘制图 LX4.9。

10. 绘制图 LX4.10。

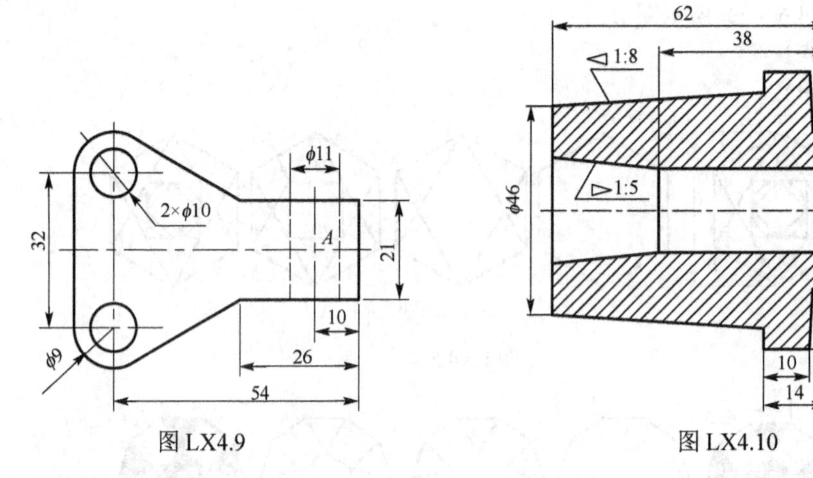

图 LX4.9　　图 LX4.10

11. 绘制图 LX4.11。

12. 绘制图 LX4.12。

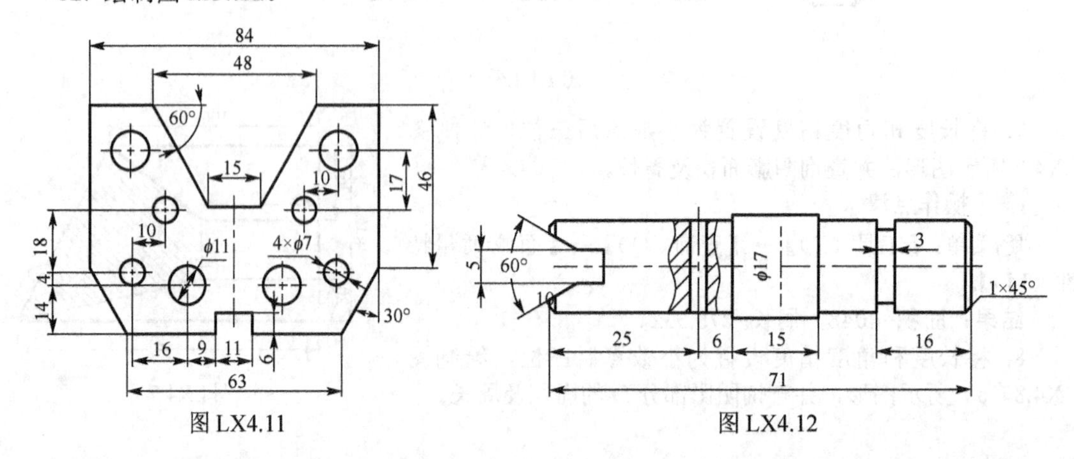

图 LX4.11　　图 LX4.12

第5章　基本编辑命令

本章导读

图形编辑是指对已有的图形对象进行修剪、移动、旋转、缩放、复制、删除及其他修改操作。熟练掌握编辑功能并合理地使用编辑命令，有助于提高设计和绘图的效率。

学习指导

★ 选择对象：构造选择集、快速选择、编组对象

★ 删除及恢复命令：删除、恢复、清除

★ 复制类命令：灵活利用剪贴板、复制链接对象、复制、镜像、偏移、阵列

★ 改变位置类命令：移动、旋转、缩放

★ 改变形状类命令：修剪、延伸、拉伸、拉长、圆角、斜角、打断、分解、合并

★ 对象特性修改命令：夹点功能、特性选项板、特性匹配

5.1 选择对象

5.1.1 构造选择集

（1）命令功能

AutoCAD 必须先选中对象，才能对它进行处理，这些被选中的对象被称为选择集。在许多命令执行过程中都会出现“选择对象”的提示。在该提示下，一个称为选择靶框的小框将代替图形光标上的十字线，可以使用多种选择模式来构建选择集。

（2）命令调用

命令行：select。

（3）操作格式

在命令行中输入“select”，系统将提示用户：

命令: select Enter 选择对象: ? Enter 需要点或窗口 (W) / 上一个 (L) / 窗交 (C) / 框 (BOX) / 全部 (ALL) / 栏选 (F) / 圈围 (WP) / 圈交 (CP) / 编组 (G) / 添加 (A) / 删除 (R) / 多个 (M) / 前一个 (P) / 放弃 (U) / 自动 (AU) / 单个 (SI)	 //输入“?”系统将显示所有可用的选择模式

（4）选项说明

①“窗口”：选择矩形（由两点定义）中的所有对象。从左到右指定角点创建窗口选择，见图 5.1（a）。从右到左指定角点则创建窗交选择。

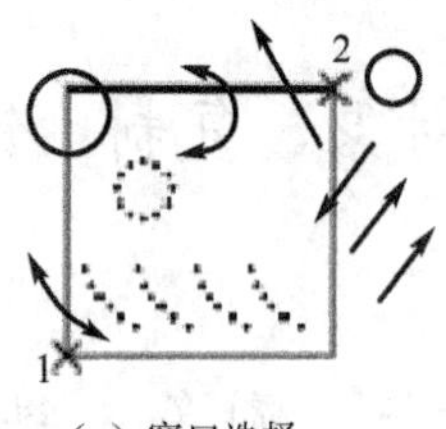

（a）窗口选择

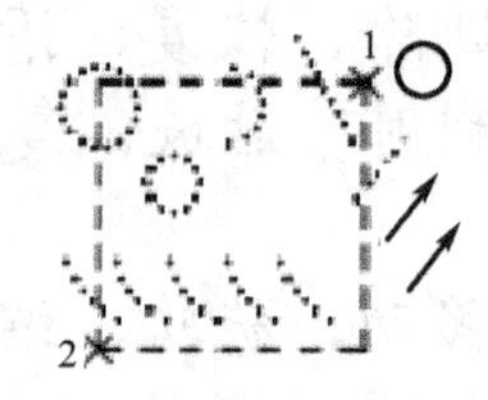

（b）窗交选择

（c）全部选择

图 5.1　窗口选择、窗交选择、全部选择

②“上一个”：选择最近一次创建的可见对象。对象必须在当前空间（模型空间或图纸空间）中，并且一定不要将对象的图层设定为冻结或关闭状态。

③“窗交”：选择区域（由两点确定）内部或与之相交的所有对象。窗交显示的方框为虚线或高亮度方框，这与窗口选择框不同，见图 5.1（b）。

④“框”：选择矩形（由两点确定）内部或与之相交的所有对象。如果矩形的点是从右至左指定的，则框选与窗交等效。否则，框选与窗选等效。

⑤“全部”：选择与选择栏相交的所有对象，见图 5.1（c）。

⑥“栏选”：可指定一系列的点来定义一条任意的折线作为选择栏，并以虚线的形式显示在屏幕上，所有其相交的对象均被选中，见图 5.2（a）。

⑦“圈围”：用户可指定一系列的点来定义一个任意形状的多边形，如果某些可见对象完全包含在该多边形之中，则这些对象将被选中，见图 5.2（b）。

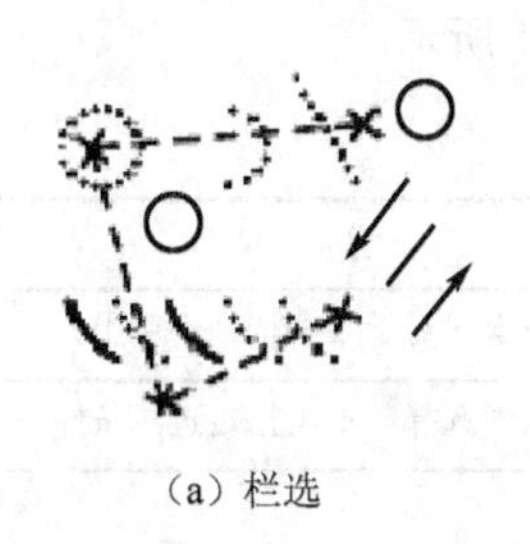

（a）栏选

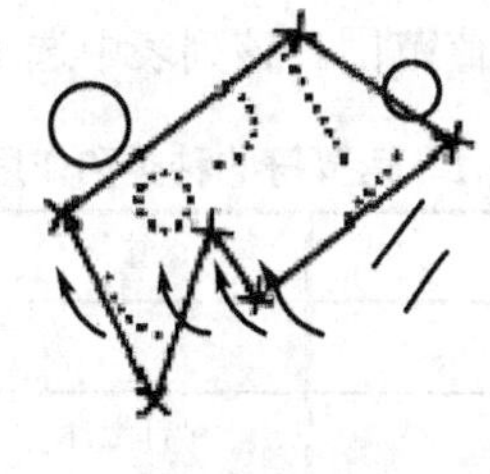

（b）圈围选择

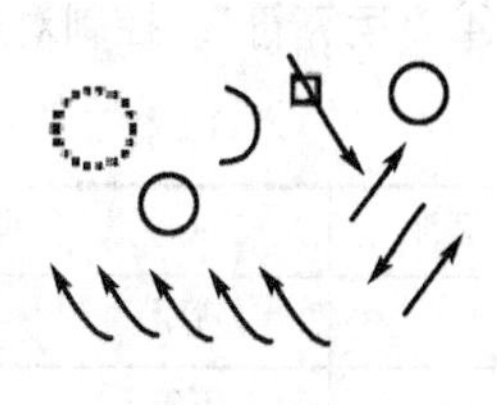

（c）添加

图 5.2　栏选、圈围选择、添加

⑧“圈交”：选择多边形中的所有对象。该多边形可以为任意形状，但不能与自身相交或相切。将绘制多边形的最后一条线段，所以该多边形在任何时候都是闭合的。圈围不受PICKADD系统变量的影响。

⑨“编组”：选择指定组中的全部对象。

⑩“添加”：用任意对象选择法将选定对象添加到选择集，见图 5.2（c）。

⑪“删除”：可使用任何对象选择方式将对象从当前选择集中删除。

⑫“多个”：指定多次选择而不高亮显示对象，加快对复杂对象的选择。

⑬“前一个”：选择最近创建的选择集。

⑭“放弃”：放弃选择最近加到选择集中的对象。

⑮“自动”：可直接选择某个对象，或使用“BOX”模式进行选择。

⑯“单个”：用户可选择指定的一个或一组对象。

5.1.2　快速选择

（1）命令功能

根据过滤条件创建选择集。

（2）调用方式

命令行：qselect。

菜单：【工具】→【快速选择】。

快捷菜单：右击绘图区域，选择“快速选择”项。

在“特性”、“块定义”等窗口或对话框中也提供了按钮。

（3）操作格式

调用该命令后，系统弹出“快速选择”对话框，指定过滤条件以及根据该过滤条件创建选择集的方式，如图 5.3 所示。

（4）选项说明

①“应用到”：指定过滤条件应用的范围，包括“整个图形”或“当前选择集”。用户也可单击按钮返回绘图区来创建选择集。

②“对象类型”：指定过滤对象的类型。如果当前不存在选择集，则该列表将包括 AutoCAD 中的所有可用对象类型及自定义对象类型，并显示缺省值“所有图元”；如果存在选择集，此列表只显示选定对象的对象类型。

③“特性”：指定过滤对象的特性。

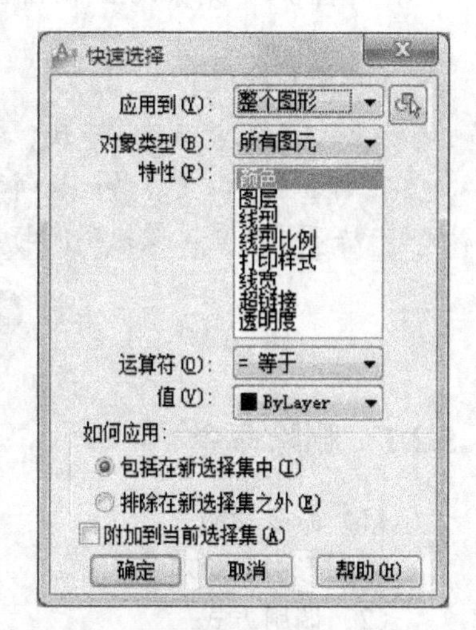

图 5.3　“快速选择”对话框

④“运算符”：控制对象特性的取值范围。该列表中选项如表 5.1 所示。

表 5.1　运算符的种类和作用

运算符	说　明	运算符	说　明
=	等于	<	小于（对于某些选项不可用）
<>	不等于	全部选择	全部选择，不需指定过滤条件
>	大于（对于某些选项不可用）		

⑤“值”：指定过滤条件中对象特性的取值。

⑥“如何应用”：指定符合给定过滤条件的对象与选择集的关系。

➢ 包括在新选择集中：将符合过滤条件的对象创建一新选择集。

➢ 排除在新选择集之外：将不符合过滤条件的对象创建一新选择集。

⑦ 附加到当前选择集：选择该项后通过过滤条件所创建的新选择集将附加到当前的选择集之中。否则将替换当前选择集。

5.1.3　编组对象

（1）命令功能

编组是创建和管理已保存的对象集，可以根据需要同时选择和编辑这些对象，也可以分别进行。编组提供了以组为单位操作图形元素的简单方法。

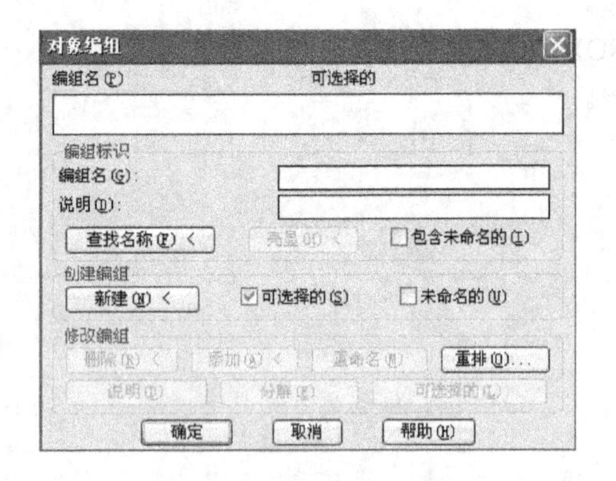

图 5.4 “对象编组”对话框

（2）调用方式

命令行：group。

命令行：classicgroup，打开传统“对象编组”对话框，见图 5.4。

菜单：【工具】→【组】。

工具栏：组。

（3）操作格式

调用该命令后，系统弹出“对象编组”对话框，显示、标识、命名和修改对象编组，如图 5.4 所示。

【提示与技巧】

✓ 编组在某些方面类似于块，它是另一种将对象编组成命名集的方法。

✓ 在编组中可以更容易地编辑单个对象，而在块中必须先分解才能编辑。

✓ 与块不同的是，编组不能与其他图形共享。

5.2 删除及恢复命令

5.2.1　删除命令

（1）命令功能

从图形中删除对象。

（2）调用方式

命令行：Erase 或 E。

菜单：【修改】→【删除】。

工具栏：【修改】→。

快捷菜单：选要删除的对象，在绘图区域右击鼠标，单击“删除”。

（3）操作格式

用上述几种方式中任一种输入命令后，AutoCAD 将提示：

```
命令:_erase
选择对象:                              //选择需要删除的对象
选择对象: Enter
```

如果要继续删除实体，可在“选择对象:”的提示下，继续选取要删除的对象。

在选实体时，可用拾取框选取，也可用窗口和窗交方式选择实体。

5.2.2 恢复命令

（1）命令功能

Oops 可恢复由上一个 Erase 命令删除的对象，见图 5.5。

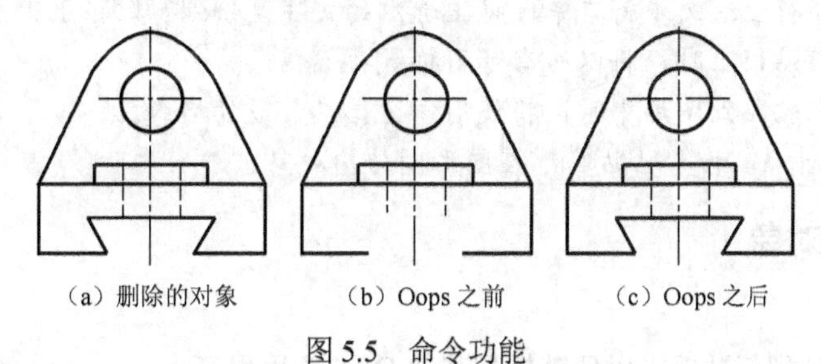

（a）删除的对象　（b）Oops 之前　（c）Oops 之后

图 5.5 命令功能

（2）调用方式

命令行：Oops。

【提示与技巧】

- ✓ Oops 命令只能恢复最近一次 Erase 命令删除的实体。若连续多次使用 Erase 命令，之后又想要恢复前几次删除的实体，则只能使用 Undo 命令。
- ✓ 可在 BLOCK 或 WBLOCK 后使用 Oops，但不能使用 Oops 在块编辑器中恢复参数、动作或夹点。

5.2.3 清除命令

（1）命令功能

删除图形中未使用的项目，例如块定义和图层。

（2）调用方式

命令行：Purge。

菜单：【文件（F）】→【图形实用工具（U）】→【清理（P）】。

菜单：【用程序菜单】→【图形实用工具】→【清理】。

【提示与技巧】

- ✓ Purge 命令不会从块或锁定图层中删除未命名的对象（长度为零的几何图形或空文字和多行文字对象）。

5.3 复制类命令

5.3.1 灵活利用剪贴板

（1）命令功能

将选定的对象复制到剪贴板。

（2）调用方式

命令行：Copyclip。

菜单：【编辑】→【复制】。

工具栏：【标准】→。

快捷菜单：终止所有活动命令，右击鼠标，选【剪贴板】→【复制】。

快捷键：【Ctrl+C】。

【提示与技巧】

- ✓ 如果光标位于绘图区域中，将把选定的对象复制到剪贴板上。
- ✓ 如果光标在命令行上或文本窗口中，将把选定的文字复制到剪贴板上。
- ✓ 将对象复制到剪贴板上时，将以所有可用格式存储信息。
- ✓ 将剪贴板的内容粘贴到图形中时，将使用保留信息最多的格式。
- ✓ 还可使用“复制”和“粘贴”在图形间传输对象。

5.3.2 复制链接对象

（1）命令功能

将当前视图复制到剪贴板中以便链接到其他 OLE 应用程序。

（2）调用方式

命令行：Copylink。

菜单：【编辑】→【复制链接】。

【提示与技巧】

- ✓ 可以将当前视图复制到剪贴板，然后将剪贴板的内容作为链接的 OLE 对象粘贴到另一个文档中。
- ✓ 若 Word 文档中包含一个 AutoCAD 图形对象，在 Word 中双击该对象，Windows 会自动将其装入 AutoCAD 中，以供用户进行编辑。如果对原始 AutoCAD 图形作了修改，则 Word 文档中的图形也随之发生相应的变化。

5.3.3 复制命令

（1）命令功能

在指定方向上按指定距离复制对象。

（2）调用方式

命令行：Copy 或 Co。

菜单：【修改】→【复制】。

快捷键：【Ctrl+C】。

工具栏：【修改】→。

快捷菜单：选定对象后单击右键，弹出快捷菜单，选择“复制（C）”。

（3）操作格式

调用该命令后，系统将提示用户选择对象：

命令:_copy
选择对象:找到 1 个
选择对象:Enter
当前设置:复制模式=多个
指定基点或[位移(D)/模式(O)]<位移>:
指定第二个点或[阵列(A)]<使用第一个点作为位移>:
指定第二个点或[阵列(A)/退出(E)/放弃(U)]<退出>:

//可在此提示下构造要复制的对象，并回车确定

确定一点后，AutoCAD 会反复提示，要求确定另一个终点位置，直至按回车或按鼠标右键才会结束，如图 5.6 所示。

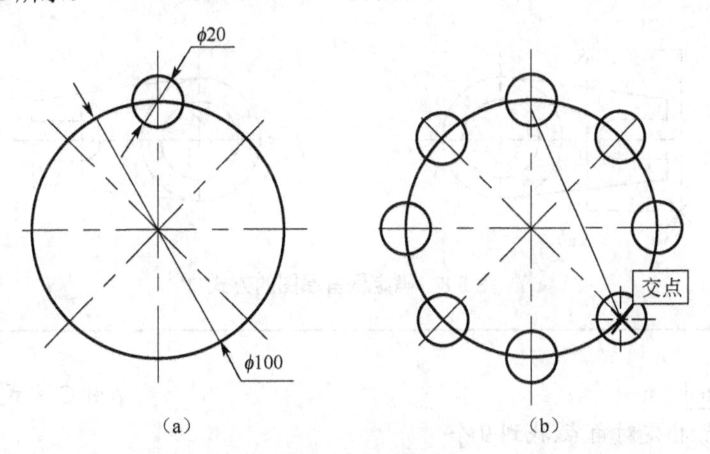

图 5.6 复制图形

【提示与技巧】

✓ 复制是将其副本放置在指定位置，而原选择对象并不发生任何变化。
✓ 若想中途退出，可按【Esc】键，但所拷贝的目标不会消失。

5.3.4 镜像命令

（1）命令功能

创建选定对象的镜像副本。在绘图过程中常用于绘制对称图形。

（2）调用方式

命令行：Mirror 或 MI。

菜单：【修改】→【镜像】。

工具栏：【修改】→ 。

（3）操作格式

用上述三种方法中任一种输入命令，则 AutoCAD 会提示：

命令:_mirror
选择对象:找到 1 个 //选取对象
选择对象:Enter
指定镜像线的第一点: 指定镜像线的第二点:

要删除源对象吗？[是(Y)/否(N)]<N>:

（4）选项说明

若直接回车，则表示在绘出所选对象的镜像图形的同时并保留原来的对象[见图 5.7（b）]；若输入 Y 后再回车，则绘出所选对象的镜像的同时还要把原对象删除掉[见图 5.8（b）]。

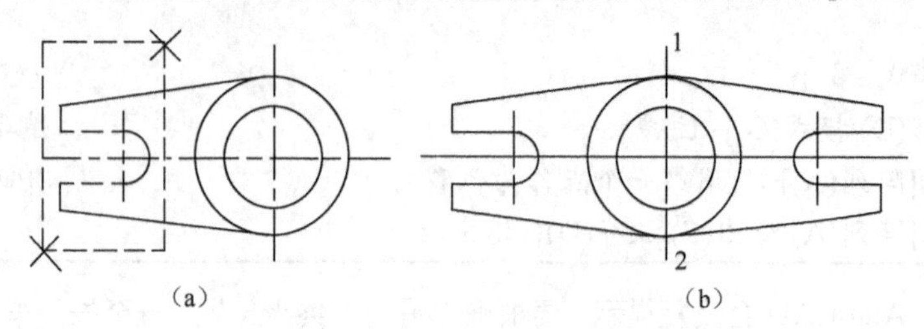

图 5.7　要镜像的实体以及镜像线

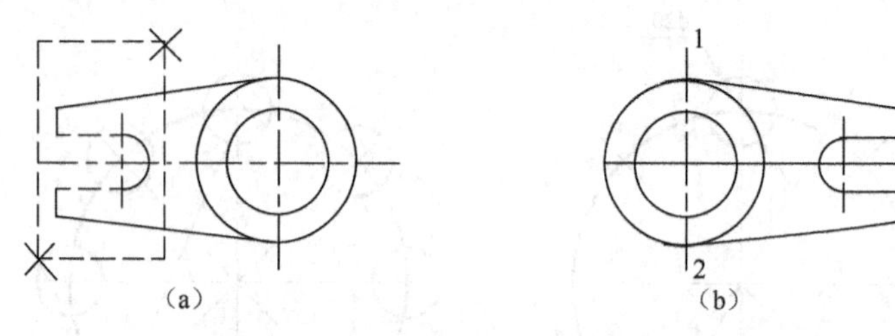

图 5.8　确定保留原图的方式

命令:_mirror
选择对象:C Enter　　//用 C 方式选择对象
指定第一个角点:指定对角点:找到 9 个
选择对象:
指定镜像线的第一点:
指定镜像线的第二点:
要删除源对象吗？[是(Y)/否(N)]<N>:

【提示与技巧】

- ✓ 若系统变量 MIRRTEXT 的值为 0，文本则作可读方式镜像，如图 5.9 所示。
- ✓ 如果系统变量 MIRRTEXT 的值为 1，文本则作完全镜像，如图 5.10 所示。

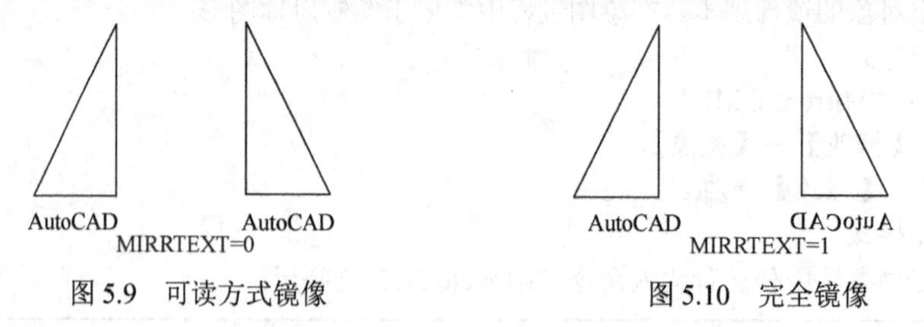

图 5.9　可读方式镜像　　图 5.10　完全镜像

5.3.5　偏移命令

（1）命令功能

创建同心圆、平行线和平行曲线。

（2）调用方式

命令行：Offset 或 O。

菜单：【修改】→【偏移】。

工具栏：【修改】→。

（3）操作格式

用上述三种方法中任一种命令后，AutoCAD 将提示：

```
命令: _offset
当前设置:删除源=否  图层=源  OFFSETGAPTYPE=0
指定偏移距离或[通过(T)/删除(E)/图层(L)]<通过>:
```

（4）选项说明

① 若直接输入数值，则表示以该数值为偏移距离进行偏离，系统提示：

```
选择要偏移的对象，或[退出(E)/放弃(U)]<退出>:            //选择对象
指定要偏移的那一侧上的点，或[退出(E)/多个(M)/放弃(U)]
<退出>:                                                  //指定方向
选择要偏移的对象，或[退出(E)/放弃(U)]<退出>:            //可继续选
```

执行的结果如图 5.11 所示。

② 若输入 T，则表示物体要通过一点进行偏移，此时 AutoCAD 会提示：

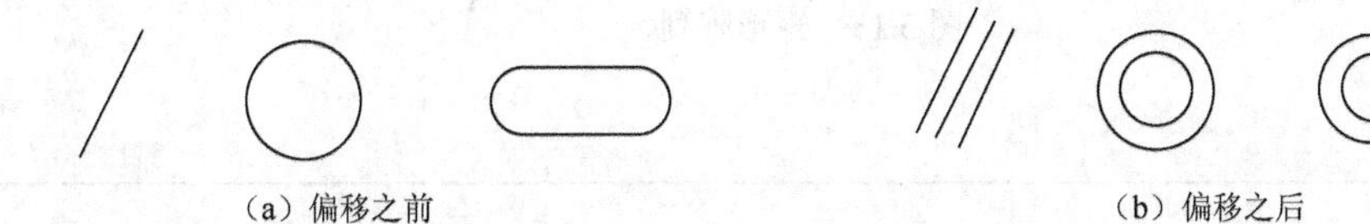

（a）偏移之前　　　　（b）偏移之后

图 5.11　执行 Offset 命令绘制的图形实体

```
选择要偏移的对象，或[退出(E)/放弃(U)]<退出>:            //选择对象
指定通过点或[退出(E)/多个(M)/放弃(U)]<退出>:            //指定点
选择要偏移的对象，或[退出(E)/放弃(U)]<退出>:            //可继续选择
```

【提示与技巧】

- ✓ 在执行 Offset 命令时，只能用拾取框选取实体。
- ✓ 多义线给定距离偏移时，由其距离按中心线计算。
- ✓ 不同图形执行 Offset 命令，会有不同结果。

5.3.6 阵列命令

（1）命令功能

创建以阵列模式排列的对象的副本。阵列有三种类型：矩形、路径和极轴。参见图 5.12。

（2）调用方式

命令行：Array 或 AR。

菜单：【修改】→【阵列】→矩形阵列/路径阵列/环形阵列。

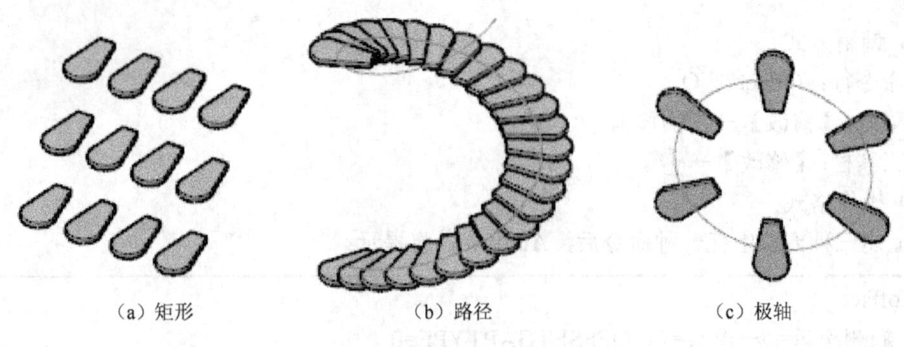

（a）矩形　　（b）路径　　（c）极轴

图 5.12　阵列类型

工具栏：【修改】→ 。

案例 5-1　用矩形阵列命令将图 5.13（a）改为图 5.13（b）。

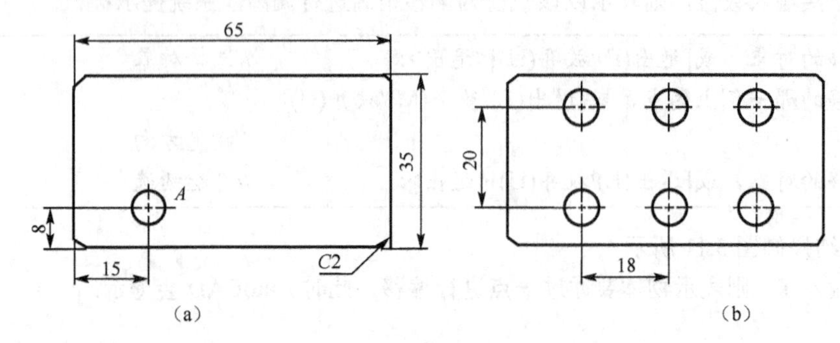

（a）　　（b）

图 5.13　矩形阵列

【操作步骤】

命令:_arrayrect	
选择对象:找到 1 个	//选取小圆
选择对象:Enter	
类型=矩形　关联=是	
为项目数指定对角点或[基点(B)/角度(A)/计数(C)]<计数>:	//设置行数和列数，可预览栅格
指定对角点以间隔项目或[间距(S)]<间距>:S	//设置行间距和列间距
指定行之间的距离或[表达式(E)]<10>:20 Enter	//行间距 20
指定列之间的距离或[表达式(E)]<10>:18 Enter	//列间距 18
按 Enter 键接受或[关联(AS)/基点(B)/行(R)/列(C)/层(L)/退出(X)]<退出>: Enter	//结束命令

【提示与技巧】

✓ 如果行间距为正数，则由原图向上排列；反之，向下排列。如果列间距为正数，则由原图向右排列；反之，向左排列。如果按单位网格阵列，则单位网格上两点的位置及点取的先后顺序确定了阵列方式。

案例 5-2　用环形阵列命令将图 5.14（a）改为图 5.14（b）。

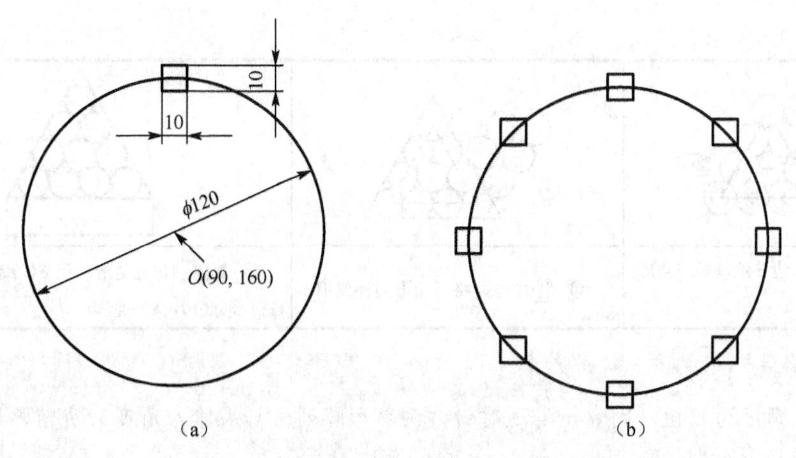

图 5.14 环形阵列

【操作步骤】

```
命令:_arrayrect
选择对象:找到 1 个                                              //选取矩形
选择对象:Enter                                                  //结束选择
类型=极轴   关联=是
指定阵列的中心点或[基点(B)/旋转轴(A)]:B                           //设置基点
指定基点或[关键点(K)]<质心>:_qua 于                              //指定基点（矩形中心）
指定阵列的中心点或[基点(B)/旋转轴(A)]:                            //阵列的中心点（圆心）
输入项目数或[项目间角度(A)/表达式(E)] <4>: 8                       //阵列数
指定填充角度(+=逆时针、-=顺时针)或[表达式(EX)]<360>:Enter           //填充角度
按 Enter 键接受或[关联(AS)/基点(B)/项目(I)/项目间角度(A)/填充角度
(F)/行(ROW)/层(L)/旋转项目(ROT)/退出(X)]<退出>:Enter                 //结束命令
```

案例 5-3 绘制如图 5.15 所示图形。

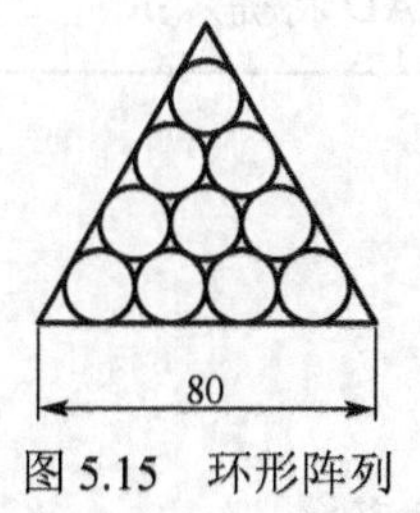

图 5.15 环形阵列

【操作步骤】 参见表 5.2。

表 5.2 操作步骤

① 先绘圆,再用 SC 指令缩放到规定的尺寸	② 命令矩形阵列，行距 60，行数 1	③ 命令，选 4 个小圆，4 行，行距：20，1 列，阵列角度：30°

续表

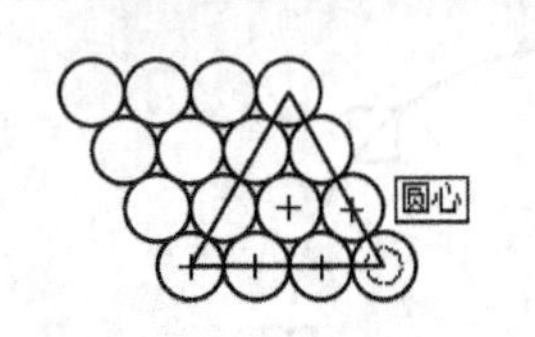	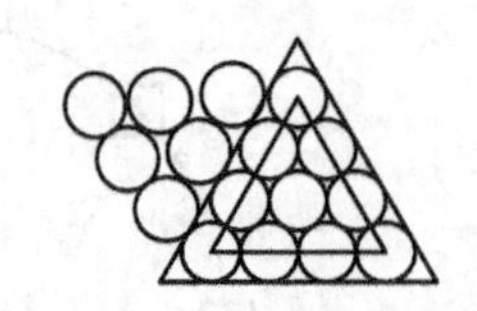	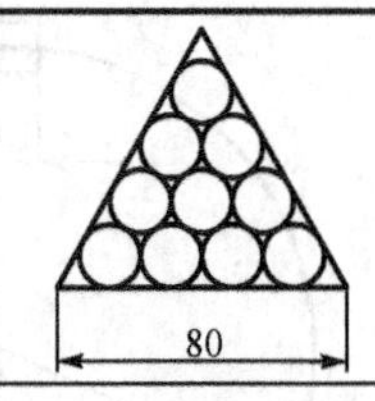
④ 命令，边 E 选项画三角形（捕捉圆心）	⑤ 命令，将三角形向外偏 10	⑥ 删除圆与三角形。用 SC 缩放图形（拾取三角形底边，80 回车）

【提示与技巧】

- ✓ 如果输入角度为正值，则表示沿逆时针方向环形阵列；如果输入角度为负值，则表示沿顺时针方向环形阵列。
- ✓ 环形阵列时，每个对象都取其自身的一个参考点为基点，绕阵列中心，旋转一定的角度。
- ✓ 对不同类型的对象，其参考点的取法如下：直线、样条曲线、等宽线可取某一端点；多义线、样条曲线可取第一个端点；块、形可取插入点；文本则取文本定位基点。

5.4 改变位置类命令

5.4.1 移动命令

（1）命令功能

可以从原对象以指定的角度和方向移动对象。使用坐标、栅格捕捉、对象捕捉和其他工具可以精确移动对象。

（2）调用方式

命令行：Move 或 M。

菜单：【修改】→【移动】。

工具栏：【修改】→ 。

（3）操作格式

用上述方式中任一种输入，AutoCAD 将提示：

```
命令: _move
选择对象: 找到 1 个                                    //选要移动对象
选择对象: 指定对角点: 找到 0 个                        //或继续选取
选择对象:
指定基点或[位移(D)]<位移>:
指定第二个点或<使用第一个点作为位移>:
```

在此提示下，用户可有两种选择：

① 选取一点为基点，此时 AutoCAD 将继续提示：

```
指定第二个点或<使用第一个点作为位移>:                 //选取另外一点
```

于是 AutoCAD 将所选的对象沿当前给定两点确定的位移矢量进行移动。

② 输入该点相对于当前点的位移，AutoCAD 将继续提示：

```
指定位移<0.0000, 0.0000, 0.0000>:                    //另外选取一点
```

于是 AutoCAD 将所选的对象从当前位置按所输入的位移矢量移动，图 5.16 所示是将圆从点 1 移到点 2 或移到点 3。

在 AutoCAD 中，移动文本的操作和移动图形的操作完全一样，没有任何特殊的地方。

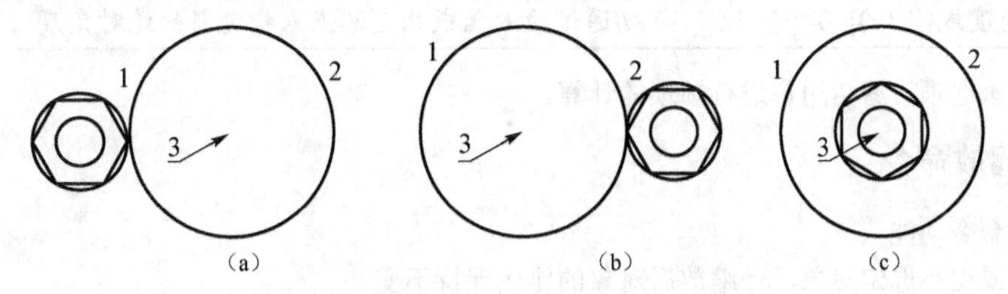

图 5.16 所选的实体对象从点 1 移到点 2 或移到点 3

5.4.2 旋转命令

（1）命令功能

可以绕指定基点旋转图形中的对象。要确定旋转的角度，请输入角度值，使用光标进行拖动，或者指定参照角度，以便与绝对角度对齐。

（2）调用方式

命令行：Rotate 或 RO。

菜单：【修改】→【旋转】。

工具栏：【修改】→ 。

（3）操作格式

用上述几种方式中任一种方式输入后，AutoCAD 将提示：

```
命令: _rotate
UCS 当前的正角方向: ANGDIR=逆时针 ANGBASE=0
选择对象:找到 1 个                                   //选取对象
选择对象:Enter
指定基点:                                            //确定基点
指定旋转角度，或[复制(C)/ 参照(R)]<0>:               //指定旋转角度
```

（4）选项说明

① 旋转角度：默认项。用户若直接输入角度值，则 AutoCAD 将所选实体绕基点旋转。在图 5.17 中，将图 5.17（a）中所选的实体绕点 1 进行旋转，结果如图 5.17（c）所示。角度值前面有"+"或没有时，则实体按逆时针方向旋转；角度值前面有"–"，则实体按顺时针方向旋转。

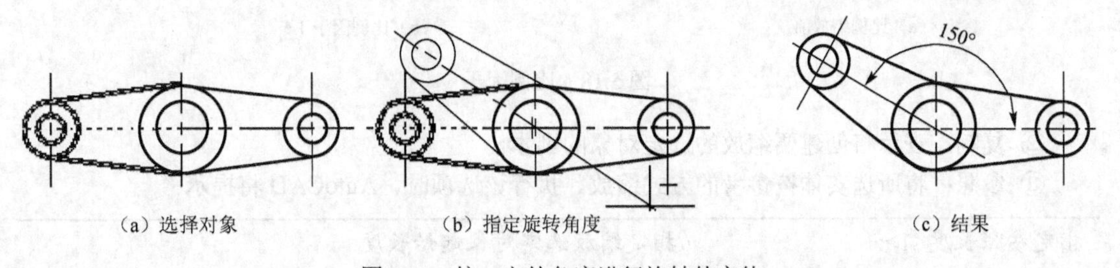

图 5.17 按一定的角度进行旋转的实体

② 复制（C）：表示将创建要旋转的选定对象的副本。

③ 参照（R）：参照表示将所选对象从指定的角度旋转到新的绝对角度。

同时 AutoCAD 将提示：

```
指定参照角<0>:                    //通过输入值或指定两点来指定角度
指定新角度或[点(P)]<0>:           //通过输入值或指定两点来指定新的绝对角度
```

执行该选项可避免用户进行烦琐的计算。

5.4.3 缩放命令

（1）命令功能

放大或缩小选定对象，使缩放后对象的比例保持不变。

（2）调用方式

命令行：Scale 或 SC。

菜单：【修改】→【缩放】。

快捷菜单：选择要缩放的对象，单击鼠标右键，然后单击“缩放”。

工具栏：【修改】→ 。

（3）操作格式

用上述三种方式中任一种方式输入，则 AutoCAD 会提示：

```
命令:_scale
选择对象:找到 1 个                                    //选取对象
选择对象:Enter
指定基点:                                             //选取基点
指定比例因子或[复制(C)/参照(R)]<1.0000>:
```

（4）选项说明

① 比例因子：该选项为默认项，若用户直接输入缩放系数，AutoCAD 将把所选实体按该缩放系数相对于基点进行缩放，见图 5.18。

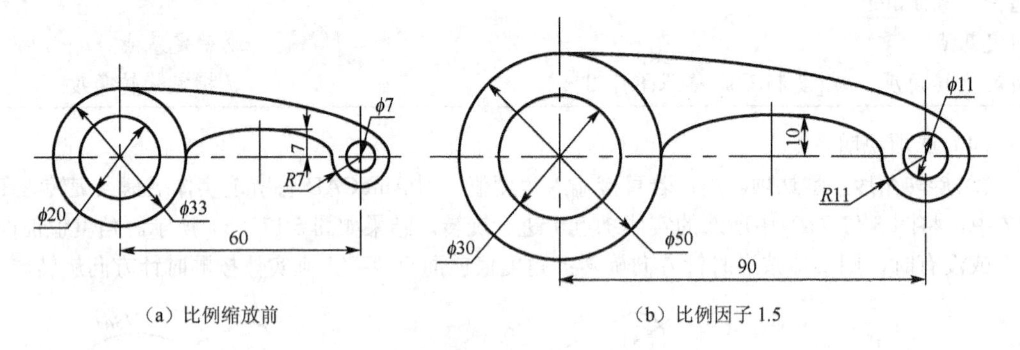

（a）比例缩放前　　（b）比例因子 1.5

图 5.18 比例因子

② 复制：表示将创建要缩放的选定对象的副本。

③ 参照：将所选实体按参考的方式缩放。执行该选项时，AutoCAD 将提示：

```
指定参照长度<1>:                  //指定缩放选定对象起始长度
指定新的长度或[点(P)]:            //指定新的长度或使用两点来定义长度
```

执行完以上操作后，AutoCAD 会根据参考长度值自动计算缩放系数，然后进行相应的缩放。将图 5.19（a）的实体按参照方式进行缩放，结果见图 5.19（b）。

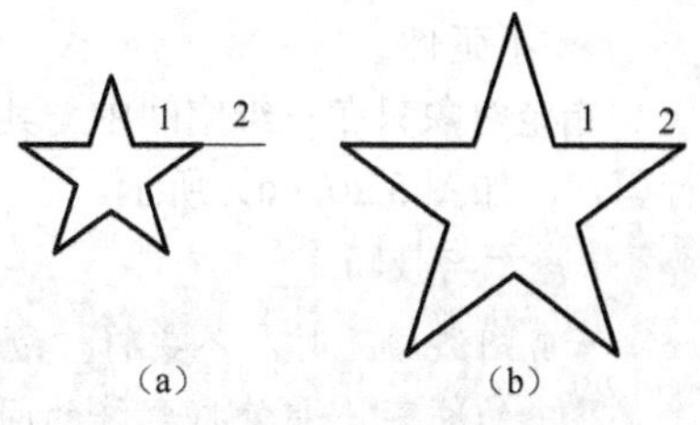

图 5.19　按参照方式缩放实体

【提示与技巧】

✓ 将 SCALE 命令用于注释性对象时，对象的位置将相对于缩放操作的基点进行缩放，但对象的尺寸不会更改。

5.5 改变形状类命令

5.5.1 修剪命令

（1）命令功能

修剪对象以与其他对象的边相接。

（2）调用方式

命令行：Trim。

菜单：【修改】→【修剪】。

工具栏：【修改】→-/--。

（3）操作格式

用上述三种方法中任一种输入命令，则 AutoCAD 将提示：

命令:_trim	
当前设置:投影=UCS，边=无	
选择剪切边...	//选择剪切边
选择对象或<全部选择>:找到 1 个	//选择一个或多个对象
选择对象:Enter	
选择要修剪的对象，或按住 Shift 键选择要延伸的对象，或[栏选(F)/窗交(C)/投影(P)/边(E)/删除(R)/放弃(U)]:	//选择要修剪对象

（4）选项说明

① 栏选：选择与选择栏相交的所有对象。选择栏是一系列临时线段，它们是用两个或多个栏选点指定的。选择栏不构成闭合环。

② 窗交：选择矩形区域（由两点确定）内部或与之相交的对象。

③ 投影：以三维空间中的对象在二维平面上的投影边界作为修剪边界，可以指定视图为投影平面。

④ 边：确定对象是在另一对象的延长边处进行修剪，还是仅在三维空间中与该对象相交的对象处进行修剪。

输入隐含边延伸模式[延伸(E)/不延伸(N)]<当前模式>:	//输选项或按 Enter

➢ 延伸。

沿自身自然路径延伸剪切边，使它与三维空间中的对象相交。有时，用户指定的剪切边界太短，没有与被剪切边相交，不能按正常的方式进行剪切，此时，AutoCAD 就会假想将剪切边界延长，然后再进行修剪，如图 5.20（b）所示。

➢ 不延伸。

指定对象只在三维空间中与其相交的剪切边处修剪。如果被剪边与剪切边没有相交，则不进行剪切，如图 5.20（c）所示。

【提示与技巧】

✓ 修剪图案填充时，不要将“边”设置为“延伸”。否则，修剪图案填充时将不能填补修剪边界中的间隙，即使将允许的间隙设置为正确的值。

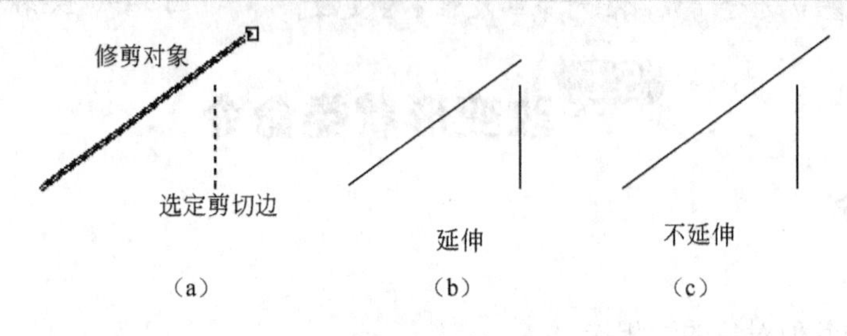

图 5.20　修剪图形

⑤ 删除：用来删除不需要的对象的简便方法，而无需退出 Trim 命令。

⑥ 放弃：撤消由 Trim 命令所作的最近一次修改。

案例 5-4　用修剪命令将图 5.21（a）改为图 5.21（b）。

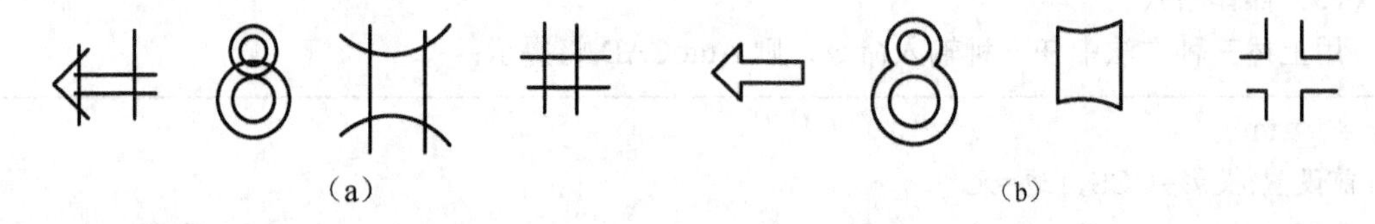

图 5.21　案例 5-4 的图

【提示与技巧】

✓ 使用 Trim 命令修剪实体，第一次选取的实体是剪切边界而非被剪实体。

✓ 使用 Trim 命令可以剪切尺寸标注线。

✓ 圆、圆弧、多义线等实体既可以作为剪切边界，也可以作为被剪切实体。

✓ 要选择包含块的剪切边，只能使用单个选择、“窗交”、“栏选”和“全部选择”选项。

5.5.2　延伸命令

（1）命令功能

扩展对象以与其他对象的边相接。

（2）调用方式

命令行：Extend 或 EX。

菜单：【修改】→【延伸】。

工具栏：【修改】→ 。

（3）操作格式

用上述三种方式中任一种输入，则 AutoCAD 将提示：

```
命令:_extend
当前设置:投影=UCS，边=无
```

选择边界的边...	//选择边界
选择对象或<全部选择>:	//选择对象
选择要延伸的对象，或按住 Shift 键选择要修剪的对象，或 [栏选(F)/窗交(C)/投影(P)/边(E)/放弃(U)]:	//选择要延伸的对象

（4）选项说明

① 栏选：选择与选择栏相交的所有对象。选择栏是一系列临时线段，它们是用两个或多个栏选点指定的。选择栏不构成闭合环。

② 窗交：选择矩形区域（由两点确定）内部或与之相交的对象。

③ 投影：指以三维空间中的对象在二维平面上的投影边界作为延伸边界，可以指定视图为投影平面。

④ 边：确定将对象延伸到另一个对象的隐含边，或仅延伸到三维空间中与其实际相交的对象。

输入隐含边延伸模式[延伸(E)/不延伸(N)]<当前模式>:	//输入选项或按 Enter

➢ 延伸。

对象的隐含边，或仅延伸到三维空间中与其实际相交的对象。假如延伸边界太短，延伸边延伸后不能与其相交，AutoCAD 会假想将延伸边界延长，使延伸边伸长到与其相交的位置，如图5.22（a）所示。

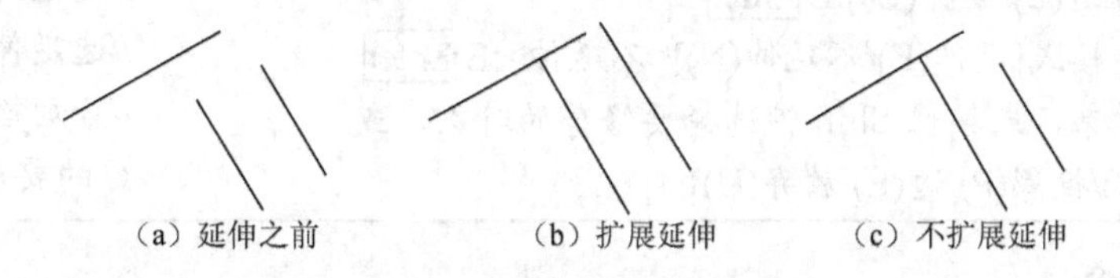

图 5.22　确定延伸方式后延伸

➢ 不延伸。

指定对象只延伸到在三维空间中与其实际相交的边界对象，见图 5.22（c）。

⑤ 放弃：撤消由 Extend 命令所作的最近一次修改。

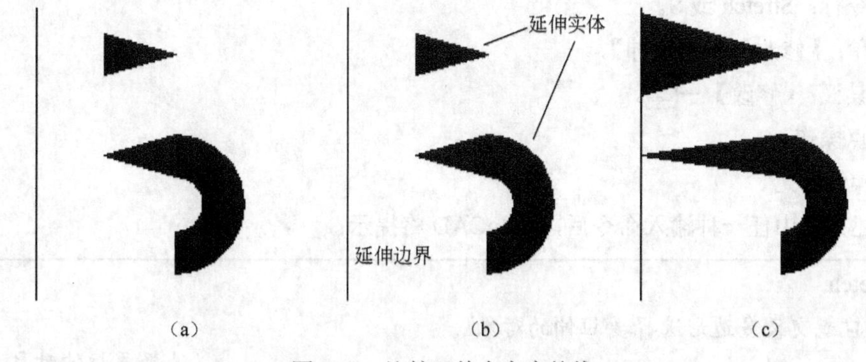

图 5.23　比较延伸有宽度的线

【提示与技巧】

✓ 对有宽度的直线段和弧，按原倾斜度延长。如果延长后末端的宽度出现负值，则其宽度将改变为零。图 5.23（a）为原图；图 5.23（b）为选取的延伸边界以及延伸的实体；图 5.23

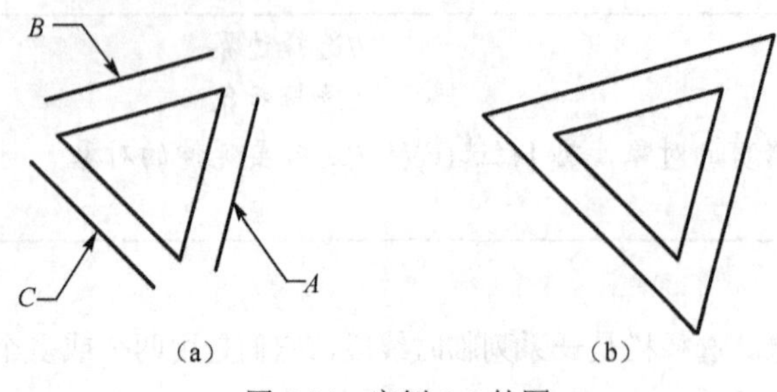

图 5.24　案例 5-5 的图

（c）是执行的结果。

✓ 不封闭的多义线才能延长，封闭的多义线则不能。宽多义线作边界时，其中心线为实际的边界线。线、圆弧、圆、椭圆、椭圆弧、多义线、样条曲线、射线、双向线以及文本等可作为边界线。

案例 5-5　用延伸命令将图 5.24（a）改为图 5.24（b）。

【操作步骤】

```
命令:_extend
当前设置:投影=UCS，边=无
选择边界的边...
选择对象或<全部选择>:找到 1 个
选择对象:指定对角点:找到 1 个，总计 2 个                    //拾取直线 A、直线 B、
选择对象:找到 1 个，总计 3 个                               直线 C
选择对象:Enter
选择要延伸的对象，或按住 Shift 键选择要修剪的对象，或 [栏选(F)/
窗交(C)/投影(P)/边(E)/放弃(U)]:E Enter                     //选边（E）
输入隐含边延伸模式[延伸(E)/不延伸(N)]<不延伸>:E Enter        //选延伸（E）
选择要延伸的对象，或按住 Shift 键选择要修剪的对象，或          //分别拾取直线 A、B、
[栏选(F)/窗交(C)/投影(P)/边(E)/放弃(U)]:                    C 的要延伸端
```

5.5.3　拉伸命令

（1）命令功能

拉伸与选择窗口或多边形交叉的对象。

（2）调用方式

命令行：Stretch 或 S。

菜单：【修改】→【拉伸】。

工具栏：【修改】→ 。

夹点操作。

（3）操作格式

用上述方法中任一种输入命令后，AutoCAD 将提示：

```
命令:_stretch
以交叉窗口或交叉多边形选择要拉伸的对象...
选择对象:                                                 //选择要拉伸对象
指定基点或[位移(D)]<位移>:
指定第二个点或<使用第一个点作为位移>:
```

【提示与技巧】

✓ 由直线、圆弧和多段线命令绘制的直线段或圆弧段，若整个实体都在选取窗口内，则执行的结果是对其进行移动。

✓ 线、等宽线、区域填充等图形若只有一端在选取窗口内，窗口外的端点不动，窗口内的端点移动，从而改变图形。

✓ 圆弧若只有一端在选取窗口内，窗口外的端点不动，窗口内的端点移动，圆弧的弦高保持不变，从而改变图形。

✓ 多义线若只有一端在选取窗口内，多义线的两端宽度切线方向以及曲线拟合信息都不改变。

✓ 圆、形、块、文本和属性定义，如果其定义点位于选取窗口内，则对象移动，否则不动。

对图 5.25（a）所示的实体执行拉伸命令，执行的结果如图 5.25（b）所示。

案例 5-6　用 S 命令将图 5.26（a）改为图 5.26（b）。

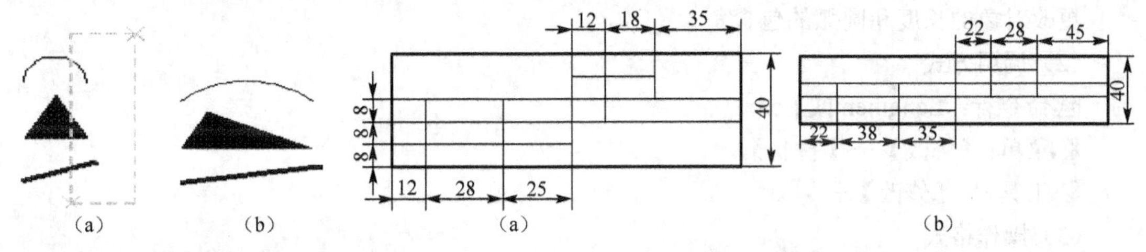

图 5.25　执行拉伸前后的图形　　　　图 5.26　案例 5-6 的图

【操作步骤】 参见表 5.3。

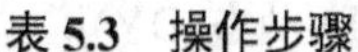

表 5.3　操作步骤

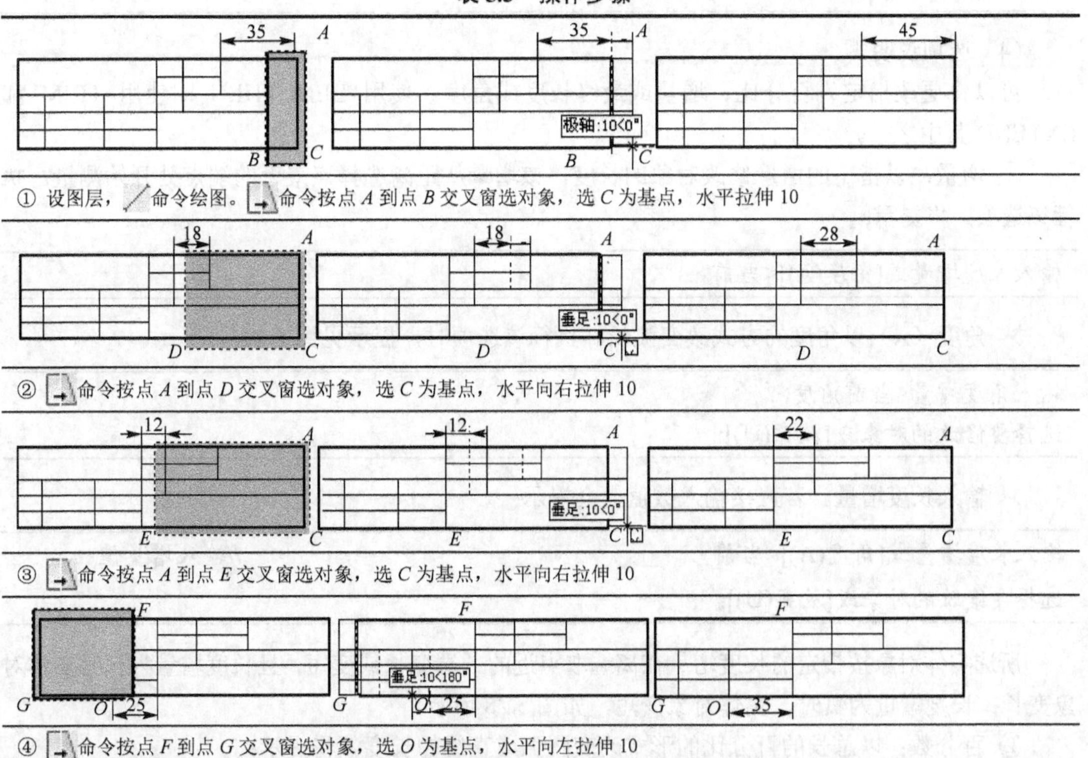

① 设图层，命令绘图。命令按点 A 到点 B 交叉窗选对象，选 C 为基点，水平拉伸 10

② 命令按点 A 到点 D 交叉窗选对象，选 C 为基点，水平向右拉伸 10

③ 命令按点 A 到点 E 交叉窗选对象，选 C 为基点，水平向右拉伸 10

④ 命令按点 F 到点 G 交叉窗选对象，选 O 为基点，水平向左拉伸 10

续表

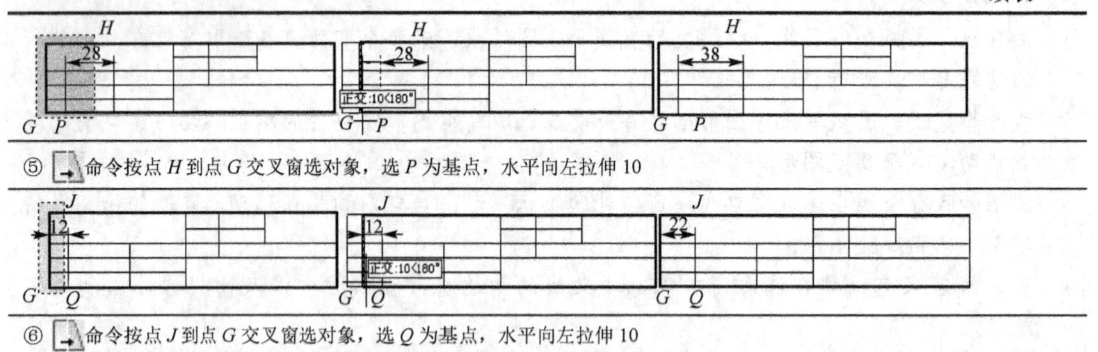

⑤ 命令按点 H 到点 G 交叉窗选对象，选 P 为基点，水平向左拉伸 10

⑥ 命令按点 J 到点 G 交叉窗选对象，选 Q 为基点，水平向左拉伸 10

5.5.4 拉长命令

（1）命令功能

更改对象的长度和圆弧的包含角。

（2）调用方式

命令行：Lengthen 或 Len。

菜单：【修改】→【拉长】。

工具栏：【修改】→ 。

（3）操作格式

用上述几种方法中任一种命令，则 AutoCAD 将提示：

```
命令:_lengthen
选择对象或[增量(DE)/百分数(P)/全部(T)/动态(DY)]:
```

（4）选项说明

可以将更改指定为百分比、增量或最终长度或角度。使用 LENGTHEN 即使用 TRIM 和 EXTEND 其中之一。

① 增量：以指定的增量修改对象的长度，该增量从距离选择点最近的端点处开始测量。执行该选项，将提示：

```
输入长度增量或[角度(A)]<当前>:
```

➢ 角度（A）以角度的方式改变弧长。执行该选项时，提示见图 5.27。

```
输入角度增量<当前角度>:
选择要修改的对象或[放弃(U)]:
```

➢ 输入长度增量。若直接输入数值，会提示：

```
输入长度增量或[角度(A)]<当前>:                    //输入增量值
选择要修改的对象或[放弃(U)]:
```

所选实体对象按指定的长度增量在离选取点近的一端变长或变短，且长度增量为正时实体对象变长；长度增量为负时，实体对象变短，如图 5.28 所示。

② 百分数：以总长的百分比的形式改变圆弧或直线的长度。将提示：

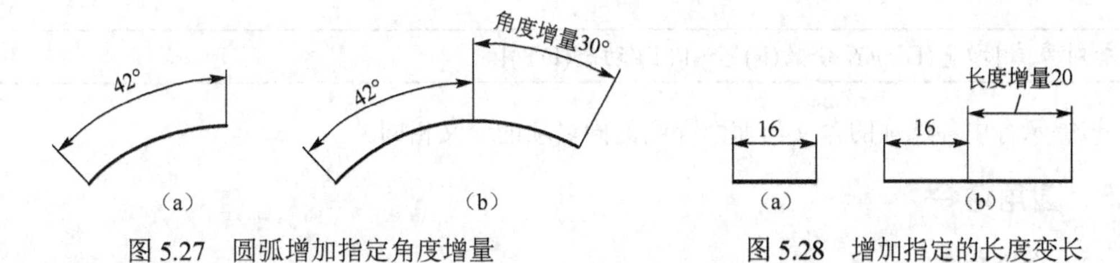

图 5.27　圆弧增加指定角度增量　　　　图 5.28　增加指定的长度变长

```
输入长度百分数<当前>:
选择要修改的对象或[放弃(U)]:
```

所选圆弧或直线在离选取点近的一端按指定的比例值变长或变短。

③ 全部：输入直线或圆弧的新长度改变长度。AutoCAD 将提示：

```
指定总长度或[角度(A)]<当前值>:
```

➢ 角度：确定圆弧的新角度。该选项只适用于圆弧。将提示：

```
输入角度增量<0>:                         //输入角度
选择要修改的对象或[放弃(U)]:             //选取弧或输入 U 取消上次操作
```

所选圆弧在离选取点近的一端按指定的角度变长或变短，见图 5.29。

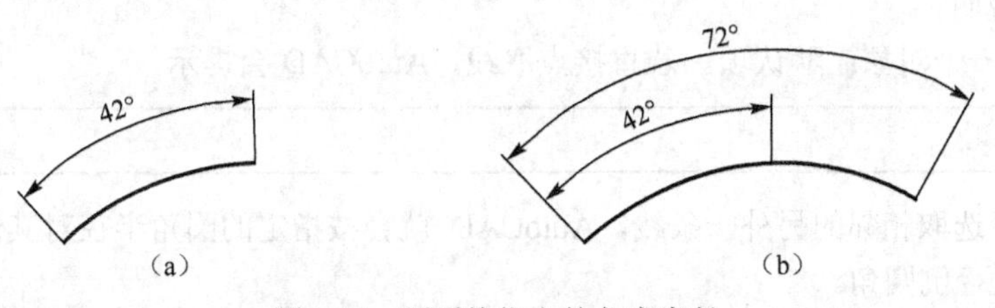

图 5.29　圆弧按指定的角度变长

➢ 指定总长度<Enter total length (1.0000)>。

默认项。若直接输入数值，则该值为直线或圆弧的新的长度。同时将提示：

```
选择要修改的对象或[放弃(U)]:             //选取对象或取消上一次操作
```

所选圆弧或直线在离选取点近的一端按指定的长度变长或变短，见图 5.30。

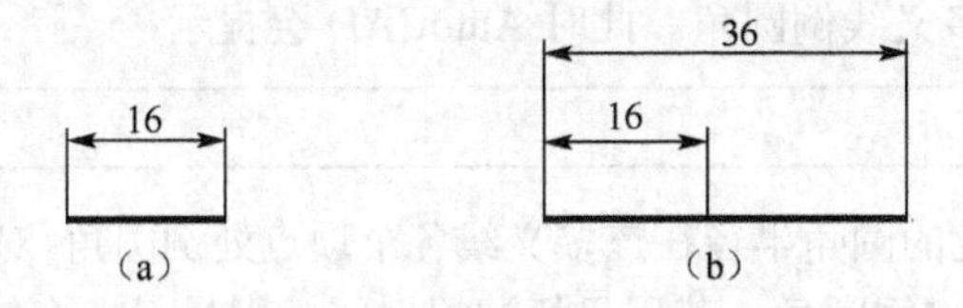

图 5.30　实体按总长伸长

④ 动态：动态地改变圆弧或直线的长度。执行该选项时，将提示：

```
指定新端点:
选择要修改的对象或[放弃(U)]:
```

此时若点取实体，拖动鼠标就可以动态改变弧或直线的长度。若输入 U，则取消上一次操作。

⑤ 选择对象：默认项。用户若直接选取目标，则执行该选项，AutoCAD 会显示出它的长度。若是圆弧，还会显示中心角，同时，将继续提示：

选择对象或[增量(DE)/百分数(P)/全部(T)/动态(DY)]:

该提示行中各选项的含义与前面介绍的同名项的含义相同。

5.5.5 圆角命令

（1）命令功能

使用 AutoCAD 提供的 Fillet 命令，可用光滑的弧把两个实体连接起来。

（2）调用方式

命令行：Fillet 或 F。

菜单：【修改】→【圆角】。

工具栏：【修改】→。

（3）操作格式

用上述几种方法中任一种命令输入后，AutoCAD 将提示：

命令:_fillet
当前设置:模式 = 修剪，半径 = 0.0000
选择第一个对象或[放弃(U)/多段线(P)/半径(R)/修剪(T)/多个(M)]:

（4）选项说明

① 选择第一个对象：默认项。若直接点取线，AutoCAD 会提示：

选择第二个对象:

在此提示下选取相邻的另外一条线，AutoCAD 就会按指定的圆角半径对其倒圆角。图 5.31 所示是对实体进行倒圆角。

② 放弃：恢复在命令中执行的上一个操作。

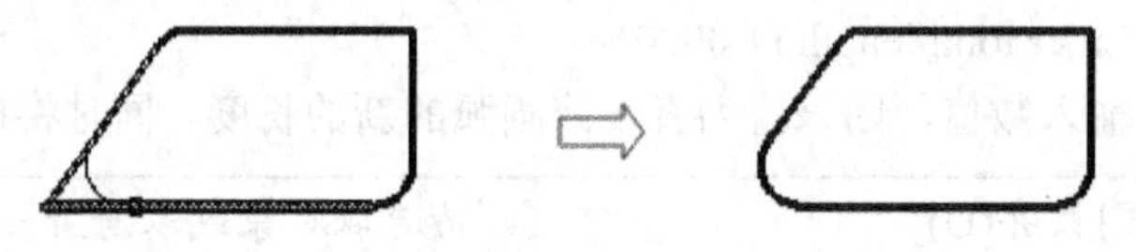

图 5.31 倒圆角

③ 多段线：对二维多义线倒圆角。此时 AutoCAD 会提示：

选择二维多段线:

则 AutoCAD 将按指定的圆角半径在该多义线各个顶点处倒圆角。对于封闭多义线，若用 Close 命令封闭，则各个转折处均倒圆角；若用目标捕捉封闭，则最后一个转折处将不倒圆角。

④ 半径：确定要倒圆角的圆角半径。执行该选项时，将提示：

指定圆角半径<0.0000>: //输入倒圆角的圆角半径值

此时，系统结束该命令，若要进行倒圆角的操作，则需再次执行 Fillet 命令。

⑤ 修剪：确定倒圆角是否修剪边界。执行该选项时会提示：

输入修剪模式选项[修剪(T)/不修剪(N)]<修剪>:

➢ 修剪：表示在倒圆角的同时对相应的两条边进行修剪。

➢ 不修剪：表示在倒圆角的同时对相应的两条边不进行修剪。

⑥ 多选：给多个对象集加圆角。

案例 5-7　将图 5.32（a）改为图 5.32（b）。

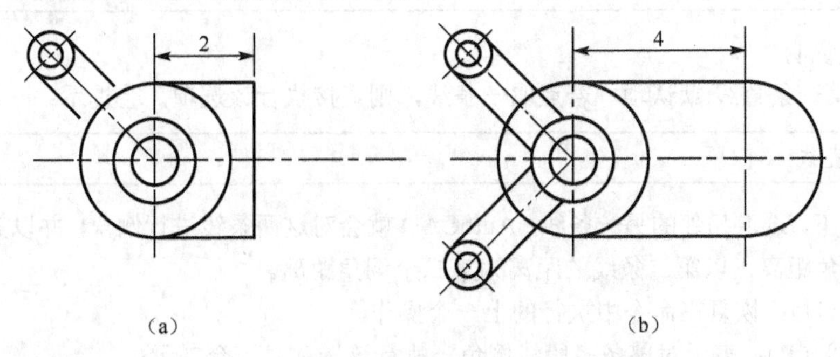

（a）　　　　（b）

图 5.32　案例 5-7 的图

【操作步骤】 参见表 5.4。

表 5.4　操作步骤

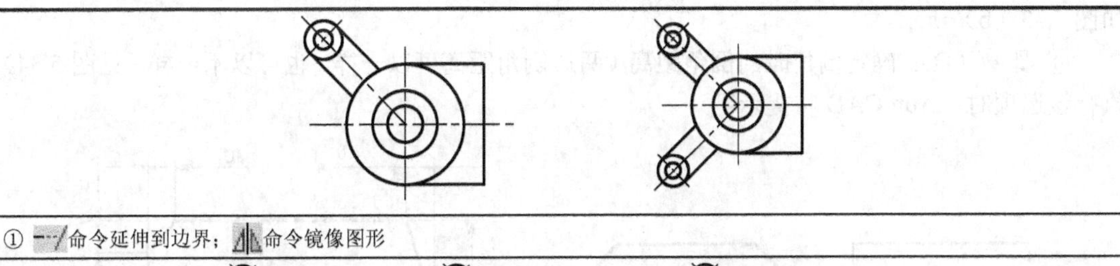
① 命令延伸到边界；命令镜像图形
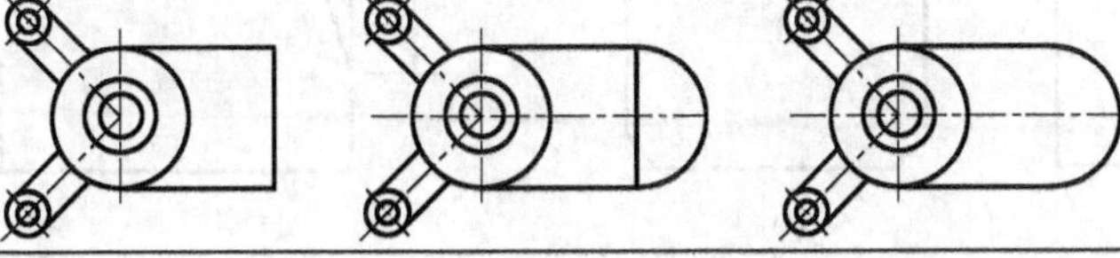
② 命令拉伸；命令倒圆角，不用设置圆角半径；删除多余线段

【提示与技巧】

✓ 若倒圆角的半径太大，则不能进行倒圆角。

✓ 若两条直线发散，则不能倒圆角。

✓ 两平行线倒圆角，自动将倒圆角的半径定为两条平行线间距的一半。

5.5.6　倒角命令

（1）命令功能

可给对象加倒角，并按用户选择对象的次序应用指定的距离和角度。

（2）调用方式

命令行：Chamfer 或 CHA。

菜单：【修改】→【倒角】。

工具栏：【修改】→。

（3）操作格式

用上述几种方法中任一种命令后，AutoCAD 将提示：

命令:_chamfer
(“修剪” 模式)当前倒角距离 1 = 0.0000，距离 2 = 0.0000
选择第一条直线或[放弃(U)/多段线(P)/距离(D)/角度(A)/修剪(T)/方式(E)/多个(M)]:
选择第二条直线，或按住 Shift 键选择要应用角点的直线:

（4）选项说明

① 选择第一条直线:默认项。若点取一条线，则直接执行该选项，会提示：

选择第二条直线:

在此提示下，选取相邻的另一条线，AutoCAD 就会对这两条线进行倒角，并以第一条线的距离为第一个倒角距离，以第二条线的距离为第二个倒角距离。

② 放弃（U）：恢复在命令中执行的上一个操作。

③ 多段线（P）：表示对整条多段线倒角，执行该选项时，会提示：

选择二维多段线:

则 AutoCAD 对多段线的各个顶点倒角。图 5.33 表示对图 5.33（a）的实体进行倒直角，结果如图 5.33（b）所示。

④ 距离（D）：确定倒角时的倒角距离（两边倒角距离可以一样，也可以不一样，见图 5.34）。执行该选项时，AutoCAD 将提示：

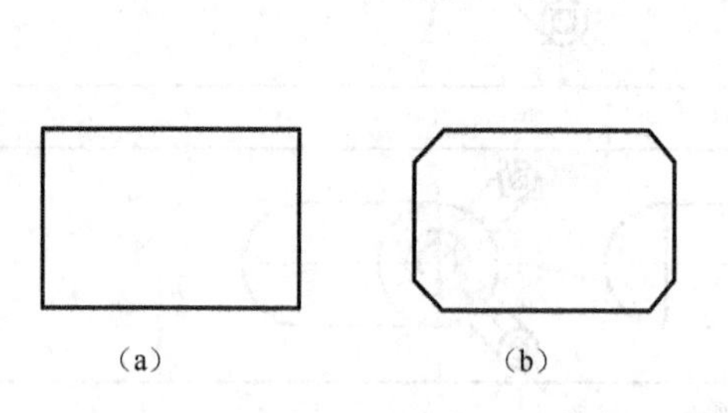

图 5.33　对多段线倒直角

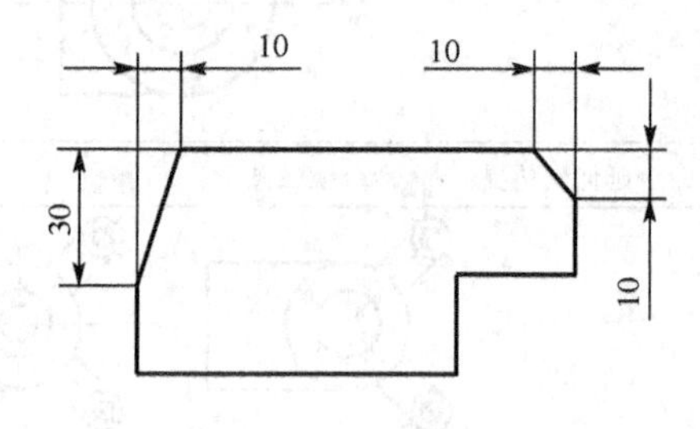

图 5.34　倒角的边距

指定第一个倒角距离<0.0000>:10 Enter
指定第二个倒角距离<10.0000>:Enter

【提示与技巧】

✓ 对于封闭多段线：若用 Close 进行封闭,则多义线的各个转折处均有倒角；若用目标捕捉功能封闭的多段线，则在最后的转折处不进行倒角。

此时，AutoCAD 退出该命令的执行。若要继续进行倒角操作，则需再次执行 Chamfer 命令。

⑤ 角度（A）：根据一个倒角距离和一个角度进行倒角。执行该选项时，会提示：

指定第一条直线的倒角长度<0.0000>:10 Enter
指定第一条直线的倒角角度<0>:45 Enter

此时，AutoCAD 结束该命令的执行，需要倒角时，应再次执行 Chamfer 命令。

⑥ 修剪（T）：确定倒角时是否对相应的倒角也进行修剪。执行该选项，会提示：

输入修剪模式选项[修剪(T)/不修剪(N)]<修剪>:

➢ 修剪：倒角后对倒角边进行修剪。
➢ 不修剪：倒角后对倒角边不进行修剪。

⑦ 方式（E）：使用两个距离还是一个距离、一个角度来创建倒角。

输入修剪方法[距离(D)/角度(A)]<距离>:

➢ 距离：按已确定的两条边的倒角距离进行倒角。
➢ 角度：按已确定的一条边的距离以及相应角度的方式进行倒角。

⑧ 多个（M）：为多组对象的边倒角。Chamfer 将重复显示主提示和“选择第二个对象”提示，直到用户按 Enter 键结束命令。

【提示与技巧】

✓ 若两条直线平行或发散，则不能作出倒角。
✓ 当两个倒角距离均为零时，Chamfer 命令延伸选定的两条直线，并使之相交，但不产生倒角。

5.5.7 打断命令

（1）命令功能

用该命令可以把实体中某一部分在选中的某点处断开，进而删除。

（2）调用方式

命令行：Break 或 BR。

菜单：【修改】→【打断】。

工具栏：【修改】→。

（3）操作格式

用上述三种方法中任一种输入 Break 命令后，AutoCAD 会提示：

命令:_break 选择对象: //选取对象
指定第二个打断点或[第一点(F)]:

（4）输入方式

① 若直接点取对象上的一点，则将对象上所点取的两点之间的那部分删除。

② 若键入@，则将对象在选取点一分为二。

③ 若在对象外面的一端方向处点取一点，则把两个点之间的那部分删除。

④ 若键入“F”，AutoCAD 将提示：

指定第一个打断点:
指定第二个打断点:

在此提示下，用户可按前面介绍的几种方式选取第二个点。

对圆执行此命令，选取点的先后顺序不同，则 AutoCAD 删除的对象也不同，如图 5.35 所示。

5.5.8 打断于点

（1）命令功能

将对象一分为二并且不删除某个部分，输入的第一个点和第二个点应相同。通过输入 @ 指定第二个点即可实现此过程。同打断命令。

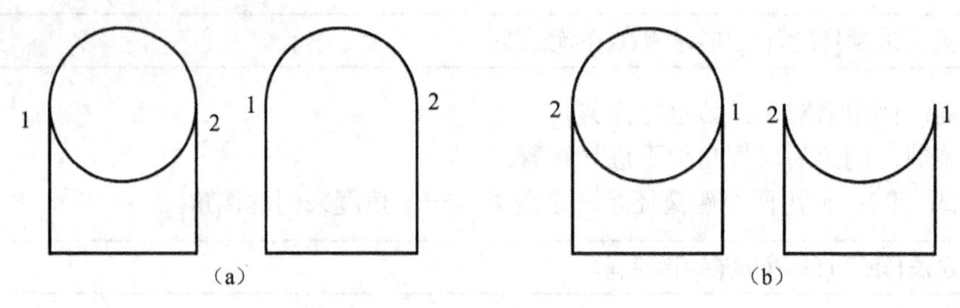

图 5.35　执行断开命令后的图形

（2）调用方式

命令行：Break 或 BR。

菜单：【修改】→【打断】。

工具栏：【修改】→。

5.5.9　分解命令

（1）命令功能

可以将所选实体分解，以便进行其他的编辑命令的操作。

（2）调用方式

命令行：Explode。

菜单：【修改】→【分解】。

工具栏：【修改】→。

（3）操作格式

用上述几种方法中任一种命令后，AutoCAD 会提示：

选择对象:	//选取对象
选择对象:	//也可继续选取

此时，AutoCAD 将用户所选对象进行分解。

【提示与技巧】

- ✓ 对于以不同比例因子插入的块，也可以执行 Explode 命令。
- ✓ 有一定宽度的多段线分解之后，其宽度变为 0，分别如图 5.36（a）、（b）所示。

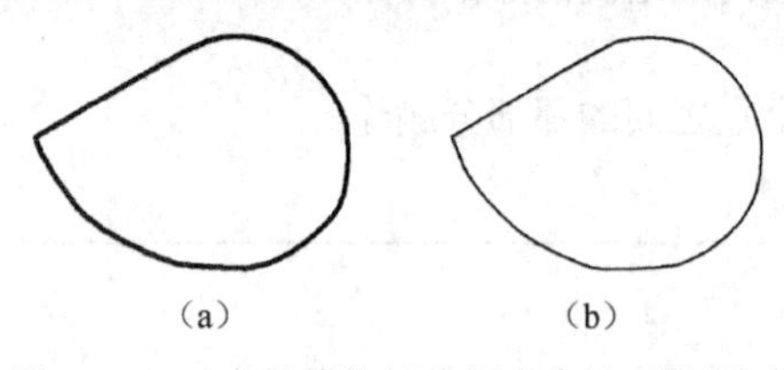

图 5.36　对多段线执行分解命令前后的图形

5.5.10　合并命令

（1）命令功能

使用 Join 将相似的对象合并为一个对象。用户也可以使用圆弧和椭圆弧创建完整的圆和椭圆。

（2）调用方式

命令行：Join。

菜单：【修改】→【合并】。

工具栏：【修改】→。

（3）操作格式

用上述几种方法中任一种命令后，AutoCAD 会提示：

命令:_join 选择源对象:	//选择一条直线、多段线、圆弧、椭圆弧或样条曲线
选择要合并到源的直线:	

5.6 对象特性修改命令

5.6.1 夹点功能

（1）命令功能

在 AutoCAD 中，当用户选择了某个对象后，对象的控制点上将出现一些小的蓝色正方形框，这些正方形框被称为对象的夹点（Grips）。夹点标记就是选定对象上的控制点，如图 5.37 所示，不同对象控制的夹点是不一样的。

（2）调用方式

当对象被选中时，夹点是蓝色的，称为“冷夹点”；如果再次单击对象某个夹点，则变为红色，称为“暖夹点”。

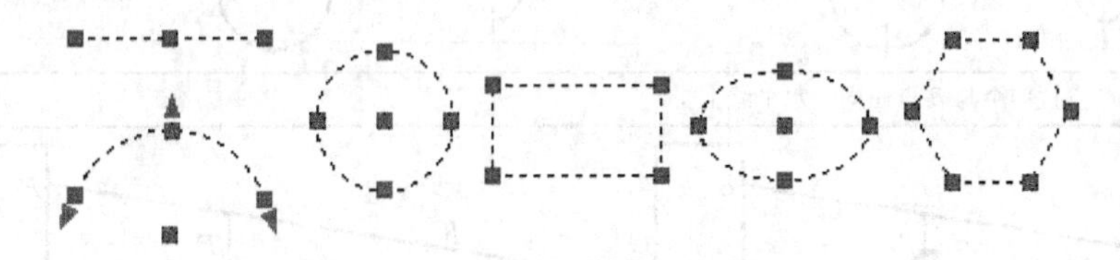

图 5.37 各种对象的控制夹点

（3）操作格式

当出现“暖夹点”时，命令行提示：

```
** 拉伸 **
指定拉伸点或[基点(B)/复制(C)/放弃(U)/退出(X)]:
```

通过按回车键可以在拉伸、移动、旋转、缩放、镜像编辑方式中间进行切换，也可单击右键调用快捷菜单进行选择。

案例 5-8 将图 5.38（a）改为图 5.38（b）。

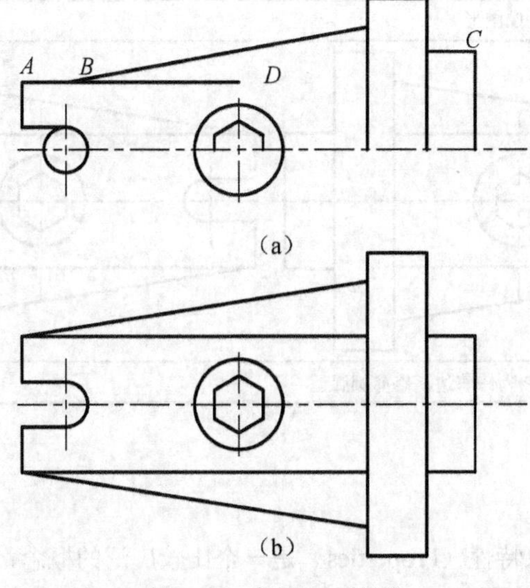

图 5.38 案例 5-8 的图

【操作步骤】 参见表 5.5。

表 5.5 操作步骤

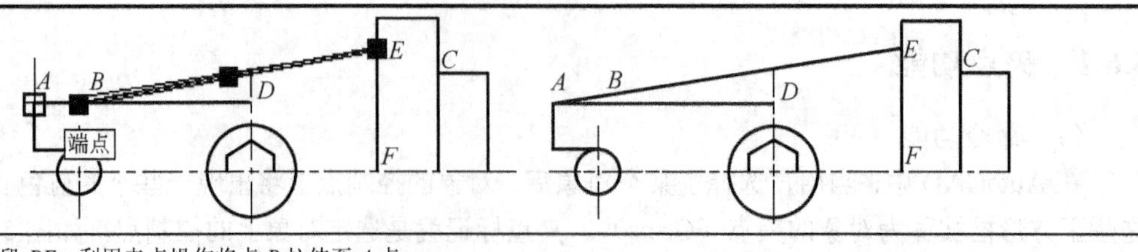

① 选中线段 *BE*，利用夹点操作将点 *B* 拉伸至 *A* 点

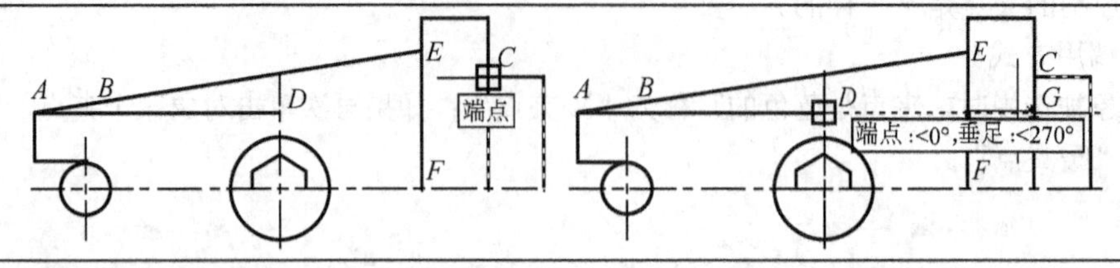

② 命令，将 *C* 点拉伸至与 *B* 点在同一水平线上

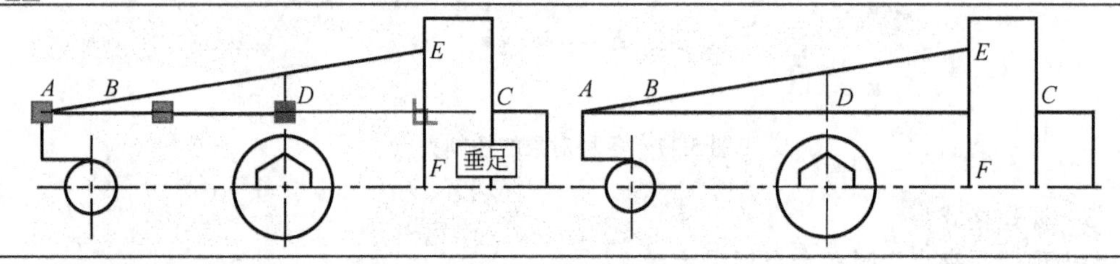

③ 选中线段 *AD*，利用夹点操作将点 *D* 拉伸至线段 *EF*（也可用延伸命令）

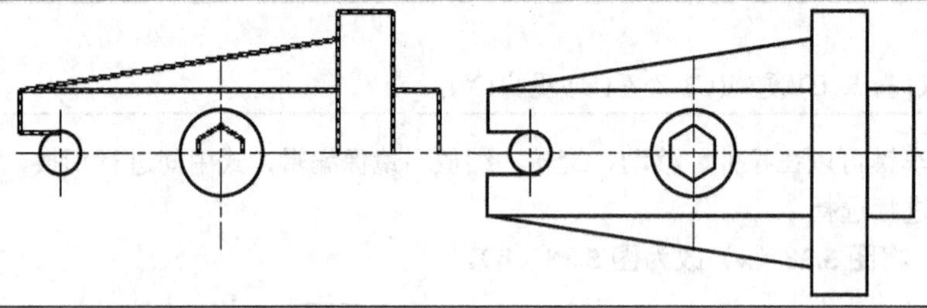

④ 命令，以中心线为对称线镜像图形

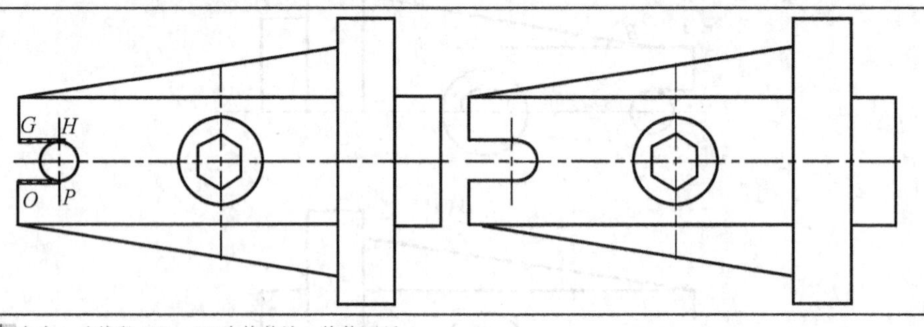

⑤ 修剪命令，选线段 *GH*、*OP* 为修剪边，修剪圆弧

5.6.2 特性选项板

（1）命令功能

在 AutoCAD 中，对象特性（Properties）是一个比较广泛的概念，既包括颜色、图层、线型等通用特性，也包括各种几何信息，还包括与具体对象相关的附加信息，如文字的内容、样式等。

（2）调用方式

命令行：Properties。

菜单：【工具】→【特性】。

工具栏：【标准】→[图标]。

快捷菜单：选中对象右击，快捷菜单→【特性】。

（3）操作格式

调用对象特性管理器后，出现“特性”选项板，“特性”选项板中包括颜色、图层、线型、线型比例、线宽、厚度等基本特性，也包括半径和面积、长度和角度等专有特性，用户可以直接修改，如图5.39所示。

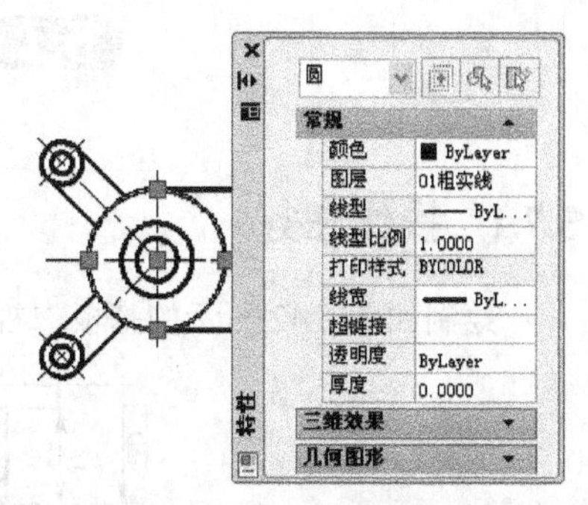

图5.39 “特性”选项板

【提示与技巧】

✓ 可以在“特性”选项板中修改和查看对象的特性。

5.6.3 特性匹配

（1）命令功能

将选定对象的特性应用于其他对象。可应用的特性类型包含颜色、图层、线型、线型比例、线宽、打印样式、透明度和其他指定的特性。

默认情况下，所有可应用的特性都自动地从选定的第一个对象复制到其他对象。如果不希望复制特定的特性，则使用“设置”选项禁止复制该特性。可以在执行该命令的过程中随时选择“设置”选项。

特性设置
基本特性
☑颜色(C) ByLayer
☑图层(L) 01粗实线
☑线型(I) ByLayer
☑线型比例(Y) 1.0000
☑线宽(W) ByLayer
☑透明度(R) ByLayer
☑厚度(T) 0.0000
☑打印样式(S) ByLayer
确定 取消 帮助
特殊特性
☑标注(D) ☑文字(X) ☑图案填充(H)
☑多段线(P) ☑视口(V) ☑表格(B)
☑材质(M) ☑阴影显示(O) ☑多重引线(U)

图5.40 “特性设置”对话框

（2）调用方式

命令行：painter（或'matchprop，用于透明使用）。

菜单：【修改】→【特性匹配】。

工具栏：【标准】→[图标]。

（3）操作格式

将一个对象特性复制到其他对象的步骤为：

① 单击【标准】工具栏上的【特性匹配】按钮，激活“特性匹配”命令。

② 选择要复制其特性的对象。

③ 如果要控制传递某些特性，在“选择目标对象或[设置(S)]：”提示下输入S（设置），出现如图5.40所示的“特性设置”对话框，在对话框中清除不需要复制的项目（默认情况下所有项目都打开），单击“确定”按钮。

④ 被选定的目标对象将采用选定源对象的特性，如图5.41所示。

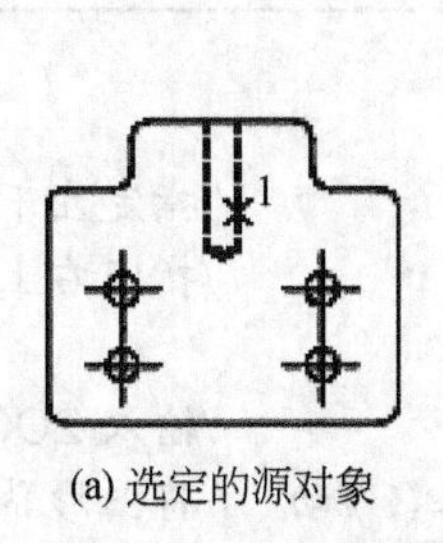

(a) 选定的源对象

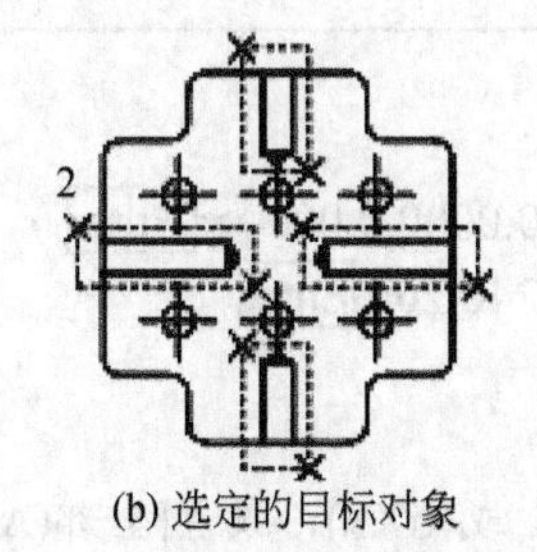

(b) 选定的目标对象

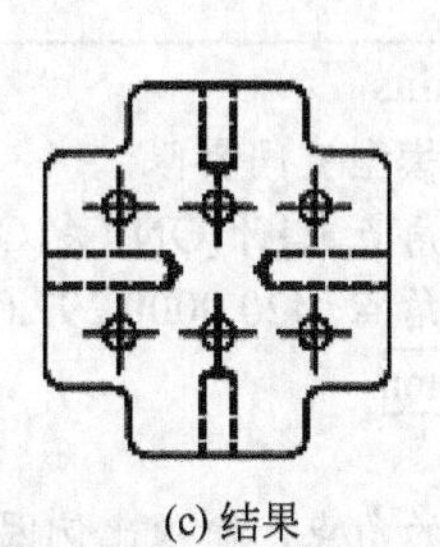

(c) 结果

图5.41 被选定的目标对象将采用选定源对象的特性

5.7 综合案例：绘制基板

5.7.1 操作任务

绘制如图 5.42 所示的基板二视图，不标注尺寸。

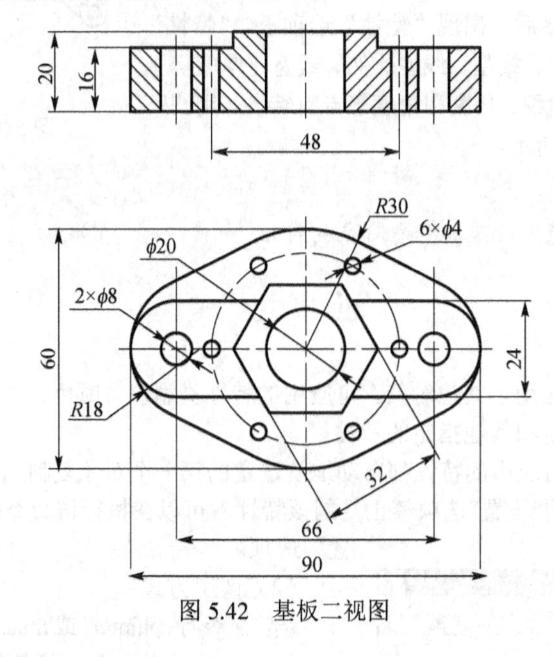

图 5.42 基板二视图

5.7.2 操作目的

通过此图形，灵活掌握使用“圆”、“直线”、“多边形”、“修剪”、“阵列”、“拉长”及“图案填充”等命令的方法。

5.7.3 操作要点

① 注意基本编辑命令的灵活运用。

② 注意复习运用精确绘图工具。

③ 进一步熟悉机械图识图和绘图的基本技能。

5.7.4 操作步骤

① 执行【格式】菜单栏中的“图形界限”命令，重新设置图形界限为 240×200。

```
命令:'_limits
重新设置模型空间界限:
指定左下角点或[开(ON)/关(OFF)]<0.0000,0.0000>:Enter                    //指定左下角
指定右上角点<420.0000,297.0000>:240,200 Enter                           //指定右上角
命令:z Enter
ZOOM                                                                   //输入 ZOOM
指定窗口的角点，输入比例因子(nX 或 nXP)，或者[全部(A)/中心(C)/动        //将图形界限整个显
态(D)/范围(E)/上一个(P)/比例(S)/窗口(W)/对象(O)]<实时>:a Enter          示到屏幕
```

② 激活“构造线”命令，绘制定位基准线。绘制结果如图 5.43 所示。

```
命令:_ xline 指定第一点:                                                        //绘制基准线
指定下一点或[放弃(U)]:
命令:_offset
当前设置:删除源=否  图层=源  OFFSETGAPTYPE=0
指定偏移距离或[通过(T)/删除(E)/图层(L)]<通过>:33 Enter                            //指定偏距
命令:_circle 指定圆的圆心或[三点(3P)/两点(2P)/相切、相切、半径(T)]:24
Enter                                                                           //指定圆半径
```

③ 单击【绘图】菜单栏中的“圆”/“圆心、直径”命令，以辅助线交点为圆心，绘制$\phi 8$和$\phi 24$的同心圆，结果如图 5.44 所示。

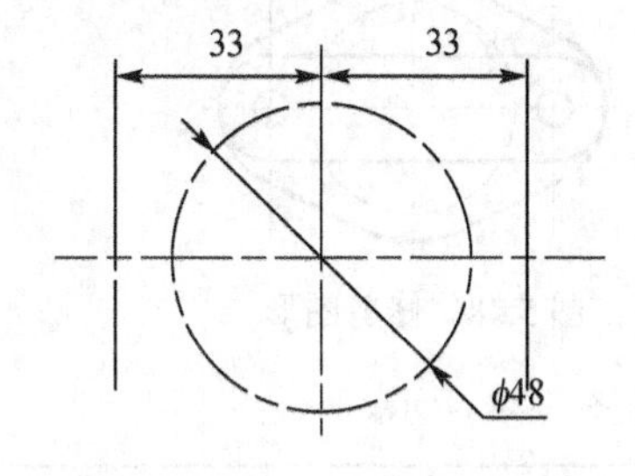

图 5.43　绘制定位基准线

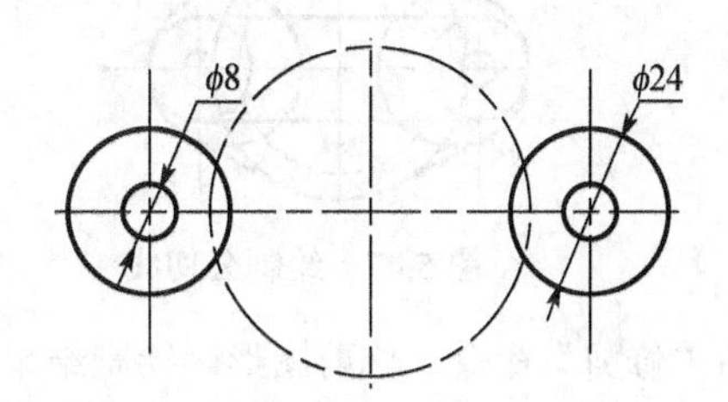

图 5.44　绘制圆

```
命令:_circle 指定圆的圆心或[三点(3P)/两点(2P)/相切、相切、半径(T)]:
指定圆的半径或[直径(D)]<24.0000>:4 Enter                                        //指定圆半径
命令:_circle 指定圆的圆心或 [三点(3P)/两点(2P)/相切、相切、半径(T)]:
指定圆的半径或[直径(D)]<4.0000>:12 Enter                                        //指定圆半径
```

④ 激活“直线”命令，绘制公切线。绘制结果如图 5.45 所示。

```
命令:_line 指定第一点:
指定下一点或[放弃(U)]:
指定下一点或[放弃(U)]:
```

⑤ 激活“圆”命令，绘制与$\phi 24$的圆相切且 *R*18 的圆。绘制以辅助线交点为圆心，*R*30 的圆。绘制结果如图 5.46 所示。

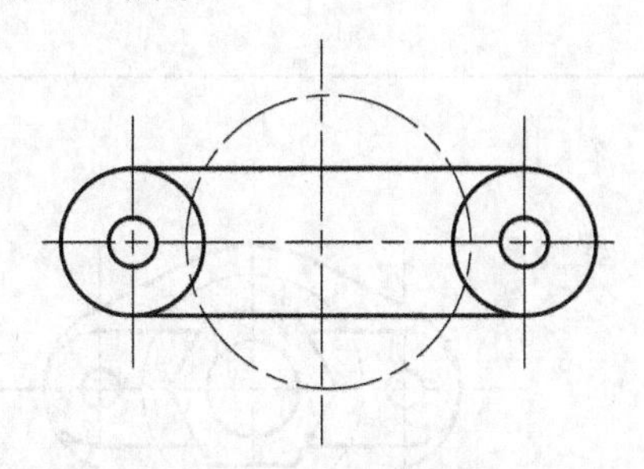

图 5.45　绘制公切线

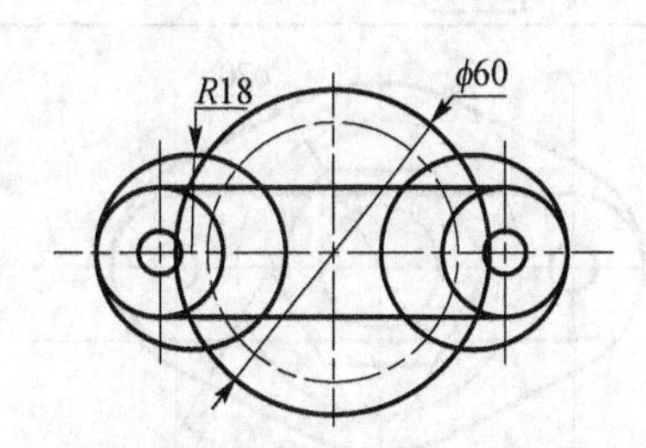

图 5.46　绘制圆

命令:_circle 指定圆的圆心或[三点(3P)/两点(2P)/相切、相切、半径(T)]:_from

基点:<偏移>:@18,0 Enter

指定圆的半径或[直径(D)]<12.0000>:Enter

命令:_circle 指定圆的圆心或 [三点(3P)/两点(2P)/相切、相切、半径(T)]:

指定圆的半径或[直径(D)]<18.0000>:30 Enter

⑥ 激活“直线”命令，配合切点捕捉功能，绘制公切线，结果见图 5.47。

命令:_line 指定第一点:_tan 到

指定下一点或[放弃(U)]:

指定下一点或[放弃(U)]:

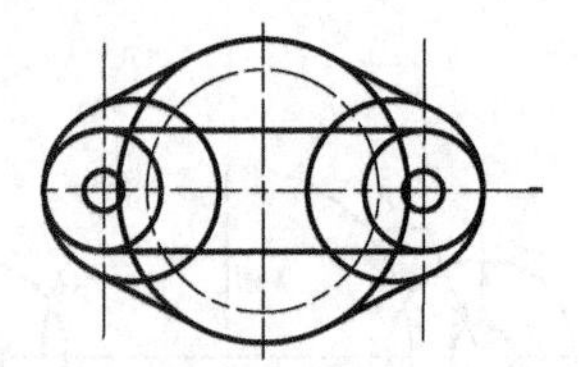

图 5.47　绘制公切线

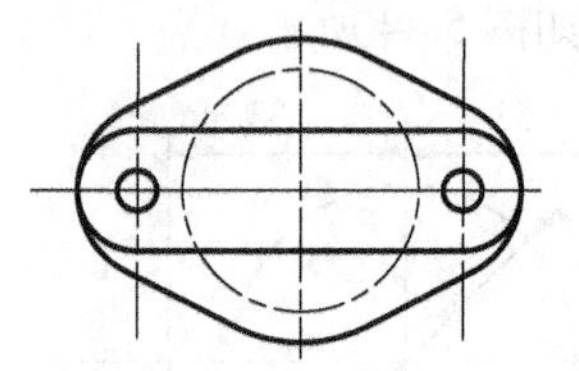

图 5.48　修剪图形

⑦ 激活“修剪”命令，修剪图形。绘制结果如图 5.48 所示。

命令:_trim

当前设置:投影=UCS，边=无　选择剪切边...

选择对象或<全部选择>:

选择要修剪的对象，或按住 Shift 键选择要延伸的对象，

[栏选(F)/窗交(C)/投影(P)/边(E)/删除(R)/放弃(U)]:

⑧ 激活“圆”命令，以点 *O* 为圆心绘制 ϕ20 的圆。激活“正多边形”命令，以点 *O* 为中心点，绘制正六边形。绘制结果如图 5.49 所示。

⑨ 激活“修剪”命令，修剪图形。绘制结果如图 5.50 所示。

命令:_circle 指定圆的圆心或[三点(3P)/两点(2P)/相切、相切、半径(T)]:　　//指定 O 点

指定圆的半径或[直径(D)]<30.0000>:10 Enter

命令:_polygon 输入边的数目<4>:6 Enter

指定正多边形的中心点或[边(E)]:　　//指定 O 点

输入选项[内接于圆(I)/外切于圆(C)]<I>:c Enter

指定圆的半径:16 Enter

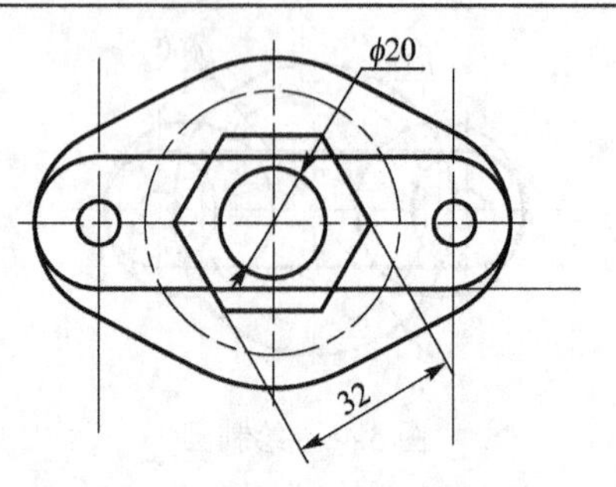

图 5.49　绘制圆、正六边形

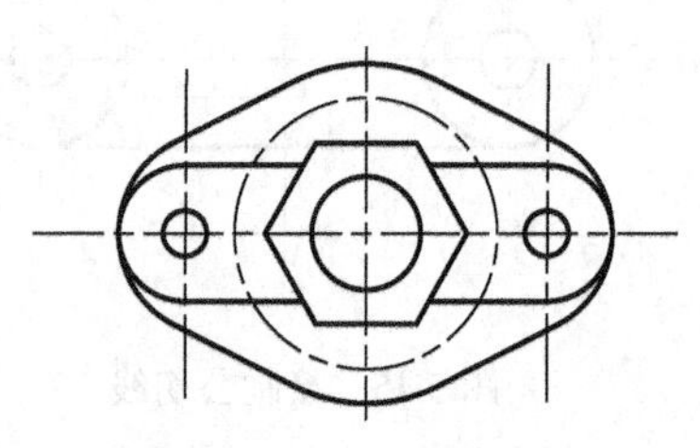

图 5.50　修剪图形

```
命令:_trim
当前设置:投影=UCS，边=无  选择剪切边...
选择对象或<全部选择>:
选择要修剪的对象，或按住 Shift 键选择要延伸的对象，或[栏选(F)/窗交(C)/投影(P)/边(E)/删除(R)/放弃(U)]:
```

⑩ 激活“圆”命令，以点 Q 为圆心绘制 $\phi 4$ 的小圆。单击【修改】工具栏中的“阵列”命令，选择 $\phi 4$ 的小圆，以点 O 为中心点，进行环形阵列。绘制结果如图 5.51 所示。

```
命令:_circle 指定圆的圆心或[三点(3P)/两点(2P)/相切、相切、半径(T)]:
指定圆的半径或[直径(D)]<10.0000>:2 Enter
命令:_arraypolar
选择对象:找到 1 个
选择对象:Enter
类型= 极轴  关联 = 是
指定阵列的中心点或[基点(B)/旋转轴(A)]:
输入项目数或[项目间角度(A)/表达式(E)]<4>:6 Enter
指定填充角度(+=逆时针、-=顺时针)或[表达式(EX)]<360>: Enter
按 Enter 键接受或 [关联(AS)/基点(B)/项目(I)/项目间角度(A)/填充角度(F)/行(ROW)/层(L)/旋转项目(ROT)/退出(X)] <退出>: Enter
```

⑪ 激活“直线”命令，配合对象捕捉、对象追踪功能，绘制基板主视图。绘制结果如图 5.52 所示。

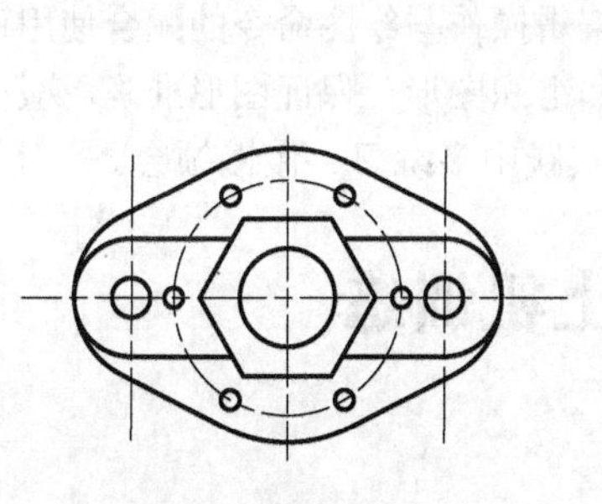

图 5.51 阵列圆

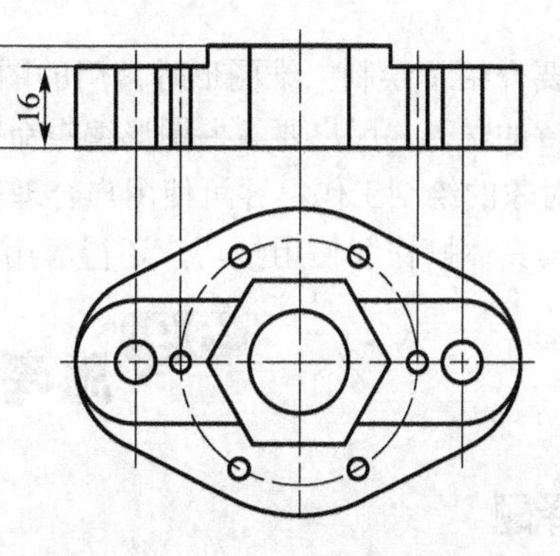

图 5.52 绘制基板主视图

```
命令:_line 指定第一点:
指定下一点或[放弃(U)]:
指定下一点或[放弃(U)]:
```

⑫ 激活“修剪”命令，修剪中心线。绘制结果如图 5.53 所示。

```
命令:_trim
当前设置:投影=UCS，边=无
选择剪切边...
选择对象或<全部选择>:
```

选择要修剪的对象，或按住 Shift 键选择要延伸的对象，或[栏选(F)/窗交(C)/投影(P)/边(E)/删除(R)/放弃(U)]:

⑬ 激活“图案填充”命令，对基板主视图进行图案填充。激活“拉长”命令，将长度增量设为 5 个绘图单位，分别对中心线进行拉长，结果见图 5.54。

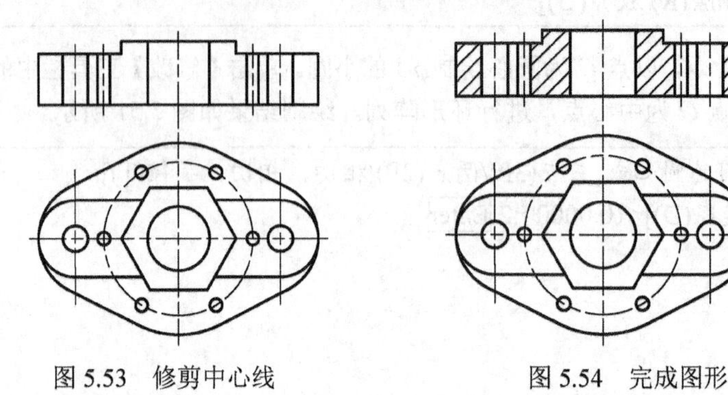

图 5.53　修剪中心线　　　　图 5.54　完成图形

命令:_bhatch
拾取内部点或[选择对象(S)/删除边界(B)]: 正在选择所有对象...
命令:_lengthen
选择对象或[增量(DE)/百分数(P)/全部(T)/动态(DY)]:de
输入长度增量或[角度(A)]<0.0000>:5 Enter

5.8 总结提高

本章主要介绍了绘制二维图形时常用的图形编辑命令的功能与操作。

通过本章的学习，用户要掌握图形编辑命令。编辑操作与绘图命令的配合使用可以进一步完成复杂图形对象的绘制工作，并可使用户合理安排和组织图形，保证图形准确，减少重复。但要想熟练掌握其具体操作和使用技巧，还得靠用户在实践中多练习、慢慢领会。

5.9 思考与上机训练

5.9.1 选择题

1．改变图形实际位置的命令是（　　）。

A．MOVE　　B．PAN　　C．ZOOM　　D．OFFSET

2．移动（Move）和平移（Pan）命令是（　　）。

A．都是移动命令，效果一样

B．Move 速度快，Pan 速度慢

C．Move 的对象是视图，Pan 的对象是物体

D．Move 的对象是物体，Pan 的对象是视图

3．使用（　　）命令可以绘制出所选对象的对称图形。

A．COPY　　B．LENGTHEN　　C．STRETCH　　D．MIRROR

4．一组同心圆可由一个已画好的圆用（　　）命令来实现。

A．STRETCH　　B．OFFSET　　C．EXTEND　　D．MOVE

5. （　　）对象使用【延伸】命令无效果。

A. 构造线　B. 射线　C. 多段线　D. 圆弧

6. （　　）对象适用[拉长]命令中的[动态]选项。

A. 多线　B. 直线　C. 多段线　D. 样条曲线

7. （　　）对象运用【偏移】命令时可以将原对象进行偏移。

A. 点　B. 图块　C. 文本对象　D. 圆弧

8. （　　）对象执行[倒角]命令无效。

A. 多段线　B. 直线　C. 构造线　D. 弧

9. 执行（　　）命令对闭合图形无效。

A. 删除　B. 打断　C. 复制　D. 拉长

10. （　　）命令用于把单个或多个对象从它们的当前位置移至新位置，且不改变对象的尺寸和方位。

A. MOVE　B. ROTATE　C. ARRAY　D. COPY

11. 如果按照简单的规律大量复制对象，则可以选用（　　）命令。

A. COPY　B. ARRAY　C. ROTATE　D. MOVE

12. （　　）对象可以执行【拉长】命令中的【增量】选项。

A. 弧　B. 矩形　C. 圆　D. 圆柱

13. 在执行“交点”捕捉模式时，可捕捉到（　　）。

A. 圆弧、圆、椭圆、椭圆弧、直线、多线、多段线、射线、样条曲线或构造线等对象之间的交点

B. 面域的边

C. 曲线的边

D. 以上全是

14. 可以创建打断的对象有圆、直线、射线和（　　）对象。

A. 圆弧　B. 构造线　C. 样条曲线　D. 多段线　E. 以上全是

【友情提示】

1. A　2. D　3. D　4. B　5. A　6. B　7. D　8. D　9. D　10. A　11. B　12. A 13. D　14. E

5.9.2 思考题

1. 简述常用的选择对象的方法。
2. 简述常用的复制类命令有哪些，各有什么特点？
3. 简述常用的改变位置类命令有哪些，各有什么特点？
4. 简述常用的改变形状类命令有哪些，各有什么特点？

5.9.3 操作题

1. 绘制图 LX5.1 所示图形。
2. 绘制图 LX5.2 所示图形。
3. 绘制图 LX5.3（a）所示图形。

【操作点津】

见图 LX5.3（b）。

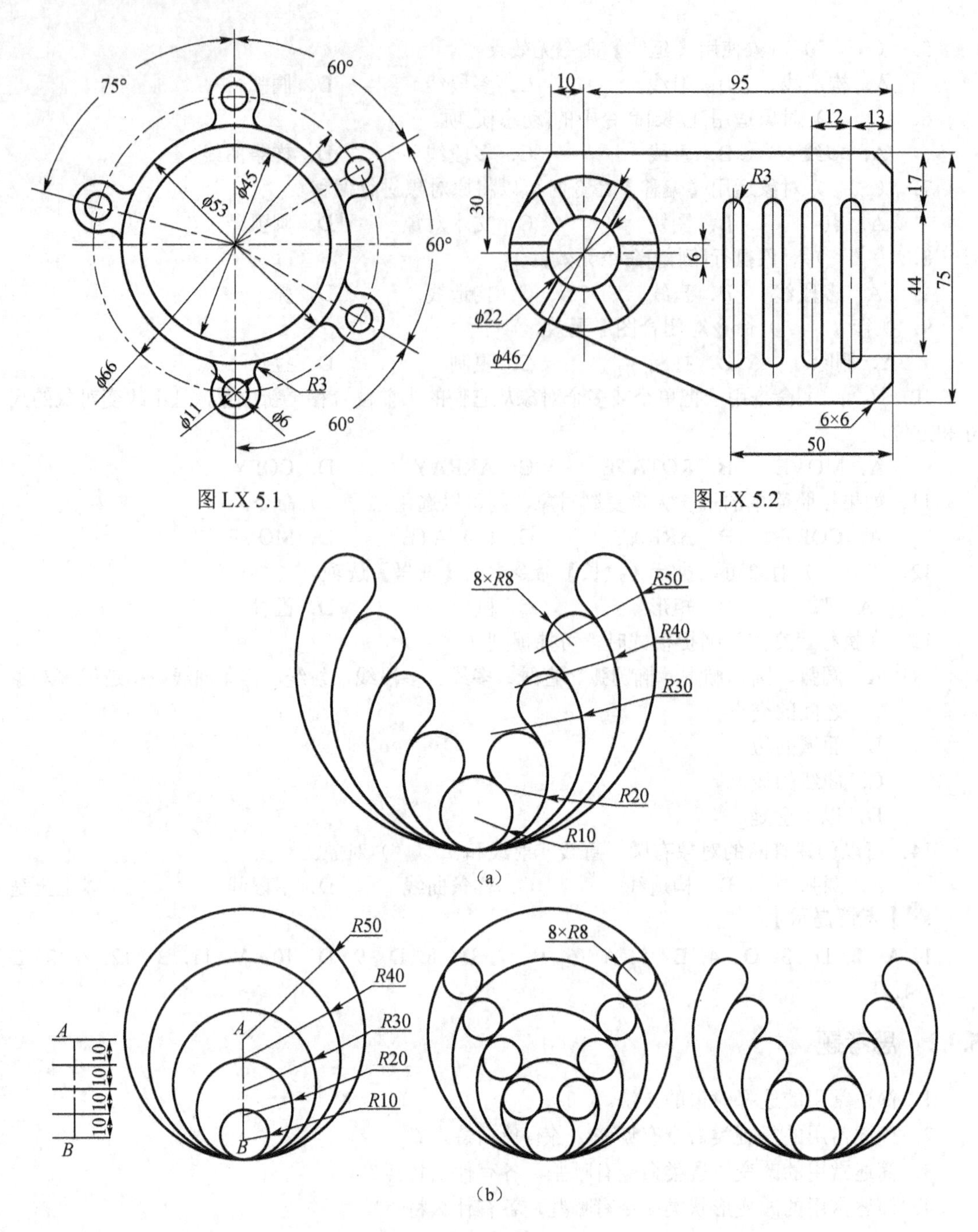

图 LX 5.1

图 LX 5.2

（a）

（b）

图 LX 5.3

4．绘制图 LX5.4（a）所示图形。

【操作点津】

见图 LX5.4（b）。

5．将图 LX5.5（a）编辑成图 LX5.5（b）。

6．将图 LX5.6（a）编辑成图 LX5.6（b），填充图案为 ANSI31,比例为 1。外轮廓线是一条多段线，线宽为 0.05。

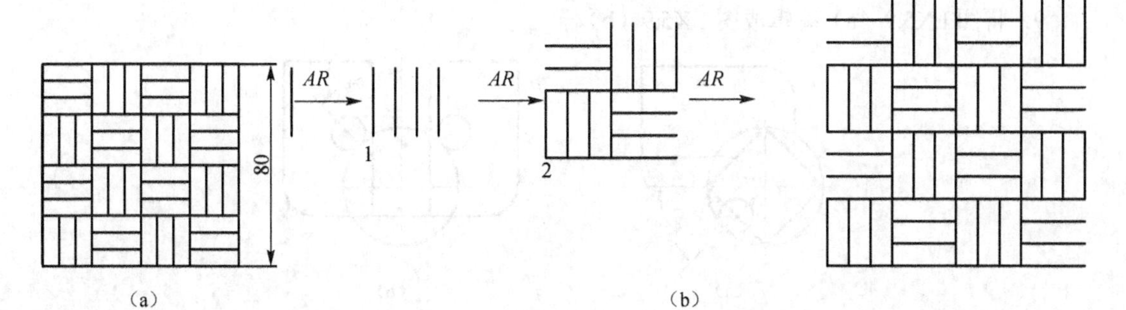

图 LX 5.4

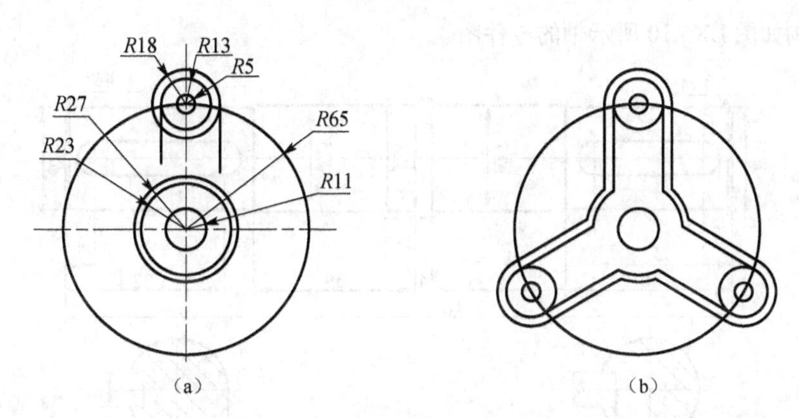

图 LX 5.5

7．绘图 LX5.7（a），并将图 LX5.7（a）编辑成图 LX5.7（b），Scale=1.5。

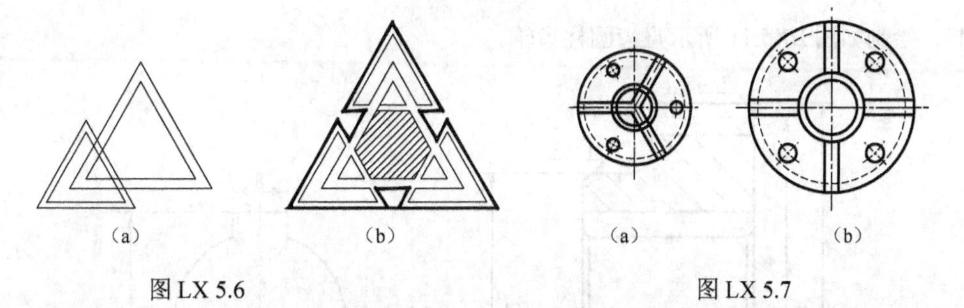

图 LX 5.6　　　　图 LX 5.7

8．将图 LX5.8（a）编辑成图 LX5.8（b）。粗实线线宽为 0.03，填充图案为 ANSI31,比例为 2。

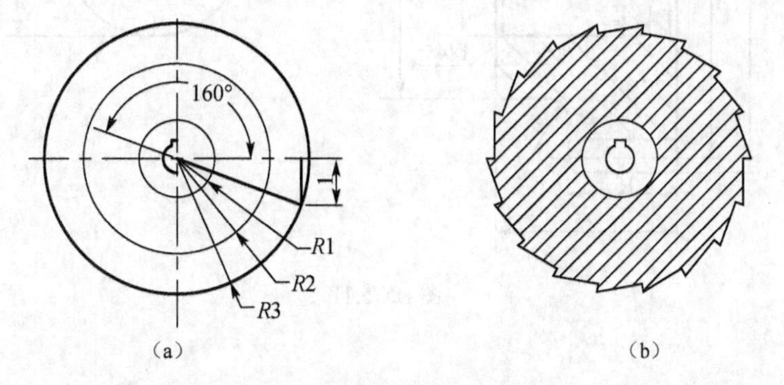

图 LX 5.8

9．将图 LX5.9（a）编辑成图 LX5.9（b）。

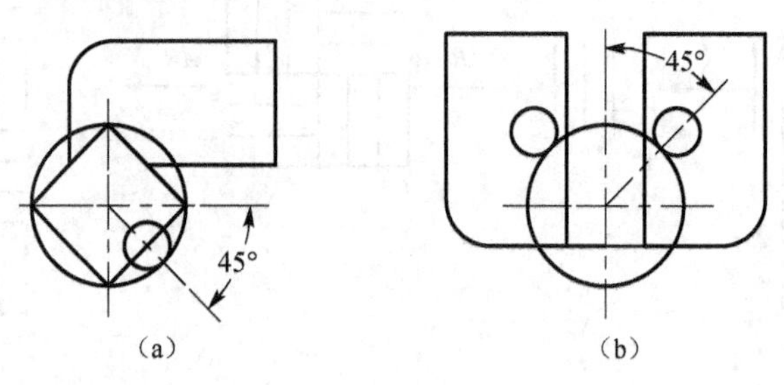

图 LX 5.9

10．绘制如图 LX5.10 所示轴的零件图。

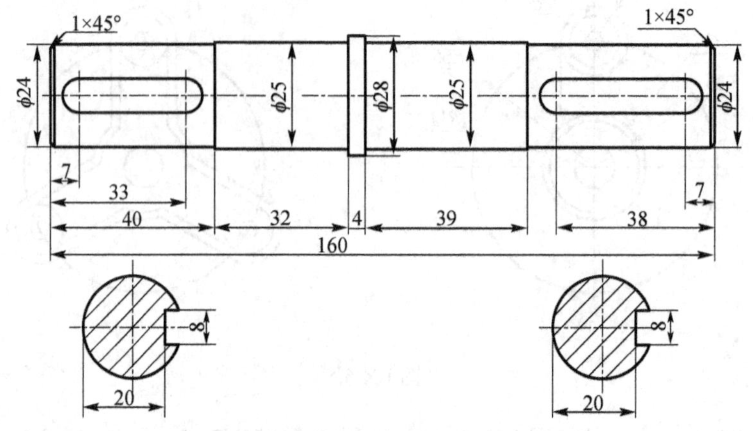

图 LX 5.10

11．绘制如图 LX5.11 所示直齿圆柱齿轮。

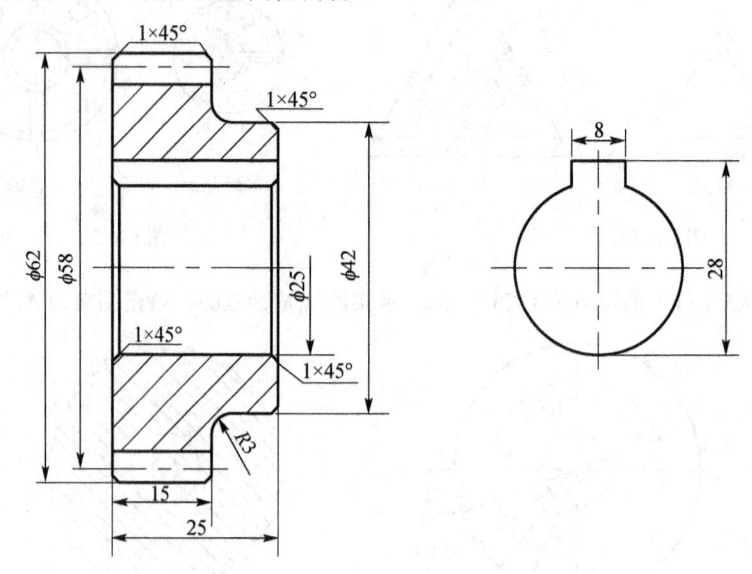

图 LX 5.11

第 6 章　使用文字与表格

本章导读

一张完整的机械图样，要能完整、清晰地表达出设计者的意图，作为生产加工的依据，文字功不可没，文字常用于表达一些与图形相关的重要信息，对图形进行描述和注释，如技术要求、注释说明等。表格在 AutoCAD 图形中也有大量的应用，如明细表、参数表和标题栏等。本章将介绍文字标注与编辑功能和表格的绘制方法。

学习指导

★ 掌握文字样式设置

★ 掌握单行文字标注方法

★ 掌握多行文字标注方法

★ 熟悉特殊符号的输入

★ 熟悉文本编辑方法

★ 掌握表格的绘制方法

6.1 文字样式

AutoCAD 图形中的文字是根据当前文字样式标注的。文字样式说明所标注文字使用的字体以及其他设置，如字高、字颜色、文字标注方向等。当在 AutoCAD 中标注文字时，如果系统提供的文字样式不能满足国家制图标准或用户的要求，则应首先定义文字样式。

6.1.1 定义文字样式

（1）命令功能

创建新的文字样式，修改已存在的文字样式，并设置当前文字样式。

（2）命令调用

命令行：Ddstyle 或 Style。

菜单：【格式】→【文字样式】。

工具栏：文字→ 。

（3）操作格式

利用上述任一方法输入命令，则 AutoCAD 会弹出如图 6.1 所示的 “文字样式”对话框，可以创建、修改或指定文字样式。

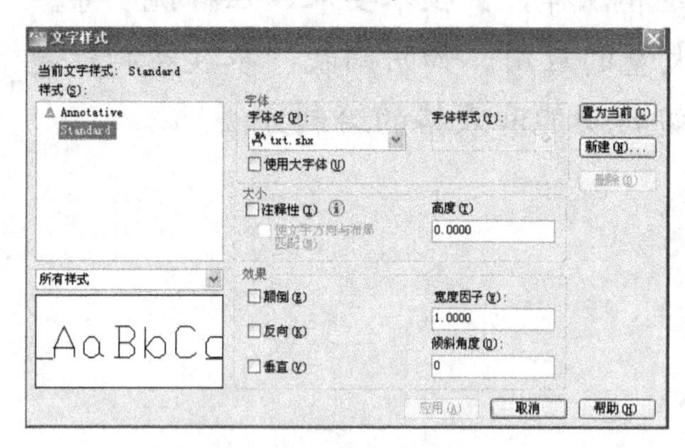

图 6.1 “文字样式”对话框

（4）选项说明

① “样式”：显示图形中的样式列表。

➢ “当前文字样式”：列出当前文字样式。

➢ “样式名”：样式名前的图标指示样式是注释性。样式名最长可达 255 个字符。系统提供名为 STANDARD 的默认样式名。

➢ “样式列表过滤器”：下拉列表指定所有样式还是仅使用中的样式显示在样式列表中。

➢ “新建”：显示“新建文字样式”对话框（见图 6.2），并自动为当前设置提供名称“样式 *n*”（其中 *n* 为所提供样式的编号）。可以采用默认值或在该框中输入名称，然后选择“确定”，使新样式名使用当前样式设置。定义新的文字样式。

➢ “重命名”：给已有的字体样式更名。右击要更名的字体样式，弹出快捷菜单（见图 6.3），在编辑框中输入新字体样式名即可。

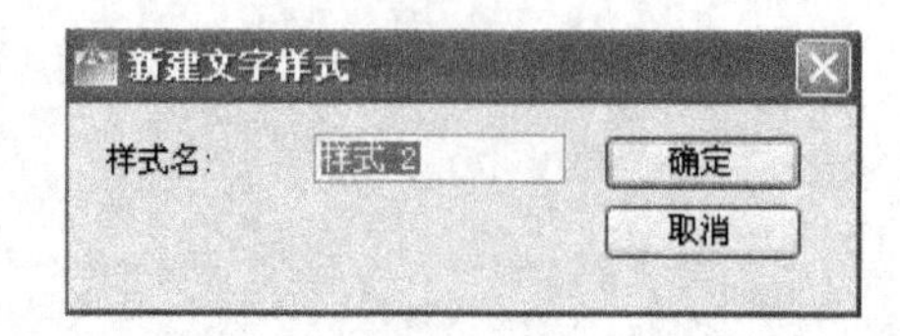

图 6.2 “新建文字样式”对话框

图 6.3 “重命名文字样式”对话框

➢ “删除”：删除某一字体样式。从字体样式名列表中选择要删除的字体样式，然后单击“删除”。

【提示与技巧】

✓ “STANDARD（标准样式）”不允许重命名和删除。

✓ 图形文件中已使用的文字样式不能被删除，但可以重命名。

② 在“字体”区设置文字样式的字体、字体样式和字高。

➢ “字体”：单击下拉箭头，则出现如图 6.4 所示的下拉列表框，在该下拉列表框中包含系统中所有的字体文件。

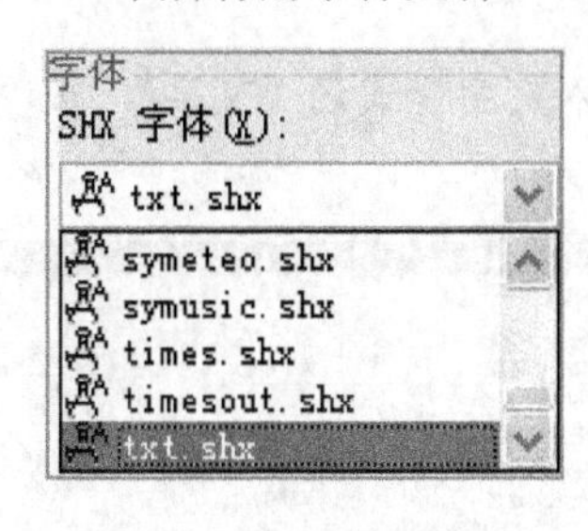

图 6.4　下拉列表框

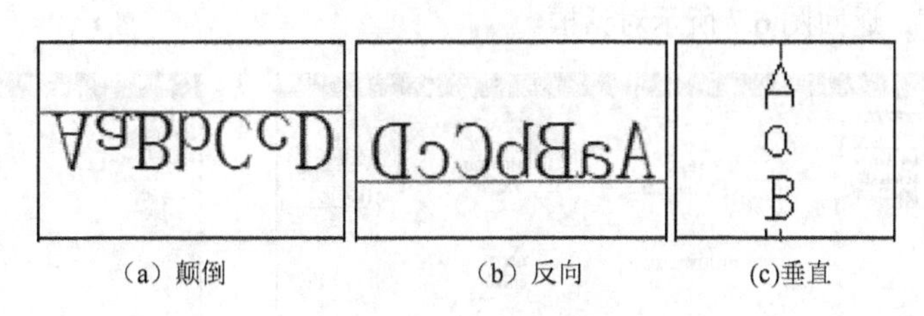

图 6.5　颠倒、反向、垂直

➢ “使用大字体”：选择该复选框，可创建支持汉字等大字体的文字样式。

➢ “字体样式”：对于“TrueType”字体，一般只有“常规”一种设置。对于“SHX”字体，用户设置汉字样式时，选择“使用大字体”复选框，“字体样式”才有效。

➢ “高度”：可以设置文本的高度。用户如要选取它的默认值（0），则进行文本标注时，需重新设置文本的高度。

【提示与技巧】

✓ 一般应设置高度为 0，这样可以在注写文字时，任意指定文字高度。

③ 在“效果”区设置文字的书写效果。预览区显示随着字体的更改和效果的修改而动态更改的样例文字，见图 6.5。

➢ “颠倒”：确定是否将文本文字颠倒标注。

➢ “反向”：确定是否将文字以镜像方式标注。

➢ “垂直”：确定文本是水平标注，还是垂直标注。

➢ “宽度比例”：设置字的宽度系数。

➢ “倾斜角度”：确定文字的倾斜角。角度为正时向逆时针方向倾斜；角度为负时向顺时针方向倾斜。

④ “应用”：应用用户对字体样式的设置。

⑤ “取消”：取消对字体样式的设置。

⑥ “帮助”：提供字体样式的有关帮助信息。

6.1.2　设置常用文字样式

（1）设置“汉字”文字样式

“汉字”文字样式用在机械图中注写国家制图标准规定的汉字（长仿宋体）。

① 启动“文字样式”对话框，按照图 6.6 所示进行相关设置。

② 单击“新建”按钮，弹出 “新建文字样式”对话框，输入文字样式名“汉字”，按“确定”，返回图 6.6 所示对话框。

③ 在“字体名”项选择“T 仿宋-GB2312”字体（注意：不要选成“T@仿宋-GB2312”字体）；字高默认为 0（目的是输入文本时可随时修改文本高度）；宽度设为 0.7，点击“应用”按钮，关闭“文字样式”对话框。

（2）设置“尺寸”文字样式

“尺寸”文字样式用于控制机械图的尺寸数字和注写其他数字、字母。该文字样式使所注尺寸中的数字符合国家技术制图标准。

① 启动“文字样式”对话框，按照图 6.7 所示进行相关设置。

② 单击“新建”按钮，弹出 “新建文字样式”对话框，输入文字样式名“文字”，按“确定”，返回图 6.7 所示对话框。

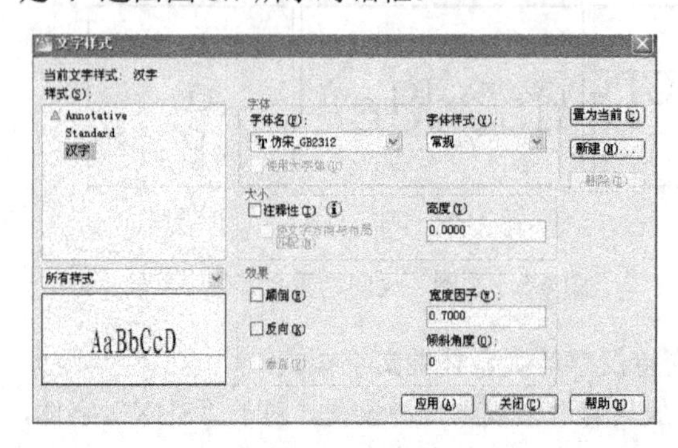

图 6.6 “汉字”文字样式

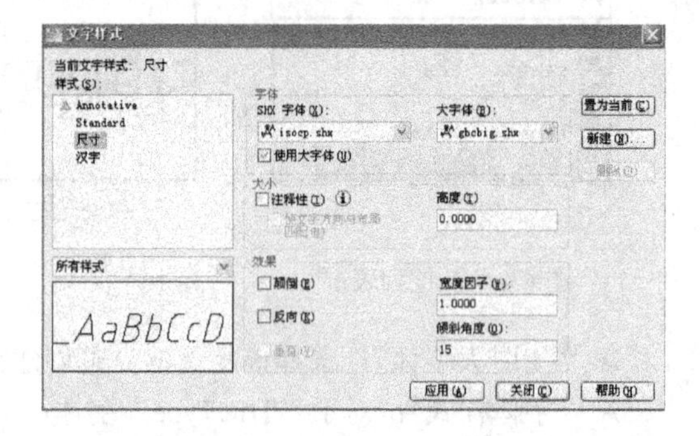

图 6.7 “尺寸”文字样式

③ 在“字体名”项选择“isocp.shx”字体，字高默认为 0（目的是输入文本时可随时修改文本高度），宽度设为 1，角度设为 15，点击“应用”按钮，关闭“文字样式”对话框。

【提示与技巧】

✓ 如输入汉字部分字体设为“仿宋”、“黑体”等中文字样，不能显示直径符号“ϕ”；故当标注尺寸时，应将字体设为带“.shx”的字体格式。一般选用“isocp.shx”、“Italic.shx(斜式)”或“Gbeitc.shx”。

6.2 文字标注

在制图过程中，文字传递了很多设计信息，当需要标注的文本不太长时，可利用“单行文字标注”；当需要标注的文本很长、很复杂时，可利用“多行文字标注”。

6.2.1 单行文字标注

（1）命令功能

在图形中按指定文字样式并以动态方式输入单行或多行文字。

（2）命令调用

命令行：TEXT 或 DTEXT。

菜单：【绘图】→【文字】→【单行文字】。

工具栏：【文字】→单行文字 A。

（3）操作格式

用上述任一方法输入命令后，AutoCAD 会提示：

命令:_text
当前文字样式: “Standard” 文字高度:10 注释性: 否
指定文字的起点或[对正(J)/样式(S)]:
指定高度<10>:
指定文字的旋转角度<0>:

（4）选项说明

① 指定文字的起点。

在此提示下直接在作图屏幕上点取一点作为文字的起点，AutoCAD 会提示：

指定高度<10>: Enter //指定高度
指定文字的旋转角度<0>:Enter //指定文字的旋转角度
输入文字: //输入文字
输入文字:Enter //结束命令

---

② 对正（J）。

在上面提示下键入“J”，用来确定文字的对齐方式，对齐方式决定文字的哪一部分的插入点对齐。执行该选项时会提示：

指定文字的起点或[对正(J)/样式(S)]: J Enter
输入选项
[对齐(A)/调整(F)/中心(C)/中间(M)/右(R)/左上(TL)/中上(TC)/右上(TR)/左中(ML)/正中(MC)/右中(MR)/左下(BL)/中下(BC)/右下(BR)]:

在此提示下选择文字的对齐方式。当文字串水平排列时，AutoCAD 为标注文字串定义了如图 6.8 所示的顶线、中线、基线和底线，各种对齐方式见图 6.9。

下面介绍提示行中各选项的含义：

➢ “对齐”：确定所标注文本行基线的起点位置与终点位置。输入的字符串均匀分布在指定的两点之间，且文本行的倾斜角度由起点与终点之间的连线确定；字高、字宽根据起点和终点间的距离、字符的多少以及文字的宽度系数自动确定。

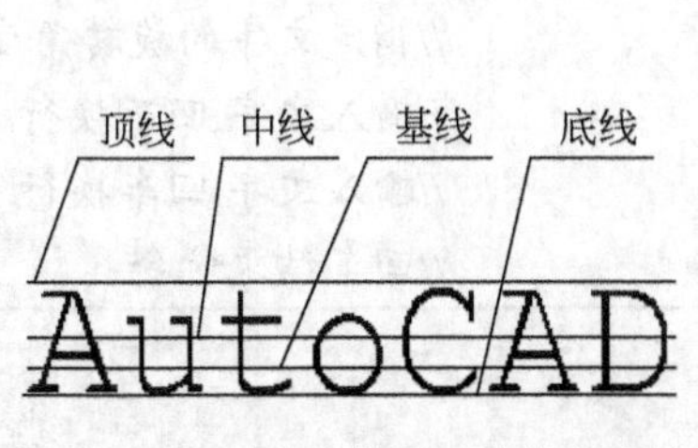

图 6.8 顶线、中线、基线和底线

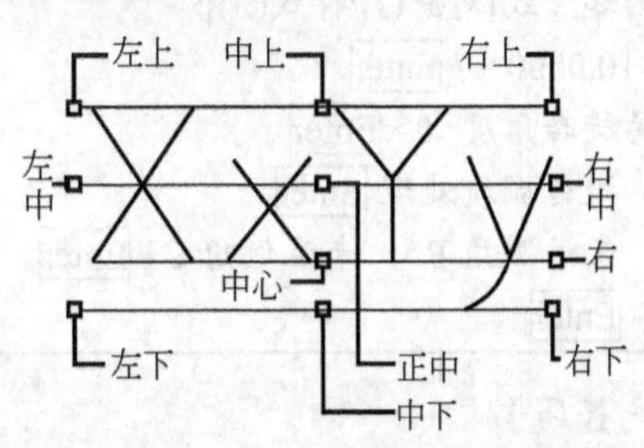

图 6.9 文字对齐方式

➢ “调整”：确定文本行基线的起点位置和终点位置以及所标注文本的字高。标注出的文本行字符均匀分布在指定的两点之间，且字符高度为用户所指定的高度，字符宽度由所确定两点间的距离与字符的多少自动确定。

- “中心”：把用户确定的一个点作为所标注文本行的基线的中点。
- “中间对齐”：把指定的点作为标注文本行垂直的水平方向的中点。
- “右”：把指定的点作为文本行基线的终点。
- “左上”：把指定的点作为文本行顶线的起点。
- “中上”：把指定的点作为文本顶线的中心。
- “右上”：把指定的点作为文本行顶线的终点。
- “左中”：把指定的点作为文本行中线的起点。
- “正中”：把指定的点作为文本行中线的中点。
- “右中”：把指定的点作为文本行中线的终点。
- “左下”：把指定的点作为文本行底线的起点。
- “中下”：把指定的点作为文本行底线的中点。
- “右下”：把指定的点作为文本行底线的终点。

③ 样式(S)。

确定标注文本时所用的字体样式。

技术要求
进行调质处理
未注圆角R5，未注倒角C1

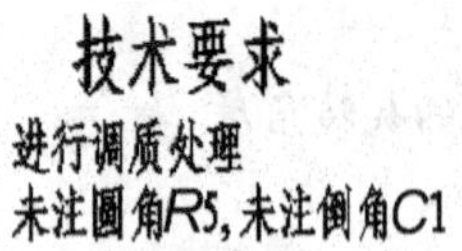

图 6.10　案例 6-1 的图

案例 6-1　用单行文字输入命令注写如图 6.10 所示的文本，要求使用图 6.6 所示“汉字”文字样式，“技术要求”字体高度为 10，其余字高 5。

【操作步骤】

```
命令:_dtext
当前文字样式: Standard 当前文字高度: 2.5000
指定文字的起点或[对正(J)/样式(S)]:S Enter                 //选择样式选项
输入样式名或[?] <Standard>:汉字 Enter                      //指定文字样式为“汉字”
当前文字样式:汉字当前文字高度: 2.5000
指定文字的起点或[对正(J)/样式(S)]:                         //指定文字的起点
指定高度<2.5000>:10 Enter                                  //指定高度
指定文字的旋转角度<0>:Enter                                //指定文字的旋转角度
输入文字：技术要求 Enter                                   //输入文字,回车换行
输入文字：Enter                                            //回车结束命令
命令：Enter                                                //重复执行命令
当前文字样式：汉字 当前文字高度: 10.0000
指定文字的起点或[对正(J)/样式(S)]:                         //指定文字的起点
指定高度<10.0000>:7 Enter                                  //指定高度
指定文字的旋转角度<0>:Enter                                //指定文字的旋转角度
输入文字：进行调质处理 Enter                               //输入文字,回车换行
输入文字：未注圆角 R5，未注倒角 C1 Enter                   //输入文字,回车换行
输入文字：Enter                                            //回车结束命令
```

【提示与技巧】

- ✓ 在命令行中输入命令时，不能在命令中间输入空格键，因 AutoCAD 系统将命令行中空格等同于回车。
- ✓ 如果需要多次执行同一个命令，那么在第一次执行该命令后，可以直接按回车键或空格键重复执行，而无需再进行输入。

6.2.2 标注控制码与特殊字符

在实际的工程绘图中，难免需要标注一些特殊字符。而这些字符不能够从键盘上直接输入，为此 AutoCAD 提供各种控制码用来满足用户这一要求。具体的符号以及功能见表 6.1。

表 6.1 常用符号的输入

控制码	功 能
%%O	打开或关闭上划线"—"
%%U	打开或关闭下划线"_"
%%d	标注角度符号"°"
%%p	标注正负公差符号"±"
%%c	标注直径符号"ϕ"
%%%	标注百分号"%"

【提示与技巧】

- ✓ 输入控制码时，控制码临时显示在屏幕上，当结束 Text 命令后，控制码从屏幕上消失。
- ✓ 使用控制码可打开或关闭特殊字符，如第一个"%%U"表示为下划线方式，第二个"%%U"则为关闭下划线方式。

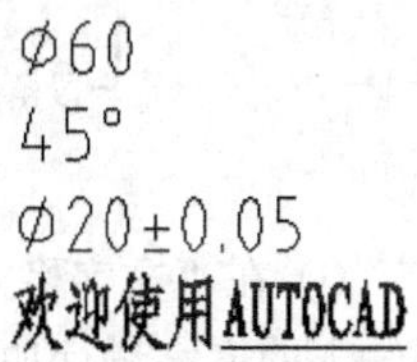

Ø60
45°
Ø20±0.05
欢迎使用<u>AUTOCAD</u>

图 6.11 案例 6-2 的图

案例 6-2 用单行文字输入命令注写如图 6.11 所示的文本。

【操作步骤】

```
命令:_dtext
当前文字样式:样式 2 当前文字高度: 5.0000
指定文字的起点或[对正(J)/样式(S)]:                //指定文字的起点
指定高度<5.0000>:20 Enter                         //指定高度
指定文字的旋转角度<0>:Enter                        //指定文字的旋转角度
输入文字：%%c60 Enter                              //输入文字，回车换行
输入文字：45%%d Enter                              //输入文字,回车换行
输入文字：%%c20%%p0.05 Enter                       //输入文字,回车换行
输入文字：欢迎使用%%uAUTOCAD Enter                 //输入文字,回车换行
输入文字：Enter                                    //结束命令
```

6.2.3 多行文字标注

（1）命令功能

可以通过输入或导入文字创建多行文字对象。输入文字之前，应指定文字边框的对角点。文字边框用于定义多行文字对象中段落的宽度。

（2）命令调用

命令行：MTEXT。

菜单：【绘图】→【文字】→【多行文字】。

工具栏：【文字】→A 或【绘图】→A。

（3）操作格式

调用该命令后，系统提示：

命令:_mtext 当前文字样式:"Standard" 文字高度:10 注释性:否
指定第一角点:
指定对角点或[高度(H)/对正(J)/行距(L)/旋转(R)/样式(S)/宽度(W)/栏(C)]:

（4）选项说明

AutoCAD 将弹出“文字格式”对话框及文字输入、编辑框（见图 6.12）。

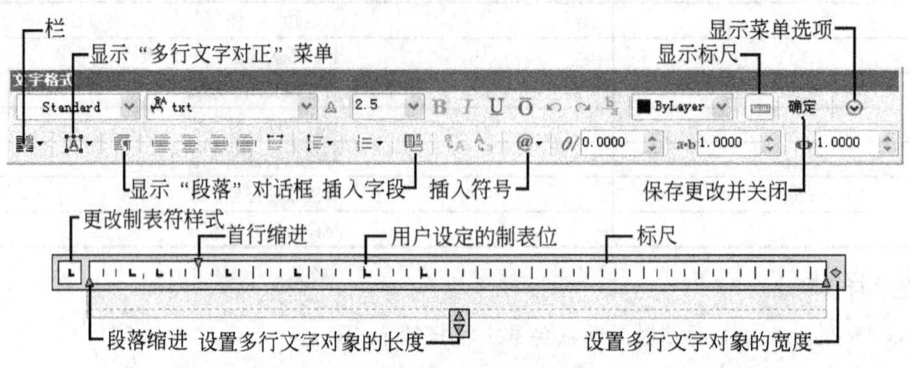

图 6.12　多行文字编辑器

① 在“文字格式”对话框中，可选择“样式”、“字体”、“文字高度”等，同时还可以对输入的文字进行加粗、倾斜、加下划线、文字颜色等设置。

② 在文字输入、编辑框中输入文字内容。

③ 输入特殊文字和字符。

在文字输入、编辑框中单击鼠标右键，则弹出右键快捷菜单，如图 6.13 所示。选择“符号”，弹出如图 6.14 的符号列表；或直接单击按钮 @，可同样弹出图 6.14 所示的符号列表。如果表中给出的符号不能满足要求，单击“其他”，利用字符映射进行操作。

案例 6-3　用多行文字输入命令注写如图 6.15（a）所示的技术要求，采用“汉字”文字样式，左对齐，“技术要求”字高为 10，其余字高为 7。

菜单项	快捷键
全部选择(A)	Ctrl+A
剪切(T)	Ctrl+X
复制(C)	Ctrl+C
粘贴(P)	Ctrl+V
选择性粘贴 ▸	
插入字段(L)...	Ctrl+F
符号(S) ▸	
输入文字(I)...	
段落对齐 ▸	
段落...	
项目符号和列表 ▸	
分栏 ▸	
查找和替换...	Ctrl+R
改变大小写(H) ▸	
自动大写	
字符集 ▸	
合并段落(O)	
删除格式 ▸	
背景遮罩(B)...	
编辑器设置 ▸	
帮助	F1
取消	

图 6.13　快捷菜单

符号	代码
度数(D)	%%d
正/负(P)	%%p
直径(I)	%%c
几乎相等	\U+2248
角度	\U+2220
边界线	\U+E100
中心线	\U+2104
差值	\U+0394
电相角	\U+0278
流线	\U+E101
恒等于	\U+2261
初始长度	\U+E200
界碑线	\U+E102
不相等	\U+2260
欧姆	\U+2126
欧米加	\U+03A9
地界线	\U+214A
下标 2	\U+2082
平方	\U+00B2
立方	\U+00B3
不间断空格(S)	Ctrl+Shift+Space
其他(O)...	

图 6.14　符号列表

【操作步骤】

在“文字格式”对话框中，按图 6.15（b）选择“样式”、“字体”、“文字高度”等，开始输入文字。

技术要求

1. 装配前所有零件用煤油清洗。
2. 用手轻转齿轮轴，不应有卡阻现象。
3. 两齿轮轮齿的啮合面应占齿长的$\frac{3}{4}$以上。

（a）“多行标注”文本示例

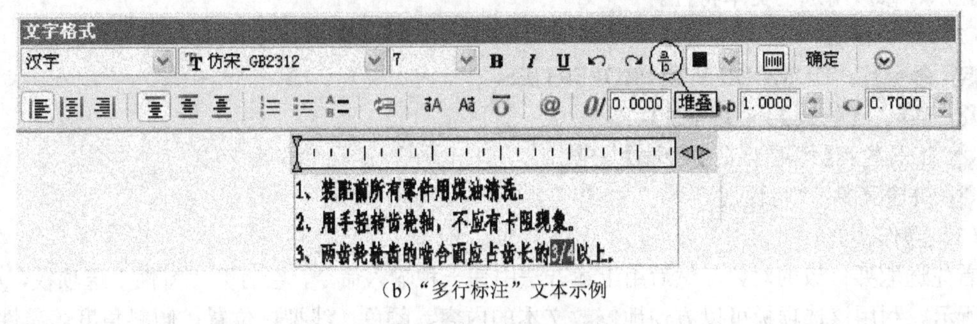

（b）“多行标注”文本示例

图 6.15　案例 6-3 的图

【提示与技巧】

✓ 标分数时，先输入 3/4 并选中，再点“堆叠”按钮。

6.3 文字编辑

对文字的编辑和修改主要包括两个方面：文字内容的编辑和修改；文字特性的编辑和修改。

6.3.1　编辑文字

（1）命令功能

编辑、修改文本内容。

（2）命令调用

命令行：DDEDIT 或 mtedit。

菜单：【修改】→【对象】→【文字】→【编辑】。

工具栏：【文字】→ A/。

快捷菜单：“编辑多行文字”或“编辑文字”。

（3）操作格式

用上述任一方法输入命令后，AutoCAD 会提示：

命令:DDEDIT Enter　　　　//命令输入
选择注释对象或[放弃(U)]:

（4）选项说明

该提示行中各选项的含义如下：

① “放弃”：取消上一次的操作。该选项可以连续使用，直至删除所有标注的文本内容。

② “选择注释对象”：选取要编辑的文本。执行完该操作后，AutoCAD 根据用户选取的文本会有不同的提示：

- 若所选文本是用 Text 命令标注的，则可直接编辑、修改文字。
- 若用户选取的文本是用 Mtext 命令标注的文本，则会弹出类似于如图 6.12 所示的对话框，用户可在对话框中修改。

6.3.2 用“特性”选项板编辑文本

（1）命令功能

显示、修改所选的文本特性。

（2）命令调用

命令行：DDMODIFY 或 PROPERTIES。

菜单：【修改】→【特性】。

工具栏：【标准】或【特性】→。

快捷菜单：“特性”。

（3）操作格式

首先选取要修改的对象，然后用上述方法中任一种输入命令，会打开“特性”选项板，如图 6.16 所示。利用该选项板可以方便地修改文本的内容、颜色、线型、位置、倾斜角度等属性。

【提示与技巧】

✓ 选项栏右侧的符号“▲”表示该选项打开；“▼”表示该选项折叠。单击该符号，可以打开或折叠选项列表。

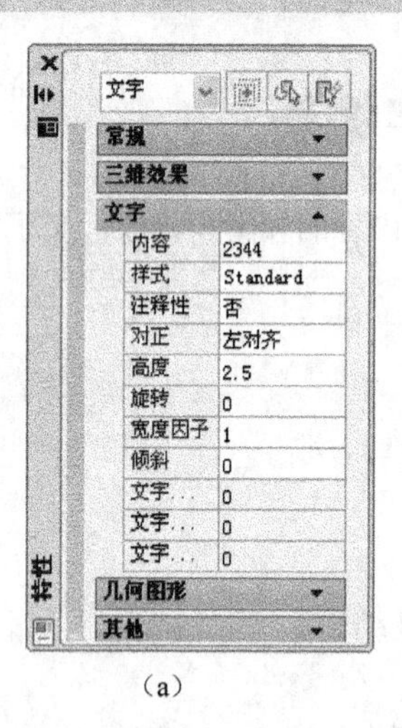

（a）

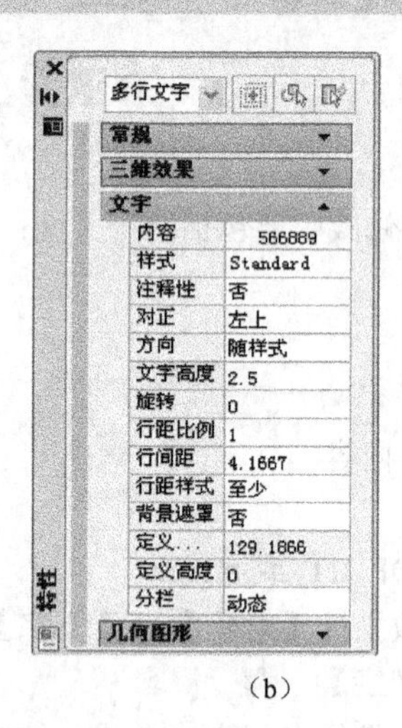

（b）

图 6.16　单行文字和多行文字“特性”对话框

案例 6-4　分别用“mtedit”和“特性”命令将图 6.17（a）（宋体，字高：7）改为图 6.17（b）（文字样式：standard，字高：10）。

12345678

（a）

12345

（b）

图 6.17　案例 6-4 的图

【操作步骤】

方法 1：用“mtedit”命令。

双击要修改的文字，弹出“多行文字编辑器”对话框，选中要修改的文字，将文字样式、字高及内容按要求修改，如图 6.18 所示。

方法 2：用“特性”命令。

选中要修改的文字右击，在快捷菜单中选“特性”，弹出“特性”对话框，将内容、样式和文字高度按要求修改，如图 6.19 所示。

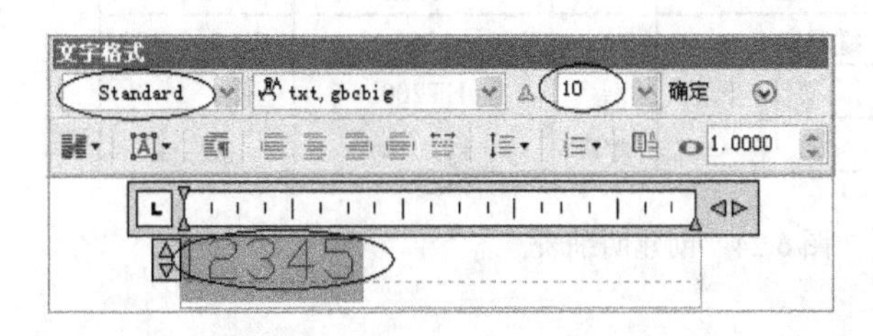

图 6.18 “文字格式”对话框

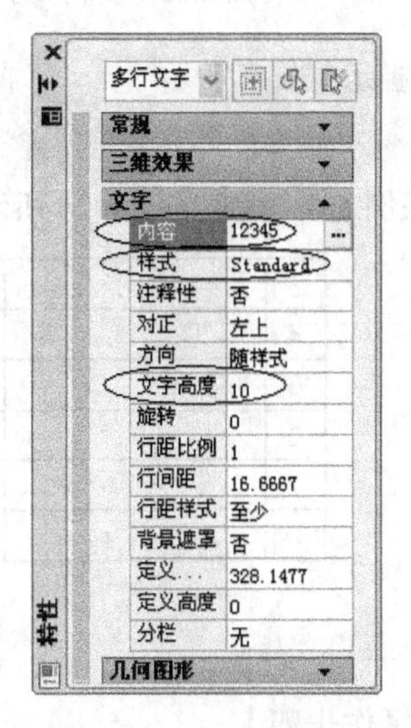

图 6.19 “特性”对话框

案例 6-5 绘制如图 6.20 所示齿轮参数表，并填写文字。

【操作步骤】

① 运用“直线”、“偏移”和“修剪”等命令，按图 6.20 所示尺寸绘表格。

② 使用“多行文字”填写左上角第一个单元格，字体、字体高度和对齐方式如图 6.21 所示。

模数		4
齿数 *Z*		45
压力角		20°
精度等级		7FL
配偶齿轮	件号	02
	齿数	20
20	20	20

(每行高 7)

图 6.20 齿轮参数表

图 6.21 填写表格文字

③ 利用“多段线”命令，连接每个单元格的两个对角点，绘制各单元格对角线。将对象捕捉方式设置为“中点”，利用“复制”命令，以标注的多行文字“模数”作为复制对象，以其所在单元格对角线中点作为基点，将所选文字复制到其他单元格内，目标点为各单元格对角线的中点，如图 6.22 所示。

④ 删除所绘制的辅助线，双击要修改的文字，则弹出“文字格式”对话框，在文本编辑框内选择文字对象，修改后单击“确定”，如图 6.23 所示。

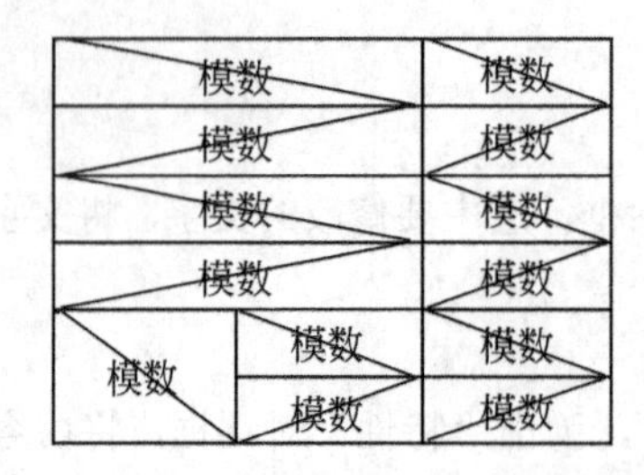

图 6.22 复制文字

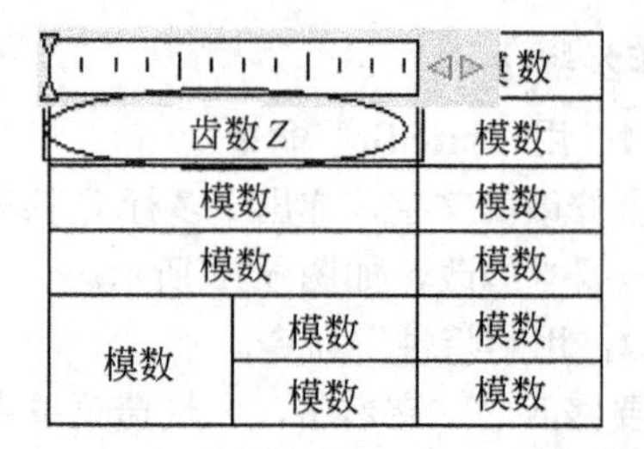

图 6.23 修改文字

【提示与技巧】

✓ 本例巧妙应用了"复制"命令中的重复选项功能，这是快速填写表格文本的关键。

案例 6-6 绘制如图 6.24 所示的装配图明细表，并用 TEXT 填写表。

5		泵盖	1	HT200	
4		从动齿轮轴	1	45	m=3, z=14
3		垫圈 6	6	65Mn	GB 93—1987
2		螺钉M6×20	6	35	GB 70—1985
1		泵体	1	HT200	
序号	代　号	名　称	数量	材　料	备　注

图 6.24 创建明细表

【操作步骤】

① 绘制明细表。用"直线"和"偏移"命令按图 6.25 所示的尺寸绘制明细表最下栏。

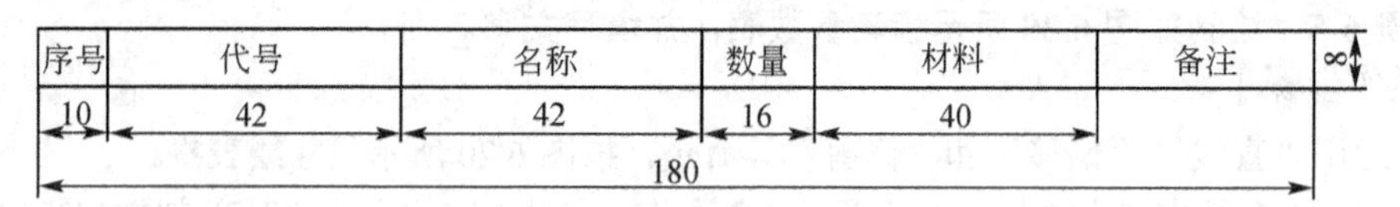

图 6.25 创建明细表下栏

② 填写文字。用 TEXT 命令填写明细表最下栏文字：

```
命令:_ text
当前文字样式:汉字  当前文字高度: 5.0000
指定文字的起点或[对正(J)/样式(S)]:J Enter                    //选择对正选项
输入选项
[对齐(A)/调整(F)/中心(C)/中间(M)/右(R)/左上(TL)/中上(TC)/右
上(TR)/左中(ML)/正中(MC)/右中(MR)/左下(BL)/中下(BC)/右下
(BR)]:M Enter                                               //选择"中间"选项
指定文字的中间点:                                           //指定对角线中点
指定高度<5.0000>:Enter                                      //指定高度 5
指定文字的旋转角度<0>:Enter                                 //指定文字的旋转角度
输入文字：序号 Enter                                        //输入文字
输入文字：Enter                                             //结束命令
```

【提示与技巧】

✓ 为保证文字在每个单元格的位置居中，使用“中间(M)”对齐，在注写文字前作出用于文字对齐的辅助线，如图6.26所示的明细表各框对角线，则文字的中间对齐点即为各对角线中点。

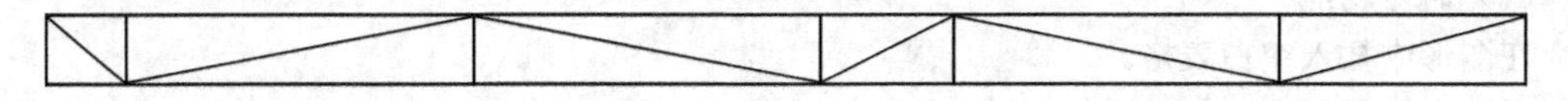

图6.26　文字对齐辅助线

③ 用“阵列”命令复制明细表中不同零件的明细栏。

④ 用“分解”命令将阵列的整个明细表分解。

⑤ 修改各零件的内容。双击要修改的文字，按照图6.24所示的装配图明细表内容直接修改即可。

6.4 表　　格

从AutoCAD 2005开始，新增加了一个“表格”绘图功能，用户可以直接插入设置好样式的表格，而无需绘制由单独图线组成的栅格。

6.4.1　表格样式

（1）命令功能

设置当前表格样式，以及创建、修改和删除表格样式。

（2）命令调用

命令行：TABLESTYLE。

菜单：【格式】→【表格样式】。

工具栏：【样式】→【表格样式】。

（3）操作格式

按上述任一方式，均可以打开“表格样式”对话框，如图6.27所示。

（4）选项说明

①“新建”：单击“新建”按钮，系统打开“创建新的表格样式”对话框，如图6.28所示。

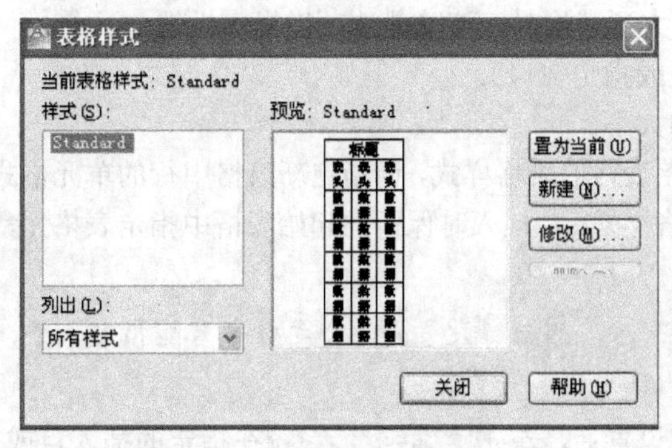

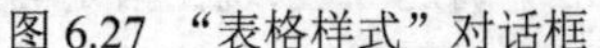

图6.27　“表格样式”对话框

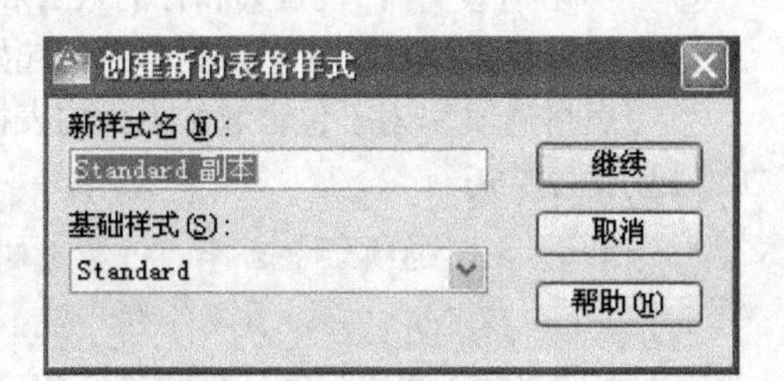

图6.28　“创建新的表格样式”对话框

输入新样式名后，单击“继续”，则打开“新建表格样式”对话框（见图6.29），用户可以根据需要修改“单元特性”、“边框特性”和“文字”等选项。

②“修改”：对当前表格样式进行修改，方式与新建表格样式相同。

③“置为当前”：在“表格样式”对话框中，选择一种表格样式，然后单击“置为当前”，

则当前表格样式将应用于创建的新表格中。

6.4.2 表格绘制

（1）命令功能

在图形中插入空白表格。

（2）命令调用

命令行：TABLE。

菜单：【绘图】→【表格】。

工具栏：【绘图】→ 。

（3）操作格式

按上述任一方式，均可以打开“插入表格”对话框，如图 6.30 所示。

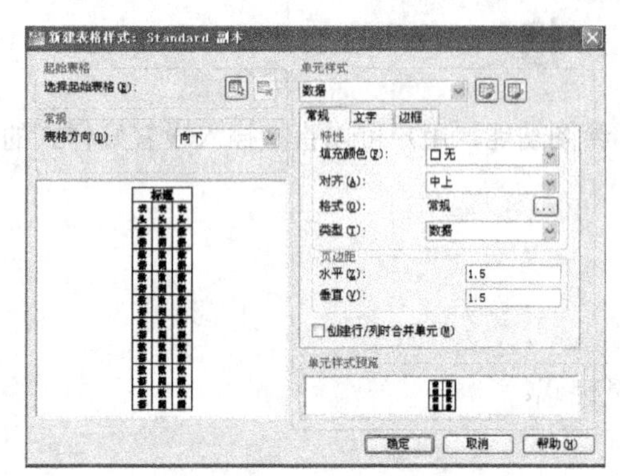

图 6.29 “新建表格样式”对话框

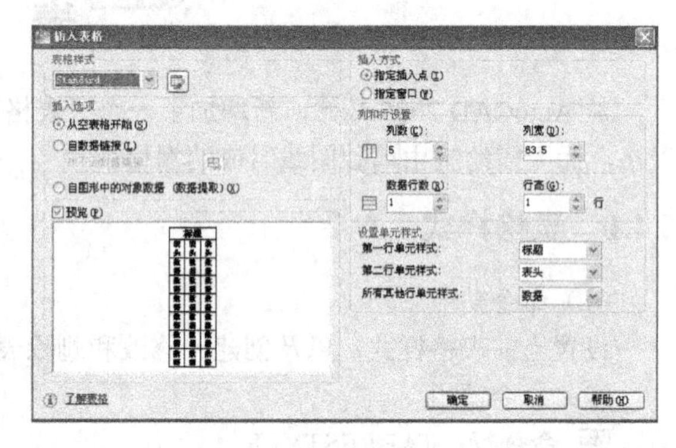

图 6.30 “插入表格”对话框

（4）选项说明

① “表格样式”：在要从中创建表格的当前图形中选择表格样式。通过单击下拉列表旁边的按钮，用户可以创建新的表格样式。

② “插入选项”：指定插入表格的方式。

③ “预览”：控制是否显示预览。如果从空表格开始，则预览将显示表格样式的样例。如果创建表格链接，则预览将显示结果表格。处理大型表格时，清除此选项以提高性能。

④ “插入方式”：指定表格位置（插入点或指定窗口）。

⑤ “列和行设置”：设置列和行的数目和大小。

⑥ “设置单元样式”：对于那些不包含起始表格的表格样式，请指定新表格中行的单元格式。

⑦ “表格选项”：对于包含起始表格的表格样式，从插入时保留的起始表格中指定表格元素。

【提示与技巧】

✓ 在“插入方式”选项组中选择“指定窗口”后，列与行设置的两个参数中只能指定一个，另外一个由指定窗口大小自动等分指定。

在上面的“插入表格”对话框中进行相应设置后，单击“确定”，系统在指定的插入点或窗口自动插入一个空表格，并显示多行文字编辑器，用户可以逐行逐列输入相应的文字或数据，如图 6.31 所示。

在插入后的表格中选择某一个单元格，单击后出现钳夹点，通过移动钳夹点可以改变单元格的大小。

图 6.31　多行文字编辑器

6.4.3　表格编辑

（1）命令功能

按要求编辑表格。

（2）命令调用

命令行：TABLEDIT。

定点设备：在表单元内双击。

快捷菜单：“编辑文字”。

（3）操作格式

按上述任一方式，均可以打开多行文字编辑器。用户可以对指定表格单元的文字进行编辑。

案例 6-7　使用表格命令绘制标准件清单并填写文字，如图 6.32 所示。

标准件清单				
名称	编号	数量	材料	备注
螺钉	1	20	S45C	
垫片	2	20	S45C	
定位圈	3	2	S45C	
浇口套	4	1	SKD61	

图 6.32　标准件清单

【操作步骤】 参见表 6.2。

表 6.2　操作步骤

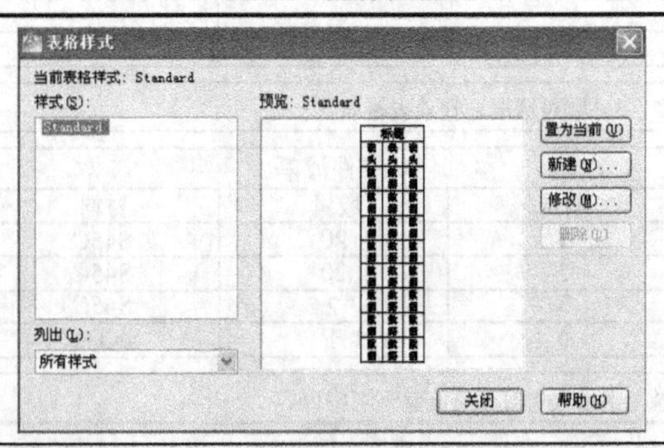

① 选择【样式】→【表格样式】，弹出“表格样式”对话框

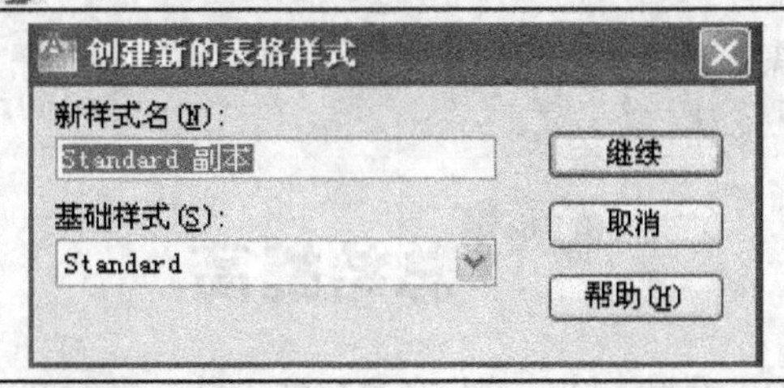

② 单击【新建】，弹出“创建新的表格样式”对话框

续表

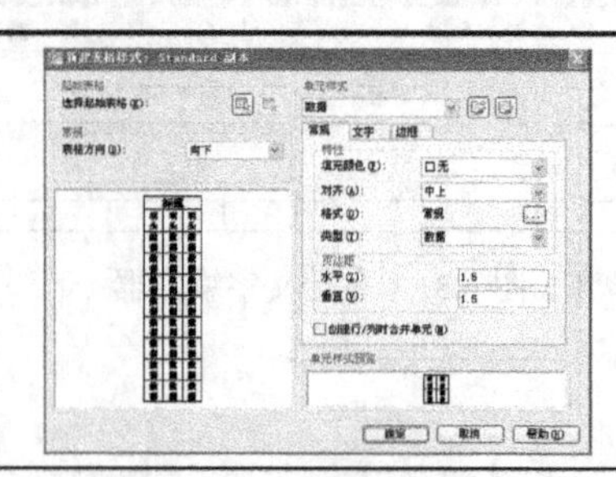

③ 单击【继续】，弹出“新建表格”对话框，完成对常规等的设置

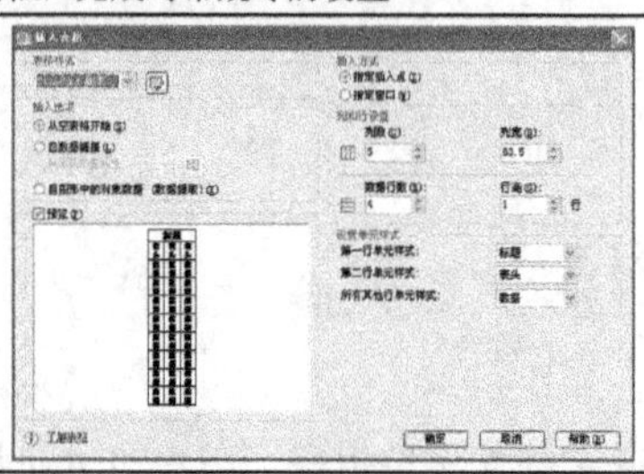

④ 选择【绘图】→【表格】，弹出“插入表格”对话框，设置各数值（例如数据行数 4）

⑤ 单击【确定】，在当前图形中插入标准件表格，单击“文字格式”中【确定】，完成

标准件清单				

⑥ 双击标题栏单元格，弹出“文字格式”对话框，输入表格名称

标准件清单				
名称	编号	数量	材料	备注
螺钉	1	20	S45C	
垫片	2	20	S45C	
定位圈	3	2	S45C	
浇口套	4	1	SKD61	

⑦ 双击表上任一单元格，弹出“文字格式”对话框，输入表格内容

【提示与技巧】

✓ 案例 6-5、案例 6-6 和案例 6-7 都是绘制和填写表格文本，但是用了三种不同的方法。用户可以根据具体情况具体选择。

6.5 总结提高

本章主要介绍了文字样式设置方法、单行文字标注方法、多行文字标注方法、特殊符号的输入、文本编辑方法和表格的绘制方法。

通过本章的学习，用户要掌握基本的文字输入方法，根据需要灵活运用，有利于更加方便快捷地绘制完整清晰的工程图形。但要想熟练掌握其具体操作和使用技巧，还得靠用户在实践中多练习、慢慢领会。

6.6 思考与上机训练

6.6.1 选择题

1．用多行文字注写文字时，所指定的矩形边界限制段落文本的（　　）。

A．宽度　B．高度　C．宽度和高度　D．不限制

2．注写单行文字时，可以设置（　　）。

A．字体　B．文字行旋转角　C．单个文字的倾角　D．文字宽高比

3．注写文字时，默认的对齐方式是（　　）。

A．正中对齐　B．右对齐　C．中心对齐　D．左对齐

4．要在 AutoCAD 绘图窗口中创建字符串“ϕ200±0.05”，正确的是（　　）。

A．%%U200%%U0.05　B．%%C200%%D0.05

C．%%O200%%D0.05　D．%%C200%%P0.05

5．多行文本标注命令是（　　）。

A．WTEXT　B．QTEXT　C．TEXT　D．MTEXT

6．在进行文字标注时，若要插入“度数”称号，则应输入（　　）。

A．d%%　B．%d　C．d%　D．%%d

7．在 AutoCAD 中创建文字时，圆的直径的表示方法是（　　）。

A．%%C　B．%%D　C．%%P　D．%%R

8．下列文字特性不能在“多行文字编辑器”对话框的“特性”选项卡中设置的是（　　）。

A．高度　B．宽度　C．样式　D．旋转角度

9．在文字输入过程中，输入“1 / 2”，在 AutoCAD 中运用（　　）命令过程中可以把此分数形式改为水平分数形式。

A．文字样式　B．单行文字　C．对正文字　D．多行文字

10．（　　）命令用于为图形标注多行文本、表格文本和下划线文本等特殊文字。

A．MTEXT　B．TEXT　C．DTEXT　D．DDEDIT

11．（　　）字体是中文字体。

A．gbenor.shx　B．gbeitc.shx　C．gbcbig.shx　D．txt.shx

【友情提示】

1．D　2．B　3．D　4．D　5．D　6．D　7．A　8．A　9．D　10．A　11．C

6.6.2 思考题

1．如何创建文字样式？

2．如何输入特殊符号？

3．在图样中怎样编辑单行和多行文字？

6.6.3 操作题

1．按照图 LX6.1（a）的要求用单行文字命令在图 LX6.1（b）中输入相应的文字，文字的字

高 3.5。

2．创建如图 LX6.2 所示的多行文字。技术要求这四个字的字高为 7，字体为黑体，其余的文字的字高为 5，字体为宋体。

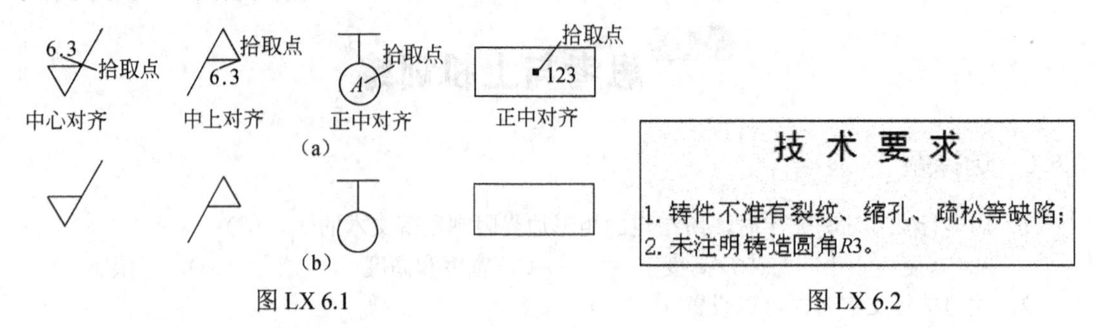

图 LX 6.1　　　　图 LX 6.2

3．绘制如图 LX6.3 所示的标题栏。字体要满足以下要求．图名（10 号字）、单位（7 号字），其余均为 5 号字。

4．按图 LX6.4 所示尺寸绘制图形；用单行文本命令在 A 点附近输入“2×M6 通孔”，在三角形的三个顶点上输入坐标值。设文字样式为：hzfs,字高为 10。

5．绘制如图 LX6.5 所示齿轮参数表。设文字样式为：宋体，字高为 5。

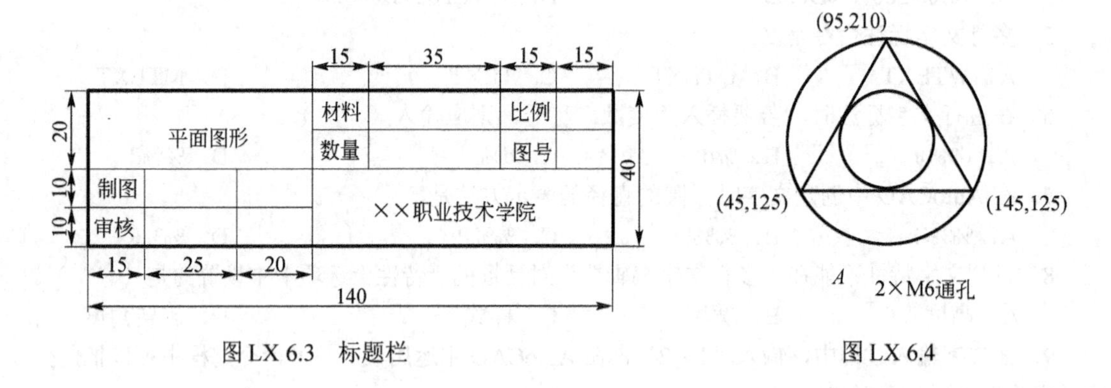

图 LX 6.3　标题栏　　　　图 LX 6.4

齿数	Z	24
模数	m	3
压力角	α	30°
公差等级及配合类别	6H–GE	T3478.1—1995
作用齿槽宽最小值	E_{vmin}	4.7120
实际齿槽宽最大值	E_{max}	4.8370
实际齿槽宽最小值	E_{min}	4.7590
作用齿槽宽最大值	E_{vmax}	4.7900

（尺寸：69，24，136，15，10）

图 LX 6.5

第7章 尺寸标注

本章导读

一张完整的工程图有了正确的尺寸标注才有意义，只有进行尺寸标注才能反映有关公差、配合以及连接状况等，才能反映实体各部分的真实大小和确切位置。尺寸标注方便工程人员进行加工、制造、检验和备案工作。由于不同行业对于标注的规范要求不尽相同，因此需对尺寸标注的样式进行设置。本章重点介绍机械图样的尺寸标注样式设置、创建各种尺寸标注、标注的编辑和修改等。

学习指导

★ 了解尺寸标注的基础知识

★ 熟练掌握尺寸标注样式的设置

★ 熟练掌握各类型的尺寸标注

★ 熟练掌握尺寸标注的编辑方法

7.1 尺寸标注的基础知识

7.1.1 尺寸标注的规则

AutoCAD 的尺寸标注是建立在精确绘图基础上的。只要图纸尺寸精确，当用户准确地拾取标注点时，系统会自动给出正确的标注尺寸，而且标注尺寸和被标注对象相关联，修改了标注对象，尺寸便会自动得以更新。

我国的“工程制图国家标准”要求尺寸标注必须遵守以下基本规则：

① 物体的真实大小应以图形上所标注的尺寸数值为依据，与图形的显示大小和绘图的精确度无关。

② 图形中的尺寸以毫米为单位时，不需要标注尺寸单位。

③ 图形中所标注的尺寸为图形所表示的物体的最后完工尺寸。

④ 物体的每一尺寸，一般只标注一次，并标注在最能反映该结构的视图上。

7.1.2 尺寸的组成

一个完整的尺寸标注由尺寸箭头、尺寸文字、尺寸线和尺寸界线四部分组成，通常 AutoCAD 把这四部分以块的形式放在图形文本中，一个尺寸为一个对象，如图 7.1 所示。

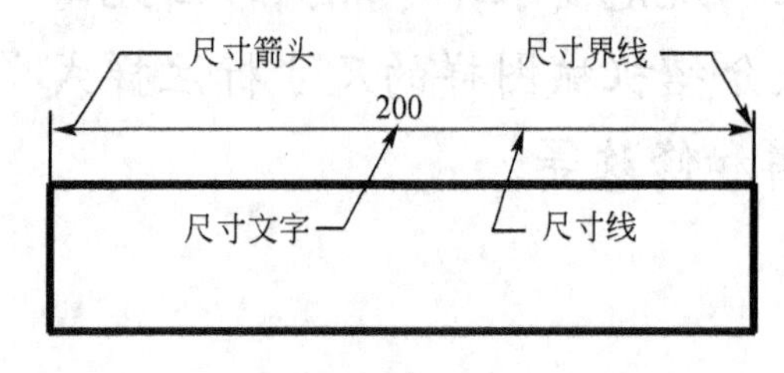

图 7.1 尺寸的组成

① 尺寸箭头：表明测量的开始和结束位置。它是为画机械制图而设置的。

② 尺寸文字：标注尺寸大小的文字。可能是基本尺寸，也可能有尺寸公差。

③ 尺寸线：表明标注的范围。通常使用箭头来指出尺寸线的起点和端点。

④ 尺寸界线：从被标注的对象延伸到尺寸线。

7.1.3 尺寸类型

标注是向图形中添加测量注释的过程，用户可以为各种对象沿各个方向创建标注。基本的标注类型包括：线性、径向（半径、直径和折弯）、角度、坐标和弧长，具体见表 7.1。

表 7.1 尺寸标注类型

线性标注	对齐标注	连续标注
坐标标注	圆心标记	公差标注
直径标注	弧长标注	折弯标注
基线标注	半径标注	快速标注
多重引线	角度标注	折弯线性

线性标注可以是水平、垂直、对齐、旋转、基线或连续（链式）。图 7.2 中列出了几种示例。

【提示与技巧】

✓ 要简化图形组织和标注缩放，建议在布局上创建标注，而不要在模型空间中创建标注。

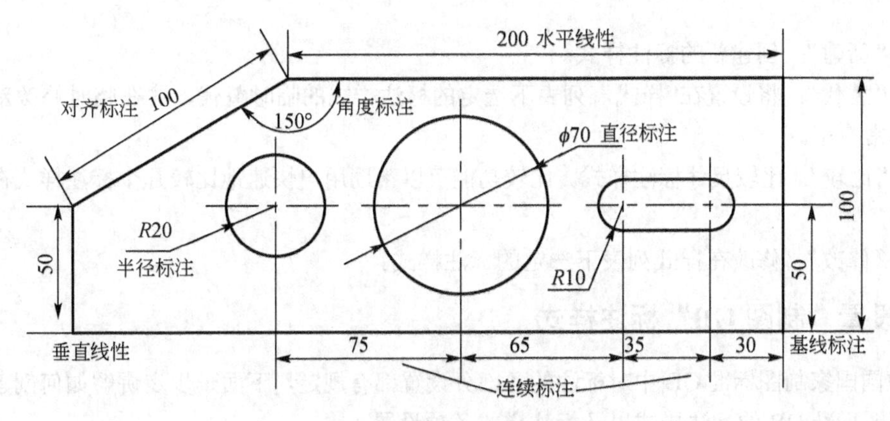

图 7.2 尺寸标注示例

7.2 标注样式

标注样式是标注设置的命名集合，可用来控制标注的外观，如箭头样式、文字位置和尺寸公差等。

7.2.1 设置标注样式

（1）命令功能

创建新的标注样式或对标注样式进行修改和管理。

（2）命令调用

命令行：dimstyle（或别名 d、dst、dimsty）。

菜单：【标注】→【标注样式】或【格式】→【标注样式】。

工具栏：【标注】→。

（3）操作格式

利用上述任一方法，会弹出如图 7.3 所示的“标注样式管理器”对话框。

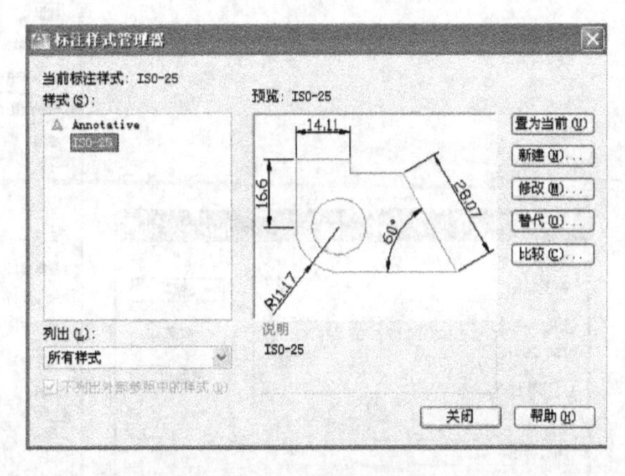

图 7.3 “标注样式管理器”对话框

（4）选项说明

该对话框显示了当前标注样式、样式列表中被选中项目的预览图和说明。

① “当前标注样式”：显示正在使用的样式。

② “样式”：显示已有的尺寸标注样式。

③ “列出”：单击右边的箭头，显出列表内容的类型。分两类，分别显示所有的样式和在使用的样式。

④ “预览”：在预览窗口，可以看到用户对尺寸样式的更改，为用户提供了可视化的操作反馈，也减少了出错的可能性。

⑤ “说明”：说明选取的尺寸标注样式。

⑥ “置为当前”：建立当前尺寸标注类型。

⑦ “新建”：创建新的标注样式。

⑧ “替代”：将设置在“样式”列表下选定的标注样式的临时替代，这在临时修改新建标注设置时非常有用。

⑨ “比较”：比较尺寸标注样式。比较功能可以帮助用户快速地比较几个标注样式在参数上的区别。

⑩ “修改”：修改在样式列表下选定的标注样式。

7.2.2 设置“制图 GB”标注样式

在中国国家制图标准 GB 中对标注的各部分设置都有规定，下面一步步讲解如何创建一个符合机械制图标准 GB 的标注样式以及标注样式各项设置。

（1）创建新标注样式

单击“新建”按钮，将出现图 7.4 所示的“创建新标注样式”对话框。在“新样式名”文本框中输入“制图 GB”。

（2）设置标注样式

单击“继续”按钮，系统弹出“新建标注样式”对话框（见图 7.5）。用户可以利用该对话框分别设置尺寸标注的线型、箭头、文字、调整、主单位、换算单位和公差等选项卡，下面分别介绍。

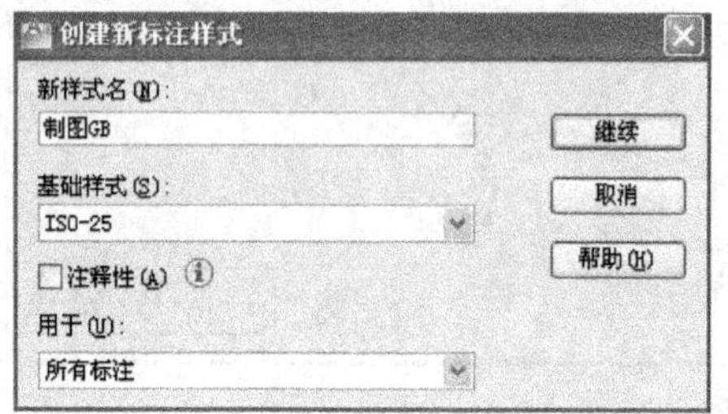
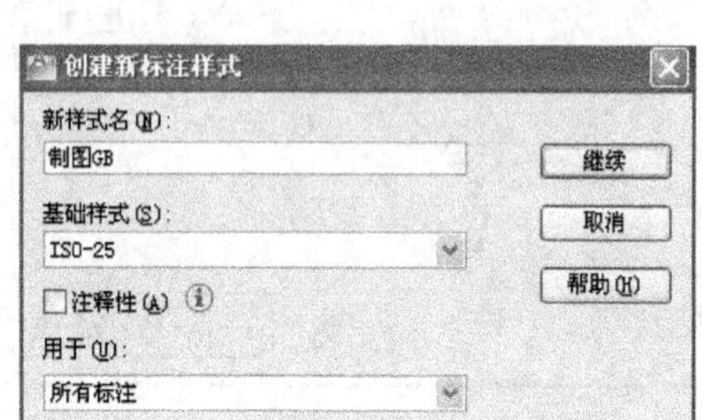

图 7.4 “创建新标注样式”对话框

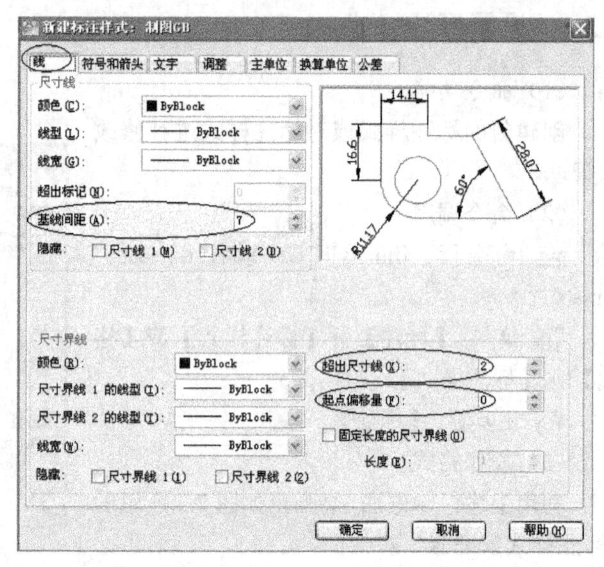

图 7.5 “新建标注样式”对话框——“线”选项卡

➢ “线”选项卡：设置尺寸线和尺寸界线的格式和特性（见图 7.5）。标注中各部分元素的含义如图 7.6 所示。

✧ 尺寸线：设置尺寸线的颜色、线宽、超出标记、基线间距（输入 7）及第一、二条尺寸线是否被隐藏等。

✧ 尺寸界线：设置尺寸界线颜色、线宽、超出尺寸线（输入 2）、起点偏移量（输入 0）及第一、二条尺寸界线是否被隐藏等。

➢ “符号和箭头”选项卡：设置箭头和圆心标记的格式和特性（见图 7.7）。

✧ 箭头：设置第一、二条尺寸线，引线的箭头类型（实心闭合）和箭头的大小（3.5）。

✧ 圆心标记：设置圆心标记类型（无、标记和直线），其中“直线”选项可创建中心线。

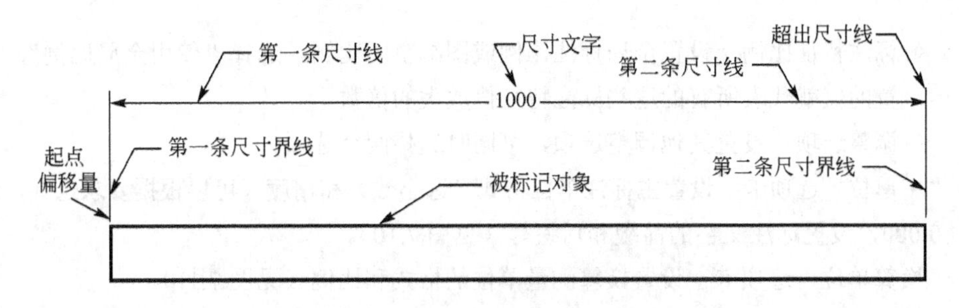

图 7.6 标注中各部分元素

✧ 弧长符号：设置弧长符号的形式，此处选择“标注文字的前缀”。

✧ 半径标注折弯：设置折弯角度，此处设 60。

➢ “文字”选项卡：设置标注文字的格式、放置和对齐（见图 7.8）。

✧ 文字外观：设置当前标注文字样式（使用符合 CB 的文字样式）、文字颜色、文字高度（输入 3.5）、分数高度比和绘制文字边框等。

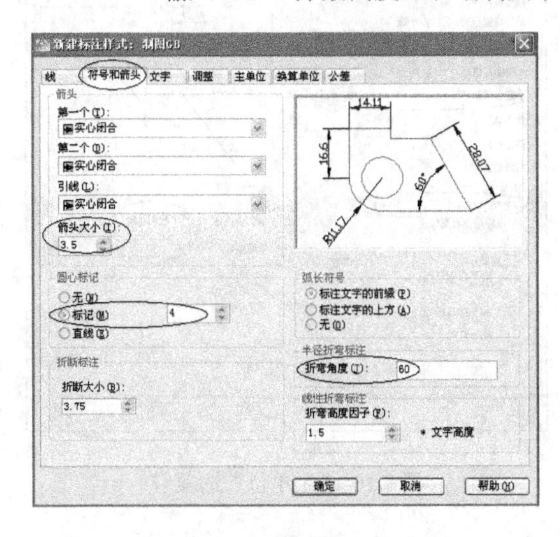

图 7.7 “符号和箭头”选项卡

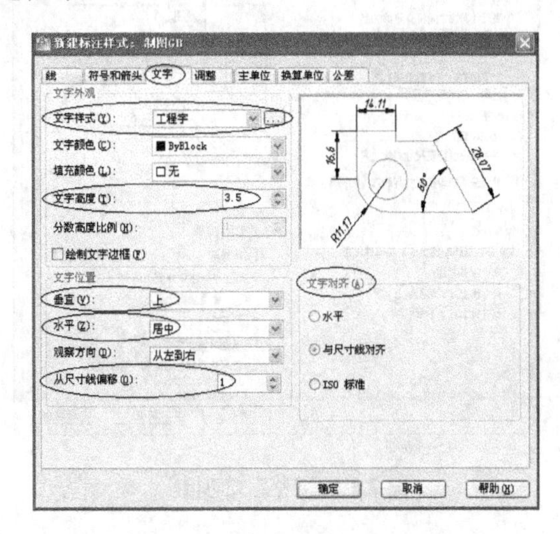

图 7.8 “文字”选项卡

✧ 文字位置：设置文字垂直位置（选择“上方”）、水平位置（选择“居中”）和从尺寸线偏移位置（输入 1）。

✧ 文字对齐：有“水平”、“与尺寸线对齐”和“ISO 标准”三个选项。默认“与尺寸线对齐”。

【提示与技巧】

✓ 设置当前标注文字样式时，可以单击□按钮，新建一个名为“工程字”的文字样式，参照第 6 章方法，选择大字体复选框，并在“SHX 字体”下拉列表中选“gbeitc.shx”，在“大字体”下拉列表中选“gbcbig.shx”，应用并关闭此对话框。

➢ “调整”选项卡：设置文字、箭头、引线和尺寸线的位置（见图 7.9）。

✧ 调整选项：根据两条尺寸界线间的距离确定文字和箭头的位置。选择默认选项“文字或箭头（最佳效果）”。

✧ 文字位置：设置标注文字非缺省位置。选择“尺寸线上方，带引线”。

   ✧ 标注特征比例：设置全局标注比例或图纸空间比例。选择“使用全局比例”，后面设置的值就代表所有的这些标注特征值放大的倍数。

   ✧ 调整选项：设置其他调整选项，可同时选择两个选项。

➢ “主单位”选项卡：设置主标注单位格式（选小数）和精度（可以根据要求选择，这里选 0.00），设置标注文字的前缀和后缀等（见图 7.10）。

➢ “换算单位”选项卡：设置换算测量单位的格式和比例（见图 7.11）。

在这里使用默认值，不选择“显示换算单位”复选框。

➢ “公差”选项卡：控制标注文字中公差的格式（见图 7.12）。

   ✧ 公差格式：设置公差格式。

   ✧ 消零：设置前导和后续零是否输出。

   ✧ 换算单位公差：设置换算公差单位的精度和消零规则。

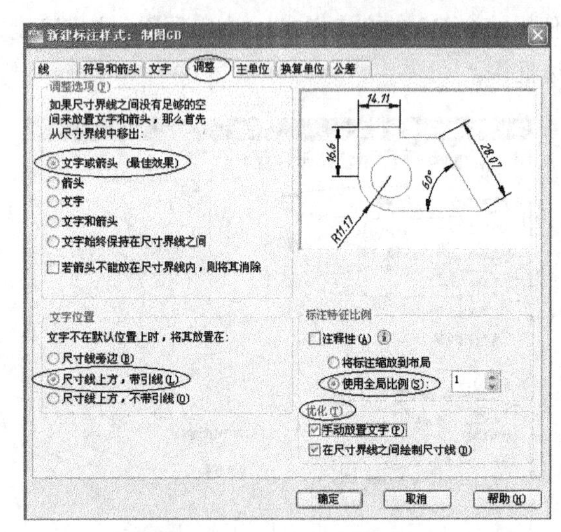

图 7.9 “调整”选项卡

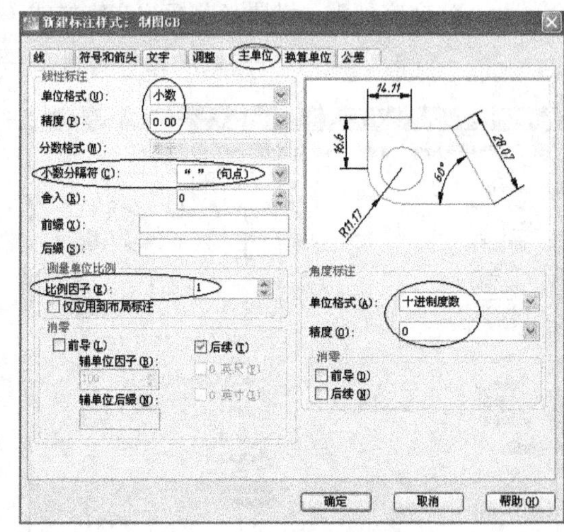

图 7.10 “主单位”选项卡

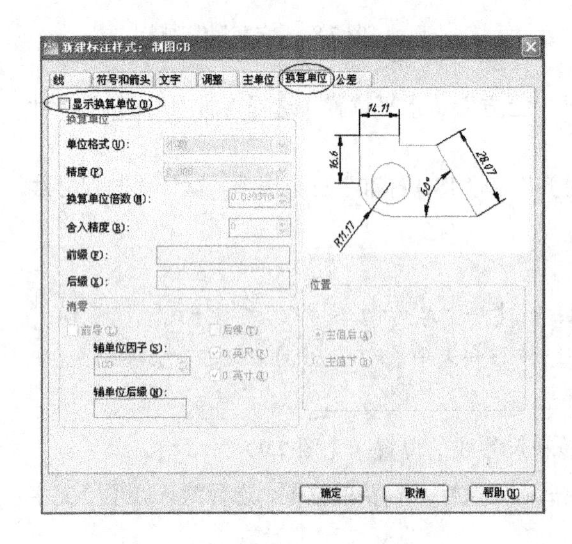

图 7.11 “换算单位”选项卡

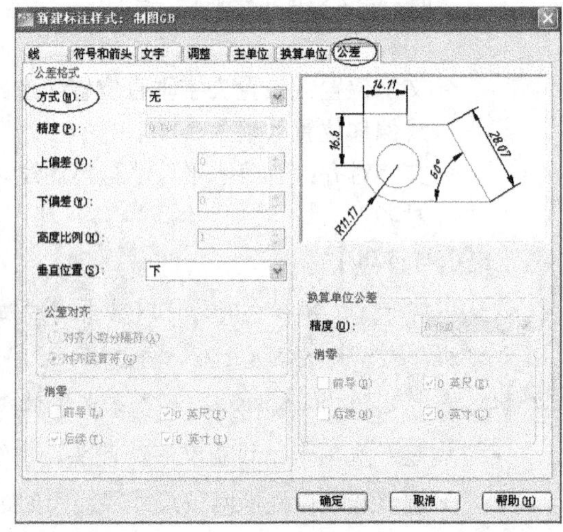

图 7.12 “公差”选项卡

【提示与技巧】

✓ 由于公差一旦设置后，所有的标注尺寸均会加上公差的标注，因此通常在“方式”下拉列表中选择“无”。当个别需要标注公差时，用样式替代即可。

7.2.3 设置标注样式的子样式

由于在使用同一个标注样式进行标注时，并不能满足所有的标注规范，例如半径标注和角度标注要求标注文字水平放置。为了正确地标注尺寸，需要为“制图 GB”增加针对各种不同标注类型的子样式，步骤如下。

① 启动“标注样式管理器”对话框，在标注列表中选中“制图 GB”，单击“新建”按钮，弹出“创建新标注样式”对话框，如图 7.13 所示，不用修改样式名，确保“基础样式”下拉列表中选择“制图 GB”，在“用于”下拉列表中选择“半径标注”。

② 单击“继续”，在弹出的“新建标注样式”对话框中，选择“文字”标签，“文字对齐方式”改为“水平”；选择“调整”标签，“调整选项区”改选“文字”。单击“确定”，完成半径标注子样式的创建设置。此时标注样式列表中的“制图 GB”会出现一个名为“半径”的子样式，如图 7.14 所示。

③ 重复刚才的步骤，为“制图 GB”创建出“角度”和“直径”两个子样式，选择“文字”标签，“文字对齐方式”改为“水平”。

④ 完成后单击“关闭”按钮，返回到绘图界面，此时图形中的角度、直径和半径标注被更新为正确的形式。如当前的标注仍未更新，可以选择下拉菜单“标注”/“更新”，选中全部标注，执行后可以得到正确的更新标注样式。

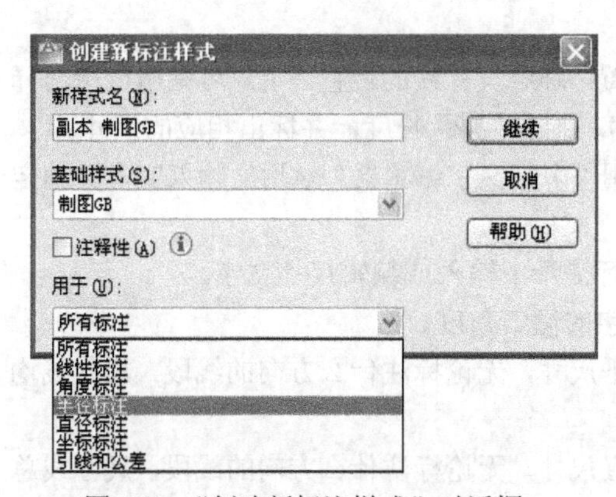

图 7.13 “创建新标注样式”对话框

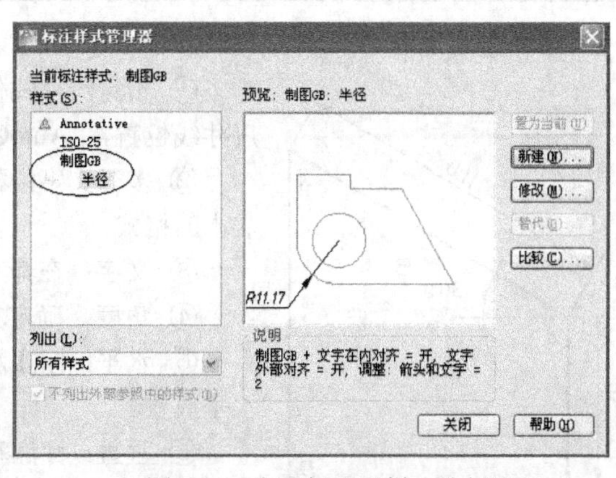

图 7.14 完成标注子样式的创建

7.2.4 标注样式的编辑与修改

标注样式的编辑与修改都在“标注样式管理器”对话框中进行，方法是选中“标注”列表中的样式，然后单击“修改”按钮，在“修改标注样式”对话框中进行修改，方法和新建标注样式一样。

要删除一个标注样式，可以在“标注”列表中选中标注样式，然后从右键菜单中选择【删除】，或者直接用键盘上的【Delete】键。

【提示与技巧】

✓ 当前的标注样式和正在使用中的标注样式不能删除。

7.3 尺寸标注方法

正确地标注尺寸是设计绘图工作中非常重要的一个环节，本节重点介绍如何对各种类型的尺寸进行标注。

7.3.1 线性标注

（1）命令功能

使用水平、竖直或旋转的尺寸线创建线性标注。

（2）命令调用

命令行：dimlinear。

菜单：【标注】→【线性】。

工具栏：【标注】→线性标注。

（3）操作格式

用上述几种方法中的任一种命令输入后 AutoCAD 会提示：

```
命令: _dimlinear                                         //命令输入
指定第一条尺寸界线原点或<选择对象>:                      指定第一条尺寸界线
指定第二条尺寸界线原点:                                  //指定第二条尺寸界线
指定尺寸线位置或[多行文字(M)/文字(T)/角度(A)/水平(H)/
垂直(V)/旋转(R)]:
```

（4）选项说明

① 指定尺寸线位置：确定尺寸线的位置。用户可利用鼠标选择尺寸线位置，AutoCAD 则自动测量长度，并标出相应的尺寸。

② 多行文字：利用“多行文字编辑器”对话框输入文本并制定文本的格式。

③ 文字：在命令行提示下输入或编辑尺寸文字。

④ 角度：确定文字的倾斜角度。

⑤ 水平：标注水平尺寸，无论标注什么方向的线段，尺寸线均水平放置。

⑥ 垂直：标注垂直尺寸，无论标注什么方向的线段，尺寸线总保持垂直。

⑦ 旋转：输入尺寸线旋转角度，标注旋转尺寸。

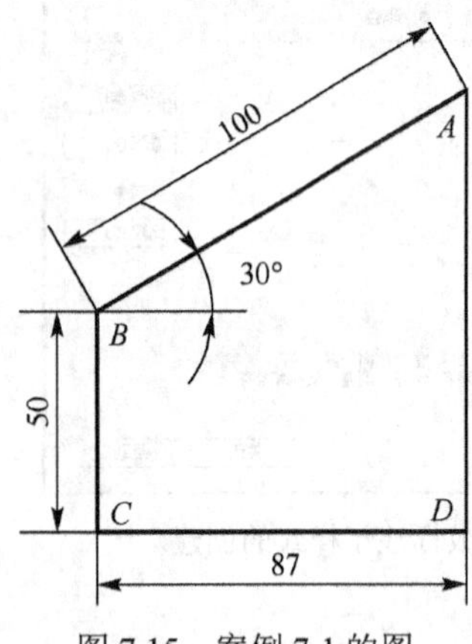

图 7.15 案例 7-1 的图

案例 7-1 标注如图 7.15 所示的旋转尺寸 100、垂直尺寸 50 和水平尺寸 87。

【操作步骤】

```
命令:_dimlinear                                          //命令输入
指定第一条尺寸界线原点或<选择对象>:                      单击点 A
指定第二条尺寸界线原点:                                  //单击点 B
指定尺寸线位置或[多行文字(M)/文字(T)/角度(A)/水平
(H)/垂直(V)/旋转(R)]:R Enter                              //选择旋转选项
```

指定尺寸线的角度<0>:30 Enter	//输入角度30
指定尺寸线位置或[多行文字(M)/文字(T)/角度(A)/水平(H)/垂直(V)/旋转(R)]:标注文字= 100	//指定尺寸线位置
命令:_dimlinear	
指定第一条尺寸界线原点或<选择对象>:	//指定第一条尺寸界线点 *B*
指定第二条尺寸界线原点:	//指定第二条尺寸界线点 *C*
指定尺寸线位置或[多行文字(M)/文字(T)/角度(A)/水平(H)/垂直(V)/旋转(R)]:标注文字= 50	//指定尺寸线位置
命令:_dimlinear	
指定第一条尺寸界线原点或<选择对象>:	//指定第一条尺寸界线点 *C*
指定第二条尺寸界线原点:	//指定第二条尺寸界线点 *D*
指定尺寸线位置或[多行文字(M)/文字(T)/角度(A)/水平(H)/垂直(V)/旋转(R)]:标注文字= 87	//指定尺寸线位置

7.3.2 对齐标注

（1）命令功能

可以创建与指定位置或对象平行的标注。

（2）命令调用

命令行：dimaligned。

菜单：【标注】→【对齐】。

工具栏：【标注】→对齐标注。

（3）操作格式（见图7.15）

用上述几种方法中的任一种命令输入后AutoCAD会提示：

命令:_dimaligned	//命令输入
指定第一条尺寸界线原点或<选择对象>:	指定点 *A*
指定第二条尺寸界线原点:	//指定点 *B*
指定尺寸线位置或[多行文字(M)/文字(T)/角度A)]:	//指定尺寸线位置

【提示与技巧】

✓ 对齐标注是标注某一对象在指定方向投影的长度，图7.15所示的图形尺寸“100”用对齐标注则更加方便。

7.3.3 弧长标注

（1）命令功能

用于测量圆弧或多段线弧线段上的距离。为区别它们是线性标注还是角度标注，默认情况下，弧长标注将显示一个圆弧符号。

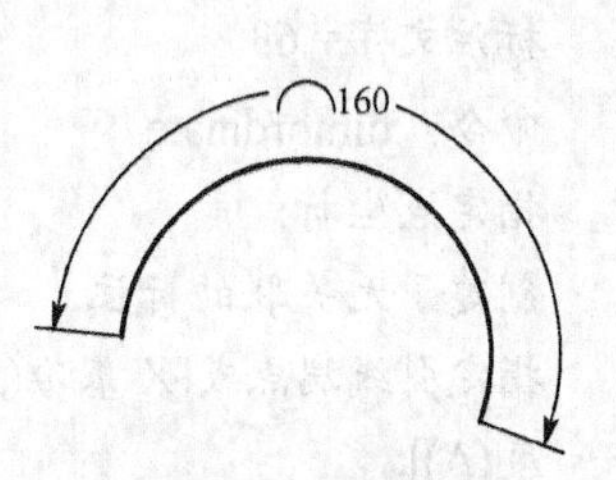

图7.16 操作格式

（2）命令调用

命令行：dimarc 。

菜单：【标注】→【弧长】。

工具栏：【标注】→弧长标注。

（3）操作格式（见图 7.16）

命令:_dimarc
选择弧线段或多段线弧线段:
指定弧长标注位置或[多行文字(M)/文字(T)/角度(A)/部分(P)/引线(L)]:
标注文字=160

7.3.4 坐标标注

（1）命令功能

坐标标注测量原点（称为基准）到标注特征（例如部件上的一个孔）的垂直距离。这种标注保持特征点与基准点的精确偏移量，从而避免增大误差。

（2）命令调用

命令行：dimordinate。

菜单：【标注】→【坐标】。

工具栏：【标注】→ 。

案例 7-2　绘制如图 7.17（a）所示的两圆，并标注相切圆圆心 *B* 的坐标。

【操作步骤】

① 按要求绘图 7.17（a）。

② 标注圆心 *B* 的坐标(63,20)，见图 7.17（b）。

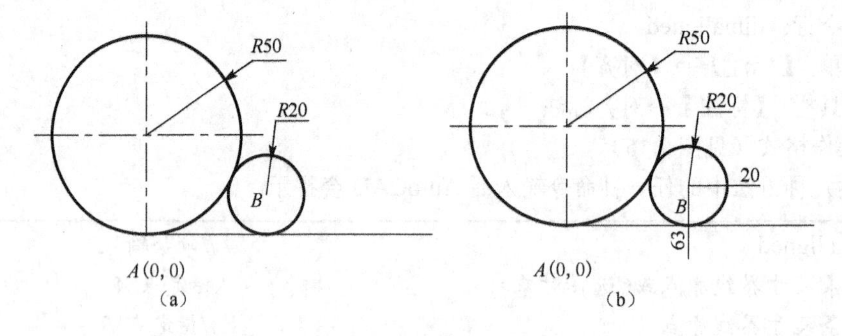

图 7.17　案例 7-2 的图

命令:_dimordinate
指定点坐标:　　　　//指定点 *B*
创建了无关联的标注
指定引线端点或[X 基准(X)/Y 基准(Y)/多行文字(M)/文字(T)/角度(A)]:
标注文字= 63　　　　//自动标注 *X* 坐标
命令:_dimordinate
指定点坐标:　　　　//指定点 *B*
创建了无关联的标注
指定引线端点或[X 基准(X)/Y 基准(Y)/多行文字(M)/文字(T)/角度(A)]:
标注文字=20　　　　//自动标注 *Y* 坐标

7.3.5 半径标注

（1）命令功能

标注圆或圆弧的半径尺寸。

（2）命令调用

命令行：dimradius 。

菜单：【标注】→【半径】。

工具栏：【标注】→半径 。

（3）操作格式（见图 7.18）

```
命令: _dimradius
选择圆弧或圆:
标注文字=30
指定尺寸线位置或[多行文字(M)/文字(T)/角度(A)]:
```

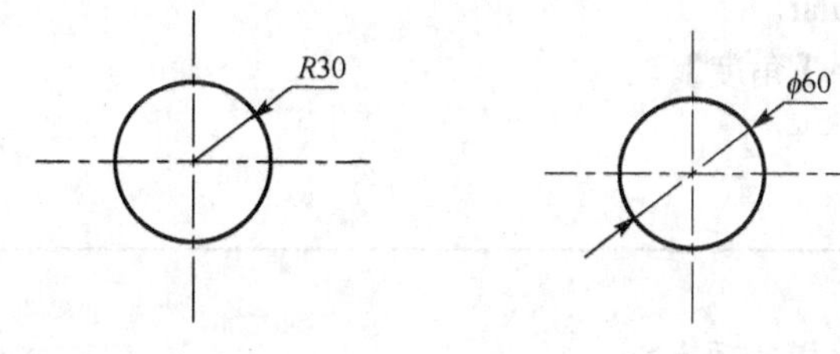

图 7.18 操作格式　　图 7.19 操作格式

7.3.6 直径标注

（1）命令功能

标注圆或圆弧的直径尺寸。

（2）命令调用

命令行：dimdiameter。

菜单：【标注】→【直径】。

工具栏：【标注】→直径 。

（3）操作格式（见图 7.19）

```
命令: _dimdiameter
选择圆弧或圆:
标注文字=60
指定尺寸线位置或[多行文字(M)/文字(T)/角度(A)]:
```

【提示与技巧】

✓ 利用“直径”或“半径”标注时，用户可以选择“多行文字(M)”、“文字(T)”或“角度(A)”项来输入、编辑尺寸文字或确定尺寸文字的倾斜角度，也可以直接确定尺寸线的位置标注出指定圆或圆弧的直径或半径。

7.3.7 角度标注

（1）命令功能

标注两条非平行直线、圆和圆弧的中心角的角度，如图 7.20 所示。

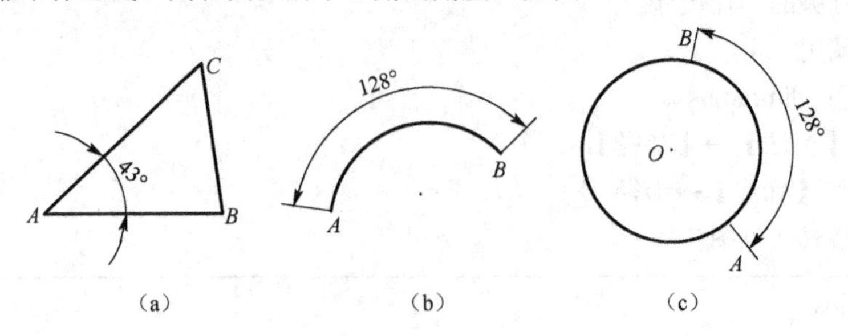

图 7.20 命令功能

（2）命令调用

命令行：dimangular。

菜单：【标注】→【角度】。

工具栏：【标注】→ 。

（3）操作格式

```
命令: _dimangular
选择圆弧、圆、直线或<指定顶点>:                    //选择对象
选择第二条直线:                                    //选择第二条边
指定标注弧线位置或[多行文字(M)/文字(T)/角度（A)]:
标注文字=90                                        //按选项操作
```

7.3.8 快速标注

（1）命令功能

创建系列基线或连续标注，或为一系列圆或圆弧创建标注时，特别有用。

（2）命令调用

命令行：qdim。

菜单：【标注】→【快速标注】。

工具栏：【标注】→ 。

（3）操作格式（见图 7.21）

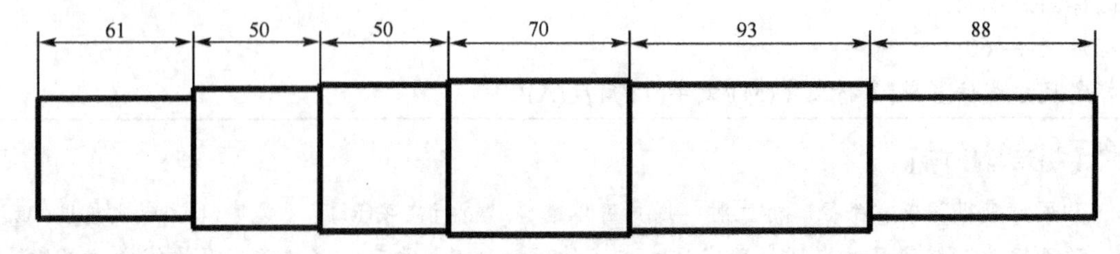

图 7.21 操作格式

（4）选项说明

① 指定尺寸线位置：直接确定尺寸线位置。

② 连续：创建一系列连续标注。

③ 并列：创建一系列相交标注。

④ 基线：创建一系列基线标注。

⑤ 坐标：创建一系列坐标标注。

⑥ 半径：创建一系列半径标注。

⑦ 直径：创建一系列直径标注。

⑧ 基准点：为基线和坐标标注设置新的基准点。

⑨ 编辑：编辑一系列标注。将提示用户在现有标注中添加或删除点。

⑩ 设置：为指定尺寸界线原点设置默认对象捕捉。

7.3.9 基线标注

（1）命令功能

以同一基线为基准的多个标注。其前提是进行基线标注前必须已经存在线性标注、角度标注或坐标型标注。图 7.22 所示为基线标注。

（2）命令调用

命令行：dimbaseline。

菜单：【标注】→【基线】。

工具栏：【标注】→基线。

（3）操作格式

```
命令:_dimbaseline
指定第二条尺寸界线原点或[放弃(U)/选择(S)] <选择>:
```

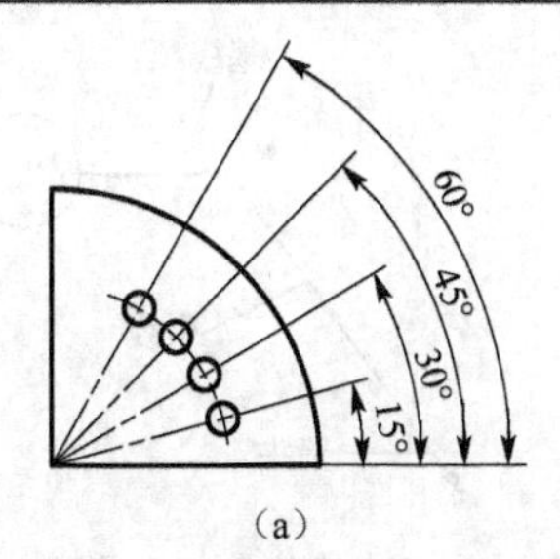

（a）

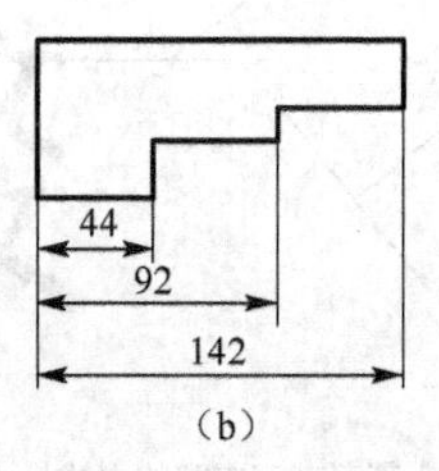

（b）

图 7.22 基线标注

7.3.10 连续标注

（1）命令功能

标注首尾相连的一系列线性、坐标或角度标注尺寸，如图 7.23 所示。

（2）命令调用

命令行：dimcontinue。

菜单：【标注】→【连续】。

工具栏：【标注】→连续标注。

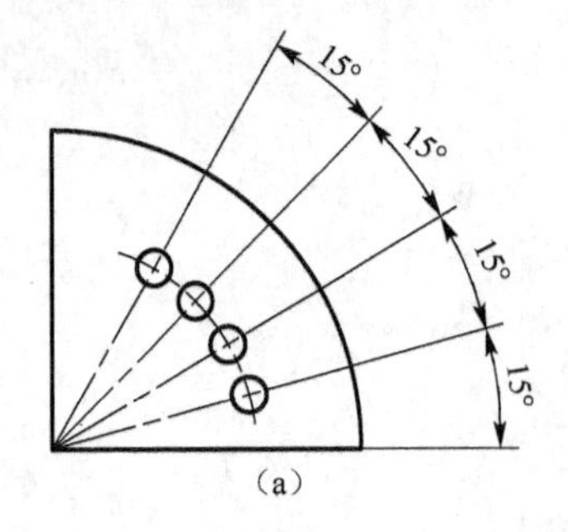

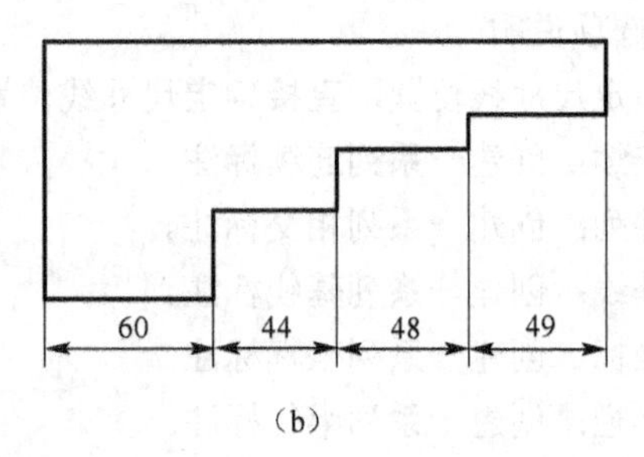

图 7.23　连续标注

（3）操作格式

命令: _dimcontinue
指定第二条尺寸界线原点或[放弃(U)/选择(S)] <选择>:

【提示与技巧】

✓ 在进行连续标注之前，必须先标注出一个相应的尺寸。在选取引出点时，可用目标捕捉命令，这样方便快捷。

7.3.11　创建引线标注

（1）命令功能

可以创建、修改引线对象以及向引线对象添加内容。用于标注文字或形位公差，引线可以是样条曲线或直线段，可以带箭头或不带箭头。

（2）引线对象

引线对象是一条直线或样条曲线，其中一端带有箭头，另一端带有多行文字对象或块，如图 7.24 所示。

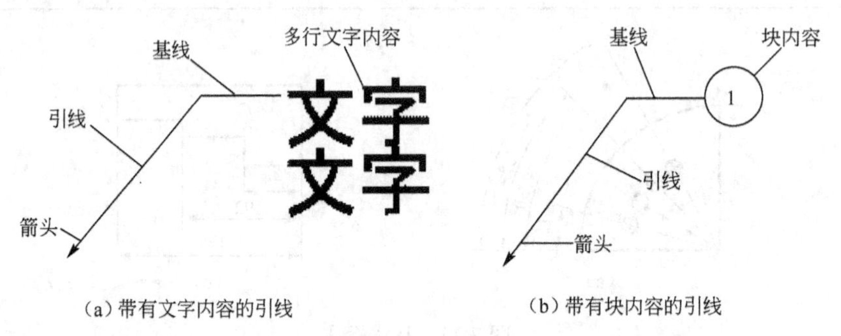

图 7.24　引线对象

（3）引线类型

① QLEADER：创建引线和引线注释。

命令: _qleader
指定第一个引线点或[设置(S)] <设置>:　　　　//确定引线位置或设置

【选项说明】：

➢ 指定第一个引线点：确定下一点，将绘制一条从起点到该点的引线。
➢ 设置：设置引线格式，选择此项，出现“引线设置”对话框（见图 7.25）。

✧ “注释”选项卡：用于设置注释的类型、多行文字选项以及是否重复使用同一注释，如图 7.25 所示。

✧ “引线和箭头”选项卡：用于设置引线类型和箭头的形式等，见图 7.26。

✧ “附着”选项卡：用于设置引线与注释的位置关系，可以将注释放置在引线的左边或右边，见图 7.27。

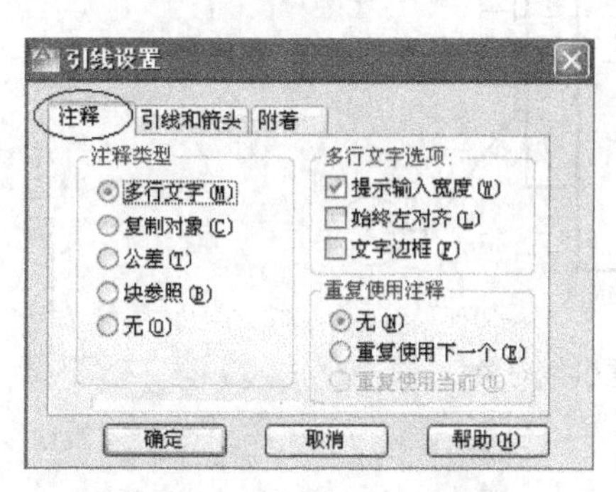

图 7.25 “引线设置”对话框

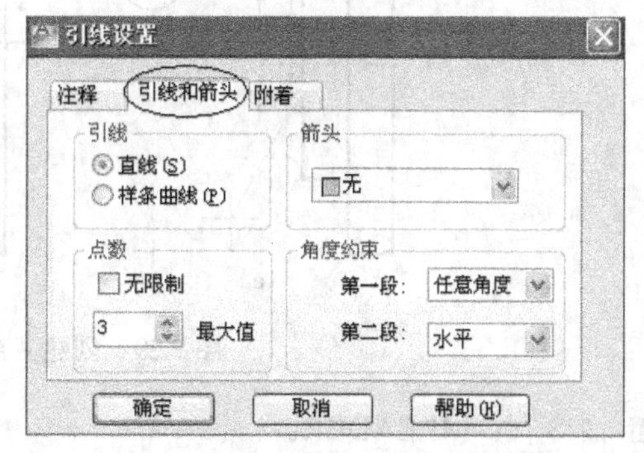

图 7.26 “引线和箭头”选项卡

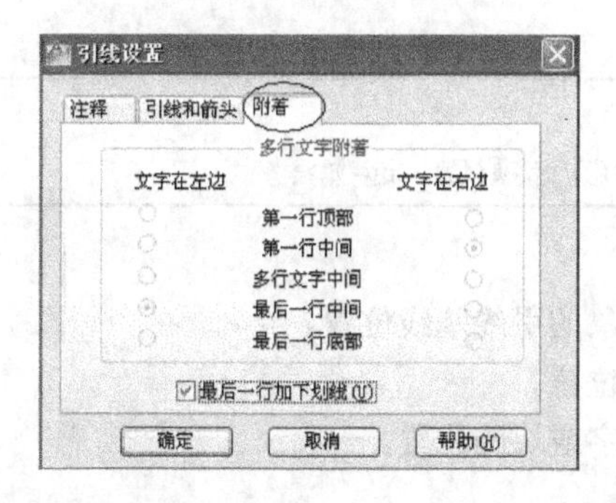

图 7.27 “附着”选项卡

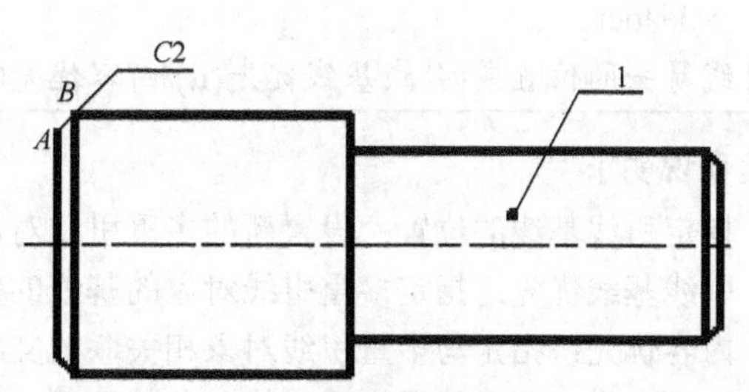

图 7.28 案例 7-3 的图

案例 7-3 标注如图 7.28 所示的引线尺寸。

【操作步骤】

```
命令: _qleader
指定第一个引线点或[设置(S)] <设置>: Enter          //回车设置
```

在图 7.26 的“引线和箭头”对话框中将“箭头”设为“无”，将“角度约束”区“第二段”设为“水平”；在图 7.27 的“附着”对话框中选择“最后一行加下划线”；点击“确定”，出现提示：

```
指定第一个引线点或[设置(S)]<设置>:                 //选择 A 点
指定下一点:10 Enter                              //沿 AB 方向画线
指定下一点:1 Enter                               //沿水平方向画线
指定文字宽度<0>:Enter                            //回车确认
输入注释文字的第一行<多行文字(M)>:Enter            //回车确认
输入注释文字的第一行<多行文字(M)>:C2              //输入标注文字
```

同样方法标注图 7.28 所示的标注符序号 1，只需将“箭头”设为“小点”。

② MLEADER：创建多重引线对象，如图 7.29 所示。多重引线对象通常包含箭头、水平基

线、引线或曲线和多行文字对象或块。

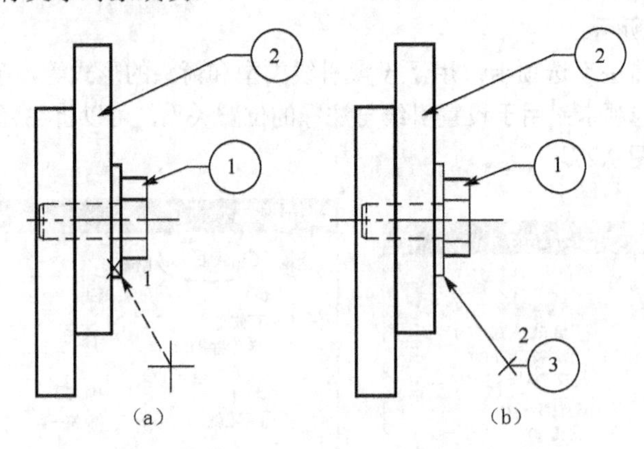

图 7.29　创建多重引线对象

命令行：MLEADER。

工具栏：【标注】→多重引线。

菜单：【标注】→多重引线。

```
命令：_mleader
指定引线箭头的位置或[引线基线优先(L)/内容优先(C)/选项(O)]<选项>:
```

【选项说明】：

- 指定引线基线的位置：设置新的多重引线对象的引线基线位置。
- 引线基线优先：指定多重引线对象的基线的位置。
- 内容优先：指定与多重引线对象相关联的文字或块的位置。
- 选项：指定用于放置多重引线对象的选项。

③ LEADER：创建连接注释与特征的线。

命令行：LEADER。

```
命令：LEADER
指定引线起点：
指定下一点：
指定下一点或[注释(A)/格式(F)/放弃(U)]<注释>:
```

【选项说明】：

- 指定点：绘制一条到指定点的引线段，然后继续提示下一点和选项。
- 注释：在引线的末端插入注释。注释可以是单行或多行文字、包含形位公差的特征控制框或块。
- 格式：控制绘制引线的方式以及引线是否带有箭头。
- 放弃：放弃引线上的最后一个顶点。将显示前一个提示。

7.3.12　形位公差标注

(1) 命令功能

标注形位公差（参见图 7.30）。

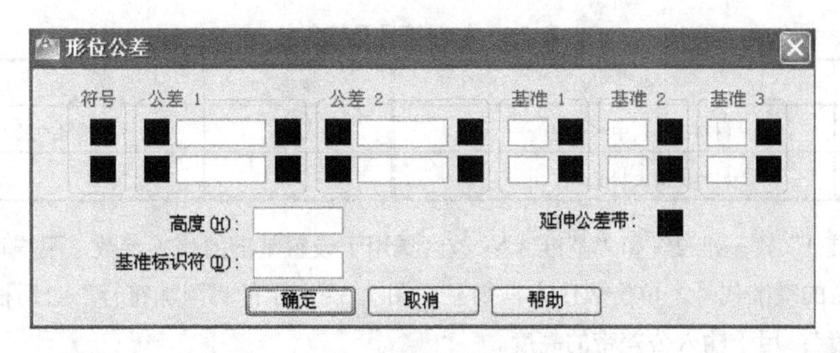

图 7.30 “形位公差”对话框

（2）命令调用

命令行：tolerance。

菜单：【标注】→【公差】。

工具栏：【标注】→ 。

（3）操作格式

利用上述任一方法，AutoCAD 会出现如图 7.30 所示的“形位公差”对话框。

（4）选项说明

①“符号”：设置形位公差代号，单击该按钮，弹出如图 7.31 所示的“特征符号”对话框，可从中选择形位公差符号。图中的各个公差符号的含义见表 7.2。

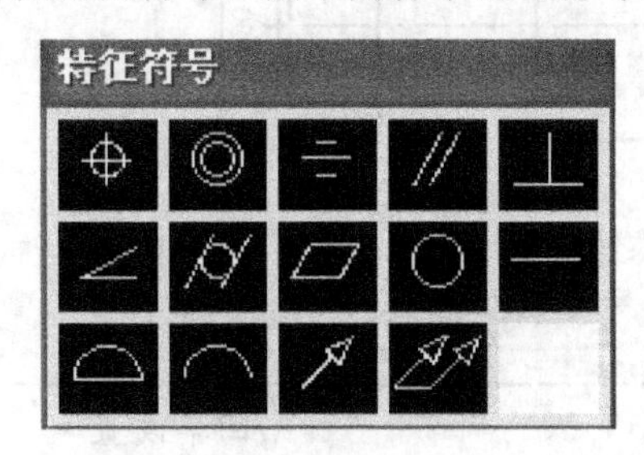

图 7.31 “特征符号”对话框

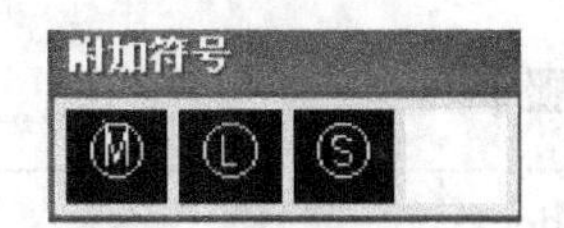

图 7.32 “附加符号”对话框

②“公差 1”和“公差 2”：设定直径符号、公差值和附加符号。单击第一黑色方框，显示直径符号；中间的白色文本框用于输入公差值；单击第三个黑色方框，弹出 “附加符号”对话框（见图 7.32）。材料符号含义见表 7.3。

表 7.2 形位公差符号及含义

符号	含 义	符号	含 义
⌖	位置度	◎	同轴度
⌯	对称度	//	平行度
⊥	垂直度	∠	倾斜度
⌭	圆柱度	⏥	平面度
○	圆度	—	直线度
⌓	面轮廓度	⌒	线轮廓度
↗	圆跳度	⌰	全跳度

表 7.3 材料符号及其含义

符号	含 义	符号	含 义
Ⓜ	材料的一般中等状况	Ⓢ	材料的最小状况
Ⓛ	材料的最大状况		

③“基准 1”、“基准 2”和“基准 3”：该区域用于设置基准的相关参数，用户可在白色文本框中输入相应的基准代号。单击黑色方框则显示图 7. 32 所示的“附加符号”对话框。

④“高度”：用于输入公差带的高度。

⑤“基准标识符”：可在该文本框内创建由基准字母组成的基准标识符。

⑥“延伸公差带”：用于控制是否添加延伸公差带符号。

【提示与技巧】

✓ 使用“tolerance”命令只能创建形位公差框格，而不能标注引线。在实际绘图过程中，常利用“引线标注”命令创建带引线的形位公差。

案例 7-4 标注如图 7.33 所示的形位公差尺寸。

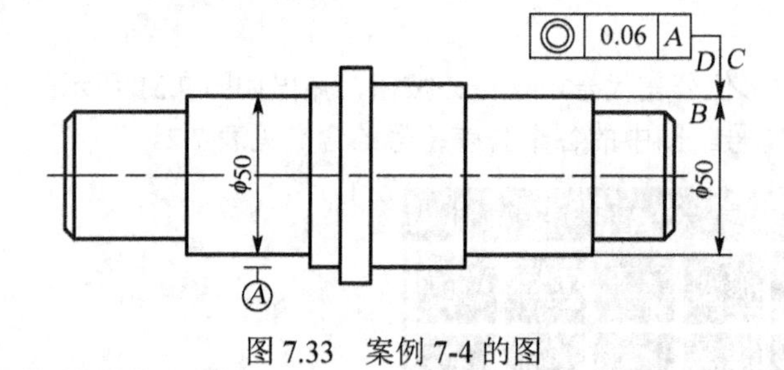

图 7.33 案例 7-4 的图

【操作步骤】

```
命令: _qleader                                   //回车设置
指定第一个引线点或[设置(S)]<设置>: Enter          "注释"设为"公差"
指定第一个引线点或[设置(S)]<设置>:                //选择 B 点
指定下一点:                                       //沿垂直方向画线 BC
指定下一点:                                       //沿水平方向画线 CD
```

弹出“形位公差”对话框（见图 7.34），按要求设置，完成形位公差标注。

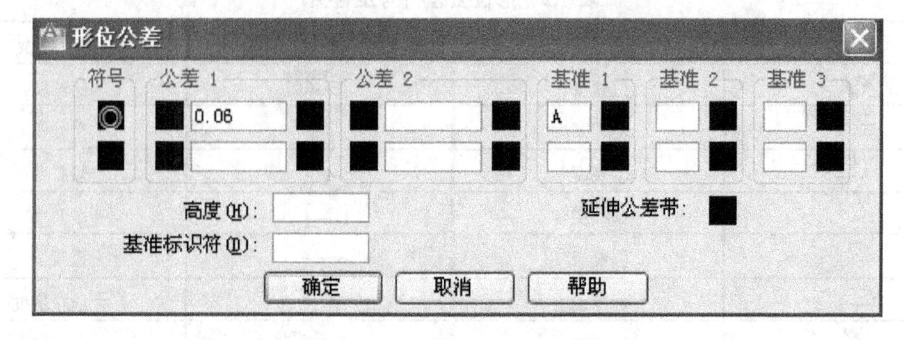

图 7.34 “形位公差”对话框

7.3.13 圆心标记

（1）命令功能

创建圆和圆弧的圆心标记或中心线。

（2）命令调用

命令行：dimcenter。

菜单：【标注】→【圆心标记】。

工具栏：【标注】→圆心标记。

（3）操作格式（见图 7.35）

```
命令：_dimcenter                                  // 输入命令
选择圆弧或圆：                                     //选择圆弧或圆
```

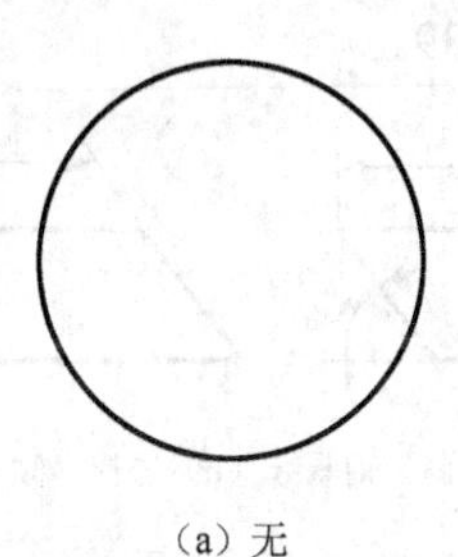

（a）无

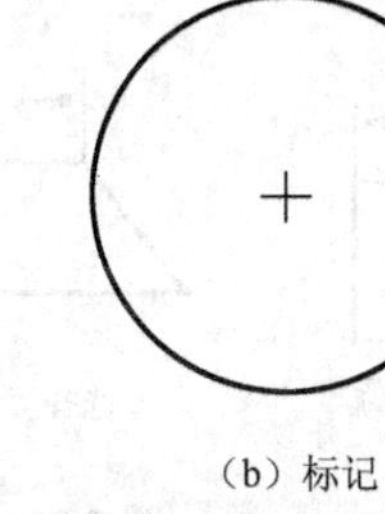

（b）标记

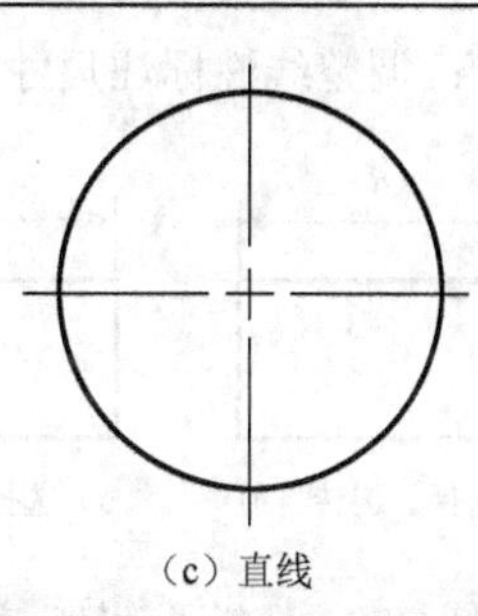

（c）直线

图 7.35 圆心标注

【提示与技巧】

✓ 可以通过标注样式管理器、"符号和箭头"选项卡和"圆心标记"（DIMCEN 系统变量）设定圆心标记组件的默认大小。

7.4 编辑尺寸标注

AutoCAD 提供了如下几种用于编辑标注的命令。

7.4.1 利用 DIMEDIT 编辑

（1）命令功能

编辑尺寸标注的文字内容、旋转文字的方向、指定尺寸界线的倾斜角度。

（2）命令调用

命令行：dimedit。

工具栏：【标注】→编辑标注。

菜单：【标注】→倾斜。

（3）操作格式

```
命令：_dimedit
输入标注编辑类型[默认(H)/新建(N)/旋转(R)/倾斜(O)]<默认>:          //选项
选择对象：
```

（4）选项说明

①“默认”：将旋转标注文字移回默认位置，见图 7.36。

②“新建”：使用在位文字编辑器更改标注文字，见图 7.37。

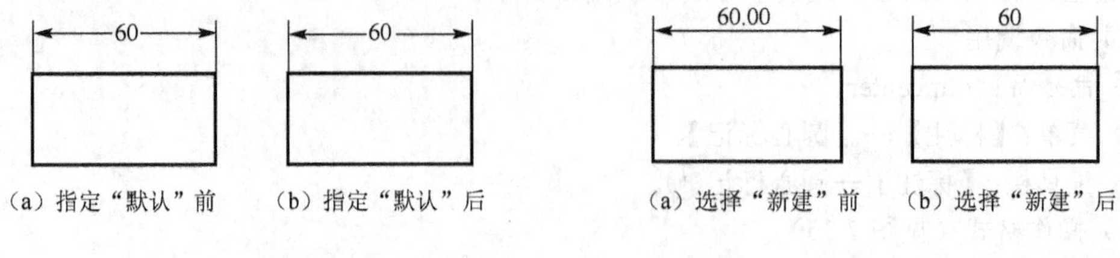

（a）指定“默认”前　（b）指定“默认”后　（a）选择“新建”前　（b）选择“新建”后

图 7.36　指定“默认”前后　　图 7.37　选择“新建”前后

③“旋转”：用于旋转指定对象中的标注文字，见图 7.38。

④“倾斜”：调整线性标注尺寸界线的倾斜角度，见图 7.39。

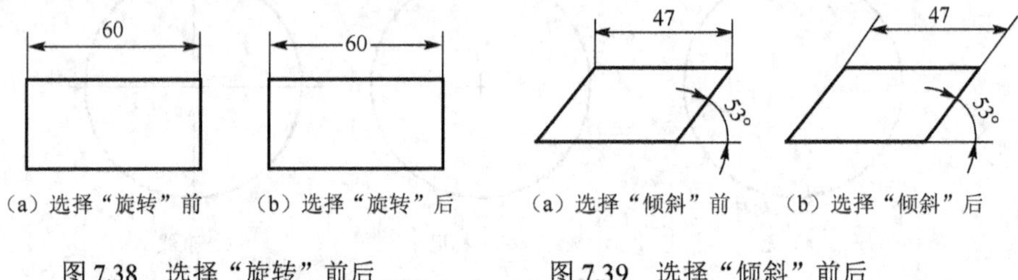

（a）选择“旋转”前　（b）选择“旋转”后　（a）选择“倾斜”前　（b）选择“倾斜”后

图 7.38　选择“旋转”前后　　图 7.39　选择“倾斜”前后

7.4.2　利用 DIMTEDIT 编辑

（1）命令功能

移动和旋转标注文字并重新定位尺寸线。

（2）命令调用

命令行：dimtedit。

工具栏：【标注】→编辑标注文字。

菜单：【标注】→对齐文字。

（3）操作格式

命令：_dimtedit
选择标注：
指定标注文字的新位置或[左(L)/右(R)/中心(C)/默认(H)/角(A)]：

（4）选项说明

①“指定标注文字的新位置”：用户可直接指定文字的新位置。

②“左”：沿尺寸线左移标注文字。本选项只适用于线性、直径和半径标注。

③“右”：沿尺寸线右移标注文字。本选项只适用于线性、直径和半径标注。

④“中心”：把标注文字放在尺寸线的中心。

⑤“默认”：将标注文字移回缺省位置。

⑥“角”：指定标注文字的角度。输入零度将使标注文字以缺省方向放置。

7.4.3 更新尺寸标注

（1）命令功能

使选定的尺寸标注更新为当前尺寸标注样式。

（2）命令调用

命令行：dimstyle。

菜单：【标注】→【更新】。

工具栏：【标注】→标注更新。

（3）操作格式

```
命令:  _dimstyle
当前标注样式: ISO-25   当前标注替代: DIMCEN  –2.5000
输入标注样式选项
[注释性(AN)/保存(S)/恢复(R)/状态(ST)/变量(V)/应用(A)/?]<恢复>: _apply
选择对象:
```

执行该操作后，系统自动将用户所选择的尺寸标注更新为当前尺寸标注样式所设定的形式。

7.4.4 使用“特性”管理器编辑

（1）命令功能

可以方便地对图形中的各尺寸组成要素进行编辑。

（2）命令调用

命令行：properties。

菜单：【修改】→【特性】。

工具栏：【标准】→对象特性。

（3）操作格式

选中要修改的尺寸标注，利用上述任一方法，打开“特性”对话框。在此可以进行编辑的特性类型有：基本、其他、直线和箭头、文字、调整、主单位、换算单位和公差。修改完成后，按【Esc】键或按钮“×”退出。

如果要将修改后的标注特性保存到新样式中，可右击修改后的标注，从弹出的快捷菜单中选择“标注样式”→“另存为新样式”，再在“另存为新样式”对话框中输入样式名，单击“确定”即可。

7.4.5 其他编辑标注的方法

可使用 AutoCAD 的编辑命令或夹点来编辑标注的位置。如可使用夹点或者“stretch”命令拉伸标注；可使用“trim”和“extend”命令来修剪和延伸标注。

7.5 综合案例：标注轴承支座

7.5.1 操作任务

标注如图 7.40 所示的轴承支座。

7.5.2 操作目的

通过轴承支座，掌握尺寸标注的正确设置方法。熟练应用“线性”、“基线”、“连续”、“对齐”、“半径”、“直径”及“角度”等标注方法。

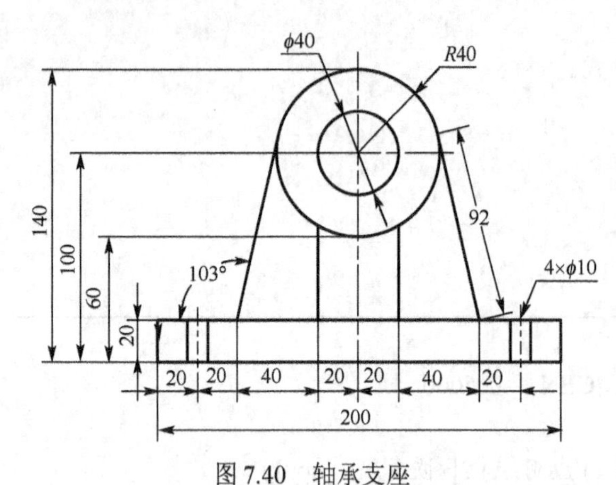

图 7.40 轴承支座

7.5.3 操作要点

① 注意尺寸标注的正确设置方法。

② 熟练掌握并灵活运用常用标注方法。

③ 进一步熟悉机械图识图和标注的基本技能。

7.5.4 操作步骤

① 创建线性标注“200”。

```
命令：_dimlinear
指定第一条尺寸界线原点或<选择对象>：Enter                      //回车选择对象
选择标注对象：                                                  //选最下方直线
指定尺寸线位置或[多行文字(M)/文字(T)/角度(A)/水平(H)/垂直(V)/
旋转®]：标注文字=200                                            //指定尺寸线位置
```

② 创建对齐标注“92”。

```
命令：_dimaligned
指定第一条尺寸界线原点或<选择对象>：Enter                      //回车选择对象
选择标注对象：                                                  //选择图中右侧斜线
指定尺寸线位置或[多行文字(M)/文字(T)/角度(A)/水平(H)/垂直(V)/  //拖动光标在合适位置
旋转®]：标注文字=92                                             单击确定
```

③ 创建半径标注“*R*40”和直径标注“ϕ40”。

```
命令：_dimradius
选择圆弧或圆：                                                  //选择图形中的大圆
标注文字=40
指定尺寸线位置或[多行文字(M)/文字(T)/角度(A)]：                 //指定尺寸线位置
命令：_dimdiameter
选择圆弧或圆：                                                  //选择图形中的小圆
标注文字=40
指定尺寸线位置或[多行文字(M)/文字(T)/角度(A)]：                 //指定尺寸线位置
```

④ 创建角度标注“103°”和引线标注“4×ϕ10”。

```
命令：_dimangular
选择圆弧、圆、直线或<指定顶点>：                                //选择左侧斜线
选择第二条直线：                                                //选底板上部水平线
指定标注弧线位置或[多行文字(M)/文字(T)/角度(A)]：标注文字=103   //指定标注弧线位置
```

```
命令：_qleader
指定第一个引线点或[设置(S)] <设置>:                         //拾取底板右侧螺孔
指定下一点:                                                 //指定下一点
指定下一点：Enter                                           //回车确认
指定文字宽度<0>:
输入注释文字的第一行<多行文字(M)> :                         //输入文字
```

⑤ 创建基线标注“20”、“60”、“100”和“140”。

```
命令：_dimlinear
指定第一条尺寸界线原点或<选择对象>:                         //选底板左下角点
指定第二条尺寸界线原点:                                     //选底板左上角点
指定尺寸线位置或[多行文字(M)/文字(T)/角度(A)/水平(H)/垂直(V)/
旋转(R)]：标注文字= 20                                      //指定尺寸线位置
命令：_dimbaseline
指定第二条尺寸界线原点或[放弃(U)/选择(S)]<选择>：标注文字= 60  //拾取大圆下部象限点，
                                                            标注 60
指定第二条尺寸界线原点或[放弃(U)/选择(S)]<选择>：标注文字=100  //捕捉大圆圆心，标注
                                                            100
指定第二条尺寸界线原点或[放弃(U)/选择(S)] <选择>：标注文字=140 //拾取大圆上部的象限
                                                            点，标注140
指定第二条尺寸界线原点或[放弃(U)/选择(S)] <选择>:
选择基准标注：Enter                                         //回车结束命令
```

⑥ 创建连续标注“20”、“20”、“40”、“20”、“20”、“40”和“20”。

```
命令：_dimlinear
指定第一条尺寸界线原点或<选择对象>:                         //捕捉底板左上角点
指定第二条尺寸界线原点:                                     //左侧斜线下部端点
指定尺寸线位置或[多行文字(M)/文字(T)/角度(A)/水平(H)/垂直(V)/
旋转(R)]：标注文字= 20                                      //指定尺寸线位置
命令：_dimcontinue
指定第二条尺寸界线原点或[放弃(U)/选择(S)] <选择>:           //指定第二条尺寸界线
标注文字= 20                                                原点
指定第二条尺寸界线原点或[放弃(U)/选择(S)] <选择>:
标注文字= 40
指定第二条尺寸界线原点或[放弃(U)/选择(S)] <选择>:
标注文字= 20
指定第二条尺寸界线原点或[放弃(U)/选择(S)] <选择>:
标注文字= 20
指定第二条尺寸界线原点或[放弃(U)/选择(S)] <选择>:
标注文字= 40
指定第二条尺寸界线原点或[放弃(U)/选择(S)] <选择>:
标注文字= 20
```

指定第二条尺寸界线原点或[放弃(U)/选择(S)] <选择>:
选择连续标注: Enter　　　　　//回车结束命令

7.6 总结提高

在本章中我们主要介绍了 AutoCAD 中尺寸标注的概念、结构和作用，并详细讲述了标注的创建、编辑命令及其使用方法，并对标注样式管理器的使用进行了详尽的说明。包括设置尺寸标注、线性尺寸、角度尺寸、直径尺寸、半径尺寸、引线标注、坐标尺寸、中心标注、利用对话框编辑尺寸对象、标注形位公差以及快速标注等。通过本章的学习，用户可以熟悉如何在图形上标注各种尺寸。

7.7 思考与上机训练

7.7.1 选择题

1. 执行（　　）命令，可打开“标注样式管理器”对话框，在其中可对标注样式进行设置。
   A. DIMSTYLE　　B. DIMDIAMETER
   C. DIMRADIUS　　D. DIMLINEAR
2. （　　）命令用于创建平行于所选对象或平行于两尺寸界线原点连线的直线型尺寸。
   A. 线性标注　　B. 连续标注　　C. 快速标注　　D. 对齐标注
3. 在“标注样式管理器”对话框中，【文字】选项卡中的【分数高度比例】选项只有设置了（　　）选项后方才有效。
   A. 公差　　B. 换算单位　　C. 单位精度　　D. 使用全局比例
4. 利用“新建标注样式”对话框“文字”选项卡，调整尺寸文字标注位置为任意放置时，应选择的参数项为（　　）。
   A. 尺寸线旁边　　B. 尺寸线上方加引线
   C. 尺寸线上方不加引线　　D. 标注时手动放置文字
5. 在设置标注样式时，系统提供了（　　）种文字对齐方式。
   A. 3　　B. 4　　C. 2　　D. 1
6. 使用【快速标注】命令标注圆或圆弧时，不能自动标注（　　）选项。
   A. 直径　　B. 半径　　C. 基线　　D. 圆心
7. 下列不属于基本标注类型的是（　　）。
   A. 线性标注　　B. 直径标注　　C. 对齐标注　　D. 基线标注
8. 绘制一个线性尺寸标注，必须（　　）。
   A. 确定尺寸线的位置　　B. 确定第二条尺寸界线的原点
   C. 确定第一条尺寸界限的原点　　D. 以上都须确定
9. 如果在一个线性标注数值前面添加直径符号，则应用（　　）命令。
   A. %%C　　B. %%O　　C. %%D　　D. %%%
10. 快速引线后不可以尾随的注释对象是（　　）。
    A. 公差　　B. 单行文字　　C. 多行文字　　D. 复制对象
11. （　　）命令用于在图形中以第一尺寸线为基准标注图形尺寸。
    A. DIMCONTINUS　　B. QLEADER　　C. DIMBASELINE　　D. QDIM

12．线性标注命令允许绘制（　　）方向的尺寸标注。

A．垂直或水平　　B．对齐　　C．圆弧　　D．角度

【友情提示】

1．A　2．D　3．A　4．D　5．A　6．D　7．D　8．D　9．A　10．B　11．C　12．A

7.7.2　思考题

1．尺寸标注有哪些类型？它们各有何特点？
2．在具体应用中，应根据什么选择尺寸标注的类型？
3．如何设置尺寸标注样式？
4．尺寸标注常用的编辑方法有哪些？应如何根据具体情况使用？
5．何为公差尺寸？如何进行快速标注？

7.7.3　操作题

1．按照图 LX7.1 所示要求进行尺寸标注。

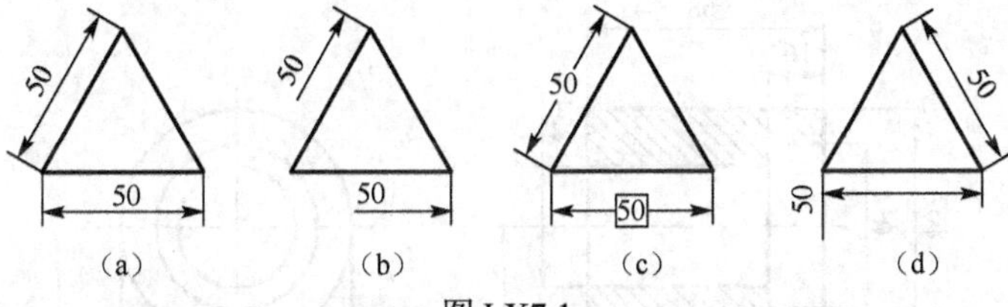

图 LX7.1

2．按照图 LX7.2 所示要求进行尺寸标注。

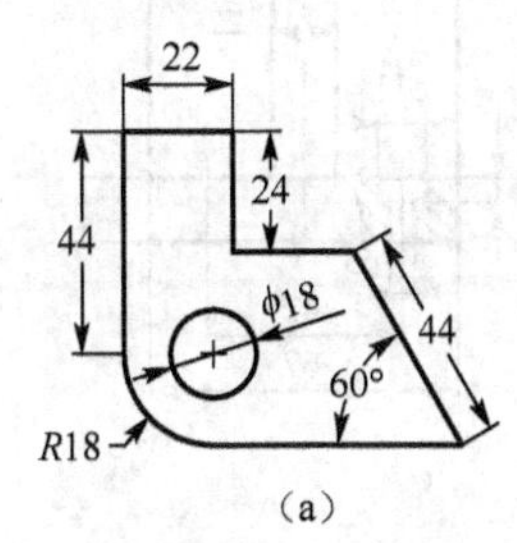

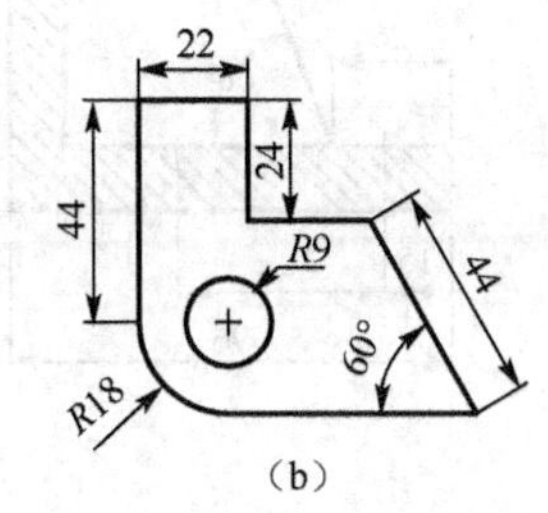

图 LX7.2

3．标注图 LX7.3 所示的起重钩的全部尺寸。
4．标注图 LX7.4 所示模板的全部尺寸。

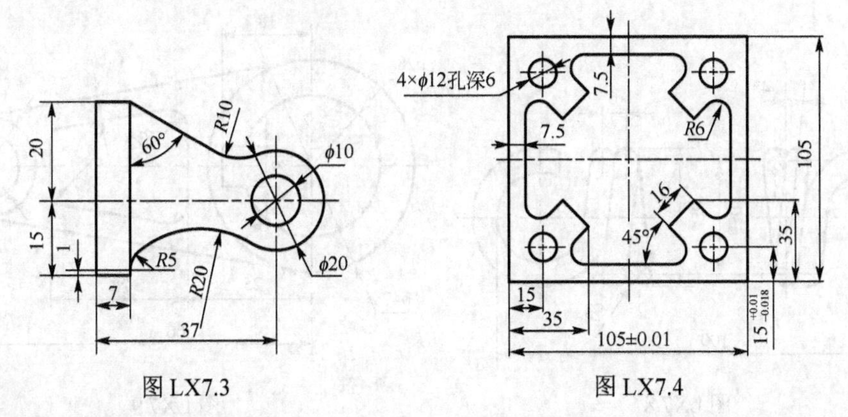

图 LX7.3　　图 LX7.4

5．标注图 LX7.5 所示的轴的尺寸。
6．按照图 LX7.6 所示要求进行尺寸标注。

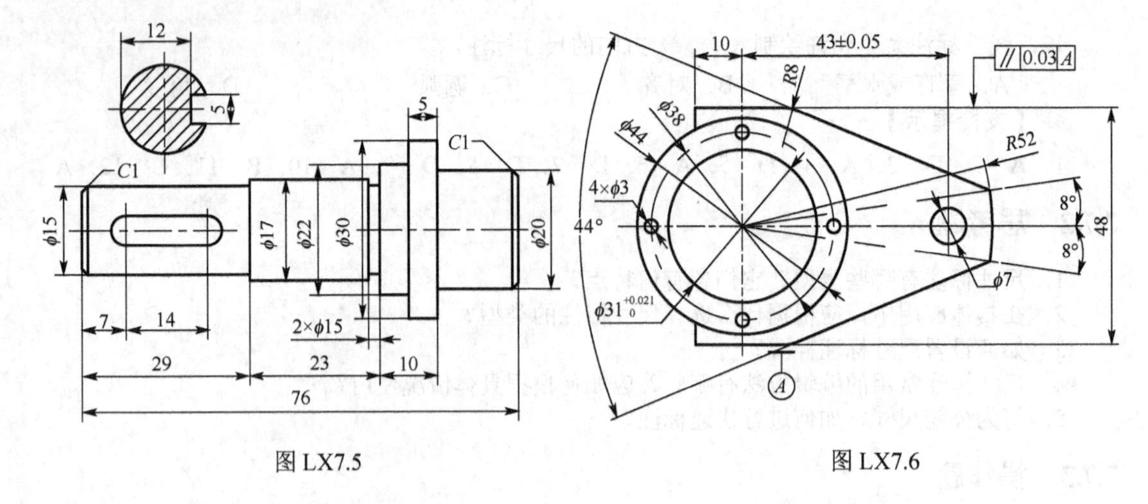

图 LX7.5　　　　图 LX7.6

7．按照图 LX7.7 所示要求绘图并标注尺寸。

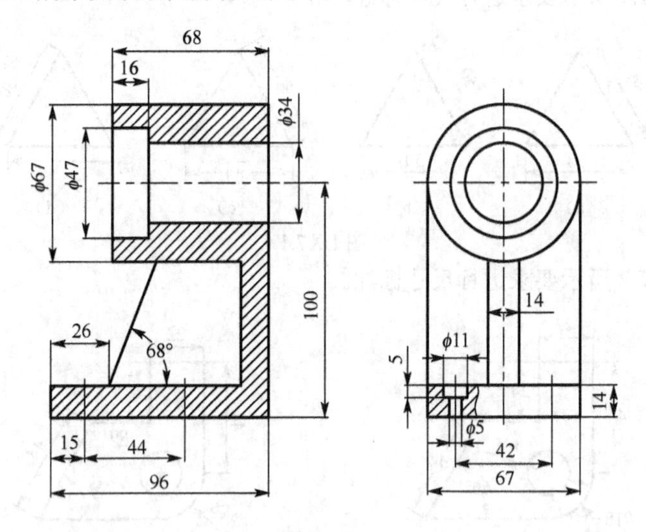

图 LX7.7

8．按照图 LX7.8 所示要求绘图并标注尺寸。

9．按照图 LX7.9 所示要求绘制连杆并标注尺寸。

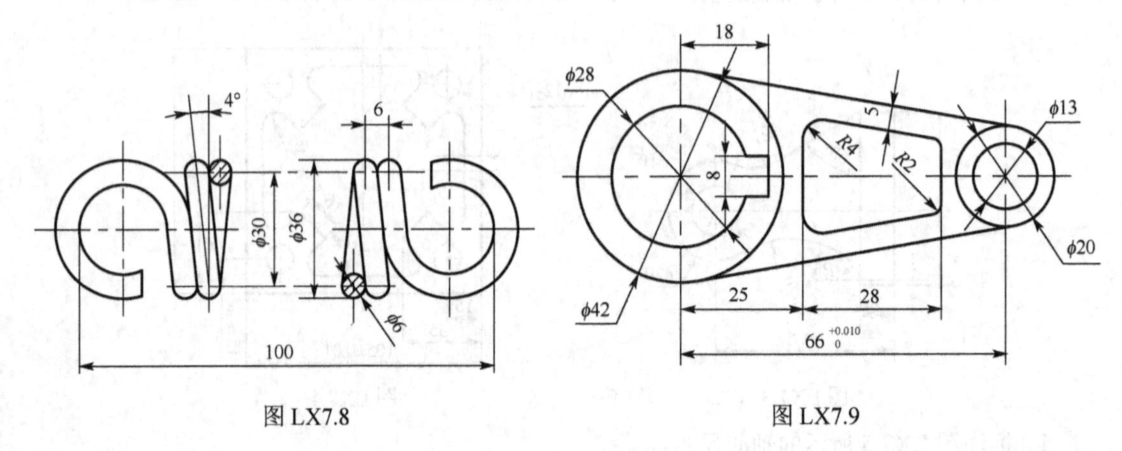

图 LX7.8　　　　图 LX7.9

第8章 块和外部参照

本章导读

本章将介绍 AutoCAD 的块操作、外部参照和利用设计中心的命令和知识，使读者提高绘制和修改图形的效率。

学习指导

★ 块的定义和引用

★ 利用块绘制图形

★ 使用外部参照

★ 使用设计中心

8.1 图块操作

用 AutoCAD 画图最大优点就是 AutoCAD 具有库的功能且能重复使用图形的部件。AutoCAD 提供的 bmake、block、wblock 和 insert 等命令就是用于存储和使用这样的零件符号。

用户定义块的优点如下：

- 能建立块的完整的库，用户可反复使用它们，以得到重复的零件图形。
- 节省时间，使用块和嵌套块是迅速建成重复图形的好方法（嵌套块是相互组合的块）。
- 节省空间，几个重复的块与相同实体的副本相比，需要的空间更少。AutoCAD 仅需保存一组实体的信息，而不是几组实体的信息。块的各个实例可作为一个实体引用。块越大，节省的空间越大。

8.1.1 创建图块

块是用一个名字标识的一组实体。也就是说，这一组实体能放进一张图纸中，可以进行任意比例的转换、旋转并放置在图形中的任意地方。块可以看作是单个实体，用户可像编辑单个实体那样编辑块。

（1）命令功能

从选定的对象中创建一个块定义。块可以是绘制在几个图层上的不同特性对象的组合。

（2）命令调用

命令行：block、bmake 或 b。

菜单：【绘图】→【块】→【创建…】。

工具栏：【绘图】→。

（3）操作格式

用上述任一方法输入命令后，会弹出如图 8.1 所示的“块定义”对话框。

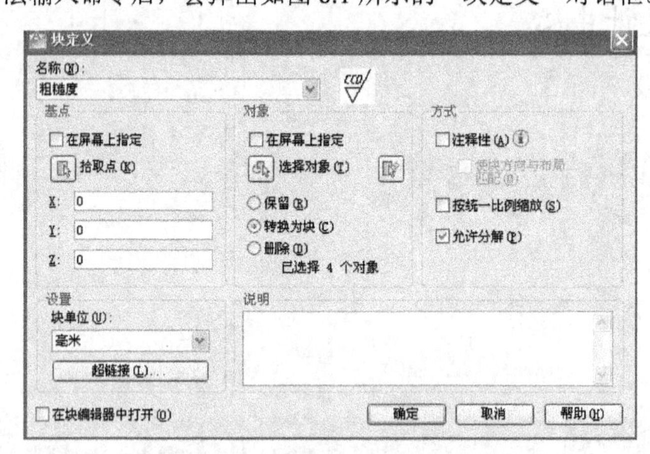

图 8.1 “块定义”对话框

（4）选项说明

①“名称”：指定块的名称。名称最多可以包含 255 个字符，包括字母、数字、空格，以及操作系统或程序未作他用的任何特殊字符。

块名称及块定义保存在当前图形中。

②“预览”：如在“名称”下选择现有的块，将显示块的预览，例如粗糙度。

③“基点”：指定块的插入基点。默认值是 (0,0,0)。用户可以在 X/Y/Z 的输入框中直接输入基点的 X、Y、Z 的坐标值，也可以单击拾取点按钮，用十字光标直接在绘图屏幕上点取。

④“对象”：指定新块中要包含的对象，以及创建块之后如何处理这些对象，是保留还是删除选定的对象或者是将它们转换成块实例。

⑤“方式”：指定块的行为。可以选择注释性、按统一比例缩放和允许分解等方式。

⑥“设置”：指定块的设置。可以指定块参照插入单位或超链接。

⑦“说明”：指定块的文字说明。

⑧“在块编辑器中打开”：单击“确定”后，在块编辑器中打开当前的块定义。

【提示与技巧】

✓ 图块的名称最多只能有 31 个字符，可以由英文字母、数字、各种货币符号、连接符号以及下划线等字符组成，在图块名中不区分大小写。

✓ 用户所定义的新的图块名不能与已有的图块名相同。

✓ 用 block 或 bmake 创建的块只能在创建它的图形中应用。

✓ 块可以互相嵌套，即可把一个块放入另一个块中。

案例 8-1　创建如图 8.2（a）所示的螺母内部块。

【操作步骤】

① 按尺寸要求绘制图 8.2（a）所示的螺母。

② 打开如图 8.3 所示的“块定义”对话框，名称输入“lm”。

③“基点”选圆心，参见图 8.2（b）。

④“选择对象”选整个螺母，参见图 8.2（c），对话框右上角显示“块”的预览，参见图 8.3。

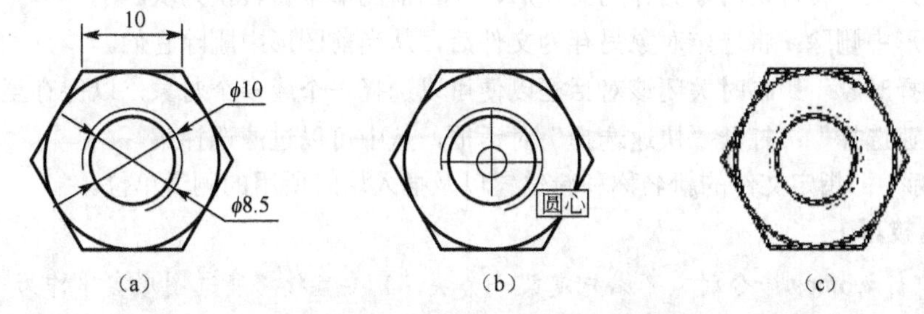

图 8.2　案例 8-1 的图

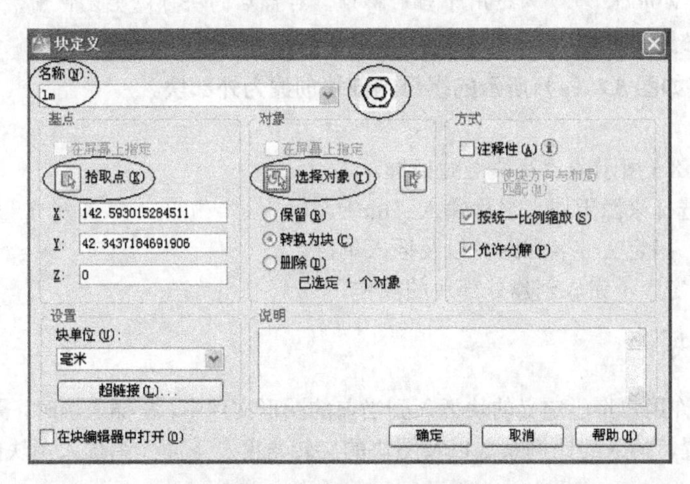

图 8.3 “块定义”对话框

⑤ 单击“确定”，完成创建图块的操作。

8.1.2 写块操作

（1）命令功能

将选定对象保存到指定的图形文件或将块转换为指定的图形文件。写块也称创建外部块。

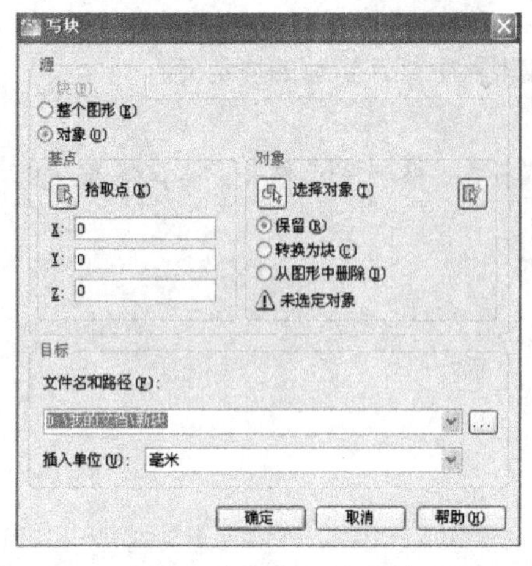

图 8.4 “写块”对话框

（2）命令调用

命令行：wblock 或 w。

（3）操作格式

用户输入命令后，AutoCAD 会弹出如图 8.4 所示的“写块”对话框。

（4）选项说明

①“源”：用户可以选择来源于块、来源于整张图或来源于所选对象。

②“基点”：指定块的基点。默认值是 (0,0,0)。

拾取点——暂时关闭对话框以使用户能在当前图形中拾取插入基点。

③“对象”：设置用于创建块的对象上的块创建的效果。

➢ 保留：将选定对象另存为文件后，在当前图形中仍保留它们。

➢ 转换为块：将选定对象另存为文件后，在当前图形中将转换为块。

➢ 从图形中删除：将选定对象另存为文件后，从当前图形中删除它们。

➢ “选择对象”：临时关闭该对话框以便可以选择一个或多个对象，以保存至文件。

➢ “快速选择”：打开“快速选择”对话框，从中可以过滤选择集。

④“目标”：指定文件的新名称和新位置以及插入块时所用的测量单位。

【提示与技巧】

✓ 用户在执行 wblock 命令时，不必先定义一个块，只要直接将所选图形实体作为一个图块保存在磁盘上即可。

✓ 在多视窗中，wblock 命令只适用于当前窗口。存储后的块可以重复使用，而不需要从提供这个块的原始图形中选取。

案例 8-2 将如图 8.2（a）所示的螺母内部块创建为外部块。

【操作步骤】

① 打开如图 8.5 所示的“写块”对话框。

②“源”：选择来源于块，名称输入“lm”。

③“目标”：指定文件名和路径以及插入单位。

④ 单击“确定”，完成创建外部块的操作。

8.1.3 插入图块

AutoCAD 允许用户将已定义的块插入到当前的图形文件中。在插入块时，需确定要插入的块名、插入点的位置、插入的比例系数以及图块的旋转角度。下面介绍插入图块的几种方法。

（1）命令功能

通过对话框插入块。

（2）命令调用

命令行：insert。

菜单：【插入】→【块…】。

工具栏：【绘图】→。

（3）操作格式

用上述任一方法输入命令后，系统将打开如图8.6所示的“插入”对话框。

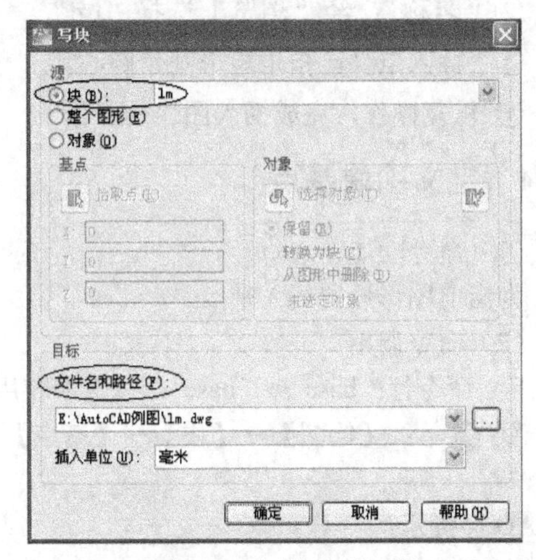

图8.5 “写块”对话框

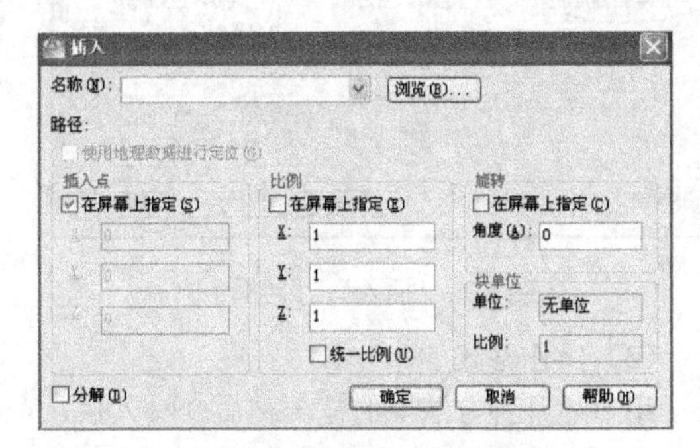

图8.6 “插入”对话框

（4）选项说明

①“名称”：指定要插入块的名称，或指定要作为块插入的文件的名称。

②“浏览”：打开“选择图形文件”对话框（标准文件选择对话框），从中可选择要插入的块或图形文件。

③“路径”：指定块的路径。

④ “插入点”：指定块的插入点。可以直接在X、Y、Z的输入框中输入插入点的坐标值，也可以通过勾选☑在屏幕上指定(S)复选框来设置插入点。块插入后，块图形的插入点将与基准点重合。

⑤“比例”：指定插入块的缩放比例。如果指定负的X、Y和Z缩放比例因子，则插入块的镜像图像。

⑥“旋转”：在当前UCS中指定插入块的旋转角度。

⑦“块单位”：显示有关块单位的信息。

【提示与技巧】

✓ 块的各项值也可预先设定，若没有预设块的各项值，则块按照默认值插入，AutoCAD通常按1∶1的比例和0°旋转角把块放入图形中。

✓ 当块被插入图形中时，块将保持它原始的层定义。

案例8-3 在图8.7（a）所示的矩形圆角圆心处分别插入螺母，结果参见图8.7（b）。

【操作步骤】

① 新建文件，绘制倒圆角矩形，打开如图8.8所示的“插入”对话框。

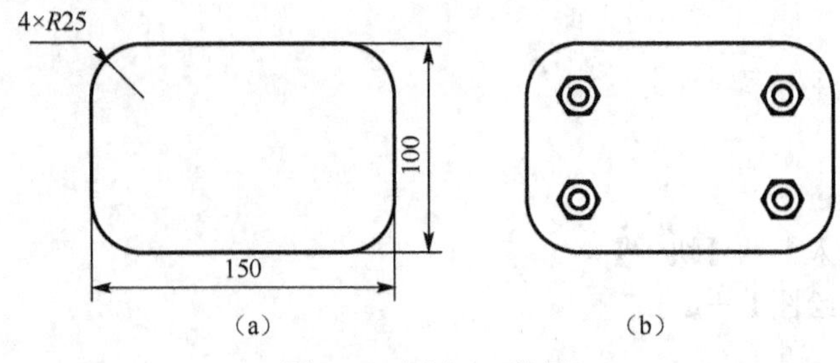

图 8.7　案例 8-3 的图

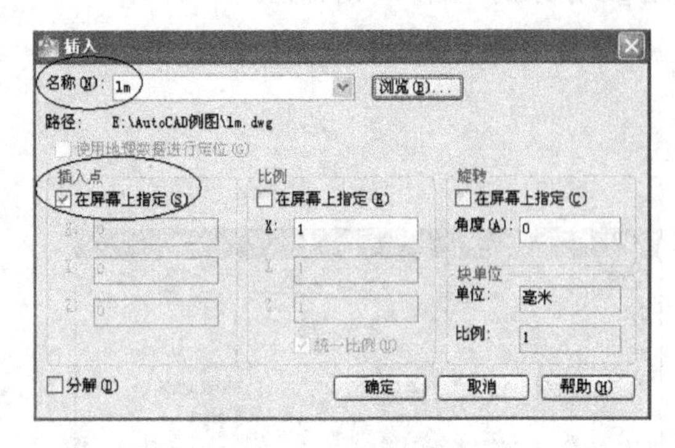

图 8.8　“插入”对话框

② “名称”：经“浏览”选择“lm”。

③ “插入点”：指定矩形圆角圆心。

④ 重复操作，完成插入图块的操作。

8.1.4　定义图块基点

（1）命令功能

为当前图形设置插入基点。

（2）命令调用

命令行：base 或 'base ，以透明使用。

菜单：【绘图】→【块】→【基点】。

（3）操作格式

用上述几种方法中的任一种命令输入后，AutoCAD 会提示：

命令行：base Enter

输入基点<0.0000,0.0000,0.0000>:　　　　//输入基点的坐标或捕捉基点

此时，可以直接输入基点的坐标值，也可利用鼠标直接在屏幕上选取基点。

8.1.5　重新定义插入的块

如果在一幅图形中间一个块被插入了许多次，用户可以通过重新定义块，使所有的拷贝块一起改变。这正是 AutoCAD 所具有的一个特别强大的功能。

重新发出 Block 命令，然后使用同一个块名把编辑的块重新定义，这时 AutoCAD 会告知用户已经存在一个同名的块，是否重新定义块，选择“是”，这个块所有的实例都将全部发生改变。

8.2　图块属性

属性是块中的文本对象，属性从属于块，它是块的一个组成部分。当利用删除命令删除块时，属性也被删除了。

属性不同于块中的一般文本，它具有如下特点：

① 一个属性包括属性标志和属性值两个方面。例如：用户把 addressd 定义为属性标志，则具体的地名，如上海、江苏等就是属性值。

② 在定义块之前，每个属性要用 attdef 命令进行定义，由它来具体规定属性缺省值、属性标志、属性提示以及属性的显示格式等的具体信息。属性定义后，该属性在图中显示出来，并把有关信息保留在图形文件中。

③ 用户可以利用 change 命令对块的属性进行修改，也可以利用 ddedit 命令以对话框的方式

对属性定义值（如属性提示、属性标志）作修改。

④ 在插入块之前，AutoCAD 将通过属性提示要求用户输入属性值。插入块后，属性以属性值表示。因此同一个定义块，在不同的插入点可以有不同的属性值。如果在定义属性时，把属性值定义为常量，则 AutoCAD 将不询问属性值。

⑤ 插入块后，用户可以通过 attdisp 命令来修改属性的可见性，还可以利用 attedit 等命令对属性作修改。

8.2.1 定义图块属性

（1）命令功能

属性是将数据附着到块上的标签或标记。属性中可能包含的数据包括零件编号、价格、注释和物主的名称等。

（2）命令调用

命令行：ddattdef 或 attdef。

菜单：【绘图】→【块】→【定义属性…】。

（3）操作格式

用上述任一方法输入命令后，将弹出如图 8.9 所示的“属性定义”对话框。用于定义属性模式、属性标记、属性提示、属性值、插入点和属性的文字设置。

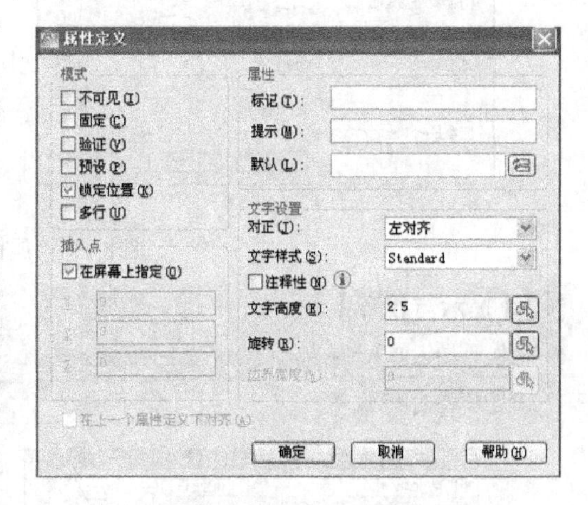

图 8.9 “属性定义”对话框

（4）选项说明

①“模式”：在图形中插入块时，设定与块关联的属性值选项，可以通过 6 个复选项来确定块的模式。

②“属性”：设定属性数据。可以利用“标记”文本框输入属性的标志，利用“提示”文本框输入属性提示，利用“值”文本框输入属性的默认值。

③“插入点”：指定属性位置。输入坐标值或者选择“在屏幕上指定”，并使用定点设备根据与属性关联的对象指定属性的位置。

④“文字设置”：设定属性文字的对正、样式、高度和旋转。

【提示与技巧】

- ✓ 用户必须输入属性标志。属性标志可由字母、数字、字符等组成，但字符之间不能有空格。AutoCAD 将属性标志中的小写字母自动转换为大写字母。
- ✓ 为了在插入块时提示用户输入属性值，用户可在定义属性时输入属性提示。
- ✓ 用户可以将使用次数较多的属性值作为缺省值。

案例 8-4　按图 8.10（a）所示尺寸绘制粗糙度符号；定义图块属性，参见图 8.10（b）；插入粗糙度符号，结果参见图 8.10（c）。

【操作步骤】

① 按图 8.10（a）所示尺寸绘制粗糙度符号。

② 定义图块属性，参见图 8.11（a）、（b）。

③ 写块，分别定义为 CCD1 和 CCD2。

④ 插入块，参见图 8.12（a）、（b）。

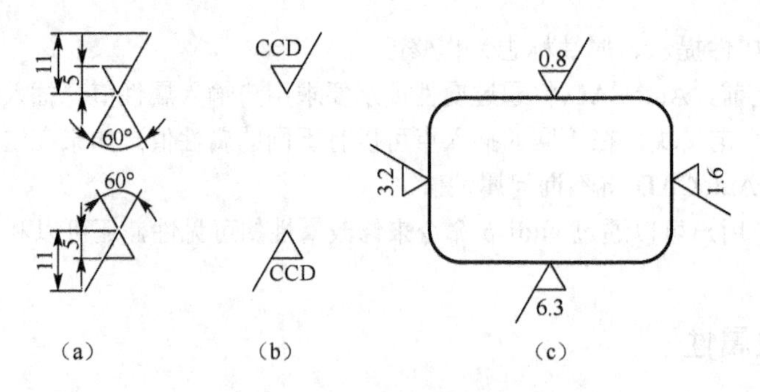

（a）　　（b）　　（c）

图 8.10　案例 8-4 的图

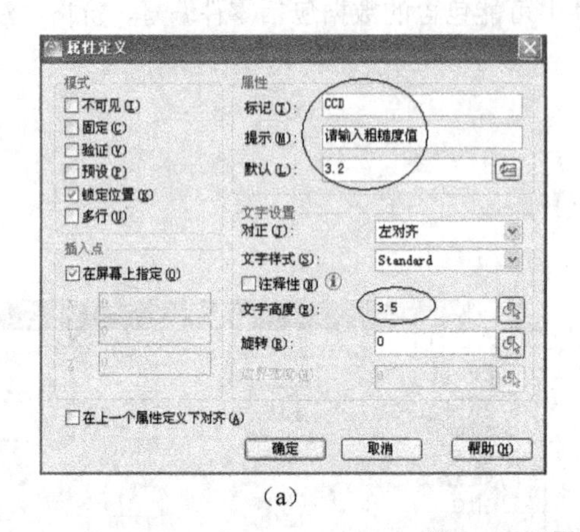
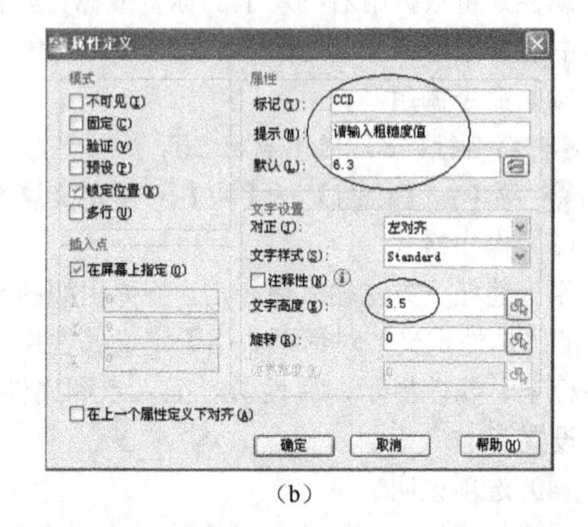

（a）　　（b）

图 8.11　“属性定义”对话框

【提示与技巧】

✓ 在“插入”对话框中，建议把“插入点”、“比例”和“旋转”选项都选上，以便用户根据需要自行设置。

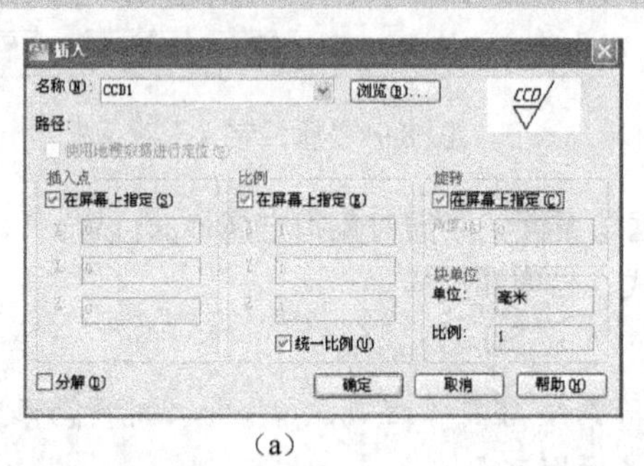
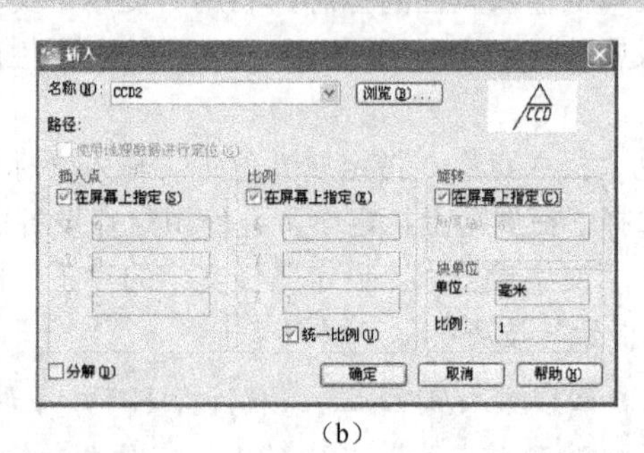

（a）　　（b）

图 8.12　“插入”对话框

8.2.2　修改属性定义

用户可以通过对话框和命令提示行来修改属性定义。

（1）利用对话框修改块属性定义。

① 命令功能。

利用对话框修改块属性定义。

② 命令调用。

命令行：ddedit。

③ 操作格式。

用上述方法输入命令后，AutoCAD 会提示：

命令：ddedit Enter
选择注释对象或[放弃(U)]: //选取属性

用鼠标选取图 8.13（a），AutoCAD 将弹出如图 8.13（b）所示的“编辑属性定义”对话框。

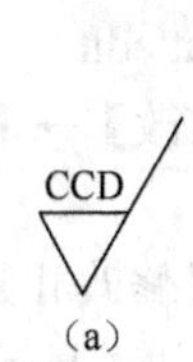

（a）

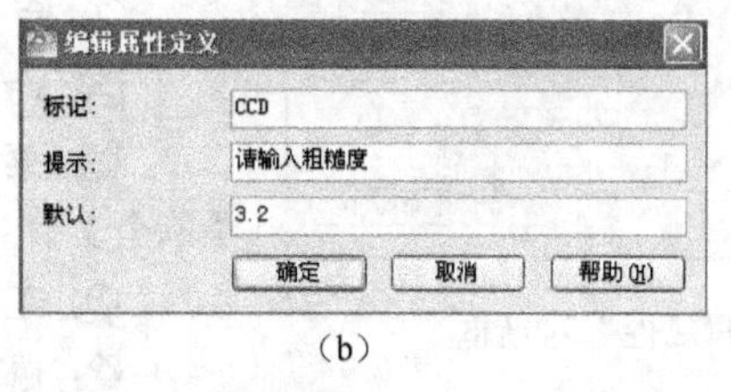

（b）

图 8.13 操作格式

用户可以通过该对话框来修改属性。单击【确定】按钮后提示：

选择注释对象或[放弃(U)]: Enter //结束修改属性命令

（2）利用命令提示行修改属性

① 命令功能。

通过命令提示行修改块的属性定义。

② 命令调用。

命令行：change。

③ 操作格式。

命令：change Enter
选择对象：找到 1 个
选择对象：Enter
指定修改点或[特性(P)]: Enter
输入新文字样式<Standard>: Enter
指定新高度<3.5000>: 5 Enter
指定新的旋转角度<0>: Enter
输入新标记<CCD>: Enter
输入新提示<please>: Enter
输入新默认值<6.3>: Enter

8.2.3 图块属性编辑

定义块时将图形和属性一起作为对象选中，则块具有了可编辑的属性。与插入到块中的其他对象不同，属性可以单独进行编辑而不改变块中的其他对象。

（1）用 attedit 编辑单个属性

① 命令功能。

编辑单个属性。

② 命令调用。

命令行：attedit。

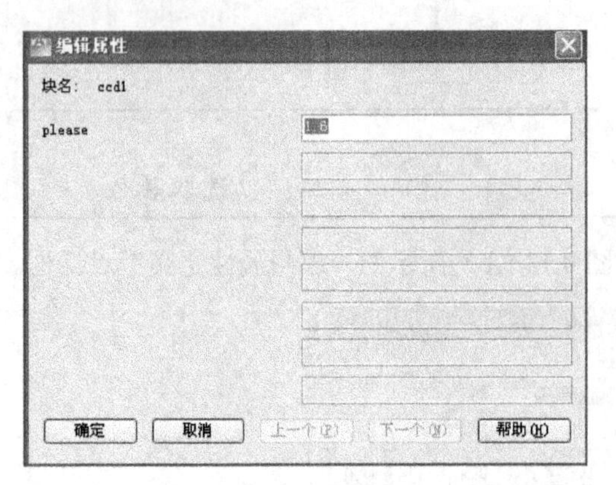

图 8.14 “编辑属性”对话框

③ 操作格式。

输入命令后，选择已插入的图块，AutoCAD 将弹出如图 8.14 所示的“编辑属性”对话框。

（2）用 eattedit 编辑单个属性

① 命令功能。

使用户可以编辑块定义的属性。

② 命令调用。

命令行：eattedit。

菜单：【修改】→【对象】→【属性】→【单个】。

工具栏：【修改 II】→【编辑属性】。

鼠标：双击块可显示“增强属性编辑器”，参见图 8.15。

③ 操作格式。

用上述任一方法输入命令后，AutoCAD 会提示：

命令：EATTEDIT Enter
选择块：选择图 8.15（a）所示图块，弹出“增强属性编辑器”对话框。

④ 选项说明。

- “属性”选项卡：定义将值指定给属性的方式以及已指定的值在绘图区域是否可见，然后设置提示用户输入值的字符串，见图 8.15（b）。
- “文字选项”选项卡：设定用于定义图形中属性文字的显示方式的特性，见图 8.15（c）。
- “特性”选项卡：定义属性所在的图层，以及属性行的颜色、线宽和线型，见图 8.15（d）。

6.3

（a）图块

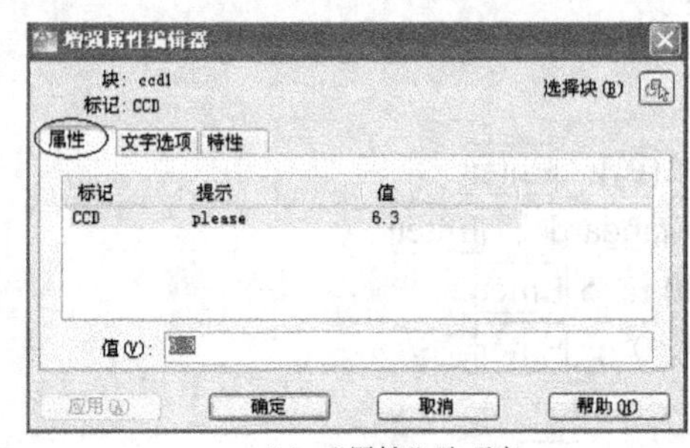

（b）“属性”选项卡

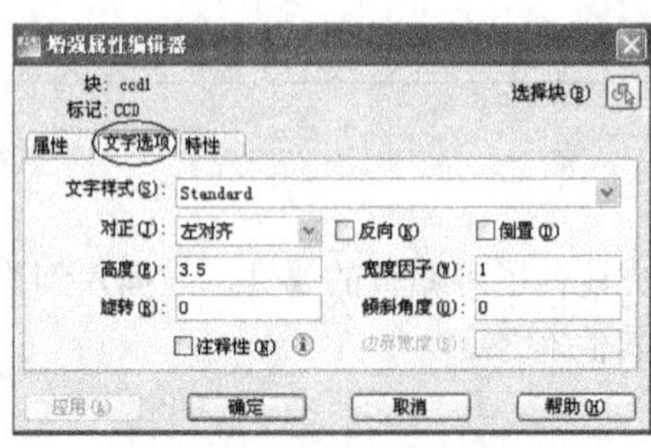

（c）“文字选项”选项卡

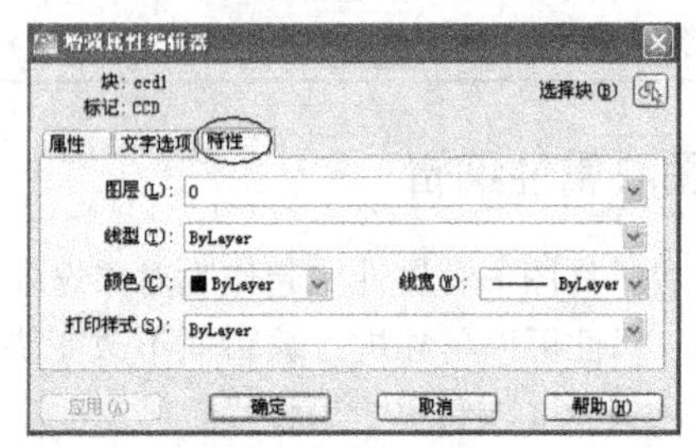

（d）“特性”选项卡

图 8.15 选项说明

（3）编辑全局属性

① 命令功能。

通过命令提示行编辑全局属性。

② 命令调用。

命令行：-attedit。

菜单：【修改】→【对象】→【属性】→【全局】。

③ 操作格式。

用上述方法输入命令后，AutoCAD会提示：

命令：-attedit Enter

是否一次编辑一个属性？[是(Y)/否(N)]<Y>：Enter　　//一次编辑一个属性

输入块名定义<*>：block1 Enter

输入属性标记定义<*>：name Enter

输入属性值定义<*>：xiaowang Enter

选择属性：找到1个

选择属性：找到1个

已选择2个属性

输入选项[值(V)/位置(P)/高度(H)/角度(A)/样式(S)/图层(L)/颜色(C)/下一个(N)]<下一个>：v Enter　　//修改属性值

输入值修改的类型[修改(C)/替换(R)]<替换>：Enter　　//替换为新值

输入新属性值：xiaoliu Enter

输入选项[值(V)/位置(P)/高度(H)/角度(A)/样式(S)/图层(L)/颜色(C)/下一个(N)]<下一个>：Enter　　//编辑第二个属性值

输入值修改的类型[修改(C)/替换(R)]<替换>：Enter

输入新属性值：xiaozhang Enter

输入选项[值(V)/位置(P)/高度(H)/角度(A)/样式(S)/图层(L)/颜色(C)/下一个(N)]<下一个>：Enter　　//结束编辑属性

在“是否一次编辑一个属性”提示下，用户如果选择“Y”，则AutoCAD允许用户单独编辑属性，此时每次只能改变一个属性值，同时用户还可以更改包括属性位置、高度和旋转角度等其他特征。

用户如果选择“N”，则AutoCAD允许用户进行全部属性的编辑，用户只能改变所选的属性值，而不能编辑其他的特征。同时AutoCAD将会切换到文本窗口显示的信息。

（4）块属性管理器

① 命令功能。

管理选定块定义的属性。

② 命令调用。

命令行：_battman。

菜单：【修改】→【对象】→【属性】→【块属性管理器】。

工具栏：【修改Ⅱ】→【块属性管理器】。

③ 操作格式。

用上述方法输入命令后，AutoCAD会弹出“块属性管理器”对话框（见图8.16），单击“编辑”，弹出“增强属性编辑器”对话框（见图8.15）。

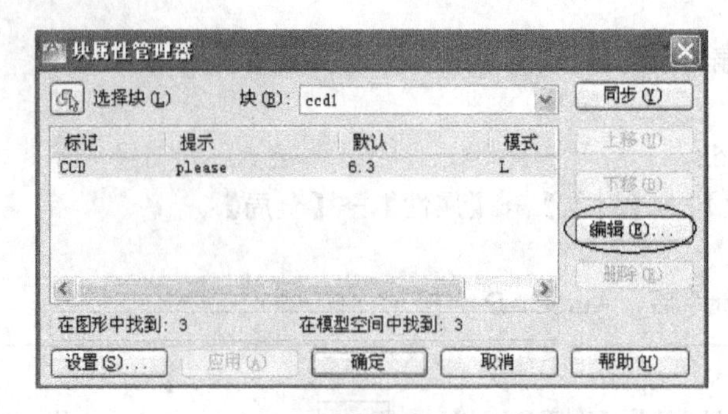

图 8.16 “块属性管理器”对话框

8.3 外部参照

外部参照是把已有的图形文件插入到当前图形文件中。不论外部参照的图形文件多么复杂，AutoCAD 只会把它当作一个单独的图形实体。

外部参照有下列优点：

① 可以利用一组简单的子图形来合成一个复杂的主图形。用户在对子图形进行修改时，主图形不会发生改变，只有在主图形被重新打开后才会发生改变。

② 利用 AutoCAD 提供的外部参照命令可以方便许多人一起工作，自己的图形中可以随时反映其他人的图形变化。

③ 节省存储空间。各个图形文件中共有的对象可以单独地保存，而不需要在每个图形中都保存。

④ 提高效率，节省时间。对外部参照图形的任何改动都将会反映到引用了该图形的所有图形中，避免了重复劳动。

8.3.1 利用 xattach 定义

（1）命令功能

将 DWG 文件作为外部参照插入。

（2）命令调用

命令行：xattach。

菜单：【插入】→DWG 参照(R)。

工具栏：【参照】。

（3）操作格式

利用上述任一种方法输入命令后，AutoCAD 将弹出如图 8.17 所示的“选择参照文件”对话框。选择文件后，单击“打开”按钮，AutoCAD 将弹出如图 8.18 所示的“外部参照”对话框。在对话框中调整好插入点和插入比例、旋转角度等参数后，单击“确定”按钮。

【提示与技巧】

✓ 将图形文件附着为外部参照时，可将该参照图形链接到当前图形。

✓ 打开或重新加载参照图形时，当前图形中将显示对该文件所做的所有更改。

8.3.2 “外部参照”选项板

（1）命令功能

管理附着到当前图形的外部参照。

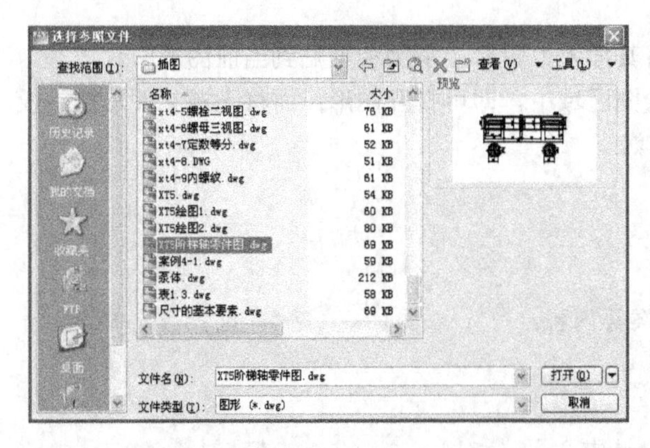

图 8.17 “选择参照文件”对话框

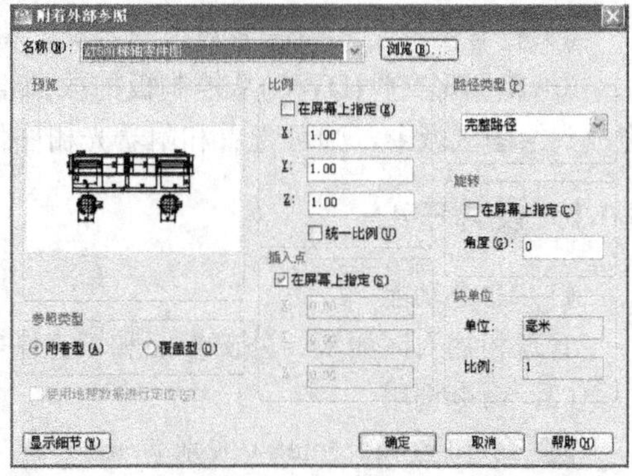

图 8.18 “外部参照”对话框

（2）命令调用

命令行：xref 或 externalreferences。

菜单：【插入】→【外部参照】。

菜单：【工具】→【选项板】→【外部参照】。

工具栏：【参照】→【外部参照】。

（3）操作格式

AutoCAD 将会弹出如图 8.19 所示的“外部参照”选项板。

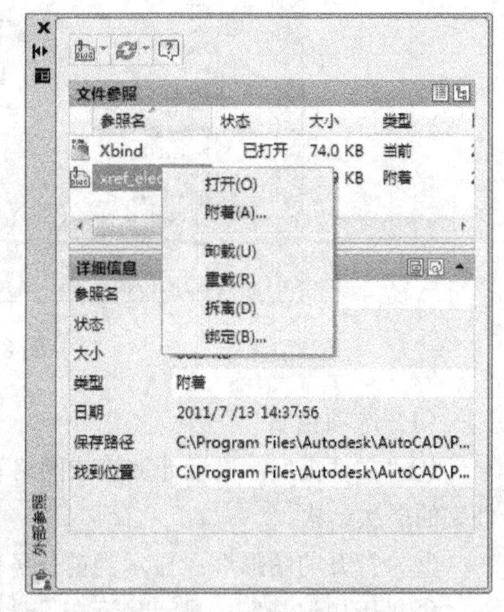

图 8.19 “外部参照”选项板

（4）选项说明

“外部参照”选项板用于组织、显示和管理参照文件，例如 DWG 文件（外部参照）、DWF、DWFx、PDF 或 DGN 参考底图以及光栅图像。

①“文件参照”窗格：可以以列表或树状结构显示文件参照。快捷菜单和功能键提供了使用文件的选项。

②“详细信息/预览”窗格：可以显示选定文件参照的特性，还可以显示选定文件参照的缩略图预览。

【提示与技巧】

✓ 使用“外部参照”选项板时，建议打开自动隐藏功能或锚定选项板。之后从选项板中移走光标后，选项板将自动隐藏。

8.4 设计中心

AutoCAD 设计中心（AutoCAD design center，简称 ADC）是 AutoCAD 中的一个非常有用的工具。它有着类似于 Windows 资源管理器的界面，可使资源得到再利用和共享，提高了图形管理和图形设计的效率。

通常使用 AutoCAD 设计中心可以完成如下工作：

① 浏览和查看各种图形图像文件，并可显示预览图像及其说明文字。

② 查看图形文件中命名对象的定义，将其插入、附着、复制和粘贴到当前图形中。

③ 将图形文件(DWG)从控制板拖放到绘图区域中，即可打开图形；而将光栅文件从控制板拖放到绘图区域中，则可查看和附着光栅图像。

8.4.1 设计中心

(1) 命令功能

管理和插入诸如块、外部参照和填充图案等内容。

(2) 命令调用

命令行：adcenter（或别名 adc）。

菜单：【工具】→【选项板】→【设计中心】。

工具栏：【标准】→。

(3) 操作格式

调用该命令后，将弹出如图 8.20 所示的“设计中心“窗口。

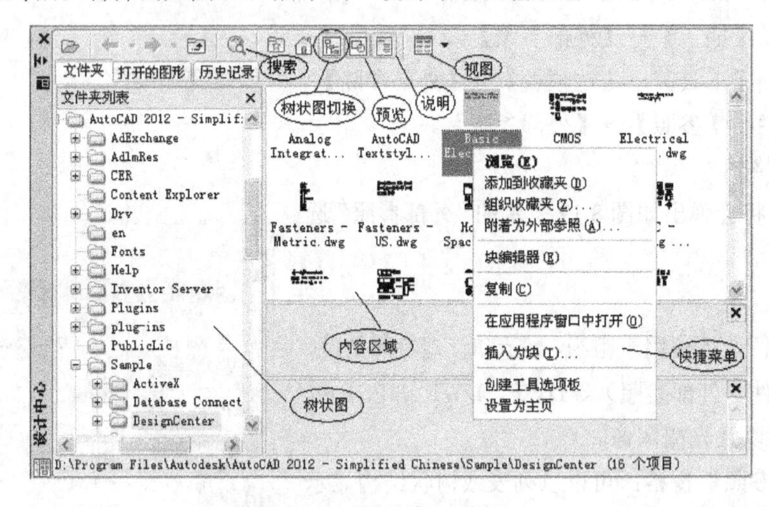

图 8.20 “设计中心”窗口

(4) 选项说明

①“文件夹”：显示计算机或网络驱动器（包括“我的电脑”和“网上邻居”）中文件和文件夹的层次结构。

②“打开的图形”：显示当前任务中打开的所有图形，包括最小化的图形。

③“历史记录”：显示最近在设计中心打开的文件的列表。

【提示与技巧】

✓ 单击“文件夹”或“打开的图形”选项卡时，将显示内容区域（右侧窗格）和树状图（左侧窗格）。

✓ 通过在树状图或内容区域中单击鼠标右键，可以访问快捷菜单上的相关内容区域或树状图选项。

8.4.2 查看图形内容

(1) 树状图

用户可通过选择工具栏中的按钮来控制树状视图的打开/关闭状态。

树状视图显示本地和网络驱动器上打开的图形、自定义内容、历史记录和文件夹等内容，其显示方式与 Windows 系统的资源管理器类似，为层次结构方式，双击层次结构中的某个项目可以显示其下一层次的内容，对于具有子层次的项目，则可单击该项目左侧的加号“+”或减号“–”来显示或隐藏其子层次。

（2）内容区域

显示树状图中当前选定“容器”的内容。容器是包含设计中心可以访问的信息的网络、计算机、磁盘、文件夹、文件或网址（URL）。

在内容区域中，通过拖动、双击或单击鼠标右键并选择“插入为块”、“附着为外部参照”或“复制”，可以在图形中插入块、填充图案或附着外部参照。可以通过拖动或单击鼠标右键向图形中添加其他内容（例如图层、标注样式和布局）。可以从设计中心将块和图案填充拖动到工具选项板中。

（3）预览和说明视图

用户可选择工具栏中的预览按钮或说明按钮来控制预览和说明视图的打开/关闭状态，也可在控制板中单击右键弹出快捷菜单选择。

对于在控制板中选中的项目，预览视图和说明视图将分别显示其预览图像和说明文字。在 AutoCAD 设计中心中不能编辑文字说明，但可以选择并复制。

8.4.3 使用设计中心查找

利用对话框查找：利用 AutoCAD 设计中心的查找功能，可以根据指定条件和范围来搜索图形和其他内容（如块和图层的定义等）。

单击工具栏中的搜索按钮，或在控制板上单击右键弹出快捷菜单，选择“搜索”项，可弹出“搜索”对话框，如图 8.21 所示。

在该对话框中的“搜索”下拉列表中给出了该对话框可查找的对象类型，如果用户选择了除“图形”和“图案填充文件”之外的对象，则对话框中部只显示一个选项卡；如果用户选择了“图形”项，则对话框将显示如图 8.21 所示的“图形”、“修改日期”、“高级”三个选项卡。

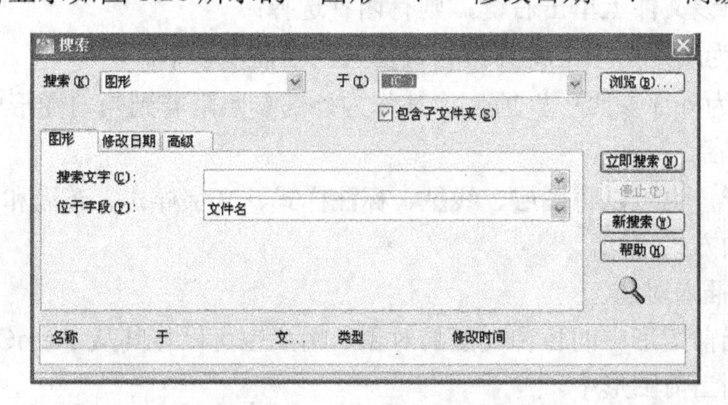

图 8.21 “搜索”对话框

完成对搜索条件的设置后，用户可单击按钮进行搜索，并可在搜索过程中随时单击按钮来中断搜索操作。

定义查找时可以输入查找单词的全部或部分，也可以使用“*”和“？”等标准通配符。

8.4.4 使用设计中心编辑图形

（1）打开图形

对于“内容区域”中或“查找”对话框中指定的图形文件，用户可通过如下方式将其在 AutoCAD

系统中打开：

➢ 将图形图标从设计中心内容区拖动到应用程序窗口绘图区域以外的任何位置。

➢ 在设计中心内容区中的图形图标上单击鼠标右键。单击“在应用程序窗口中打开”。

➢ 按住 Ctrl 键，同时将图形图标从设计中心内容区拖至绘图区域。

【提示与技巧】

✓ 如果将图形图标拖动到绘图区域中，将在当前图形中创建块。

（2）将内容添加到图形中

通过 AutoCAD 设计中心可以将“内容区域”或“查找”对话框中的内容添加到打开的图形中。根据指定内容类型的不同，其插入的方式也不同。

① 插入块。

➢ 将要插入的块直接拖放到当前图形中。这种方法通过命令提示行指定插入点、缩放比例和旋转角度。

➢ 控制板右键快捷菜单→【插入为块】。弹出“插入”对话框（见图 8.22）来设定插入块的插入点、缩放比例和旋转角度。

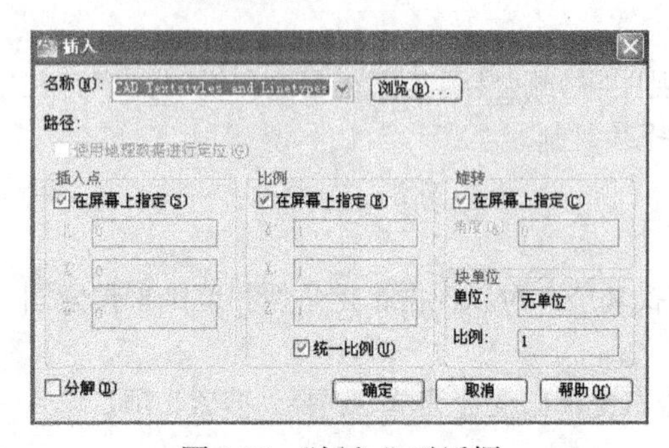

图 8.22 “插入”对话框

② 附着为外部参照。

将图形文件中的外部参照对象附着到当前图形文件中的方式为：

➢ 将要附着的外部参照对象拖放到当前图形中。

➢ 控制板右键快捷菜单→【附着为外部参照…】。

③ 插入图形文件。

对于 AutoCAD 设计中心的图形文件，如果将其直接拖放到当前图形中，则系统将其作为块对象来处理。如果在该文件上单击右键，则有两种选择：

➢ 选择“插入为块…”项，将其作为块插入到当前图形中。

➢ 选择“附着为外部参照…”项，将其作为外部参照附着到当前图形中。

④ 插入其他内容。

与块和图形一样，也可以将图层、线型、标注样式、文字样式、布局和自定义内容添加到打开的图形中，其添加方式相同。

⑤ 利用剪贴板插入对象。

对于可添加到当前图形中的各种类型的对象，用户也可以将其从 AutoCAD 设计中心复制到剪贴板，然后粘贴到当前图形中。

8.5 综合案例：齿轮啮合装配

8.5.1 操作任务

利用图块创建如图 8.23 所示的齿轮啮合装配。

8.5.2 操作目的

通过创建齿轮啮合装配，掌握图块的正确创建、插入方法。

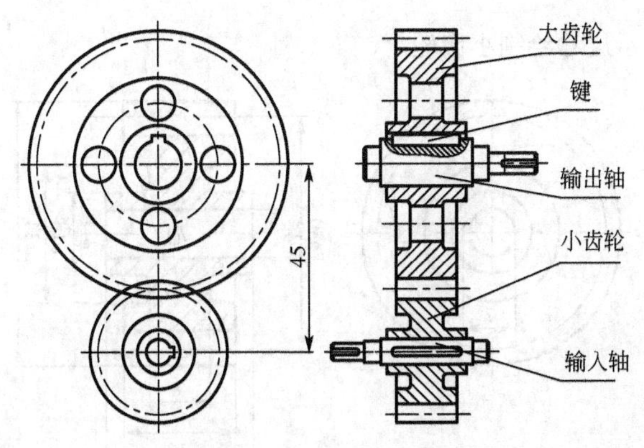

图 8.23　齿轮啮合图

8.5.3　操作要点

① 注意图块创建的正确方法。
② 熟练掌握运用图块的插入方法。
③ 进一步熟悉机械装配图的绘制技巧。

8.5.4　操作步骤

① 按照图 8.24 所示尺寸绘制大齿轮。

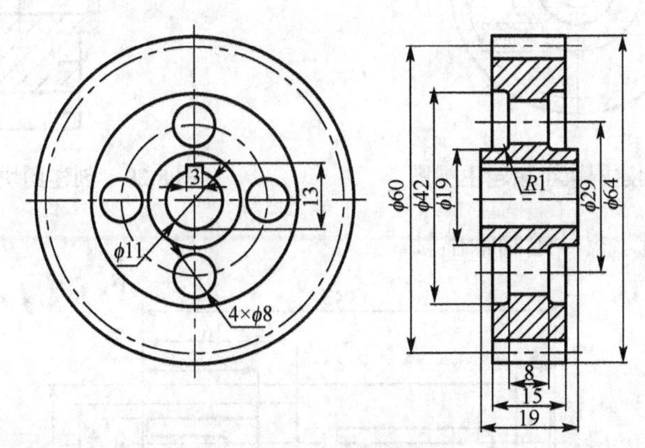

图 8.24　大齿轮零件图

② 创建图块“大齿轮主视图”，插入点选“圆心”，参见图 8.25。
③ 创建图块“大齿轮剖视图”，插入点选“中点”，参见图 8.26。

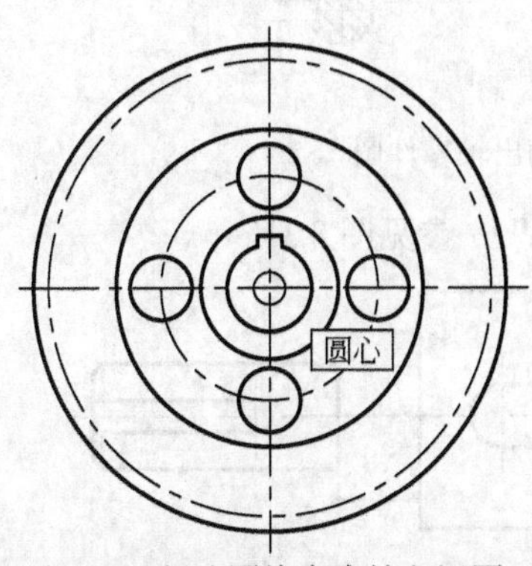

图 8.25　创建图块大齿轮主视图

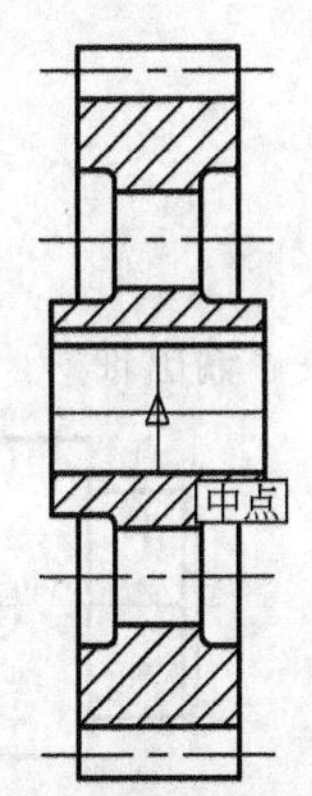

图 8.26　创建图块大齿轮剖视图

④ 按照图 8.27 所示尺寸绘制小齿轮。

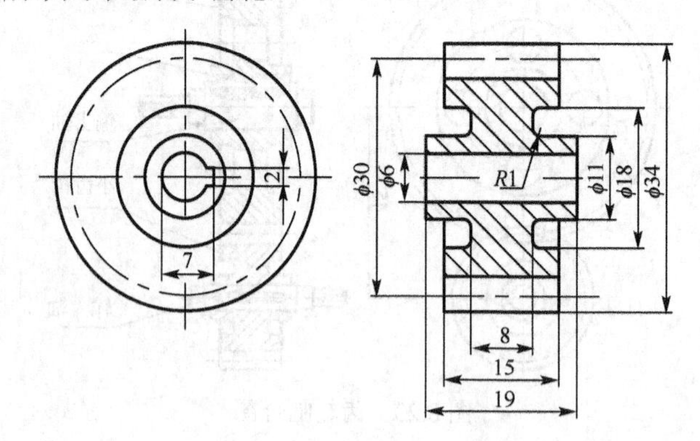

图 8.27　小齿轮零件图

⑤ 创建图块“小齿轮主视图”，插入点选“圆心”，参见图 8.28。
⑥ 创建图块“小齿轮剖视图”，插入点选“中点”，参见图 8.29。

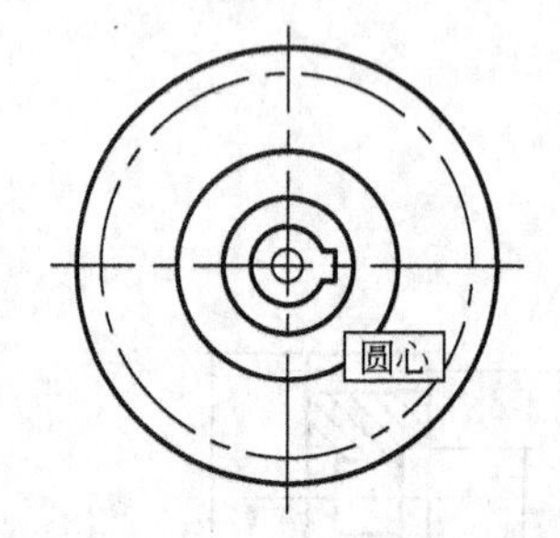

图 8.28　创建图块小齿轮主视图

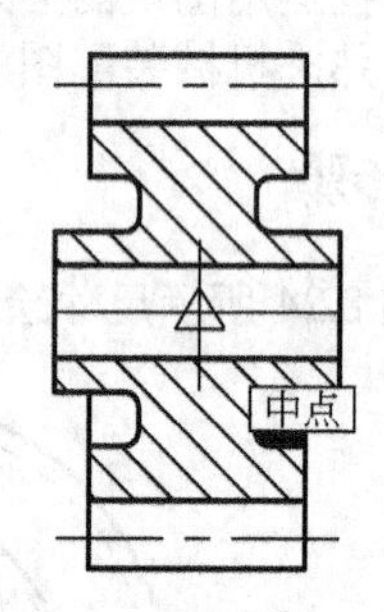

图 8.29　创建图块小齿轮剖视图

⑦ 按照图 8.30 所示尺寸绘制输出轴。

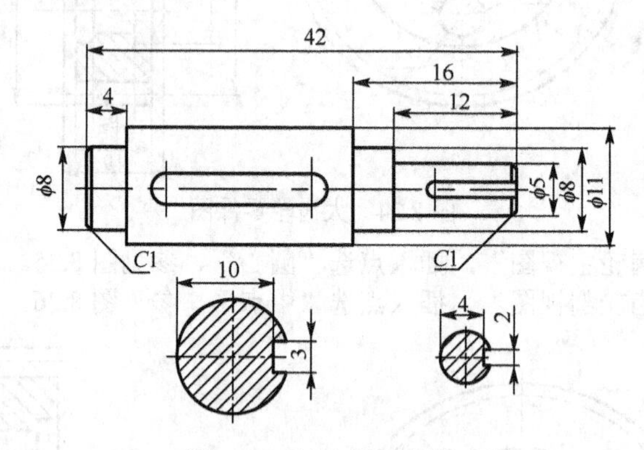

图 8.30　输出轴零件图

⑧ 创建图块“输出轴”，插入点选“中点”，参见图 8.31。

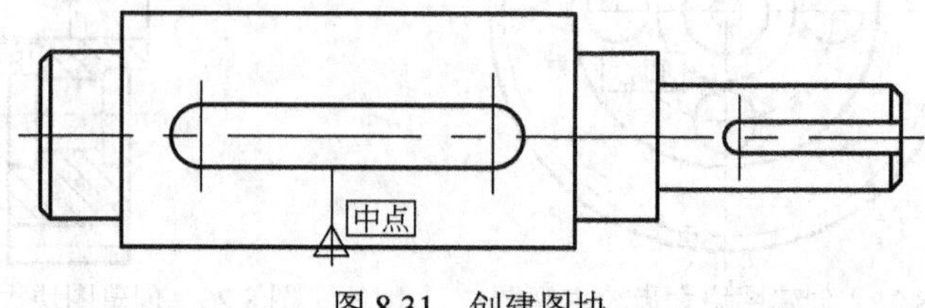

图 8.31　创建图块

⑨ 按照图 8.32 所示尺寸绘制输入轴。

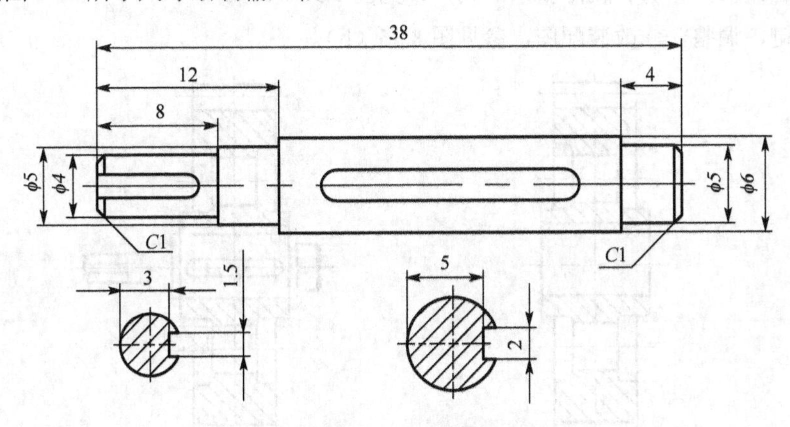

图 8.32　输入轴零件图

⑩ 创建图块“输入轴”，插入点选“中点”，参见图 8.33。

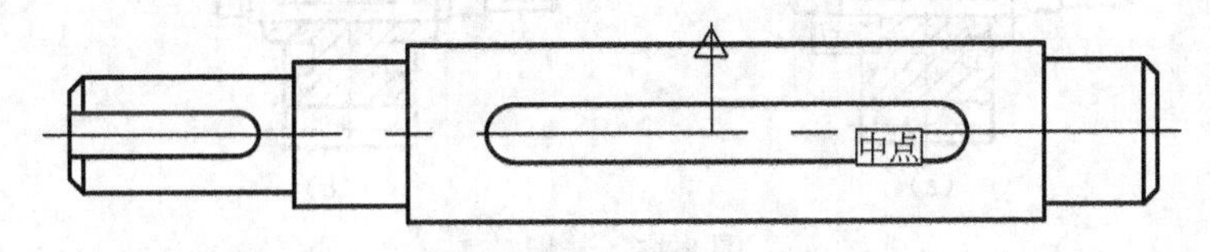

图 8.33　创建图块

⑪ 绘制中心线，水平间距 45。分别插入图块“大齿轮主视图”和“小齿轮主视图”，插入点选中心线“交点”，参见图 8.34（a）。

⑫ 分别插入图块“大齿轮剖视图”和“小齿轮剖视图”，插入点选中心线“交点”，参见图 8.34（b）。

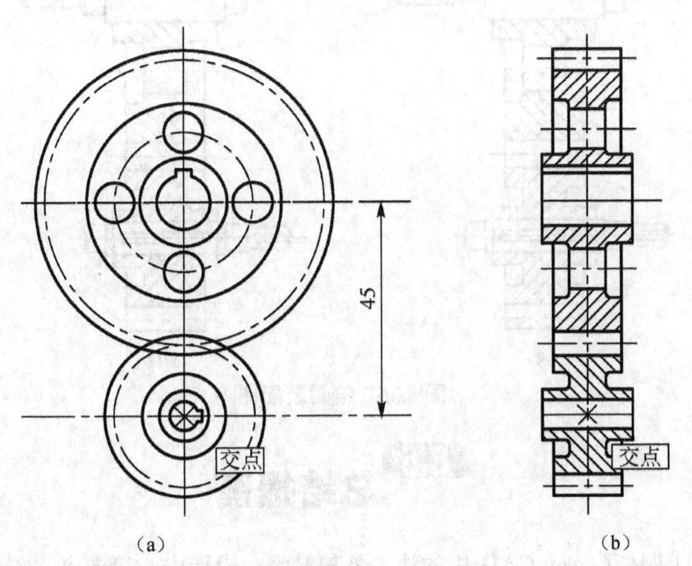

图 8.34　装配大、小齿轮

⑬ 插入图块“输入轴”，插入点选中心线与齿轮“交点”，参见图 8.35（a）。

⑭ 插入图块“输出轴”，插入点选中心线与齿轮“交点”，参见图 8.35（b）。

⑮ 分解各图块，修剪、删除多余的线，参见图 8.36（a）。

⑯ 绘制键，调整、修改装配图，参见图 8.36（b）。

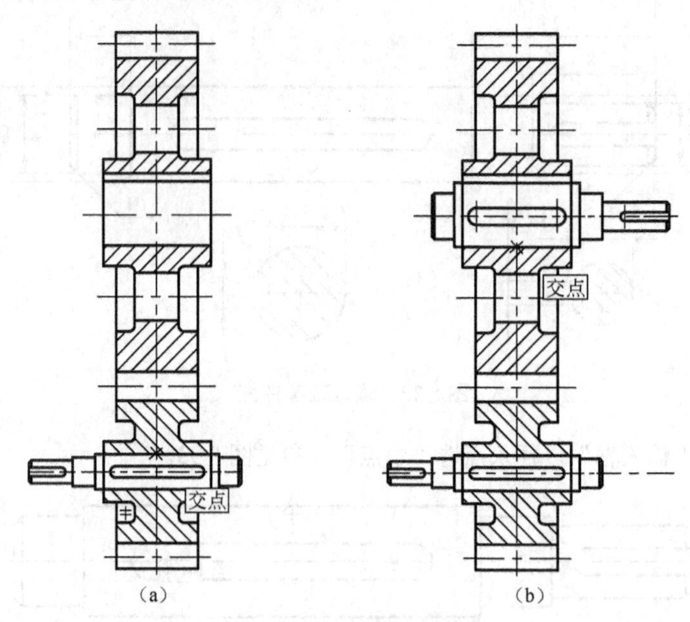

图 8.35 装配轴

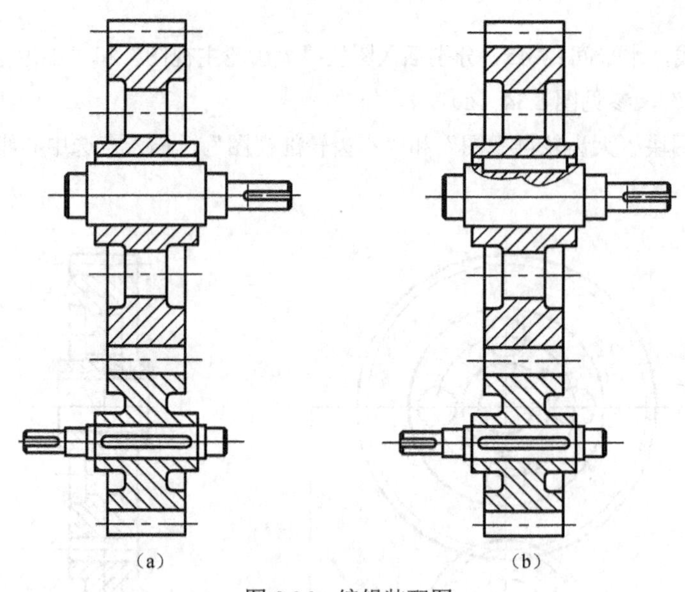

图 8.36 编辑装配图

8.6 总结提高

在本章中我们讲述了 AutoCAD 中的块、外部参照、设计中心等内容，主要包含块的定义、插入块、块属性的定义与编辑，插入外部参照，如何在设计中心中查看、查找对象，以及使用设计中心来打开图形文件，向图形文件中添加各种内容。通过本章的学习，用户可以充分利用资源，提高绘图的效率。

8.7 思考与上机训练

8.7.1 选择题

1．用（　　）可以编辑属性块的属性值。

A．DDEDIT 命令　　B．块属性管理器

C．ATTEDIT 命令　　D．CHANGE 命令

2．用（　　）可以确定图形文件的插入基点。

A．BLOCK 命令　　B．WBLOCK 命令

C．INSERT 命令　　D．BASE 命令

3．在创建块和定义属性及外部参照过程中，“定义属性”（　　）。

A．能独立存在　　B．能独立使用　　C．不能独立存在　　D. 不能独立使用

4．在定义块属性时，要使属性为定值，可选择（　　）模式。

A．不可见　　B．固定　　C．验证　　D．预置

5．如果要删除一个无用块。可使用下面（　　）命令。

A．PURGE　　B．DELETE　　C．ESC　　D．UPDATE

6．使用块的优点有（　　）。

A．节约绘图时间　　B．建立图形库　　C．方便修改　　D. 节约存储空间

【友情提示】

1.B　2.D　3.C D　4.B　5.A　6.A B C D

8.7.2 操作题

1．按照图 LX8.1 所示要求绘图，并进行粗糙度标注。

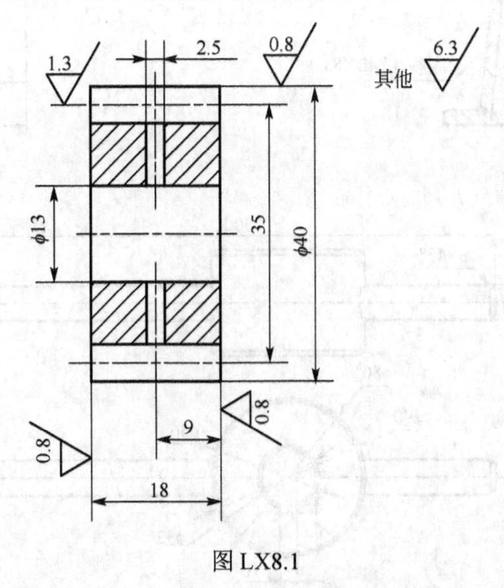

图 LX8.1

2．按照图 LX8.2 所示要求绘制齿轮，并进行粗糙度标注。

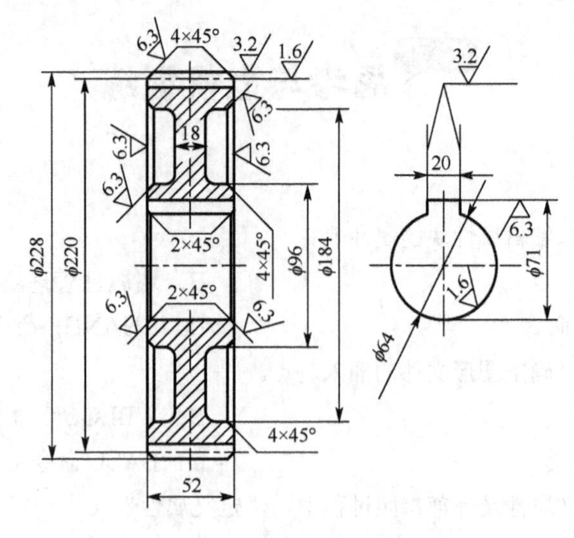

图 LX8.2

3．按照图 LX8.3 所示要求绘制千斤顶装配图。其中各零件图分别参见图 LX8.4～图 LX8.8。

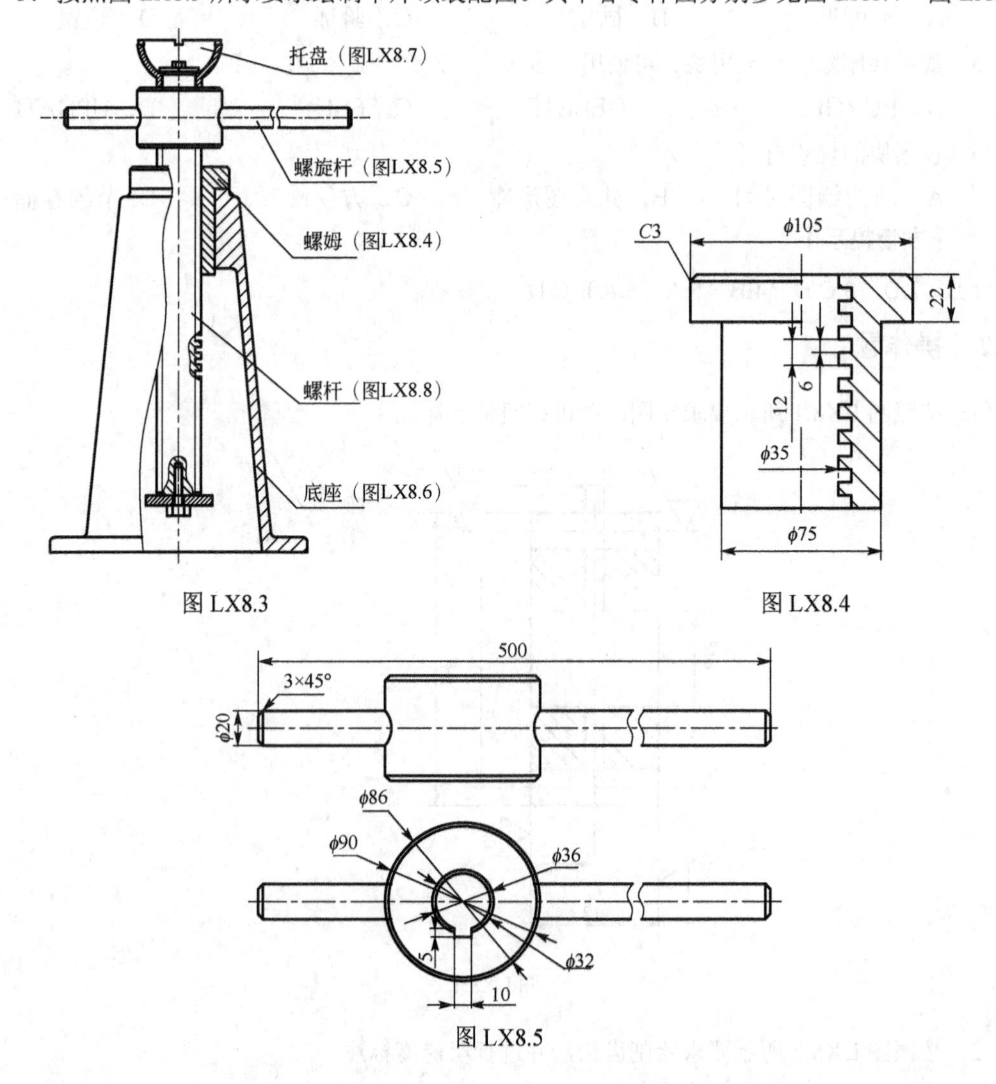

图 LX8.3

图 LX8.4

图 LX8.5

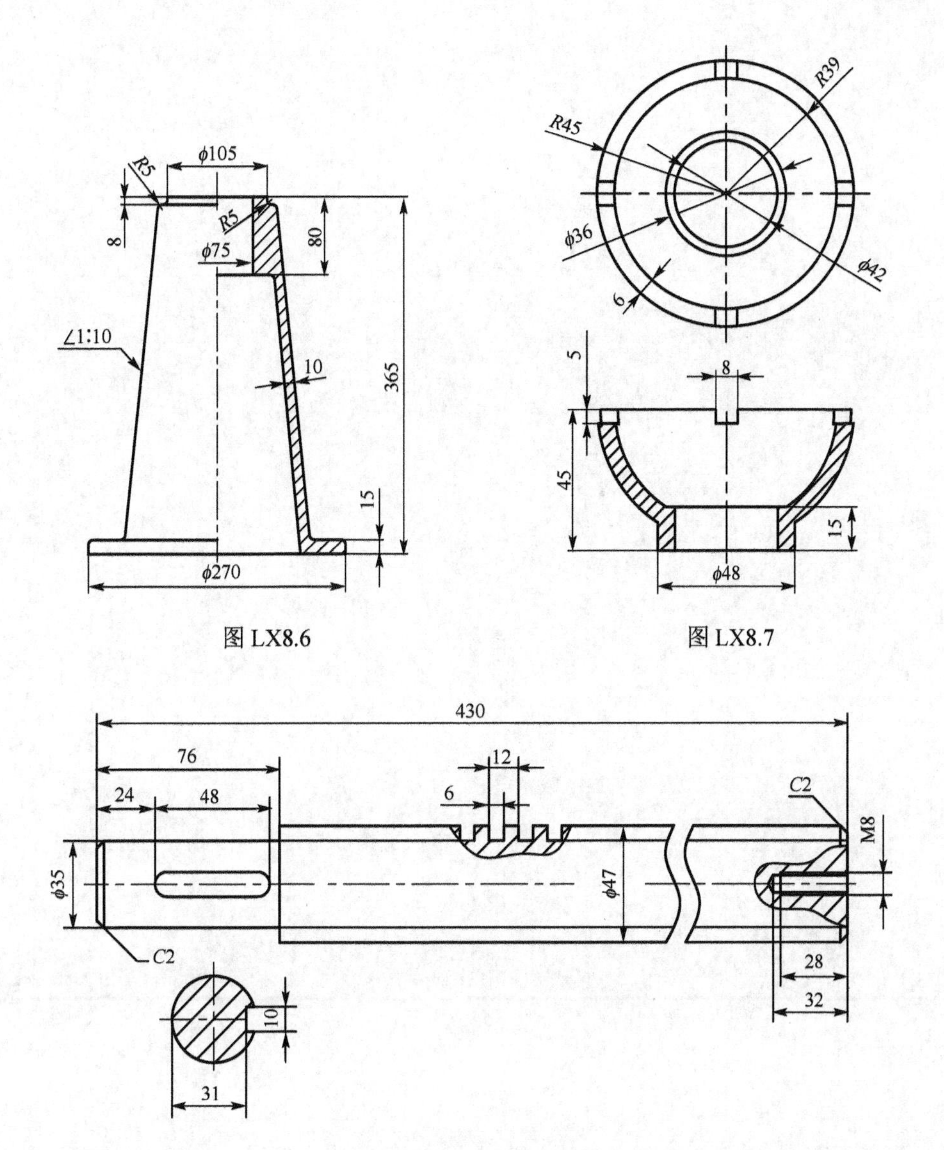

图 LX8.6

图 LX8.7

图 LX8.8

第 9 章　三维实体的绘制及编辑

本章导读

本章将介绍 AutoCAD 的三维基本操作的命令和知识，使读者具备绘制和修改简单三维图形的能力。

学习指导

★ 定制用户坐标系
★ 控制坐标系图标显示方式
★ 调整视点
★ 绘制简单三维实体
★ 编辑与修改简单三维实体
★ 消隐与着色

9.1 三维坐标系统

2D 视图的表达不直观，所以人们希望建立 3D 模型。AutoCAD 提供了强大的三维绘图功能。本章只介绍绘制三维图的基础知识和常用三维显示命令。

在创建 3D 模型时，需在世界坐标系 WCS 或用户坐标系 UCS 中指定坐标。

9.1.1 右手法则与坐标系

（1）右手法则

在 3D 坐标系中，按照右手定则，可以根据 *X* 和 *Y* 轴的正方向确定 *Z* 轴的正方向。拇指指向 *X* 轴的正方向，张开食指和中指，食指指向 *Y* 轴的正方向，中指的指向即为 *Z* 轴的正方向。通过旋转手，可以看到 *X*、*Y* 和 *Z* 轴如何随着 UCS 的改变而旋转。

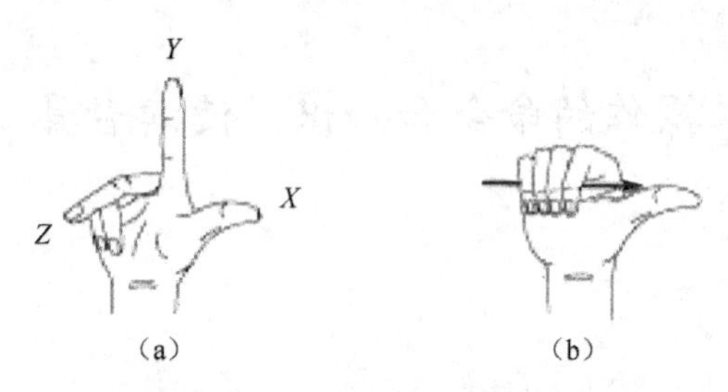

图 9.1 坐标系的确定

还可以使用右手定则确定三维空间中绕坐标轴旋转的正方向。将右手拇指指向轴的正方向，卷曲其余四指。右手四指所指示的方向即轴的正旋转方向，如图 9.1 所示。

（2）直角坐标系

输入 3D 直角坐标与输入 2D 直角坐标类似，除了指定 *X* 和 *Y* 坐标以外，还需指定 *Z* 坐标。

例如，输入（3，2，5），表示该点的 *X*、*Y*、*Z* 坐标分别为 3、2、5。

用户可以输入相对于原点的绝对坐标（*X*，*Y*，*Z*），也可以输入相对于上一个点的相对坐标（@*X*，*Y*，*Z*）。

（3）柱面坐标系

输入 3D 柱面坐标的格式为（$r<\alpha, z$），r 为该点在 *XY* 平面上的投影相对于原点的距离，α为该点投影与原点连线相对于正 *X* 轴的旋转角度，z 为该点与 *XY* 平面的垂直距离。

用户可以输入相对于原点的绝对柱面坐标（$r<\alpha, z$），也可以输入相对于上一个点的相对柱面坐标（@$r<\alpha$, z）。

（4）球面坐标系

输入 3D 球面坐标的格式为（$r<\alpha_1<\alpha_2$），r 为该点到原点的距离，α_1 为该点在 *XY* 平面上的投影与正 *X* 轴的角度，α_2 为该点与 *XY* 平面的角度。

用户可以输入相对于原点的绝对球面坐标（$r<\alpha_1<\alpha_2$），也可以输入相对于上一个点的相对球面坐标（@$r<\alpha_1<\alpha_2$）。

9.1.2 用户坐标系的建立

（1）命令功能

UCS 是处于活动状态的坐标系，用于建立图形和建模的 *XY* 平面（工作平面）和 *Z* 轴方向。可以设置 UCS 原点及其 *X*、*Y* 和 *Z* 轴，以满足您的需求。

（2）命令调用

命令行：UCS。

菜单：【工具】→【新建 UCS】→【原点】。

菜单：【工具】→【新建 UCS】→【三点】。

工具栏：【UCS】→UCS。

工具栏：【UCS II】→UCS （或原点 或三点）。

（3）操作格式

用上述任一方法输入“UCS”命令后，AutoCAD会提示：

```
命令：ucs Enter
当前UCS名称：*世界*
指定 UCS 的原点或[面(F)/命名(NA)/对象(OB)/上一个(P)/视图
(V)/世界(W)/X/Y/Z/Z轴(ZA)] <世界>:                    //指定UCS的原点
指定X轴上的点或<接受>:                                //指定X轴上的点
指定XY平面上的点或<接受>:                             //指定XY平面上的点
```

9.1.3 控制用户坐标系图标

用户坐标系图标（UCS）可帮助用户直观了解当前UCS的方向。AutoCAD提供的“ucsicon”命令，可以控制UCS图标的可见性、位置、外观和可选性，以适应用户在不同的绘图工作时的不同需要。

为了指示UCS的位置和方向，将在UCS原点或当前视口的左下角显示UCS图标。在二维环境中，可以选择该图标的二维或三维样式来表示UCS；在三维环境中，将显示该图标的着色样式来表示UCS，如图9.2所示。

图纸空间和模型空间中显示的坐标系图标互不相同，参见图9.3。

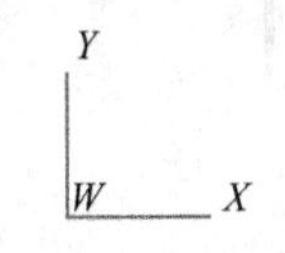

(a) 二维UCS图标

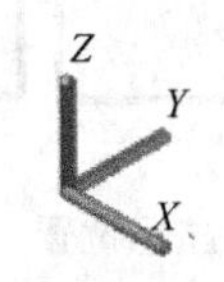

(b) 三维UCS图标

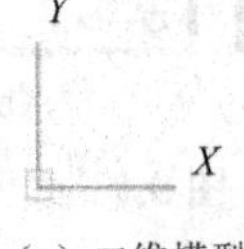

(c) 着色UCS图标

图9.2 二维UCS图标、三维UCS图标和着色UCS图标

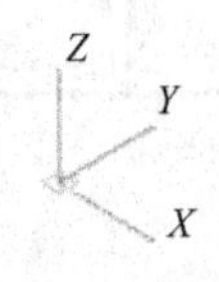

(a) 二维模型空间UCS

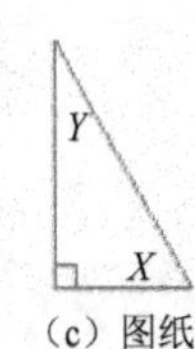

(b) 三维模型空间UCS

(c) 图纸空间UCS

图9.3 二维模型空间UCS、三维模型空间UCS和图纸空间UCS

如果UCS与世界坐标系(WCS)相同，则图标的*Y*部分会显示字母*W*。如果旋转UCS使*Z*轴位于与观察平面平行的平面上（也就是说，如果*XY*平面对观察者而言显示为一条边），那么二维UCS图标将变成断笔图标。如果当前UCS与WCS相同，并且正俯视UCS（正*Z*方向），则在原点处的*XY*平面上显示一个方框。仰视UCS时方框消失。俯视*XY*平面时，*Z*轴是实线；仰视*XY*平面时，则为虚线。图9.4所示是一些图标的样例。

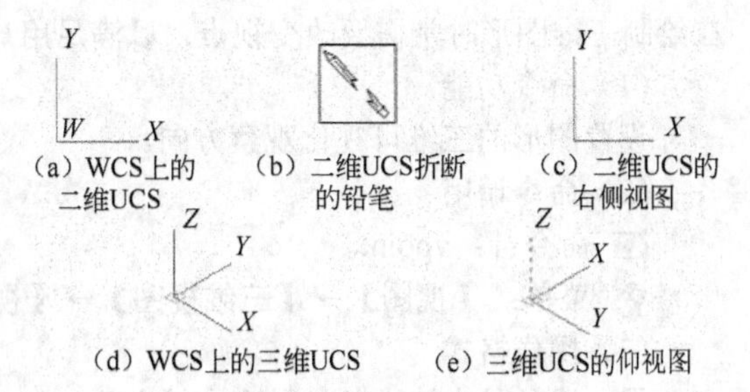

图9.4 图标样例

（1）命令功能

控制坐标系的显示。

（2）命令调用

命令行：ucsicon。

菜单：【视图】→【显示】→【UCS图标】→【开】（或【原点】或【特性】）。

（3）操作格式

用上述方法中任一种命令输入后，AutoCAD会提示：

命令：ucsicon Enter
输入选项[开(ON)/关(OFF)/全部(A)/非原点(N)/原点(OR)/可选(S)/特性(P)] <开>：_off　　　　//关闭坐标系图标

（4）选项说明

①“开(ON)”：显示 UCS 图标。

②“关(OFF)”：关闭 UCS 图标的显示。

③“全部(A)”：将对图标的修改应用到所有活动视口。否则，UCSICON 命令只影响当前视口。

④“非原点”：不管 UCS 原点在何处，在视口的左下角显示图标。

⑤“原点”：在当前 UCS 的原点(0,0,0)处显示该图标。如果原点超出视图，它将显示在视口的左下角。

⑥“可选”：控制 UCS 图标是否可选并且可以通过夹点操作。

⑦“特性”：显示“UCS 图标”对话框，从中可以控制 UCS 图标的样式、可见性和位置。

各选项效果如图 9.5 所示。

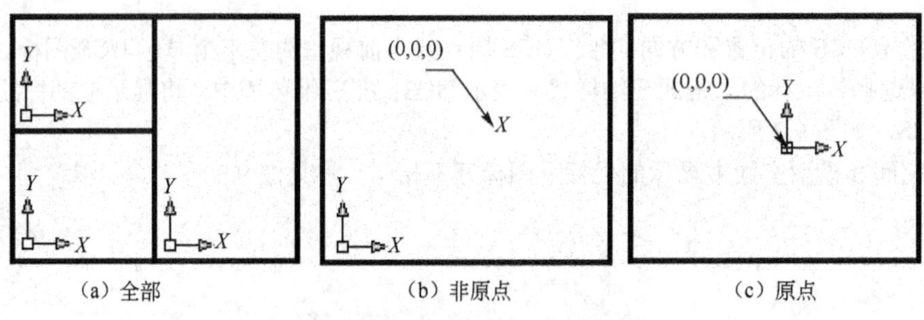

（a）全部　（b）非原点　（c）原点

图 9.5　改变 UCS 的显示位置

9.2 三维视点及三维动态观察器

9.2.1　确定三维视点

在以前的章节中介绍的绘图操作大多数是在 *XY* 平面中进行的，绘图的视点不需要改变。但在绘制三维图形时常需要改变视点，以满足用户能从不同的角度观察图形各部位的需要。

（1）命令功能

设置图形的三维可视化观察方向。

（2）命令调用

命令行：vpoint。

菜单：【视图】→【三维视图】→【视点】。

（3）操作格式

用上述几种方法中任一种命令输入后，AutoCAD 会有如下提示：

命令：vpoint Enter
当前视图方向：VIEWDIR=0.0000,0.0000,1.0000
指定视点或[旋转(R)] <显示指南针和三轴架>：1,0,0 Enter　　　　//指定视点（1,0,0）
正在重生成模型

（4）选项说明

①“视点”：创建一个矢量，该矢量定义通过其查看图形的方向。定义的视图好像是观察者在该点向原点(0,0,0)方向观察，如图 9.6 所示。

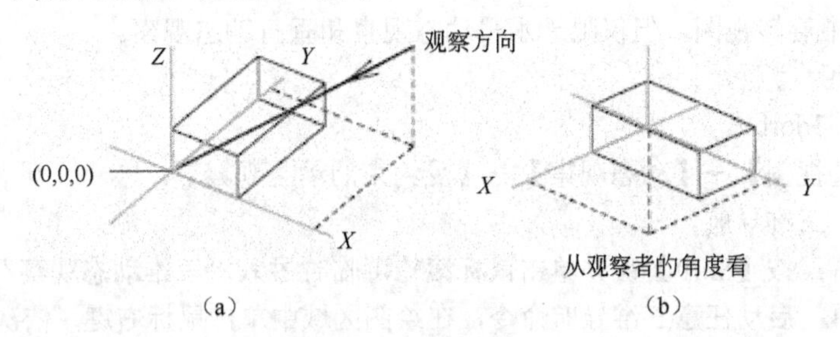

图 9.6 “视点”说明

②“旋转”：使用两个角度指定新的观察方向。

③“显示指南针和三轴架”：用来定义视口中的观察方向。

在图 9.7 中，右上角的指南针相当于一个球体的俯视图，十字光标代表视点的位置。拖动鼠标，使十字光标在指南针范围内移动，光标位于小圆环内表示视点在 Z 轴正方向，光标位于内外环之间，则表示视点位于 Z 轴的负方向。移动光标，便可设置视点。

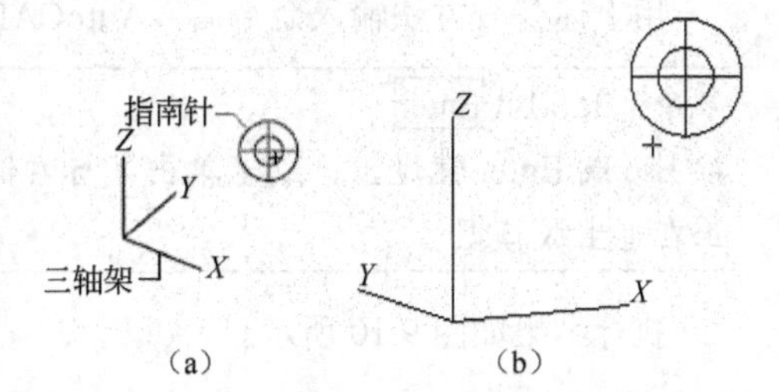

图 9.7 利用指南针确定视点

用户确定的视点不同，坐标系的显示方式也随之改变，对应关系见图 9.8。

9.2.2 确定特殊视点

在【视图】下拉菜单【三维视图】中，有许多其他选项，如图 9.9 所示。

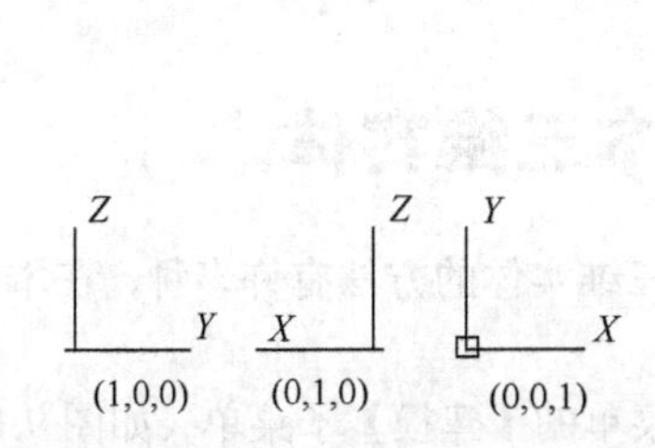

图 9.8 视点与坐标系显示的关系

图 9.9 【三维视图】子菜单

用户利用这些选项，可以快速地确定一些特殊视点。表 9.1 中列出了【三维视图】子菜单中特殊视点选项及其对应的视点。

表 9.1 特殊视点选项及其对应的视点

子菜单的选项	对应的视点	视图方向	子菜单的选项	对应的视点	视图方向
俯视	0,0,1	正上方	后视	0,1,0	正后方
仰视	0,0,–1	正下方	西南等轴测	–1, –1,0	西南方向
左视	–1,0,0	左方	东南等轴测	1, –1,1	东南方向
右视	1,0,0	右方	东北等轴测	1,1,1	东北方向
主视	0, –1,0	正前方	西北等轴测	–1,1,1	西北方向

9.2.3 调整视点

（1）命令功能

在三维空间中旋转视图，但仅限于水平动态观察和垂直动态观察。

（2）命令调用

命令行：3dorbit。

菜单：【视图】→【动态观察】→【受约束的动态观察】。

工具栏：三维导航。

定点设备：按【Shift】键并单击鼠标滚轮可临时进入“三维动态观察”模式。

快捷菜单：启动任意三维导航命令，在绘图区域中单击鼠标右键，依次单击【其他导航模式】→【受约束的动态观察 1】。

（3）操作格式

用上述任一方法输入命令后，AutoCAD 会有如下提示：

命令：3dorbit Enter
按 Esc 或 Enter 键退出，或者单击鼠标右键显示快捷菜单　　　　//拖动鼠标调整
正在重生成模型

执行结果如图 9.10 所示。

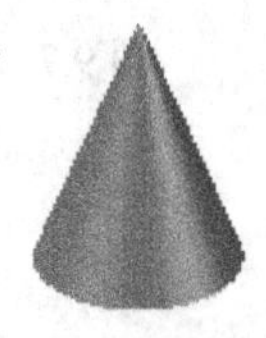

图 9.10　利用三维动态观察器调整视点

9.3 绘制基本三维实体

三维实体是三维图形中最重要的部分。绘制三维实体的方法有许多种，在本小节中将主要介绍如何通过 AutoCAD 提供的命令绘制。

【绘图】菜单的【建模】子菜单（如图 9.11 所示）集中了 AutoCAD 提供的绘制三维实体的命令。

用户也可以通过如图 9.12 所示的【建模】工具栏来绘制三维实体。

图 9.11 【建模】子菜单

9.3.1 绘制长方体

（1）命令功能

创建实心长方体或实心立方体。

（2）命令调用

命令行：box。

菜单：【绘图】→【建模】→【长方体】。

工具栏：【建模】→。

图 9.12 【建模】工具栏

（3）操作格式

用上述几种方法中任一种命令输入后，AutoCAD 会有如下提示：

命令：box Enter

指定长方体的角点或[中心点(CE)] <0,0,0>：0,0,0 Enter　　//指定长方体角点坐标

指定角点或[立方体(C)/长度(L)] ：5,50,0 Enter　　//指定对角点坐标

指定高度：20 Enter　　//指定长方体的高度

执行的结果如图 9.13 所示。

9.3.2 绘制楔体

（1）命令功能

创建三维实体楔体。倾斜方向始终沿 UCS 的 X 轴正方向。

（2）命令调用

命令：wedge。

菜单：【绘图】→【建模】→【楔体】。

工具栏：【建模】→。

（3）操作格式

用上述几种方法中任一种命令输入后，AutoCAD 会有如下提示：

命令：wedge Enter

指定楔体的第一个角点或[中心点(CE)] <0,0,0>：　　//捕捉点，指定楔体底面角点坐标

指定角点或[立方体(C)/长度(L)] ：　　//捕捉点，指定对角点坐标

指定高度：指定第二点：　　//捕捉两点，指定楔体高度

执行的结果如图 9.14 所示。

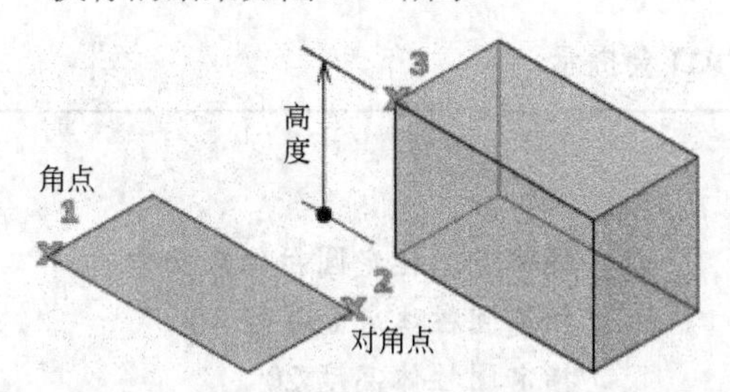

图 9.13 指定角点、对角点和高度绘制长方体

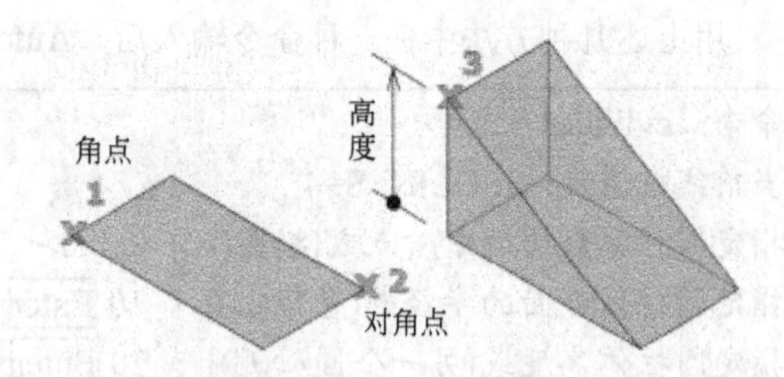

图 9.14 指定角点、对角点和高度绘制楔体

9.3.3 绘制球体

（1）命令功能

创建三维实体球体。

（2）命令调用

命令行：sphere。

菜单：【绘图】→【建模】→【球体】。

工具栏：【建模】→。

（3）操作格式

用上述方法中的任一种方式输入命令后，AutoCAD 会提示：

```
命令：_sphere Enter
当前线框密度：ISOLINES=30
指定球体球心<0,0,0>:                        //捕捉点，指定球体中心
指定球体半径或[直径(D)]：10 Enter            //指定球体的半径 10
```

执行的结果如图 9.15 所示。

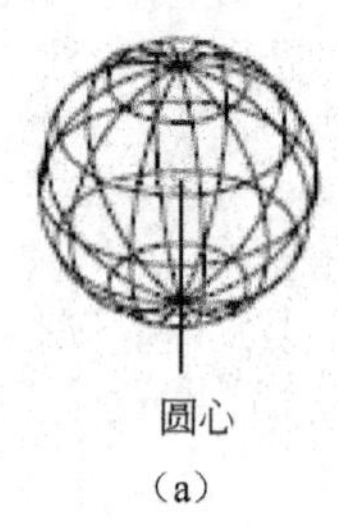

（a）

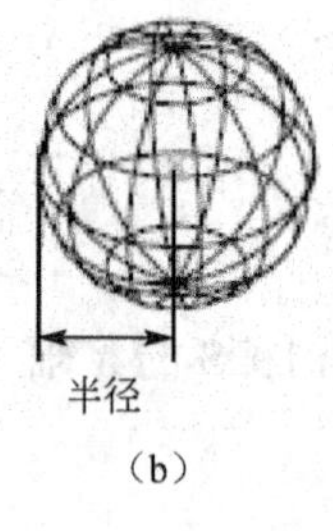

（b）

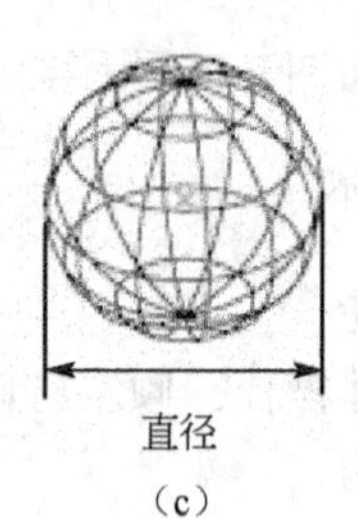

（c）

图 9.15　绘制球体

9.3.4　绘制圆柱体

（1）命令功能

创建三维实体圆柱体。

（2）命令调用

命令行：cylinder。

菜单：【绘图】→【建模】→【圆柱体】。

工具栏：【建模】→。

（3）操作格式

用上述几种方法中任一种命令输入后，AutoCAD 会提示：

```
命令：cylinder Enter
当前线框密度：ISOLINES=4
指定圆柱体底面的中心点或[椭圆(E)] <0,0,0>:     //捕捉点，指定圆柱体底面中心
指定圆柱体底面的半径或[直径(D)]：10 Enter       //指定圆柱体底面半径 10
指定圆柱体高度或[另一个圆心(C)]：20 Enter       //指定圆柱体高度 20
```

执行的结果如图 9.16 所示。

9.3.5　绘制圆锥体

（1）命令功能

创建三维实体圆锥体。

（2）命令调用

命令行：cone。

菜单：【绘图】→【建模】→【圆锥体】。

工具栏：【建模】→△。

（3）操作格式

用上述几种方法中任一种命令输入后，AutoCAD 会提示：

命令：cone Enter
当前线框密度：ISOLINES=30
指定圆锥体底面的中心点或[椭圆(E)] <0,0,0>:　　//捕捉点，指定圆锥体底面中心
指定圆锥体底面的半径或[直径(D)]：10 Enter　　/指定锥体底面半径 10
指定圆锥体高度或[顶点(A)]：20 Enter　　//指定圆锥体高度 20

执行的结果如图 9.17 所示。

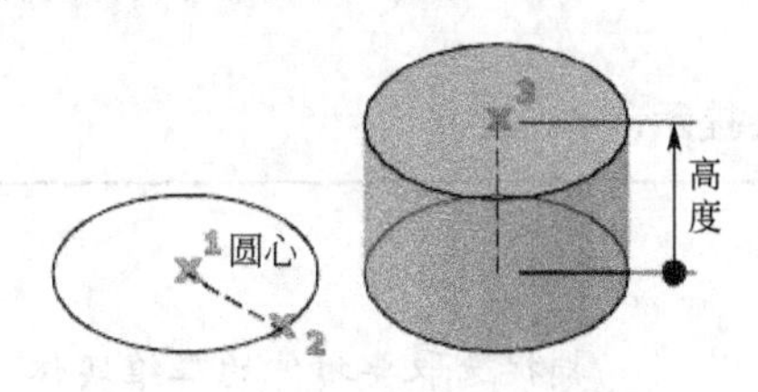

图 9.16　指定一点绘制圆柱体

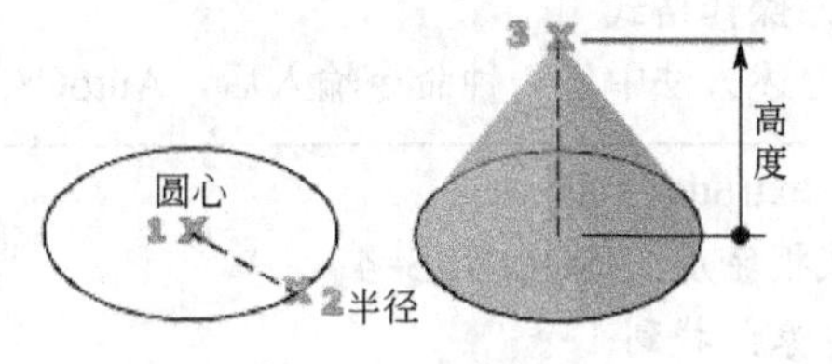

图 9.17　绘制圆锥体

9.3.6　绘制圆环体

（1）命令功能

创建圆环形的三维实体。

（2）命令调用

命令行：torus。

菜单：【绘图】→【建模】→【圆环体】。

工具栏：【建模】→◎。

（3）操作格式

用上述任一方法输入命令后，AutoCAD 会提示：

命令：torus Enter
当前线框密度：ISOLINES=30
指定圆环体中心<0,0,0>:　　//捕捉点，指定圆环体中心
指定圆环体半径或[直径(D)]：10 Enter　　//指定圆环体半径 10
指定圆管半径或[直径(D)]：5 Enter　　//指定圆管半径 5

执行的结果如图 9.18 所示。

【提示与技巧】

✓ 可以通过指定圆环体的圆心、半径或直径以及围绕圆环体的圆管的半径或直径创建圆环体。

✓ 在绘制曲面实体时，系统变量 ISOLINES 值精度越大，曲面实体越逼真，但所占空间越大，同时也增加计算机的运行时间。

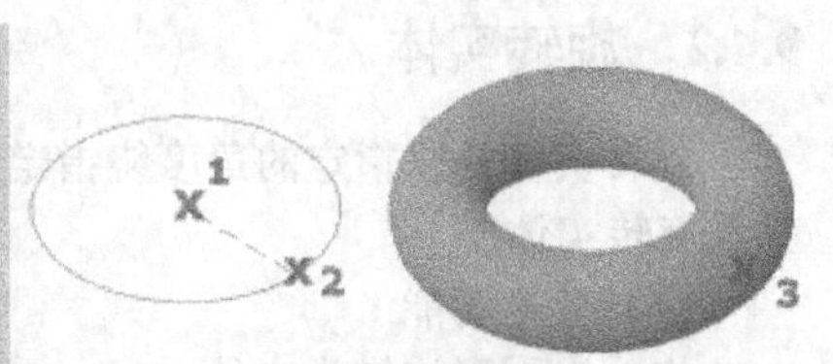

图 9.18　绘制圆环体

9.4 拉伸和旋转

9.4.1 拉伸实体

（1）命令功能

通过延伸对象的尺寸创建三维实体或曲面。

（2）命令调用

命令行：Extrude 或 Ext。

菜单：【绘图】→【建模】→【拉伸】。

工具栏：【建模】→ 。

（3）操作格式

用上述方法中任一种命令输入后，AutoCAD 会提示：

```
命令：extrude Enter
当前线框密度：ISOLINES=4
选择对象：找到 1 个                          //捕捉选取要拉伸的二维实体
选择对象：Enter                              //结束选择
指定拉伸高度或[路径(P)]：40 Enter            //输入 40，指定拉伸的高度
指定拉伸的倾斜角度<0>：30 Enter              //输入 30，指定拉伸的角度
```

图 9.19 将矩形分别拉伸为长方体（拉伸角度为 0）和棱台（拉伸角度为 30°）。

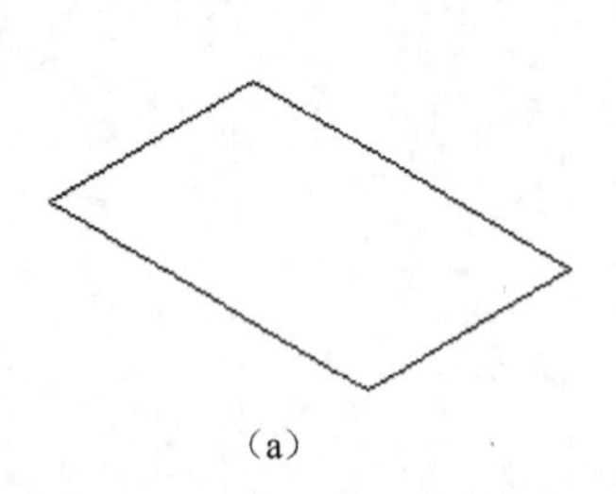

（a）

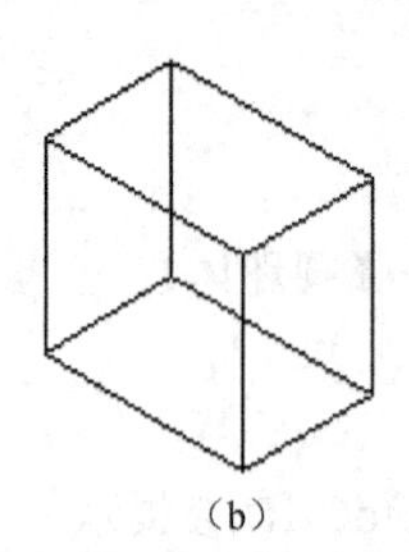

（b）

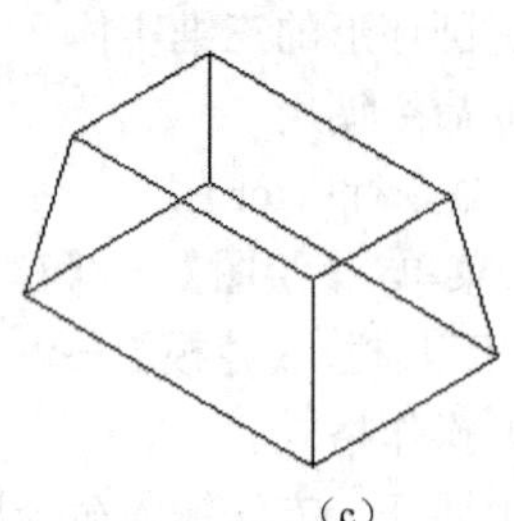

（c）

图 9.19　将矩形分别拉伸为长方体和棱台

【提示与技巧】

- ✓ 拉伸高度为负值，则沿 *Z* 轴负方向拉伸实体。
- ✓ AutoCAD 不能拉伸自交叉或重叠的实体。
- ✓ 拉伸角度在–90°～90°。

9.4.2 旋转实体

旋转实体是以指定的角度绕指定的轴将一些封闭的二维图形旋转，旋转过程中所经过的区域就是旋转实体。

（1）命令功能

将二维图形旋转为实体。

（2）命令调用

命令行：revolve。

菜单：【绘图】→【建模】→【旋转】。

工具栏：【建模】→ 。

（3）操作格式

用上述方法中任一种输入命令后，AutoCAD 会有如下的提示：

命令：revolve Enter
当前线框密度：ISOLINES=10
选择对象：找到 1 个　　//捕捉选取要旋转的二维实体
选择对象：Enter　　//结束选择
指定旋转轴的起点或
定义轴依照[对象(O)/X 轴(X)/Y 轴(Y)]:　　//捕捉指定旋转轴的起点
指定轴端点：　　//捕捉指定旋转轴的端点
指定旋转角度<360>：Enter　　//指定旋转角度为 360

旋转的效果如图 9.20 所示。

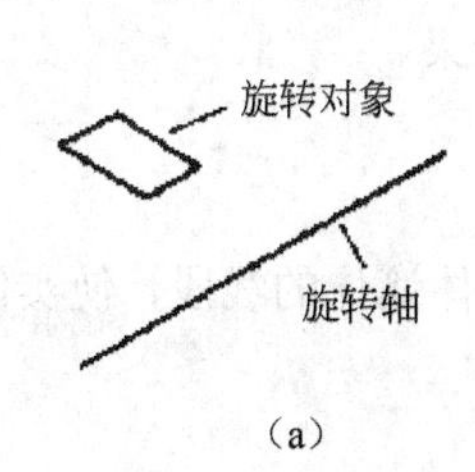

（a）

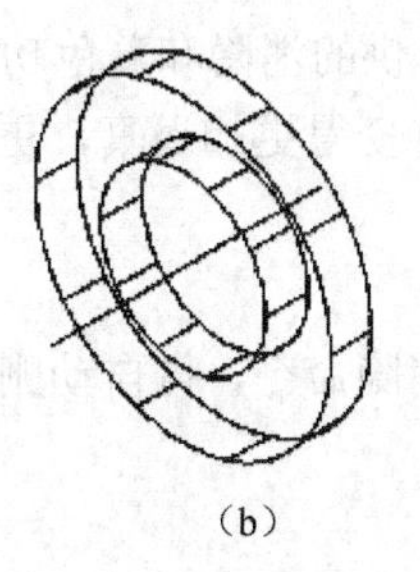
（b）

图 9.20　旋转对象

【提示与技巧】

✓ 被旋转的对象必须位于轴的一侧，否则无法旋转选定的对象。

9.5 剖切实体

（1）命令功能

通过剖切或分割现有对象，创建新的三维实体和曲面。

（2）命令调用

命令行：slice 或 sl。

菜单：【修改】→【三位操作】→【剖切】。

（3）操作格式

用上述几种方法中任一种命令输入后，AutoCAD 会有如下提示：

命令：slice Enter
选择对象：找到 1 个　　//捕捉选取要剖切的实体
选择对象：　　//结束选择
指定切面上的第一个点，依照[对象(O)/Z 轴(Z)/视图(V)/XY
平面(XY)/YZ 平面(YZ)/ZX
平面(ZX)/三点(3)] <三点>：　　//捕捉指定剖切面的第一个点

```
指定平面上的第二个点:                                    //捕捉指定剖切面的第二个点
指定平面上的第三个点:                                    //捕捉指定剖切面的第三个点
在要保留的一侧指定点或[保留两侧(B)]:                     //捕捉指定要保留的一侧
```

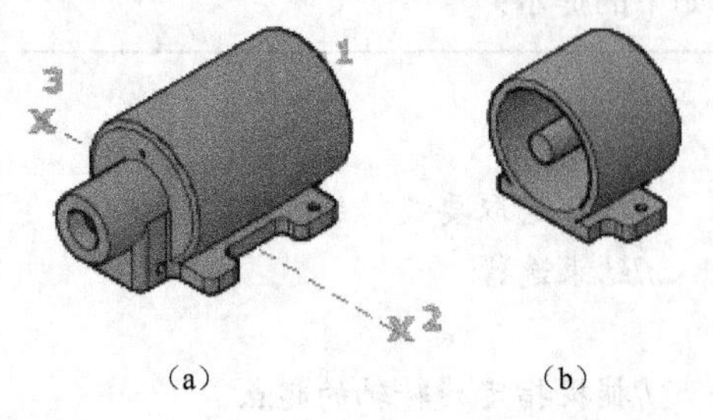

图 9.21 剖切前、后的实体

图 9.21 所示的图形为剖切前、后的实体。

【提示与技巧】

- ✓ 剖切平面必须与被剖切的实体相交。
- ✓ 剪切平面是通过 2 个或 3 个点定义的，方法是指定 UCS 的主要平面，或选择曲面对象(而非网格)。
- ✓ 可以保留剖切三维实体的一个或两个侧面。

9.6 消隐和着色

利用 AutoCAD 提供的消隐和着色功能，可以更形象地显示三维实体。对三维实体图形进行消隐和着色后，图形将变得更加逼真，更具有视觉效果。

9.6.1 消隐

对三维实体执行消隐命令，可自动删除被前面物体遮住的线段，使实体变得更符合人的视觉感受。

（1）命令功能

重生成不显示隐藏线的三维线框模型。

（2）命令调用

命令行：hide 或 hi。

菜单：【视图】→【消隐】。

工具栏：【渲染】→。

（3）操作格式

用上述任一方法输入命令后，自动对当前视窗内的所有实体进行消隐。

消隐完后，AutoCAD 将提示：

```
Hiding Lines 100% Done.
```

同时屏幕上显示消隐后的图形。执行“Hide”命令前、后如图 9.22 所示。

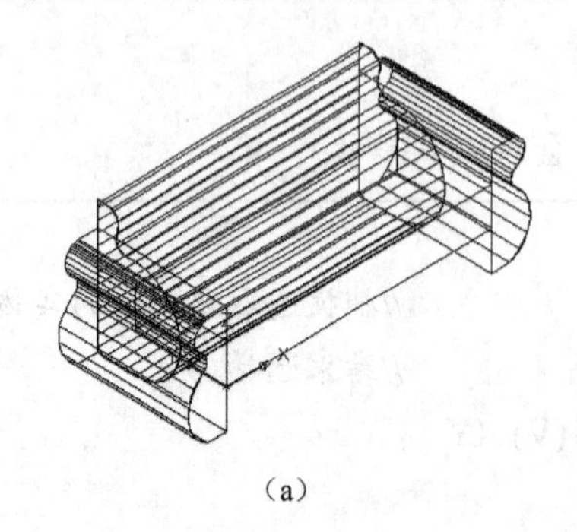

(a)

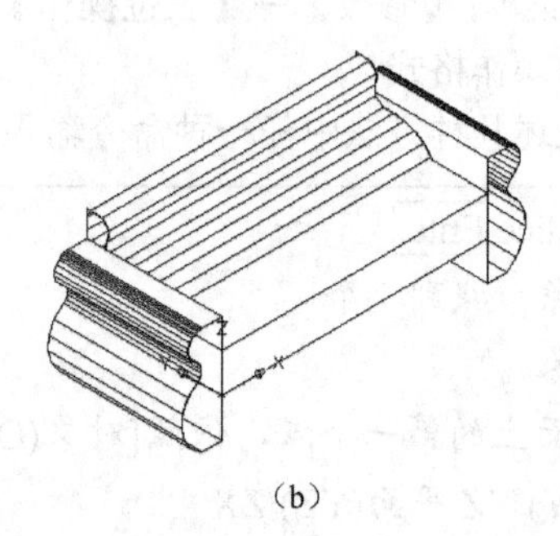

(b)

图 9.22 执行消隐命令前、后的图形

9.6.2 着色

（1）命令功能

产生平滑的着色模型。

（2）命令调用

命令行：shademode。

（3）操作格式

用上述几种方法中任一种命令输入后，AutoCAD 将提示：

命令：shademode Enter
当前模式：带边框平面着色
输入选项
[二维线框(2D)/三维线框(3D)/消隐(H)/平面着色(F)/体着色(G)/带边框平面着色(L)/带边框体着色(O)]<带边框平面着色>：g Enter //选择体着色选项

AutoCAD 将对当前视区的图形进行着色。着色后的图形，只能在屏幕上显示，而不能将其打印出来。

对三维实体图形执行“shade（着色）”命令前、后如图 9.23 所示。

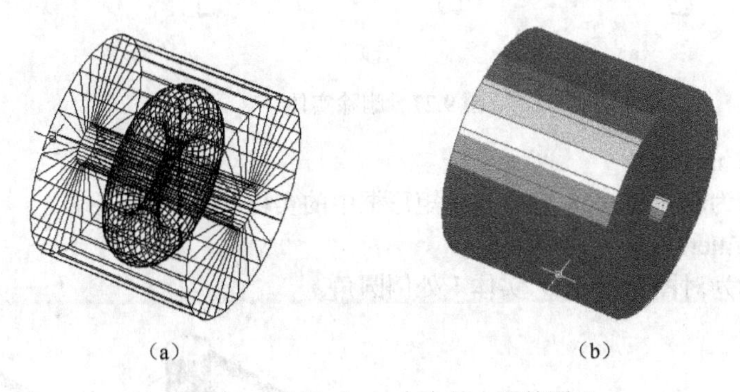

（a） （b）

图 9.23 执行 shade 命令前、后的图形

9.7 编辑三维实体

对三维实体来讲，用于二维实体中的编辑命令的功能同样是有效的。具体的操作过程相似，此处简单介绍。

（1）移动（move）实体

如图 9.24 所示为把实体 1 从点 2 处移到点 3 处。

（2）旋转（rotate）实体

如图 9.25 所示为把实体 1 进行旋转。

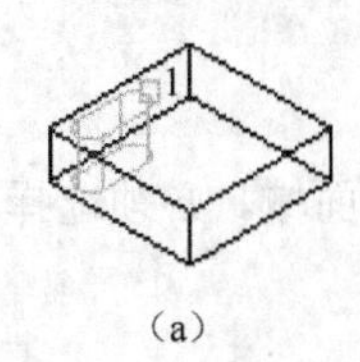

（a）

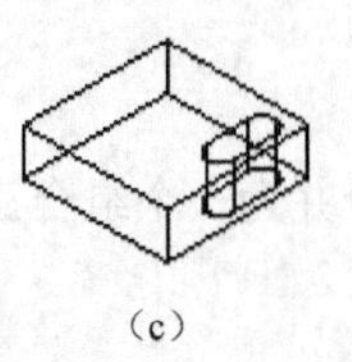

（b）

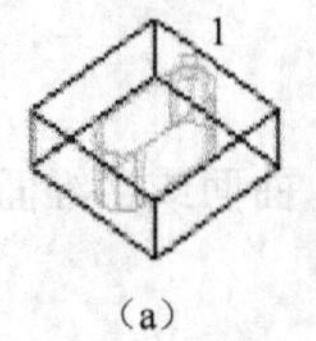

（c）

图 9.24 移动实体

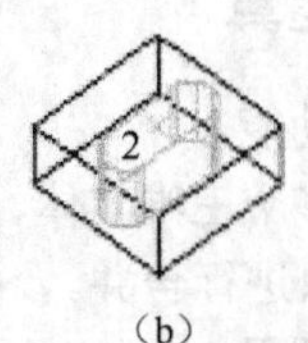

（a）

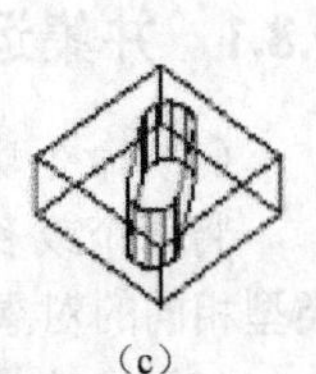

（b）

（c）

图 9.25 旋转实体

（3）镜像（mirror）实体

如图 9.26 所示为把实体 1 进行镜像。

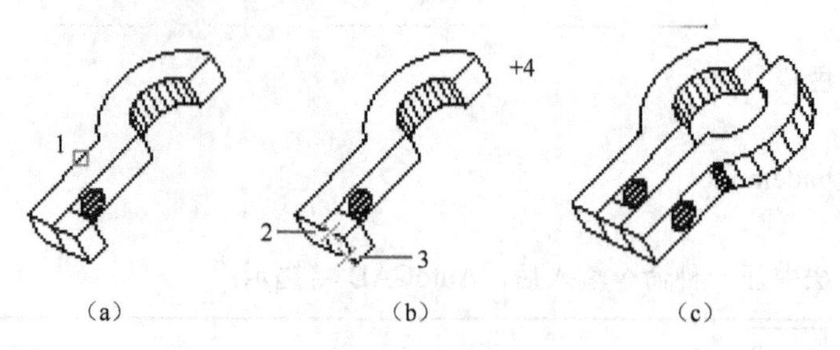

图 9.26　镜像实体

（4）删除（erase）实体

如图 9.27 所示为删除图 9.27（a）实体矩形框中的实体。

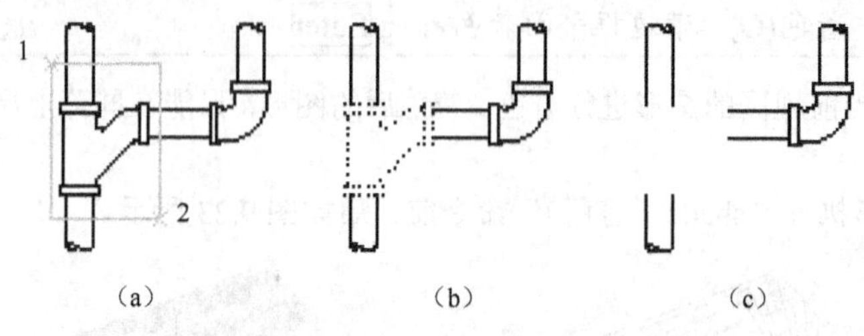

图 9.27　删除实体

（5）倒直角（chamfer）

如图 9.28 所示为删除图 9.28（a）实体矩形框中的实体。

（6）倒圆角（fillet）

如图 9.29 所示为对图 9.29（a）实体 1 处倒圆角。

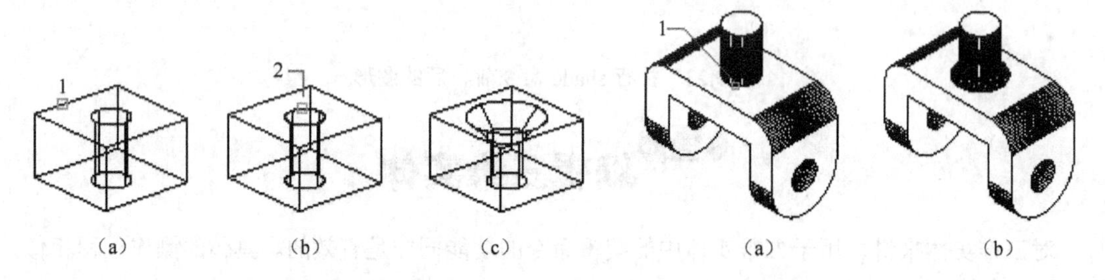

图 9.28　对三维实体倒直角　　图 9.29　对三维实体倒圆角

9.8 布尔运算

9.8.1　并集运算

（1）命令功能

将两个或多个三维实体、曲面或二维面域合并为一个组合三维实体、曲面或面域。必须选择类型相同的对象进行合并。

（2）命令调用

命令行：union。

菜单：【修改】→【实体编辑】→【并集】。

工具栏：【建模】→ 。

（3）操作格式

用上述方法中任一种命令输入后，AutoCAD 会有如下的提示：

命令：union Enter

选择对象：找到 1 个 //捕捉选取要剖切的实体

选择对象：找到 1 个，总计 2 个 //捕捉选取要剖切的实体

选择对象：Enter //结束选择

如图 9.30 所示为并集运算前、后的实体。

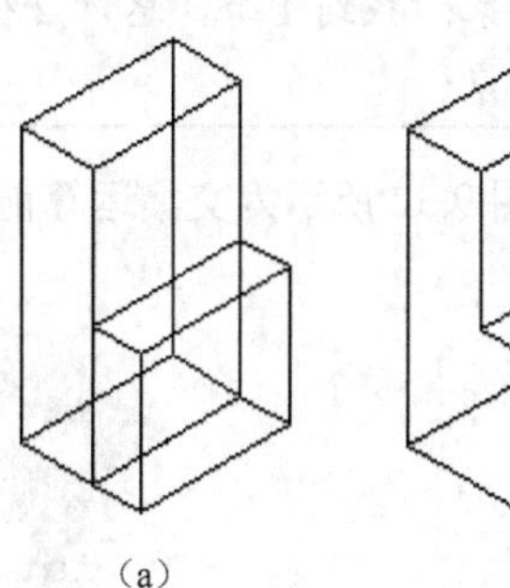

（a） （b）

图 9.30 并集运算前、后的实体

9.8.2 差集运算

（1）命令功能

通过从另一个重叠集中减去一个现有的三维实体集来创建三维实体。

（2）命令调用

命令行：subtract。

菜单：【修改】→【实体编辑】→【差集】。

工具栏：【建模】→ 。

（3）操作格式

用上述方法中任一种命令输入后，AutoCAD 会有如下的提示：

命令：subtract Enter

选择要从中减去的实体或面域...

选择对象：找到 1 个

选择对象：Enter

选择要减去的实体或面域...

选择对象：找到 1 个

选择对象：Enter

执行的结果如图 9.31 所示。

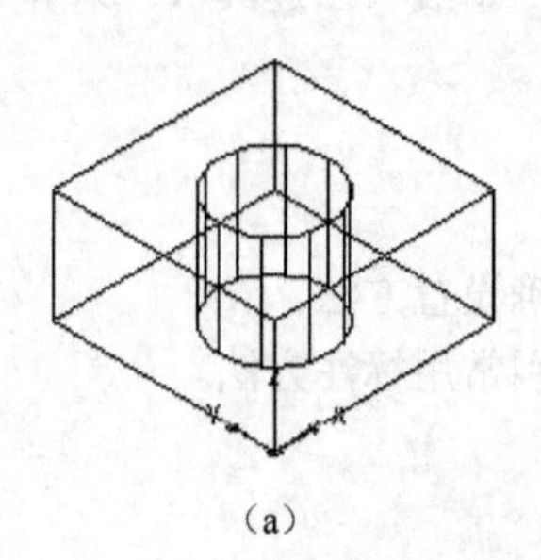

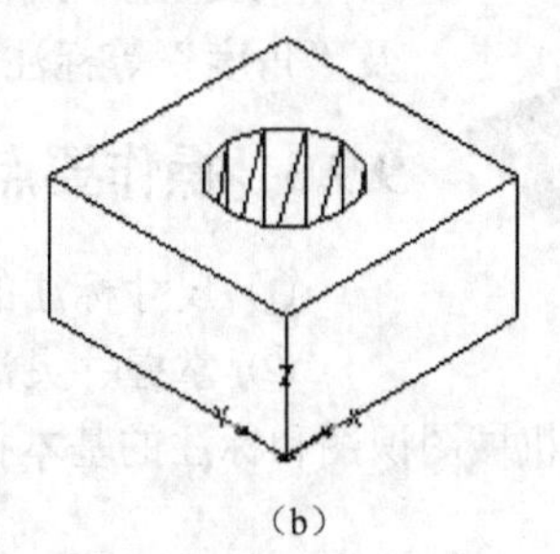

（a） （b）

图 9.31 差集运算前、后的实体

9.8.3 交集运算

（1）命令功能

从两个或两个以上现有三维实体、曲面或面域的公共体积创建三维实体。

（2）命令调用

命令行：intersect。

菜单：【修改】→【实体编辑】→【交集】。

工具栏：【建模】→ 。

（3）操作格式

用上述方法中任一种命令输入后，AutoCAD 会有如下的提示：

命令：intersect Enter	
选择对象：找到 1 个	//捕捉选取要相交的实体 1
选择对象：找到 1 个，总计 2 个	//捕捉选取要相交的实体 2
选择对象：	//结束选择

如图 9.32 所示为交集运算前、后的实体。

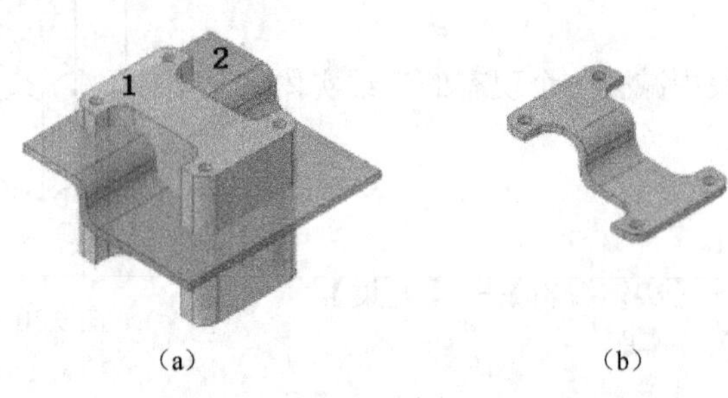

图 9.32　交集运算前、后的实体

9.9 综合案例：轴支架

9.9.1　操作任务

绘制如图 9.33 所示的轴支架。

图 9.33　轴支架

9.9.2　操作目的

① 尺寸标注的正确设置方法。

② 应用“线性”、“基线”、“连续”、“对齐”、“半径”、“直径”及“角度”等标注方法。

9.9.3　操作要点

① 尺寸标注的正确设置方法。

② 掌握并灵活运用常用标注方法。

③ 进一步熟悉机械图识图和标注的基本技能。

9.9.4　操作步骤

① 创建一张新图，单击下拉菜单【视图】中的【三维视图】→【西南等轴测】，或单击【视图】工具栏的按钮，将当前视图调整为西南视图。

② 激活长方体命令，绘制长、宽、高分别为 100、200、15 的长方体底板，结果如图 9.34 所示。

```
命令：box Enter
指定第一个角点或[中心(C)]：0,0,0 Enter                    //以（0,0,0）为长方体的角点
指定其他角点或[立方体(C)/长度(L)]：L Enter                 //激活长度选项
指定长度：100 Enter
指定宽度：200 Enter
指定高度或[两点(2P)]：15 Enter
```

③ 激活圆柱体命令，绘制底板上的两个圆柱体孔。执行结果见图9.35。

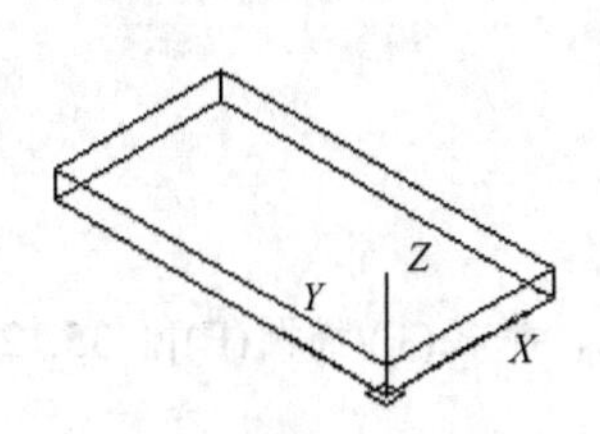

图9.34　创建长方体

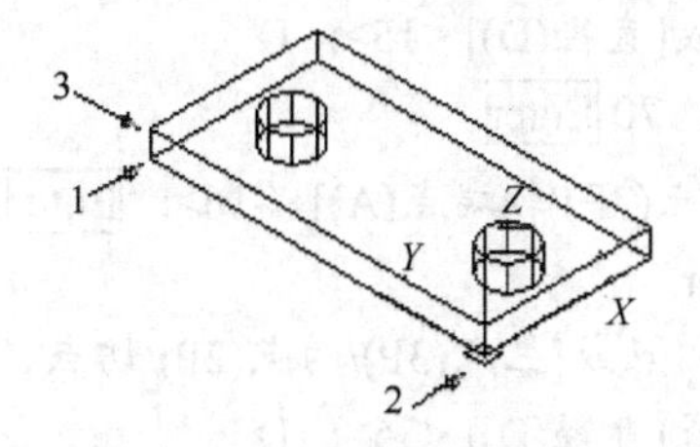

图9.35　创建两圆柱体

```
命令：_cylinder
指定底面的中心点或[三点(3P)/两点(2P)/切点、切点、半径(T)/椭圆(E)]:
50,35 Enter                                               //中心点（50,35）
指定底面半径或[直径(D)]：15 Enter
指定高度或[两点(2P)/轴端点(A)] <15>：Enter
命令：Enter                                               //重复圆柱体命令
指定底面的中心点或[三点(3P)/两点(2P)/切点、切点、半径(T)/椭圆(E)]:
50,165 Enter                                              //中心点（50,165）
指定底面半径或[直径(D)] <15>：Enter
指定高度或[两点(2P)/轴端点(A)] <15>：Enter
```

④ 激活UCS命令，指定如图9.35所示三点创建用户坐标系，结果见图9.36。

```
命令：ucs Enter
当前UCS名称：*世界*
指定 UCS 的原点或[面(F)/命名(NA)/对象(OB)/上一个(P)/视图(V)/世界
(W)/X/Y/Z/Z轴(ZA)] <世界>:                                 //捕捉1点
指定X轴上的点或<接受>:                                      //捕捉2点
指定XY平面上的点或<接受>:                                   //捕捉3点
```

⑤ 绘制长、宽、高分别为70、120、16的长方体轴侧架，结果见图9.37。

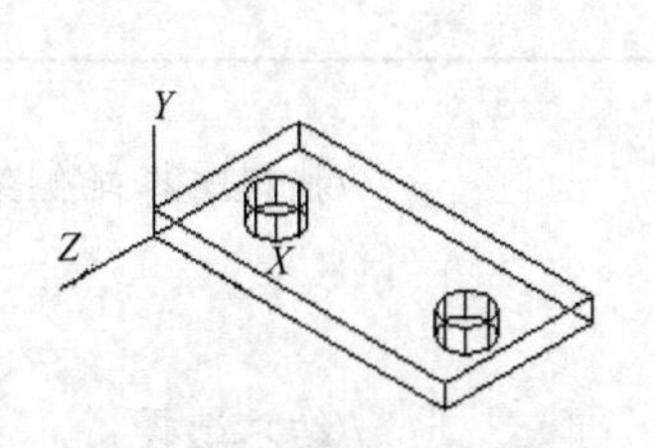

图9.36　创建用户坐标系

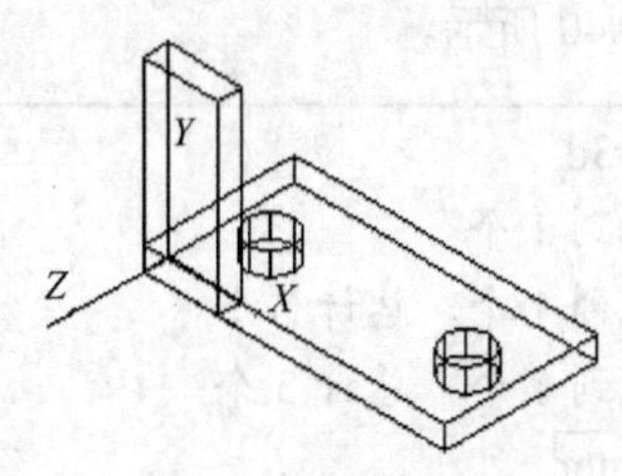

图9.37　绘制轴侧架

命令：_box
指定第一个角点或[中心(C)]: //指定用户坐标系的原点
指定其他角点或[立方体(C)/长度(L)]：50,120 Enter
指定高度或[两点(2P)] <15>：-16 Enter

⑥ 绘制轴侧架上的圆柱体和孔，结果如图 9.38 所示。

命令：_cylinder
指定底面的中心点或[三点(3P)/两点(2P)/切点、切点、半径(T)/椭圆(E)]：35,120 Enter
指定底面半径或[直径(D)] <15>：D
指定直径<30>：70 Enter
指定高度或[两点(2P)/轴端点(A)] <-16>：Enter
命令：_cylinder
指定底面的中心点或[三点(3P)/两点(2P)/切点、切点、半径(T)/椭圆(E)]：35,120 Enter
指定底面半径或[直径(D)] <35>：D
指定直径<70>：45 Enter
指定高度或[两点(2P)/轴端点(A)] <-16>：Enter

⑦ 将刚刚创建的轴侧架和圆柱体移动，基点为坐标原点，目标点为（65，0），结果如图 9.39 所示。

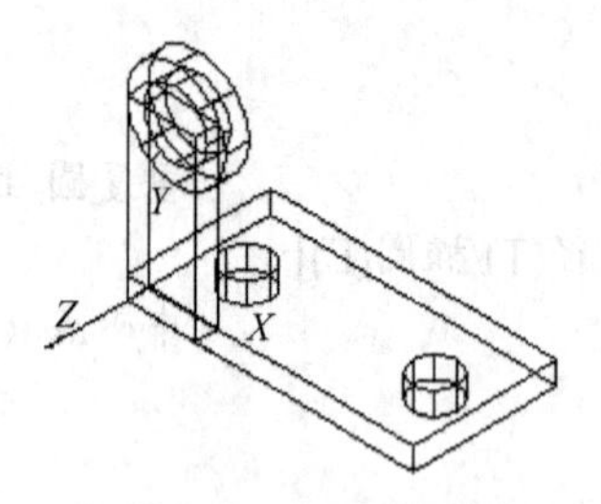

图 9.38　创建圆柱体

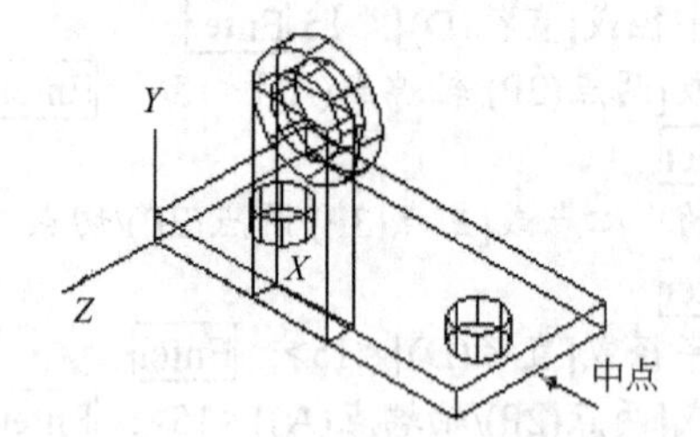

图 9.39　移动轴侧架和圆柱体

命令：_move
选择对象：指定对角点：找到 3 个
选择对象：Enter
指定基点或[位移(D)] <位移>:
指定第二个点或<使用第一个点作为位移>：65,0 Enter

⑧ 单击下拉菜单【修改】中的【三维操作】→【三维镜像】，选择移动后的三个实体进行镜像，结果如图 9.40 所示。

命令：_mirror3d
选择对象：找到 1 个 //捕捉选择轴侧架和两圆柱体
选择对象：找到 1 个，总计 2 个
选择对象：找到 1 个，总计 3 个
选择对象：Enter //结束选择

指定镜像平面（三点）的第一个点或[对象(O)/最近的(L)/Z 轴(Z)/视图(V)/XY 平面(XY)/YZ 平面(YZ)/ZX 平面(ZX)/三点(3)]   //以 XY 平面为镜像平面
<三点>：XY Enter
指定 XY 平面上的点<0,0,0>：   //捕捉图 9.39 所示中点
是否删除源对象？[是(Y)/否(N)] <否>：Enter   //不删除源对象

⑨ 激活并集命令，选择 3 个长方体和 2 个大圆柱体，将其创建为一个组合对象，结果如图 9.41 所示。

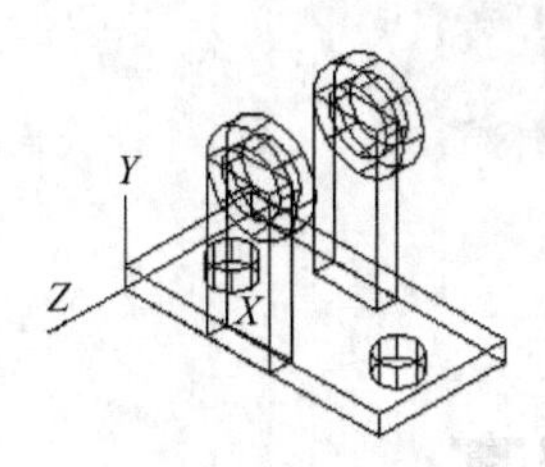

图 9.40 三维镜像

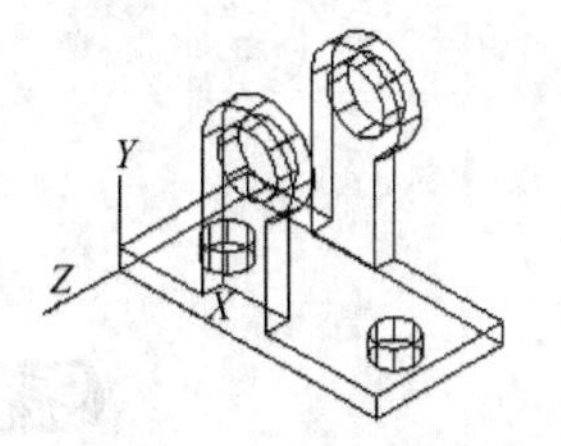

图 9.41 并集运算

命令：_union
选择对象：找到 1 个
选择对象：找到 1 个，总计 2 个
选择对象：找到 1 个，总计 3 个
选择对象：找到 1 个，总计 4 个
选择对象：找到 1 个，总计 5 个
选择对象：Enter

⑩ 激活差集命令，创建出圆柱孔，结果如图 9.42 所示。

命令：_subtract 选择要从中减去的实体、曲面和面域...
选择对象：找到 1 个   //选择组合对象
选择对象：Enter   //结束选择
选择要减去的实体、曲面和面域...
选择对象：找到 1 个   //选 4 个圆柱孔
选择对象：找到 1 个，总计 2 个
选择对象：找到 1 个，总计 3 个
选择对象：找到 1 个，总计 4 个
选择对象：Enter   //结束选择

⑪ 单击下拉菜单【视图】中的【消隐】，对模型进行消隐，见图 9.43。

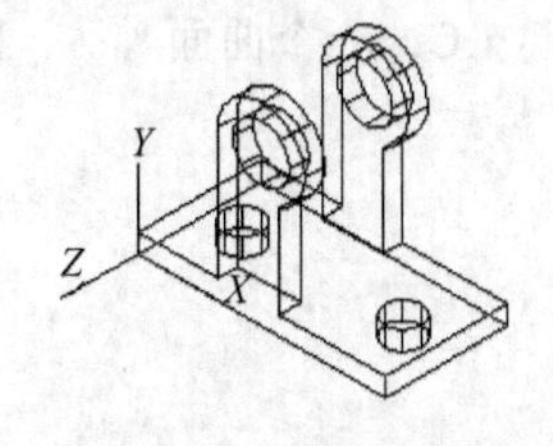

图 9.42 差集运算

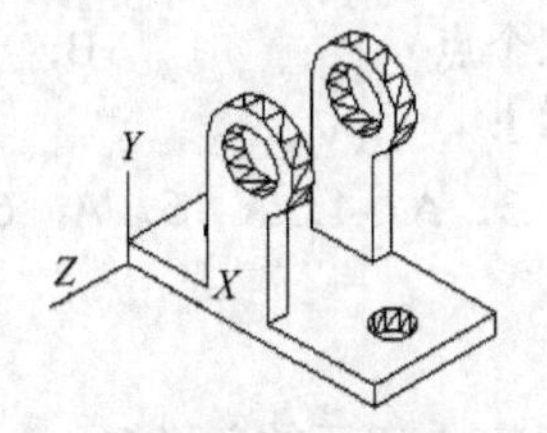

图 9.43 消隐

⑫ 单击下拉菜单【视图】中的【视觉样式】→【着色】，如图 9.44 所示。

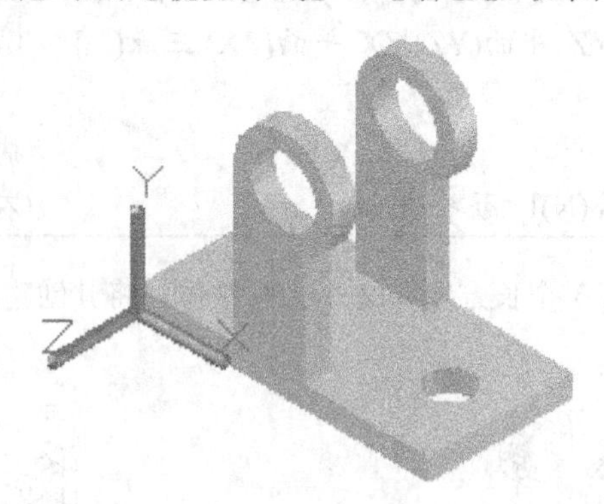

图 9.44　着色

9.10 总结提高

在本章中我们讲述了 AutoCAD 中的三维图形的基本绘制、编辑、观察和消隐等命令。绘制三维图形命令大多集中在【绘图】→【实体】菜单中，编辑三维图形命令大多集中在【修改】→【编辑实体】菜单中，调整观察的视点和图形消隐着色与渲染命令大多集中在【视图】菜单中。

通过本章的学习，用户可以绘制简单的三维图形。

9.11 思考与上机训练

9.11.1　选择题

1．只有（　　）的二维对象才能被拉伸为实体。

A．封闭　　B．开放　　C．无要求　　D．所有的二维图

2．可以在拉伸、扫掠、放样和旋转时用作轮廓和导向曲线的曲线包括（　　）。

A．开放的或闭合的　　B．平面或非平面　　C．面域　　D．以上都是

3．旋转时，如果“模式”设置为“实体”，将创建实体，曲线（　　）。

A．无论是开放还是闭合　　B．只能开放　　C．只能闭合　　D．以上都是

4．若要修改关联曲面，必须修改生成该曲面所依据的（　　），而不是曲面本身。

A．曲线　　B．曲面　　C．实体　　D．面域

5．创建实体圆锥体时，可以创建底面为（　　）的尖头圆锥体或圆台。

A．圆形或椭圆　　B．圆形　　C．椭圆　　D．方形

6．使用SLICE命令剖切三维实体时，可以通过（　　）定义剪切平面。

A．指定三个点　　B．一条轴　　C．一个曲面　　D．一个平面对象

【友情提示】:

1. A　2. D　3. A　4. A　5. A　6. A B C D

9.11.2　操作题

1．绘制如图 LX9.1 所示的角形钢。

2．绘制如图 LX9.2 所示图形。

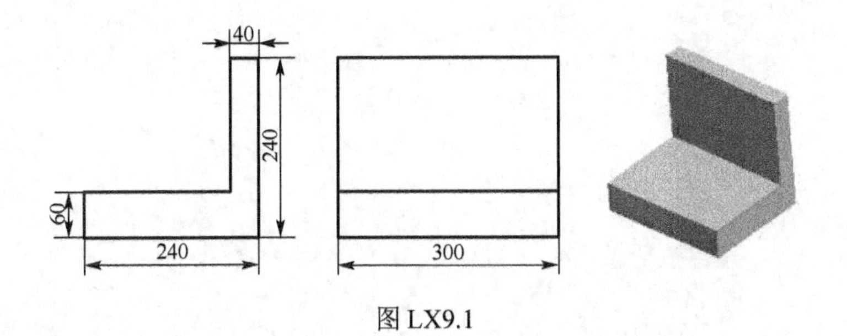

图 LX9.1

3．绘制如图 LX9.3 所示图形。

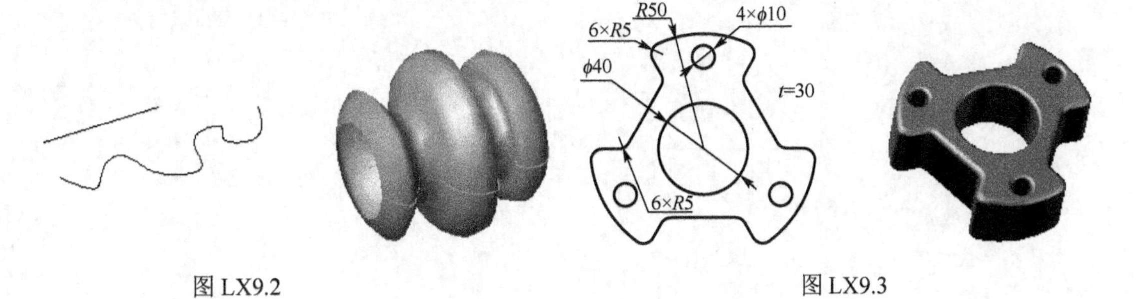

图 LX9.2

图 LX9.3

4．绘制如图 LX9.4 所示图形。

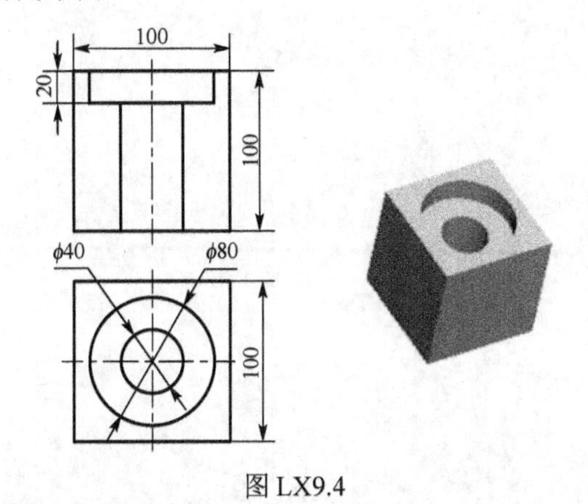

图 LX9.4

5．绘制如图 LX9.5 所示图形。

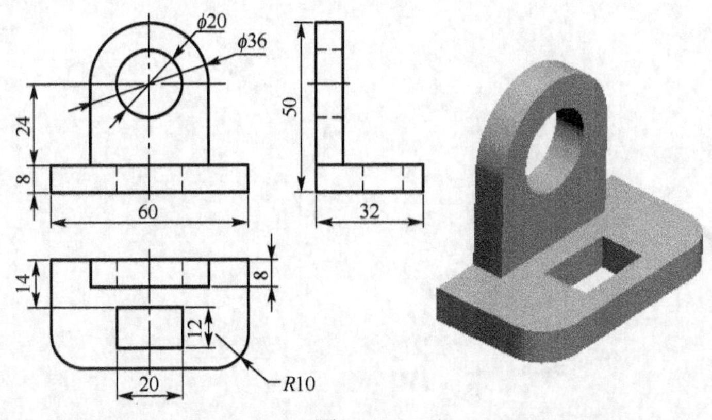

图 LX9.5

第 10 章　图形的输入与输出

本章导读

本章将介绍 AutoCAD 图形文件与其他程序的数据交换命令、布置视口、使用和配置打印机打印图纸。

学习指导

★ AutoCAD 图形文件的格式转换
★ 打印机的添加与配置
★ 在模型空间中打印图纸
★ 在图纸空间中打印图纸
★ 创建布局和视口
★ 调整视口大小、图形位置和比例

10.1 与其他程序的数据交换

AutoCAD 可以通过图形转换来使用或创建其他格式的图形。

AutoCAD 还可以利用剪贴板、OLE 等方式来与其他 Windows 应用程序进行交互，如电子表格、文字处理文档和动画图像等程序。

10.1.1 图形格式转换

（1）在 AutoCAD 中创建其他格式的图形文件

① 命令功能。

如果在另一个应用程序中需要使用图形文件中的信息，可通过输出将其转换为特定格式。

② 命令调用。

命令行：export。

菜单：【文件】→【输出…】。

③ 操作格式。如图 10.1 所示为“输出数据”对话框。

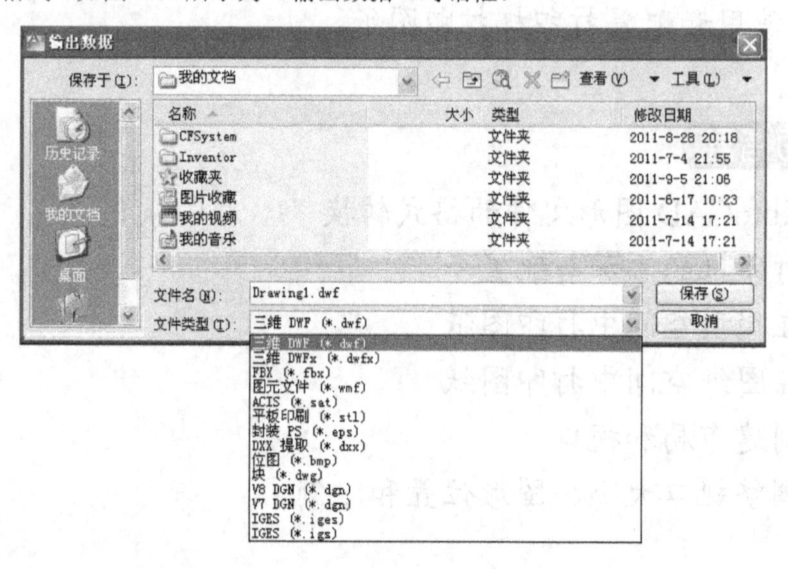

图 10.1 “输出数据”对话框

在该对话框中用户可指定如下几种格式类型来保存对象：

- 输出 DWF 和 DWFx 文件：可以轻松组合图形的集合，并将其输出为 DWF 或 DWFx 文件格式。
- 输出 PDF 文件：将图形输出为 PDF 文件，方便与其他设计组共享信息。
- 输出 DXF 文件：将图形输出为 DXF 文件，其中包含可由其他 CAD 系统读取的图形信息。
- 输出 FBX 文件：使用 FBX 文件可以在两个 Autodesk 程序之间输入和输出三维对象、具有厚度的二维对象、光源、相机和材质。
- 输出 MicroStation DGN 文件：可以将基于 AutoCAD 的产品创建的 DWG 文件输出到 MicroStation® DGN 图形文件格式。
- 输出 IGES 文件：将选定对象输出为新的 IGES（*.igs 或*.iges）文件，该文件可以由其他 CAD 系统读取。

➢ 输出 WMF 文件：WMF（Windows 图元文件格式）文件可以是矢量图形或光栅图形格式。AutoCAD 仅将 WMF 文件输出为矢量图形；这使得平移和缩放更为快速。
➢ DWG：AutoCAD 图形文件格式。
➢ 输出栅格文件：可为图形中的对象创建与设备无关的光栅图像。
➢ 输出 PostScript 文件：可将图形文件转换为 PostScript 文件，很多桌面发布应用程序都使用该文件格式。
➢ 输出 ACIS SAT 文件：可将某些对象类型输出到 ASCII (SAT)格式的 ACIS 文件中。
➢ 输出平板印刷 STL 文件：可使用与光固化快速成型或三维打印兼容的 STL 文件格式输出三维实体对象。

（2）在 AutoCAD 中创建其他格式的 CAD 文件

① 命令功能。

输出为其他 CAD 图形文件格式。

② 命令调用。

命令行：saveas。

菜单：【文件】→【另存为】。

③ 操作格式。

用上述方法中任一种调用“saveas”命令后，AutoCAD 将弹出“另存为”对话框（见图 10.2），用户可选择不同的 CAD 格式，例如 DXF 格式。

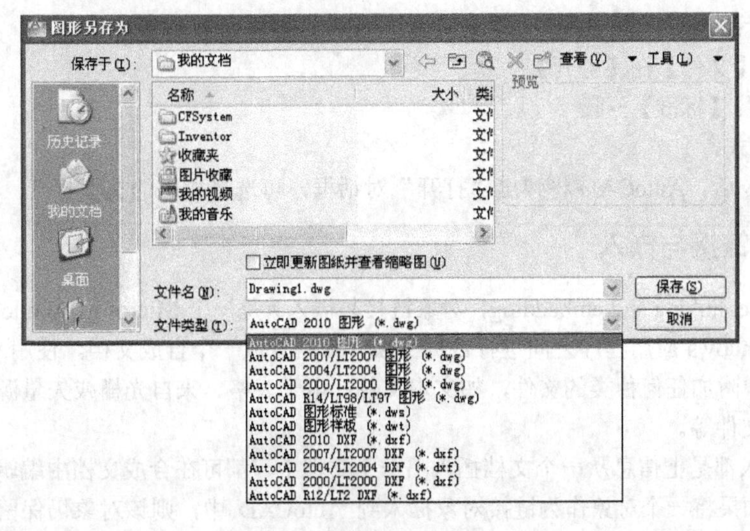

图 10.2 “图形另存为”对话框

（3）在 AutoCAD 中打开其他格式的图形文件

① 命令功能。

打开 WMF、SAT 和 3DS 格式的图形文件。

② 命令调用。

命令行：import。

工具栏：【插入】→。

③ 操作格式。

调用该命令后，AutoCAD 将弹出“输入文件”对话框（见图 10.3），用户可选择 WMF、SAT 和 3DS 等格式的文件。

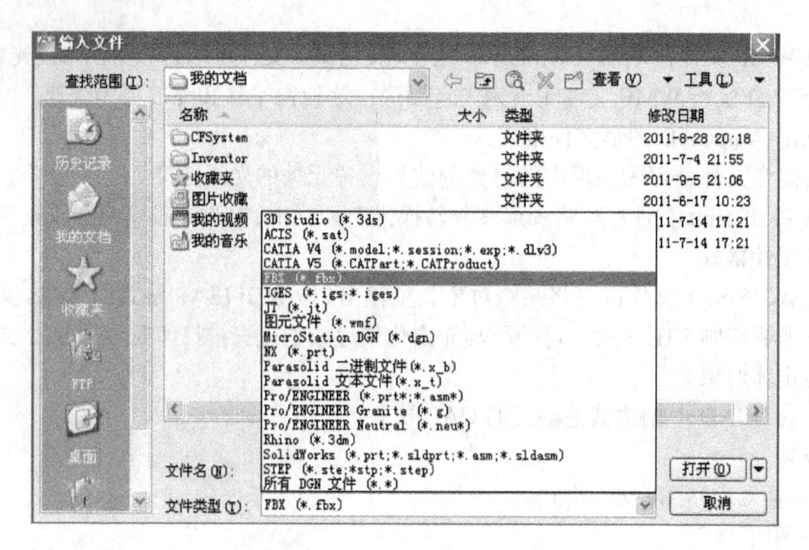

图 10.3 “输入文件”对话框

（4）在 AutoCAD 中打开其他格式的 CAD 文件

① 命令功能。

打开 DWG、DWS、DWT、DXF 格式的 CAD 文件。

② 命令调用。

命令行：Open。

菜单：【文件】→【打开】。

工具栏：【标准】→。

③ 操作格式。

调用该命令后，AutoCAD 将弹出“打开”对话框，可选择相应的文件打开。

10.1.2 对象链接与嵌入

OLE（object linking and embedding，对象链接与嵌入）是一个 Microsoft Windows 的特性，它可以在多种 Windows 应用程序之间进行数据交换，或组合成一个合成文档。使用 OLE 技术可以在 AutoCAD 中附加任何种类的文件，如文本文件、电子表格、来自光栅或矢量源的图像、动画文件甚至声音文件等。

链接和嵌入都是把信息从一个文档插入另一个文档中，都可在合成文档中编辑源信息。它们的区别在于：如果将一个对象作为链接对象插入到 AutoCAD 中，则该对象仍保留与源对象的关联，当对源对象或链接对象进行编辑时，两者都将发生改变；而如果将对象“嵌入”到 AutoCAD 中，则它不再保留与源对象的关联，当对源对象或链接对象进行编辑时，彼此将互不影响。

（1）命令功能

将整个文件作为 OLE 对象插入到 AutoCAD 图形中。

（2）命令调用

命令行：insertobj。

菜单：【插入】→【OLE 对象】。

工具栏：【插入】→。

（3）操作格式

调用该命令后，系统将弹出“插入对象”对话框，如图 10.4 所示。

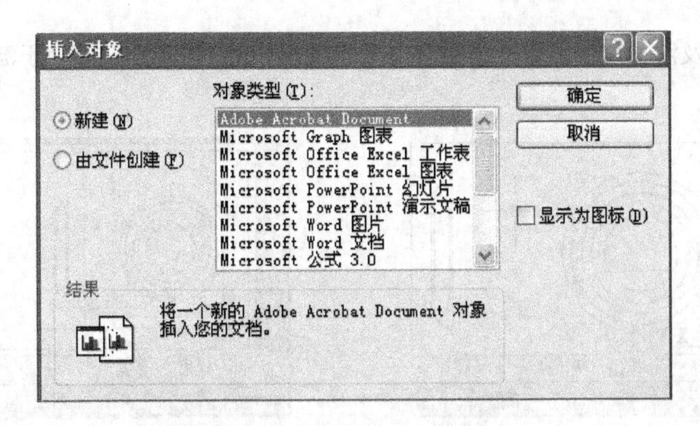

图 10.4 “插入对象”对话框

如果在对话框中选择“新建”选项，则 AutoCAD 将创建一个指定类型的 OLE 对象并将它嵌入到当前图形中。“对象类型”列表中给出了系统所支持的链接和嵌入的应用程序。

如果在对话框中选择“由文件创建”选项，则提示用户指定一个已有的 OLE 文件，如图 10.5 所示。

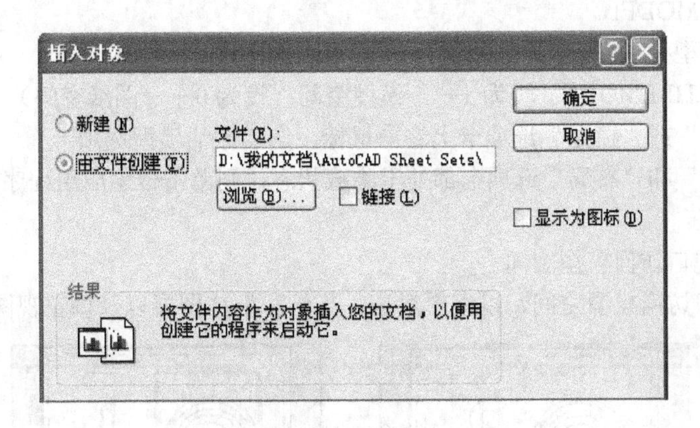

图 10.5 “由文件创建”选项

单击 浏览(B)... 按钮来指定需要插入到当前图形中的 OLE 文件。如果勾选“链接”选项，则该文件以链接的形式插入，否则将以嵌入的形式插入图形中。

10.2 模型空间和图纸空间

在模型空间和图纸空间之间切换来执行某些任务具有多种优点。使用模型空间可以创建和编辑模型，使用图纸空间可以构造图纸和定义视图。

10.2.1 模型空间

启动 AutoCAD 时，系统默认状态处于模型空间，用于建立模型，设计者可以按照物体的实际尺寸绘制二维图形或三维造型，可以全方位地显示图形，此时绘图窗口下方状态栏的“模型”标签处于激活状态，如图 10.6 所示。

10.2.2 图纸空间

图纸空间用于设置、管理视图。在图纸空间中，可以放置标题栏、创建用于显示视图的布局视口、标注图形以及添加注释。此时绘图窗口下方状态栏的“图纸”标签处于激活状态，如图 10.7 所示。

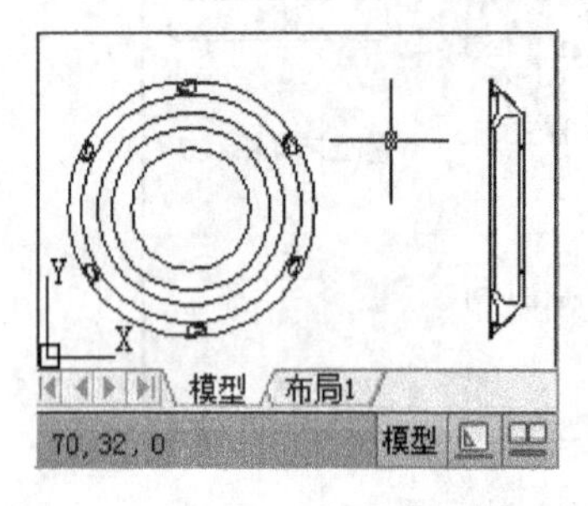

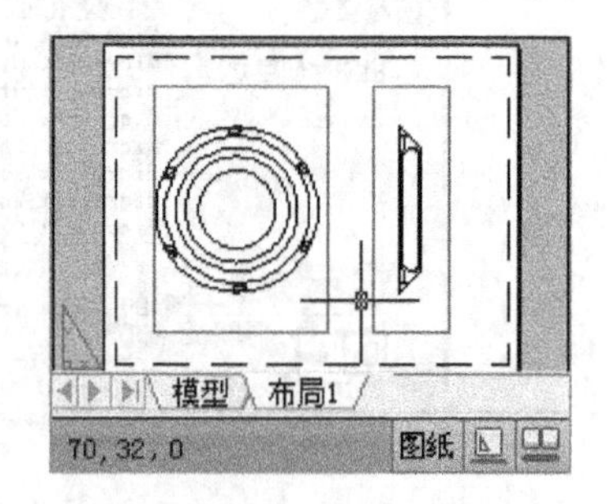

图 10.6 模型空间　　　　图 10.7 图纸空间

10.2.3 切换模型空间与图纸空间

模型空间主要用于设计，图纸空间主要用于打印出图。

（1）模型空间与图纸空间的切换

命令行：MODEL。

单击“模型/布局”选项卡中的“模型”或“布局”。

命令行：TILEMODE（设为 1——模型空间；设为 0——图纸空间）。

在“布局”或“模型”选项卡上右击鼠标，选“激活模型选项卡”。

如“模型”和“布局”选项卡都处于隐藏状态，则单击位于应用程序窗口底部的状态栏上的“模型”按钮。

（2）从布局视口访问模型空间

可从布局视口访问模型空间，以编辑对象、冻结和解冻图层以及调整视图，参见图 10.8。

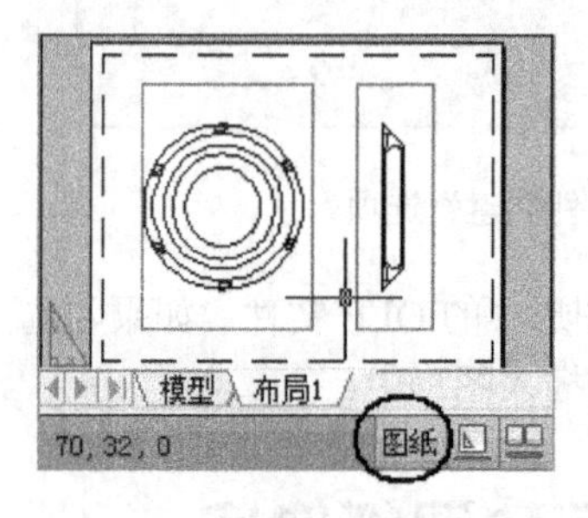

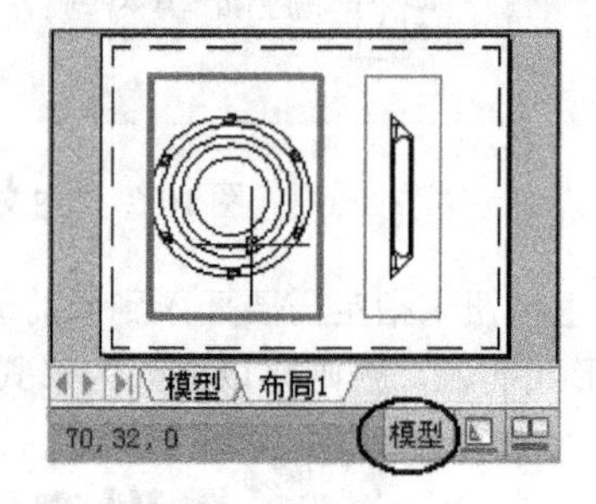

图 10.8 从布局视口访问模型空间

如处于模型空间中并要切换到另一个布局视口，双击另一个布局视口，或者按 Ctrl+R 组合键遍历现有的布局视口。

如处于图纸空间中，请在布局视口中双击。

如处于布局视口中的模型空间，双击该视口的外部，进入图纸空间。

命令行：MSPACE （布局中，从图纸空间切换到布局中的模型空间）。

命令行：PSPACE （布局中，从视口中的模型空间切换到图纸空间）。

（3）将布局输出到模型空间

可将当前布局中的所有可见对象输出到模型空间。

菜单：【文件】→【将布局输出到模型】。

命令行：EXPORTLAYOUT。

10.3 从模型空间打印输出图形

10.3.1 添加打印设备

（1）命令功能

添加绘图仪或打印机。

（2）命令调用

命令行：_plottermanager。

菜单：【文件】→【绘图仪管理器…】。

菜单：【工具】→【选项】→【打印和发布】→【添加或配置绘图仪】。

菜单：【工具】→【向导】→【添加绘图仪】。

（3）操作格式

输入“plottermanager”后，系统将弹出“绘图仪管理器”对话框，见图 10.9。双击“添加绘图仪向导”，弹出“添加绘图仪－简介”对话框，见图 10.10。单击“下一步”按钮，按提示逐步完成绘图仪的添加，如图 10.11～图 10.16 所示。

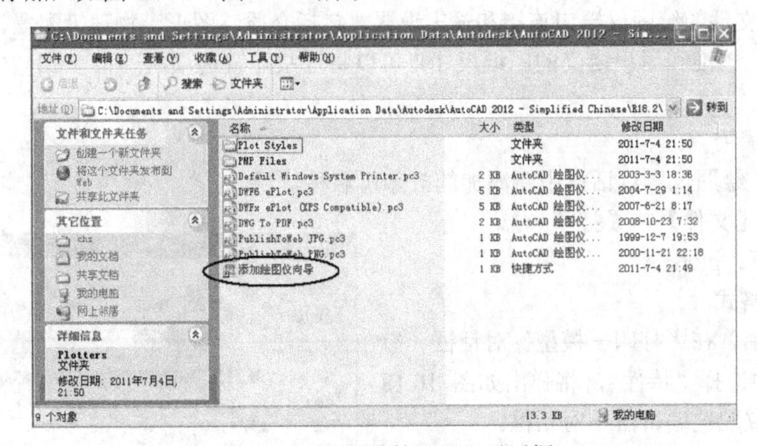

图 10.9 “绘图仪管理器”对话框

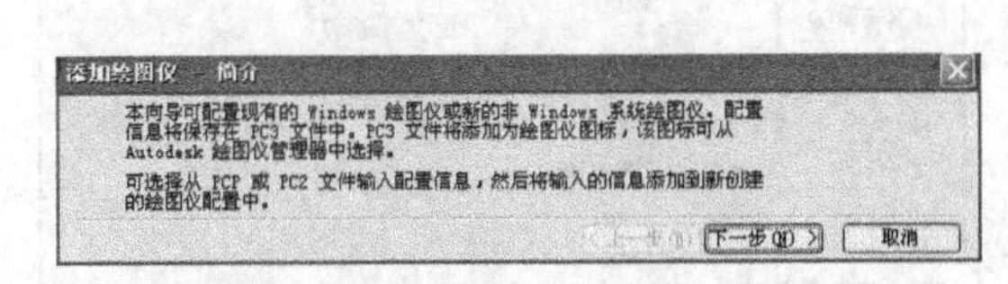

图 10.10 “添加绘图仪—简介”对话框

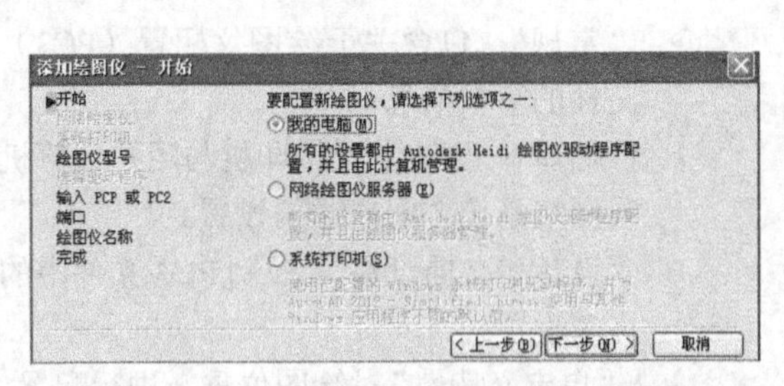

图 10.11 “添加绘图仪—开始”对话框

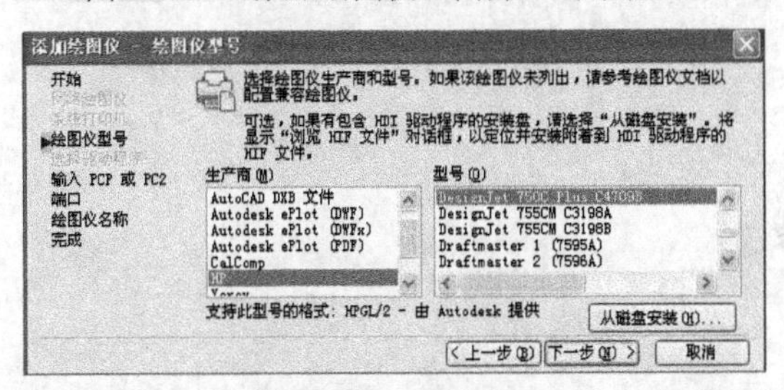

图 10.12 “添加绘图仪—绘图仪型号”对话框

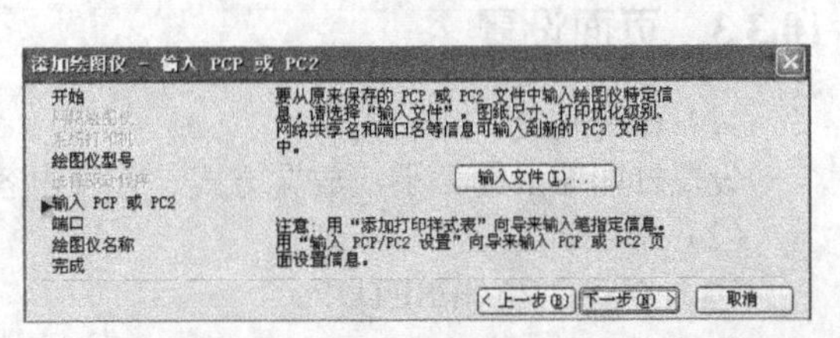

图 10.13 “添加绘图仪—输入 PCP 或 PC2”对话框

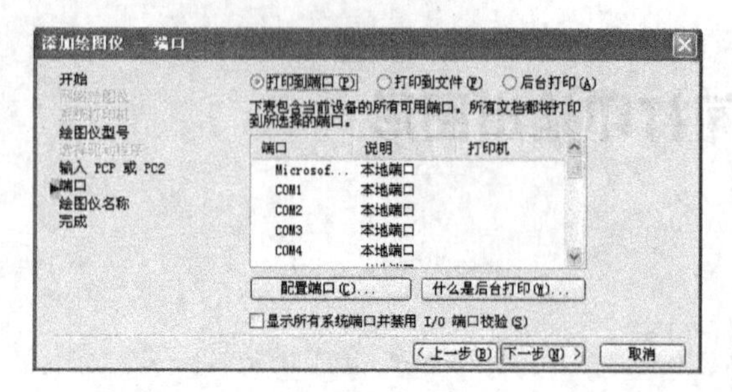

图 10.14 “添加绘图仪—端口”对话框

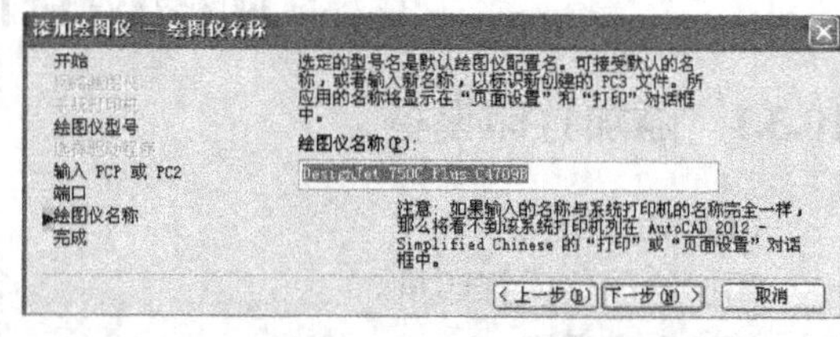

图 10.15 “添加绘图仪—绘图仪名称”对话框

完成后，在图 10.9 所示“绘图仪”对话框中将出现新添加的打印机名称。

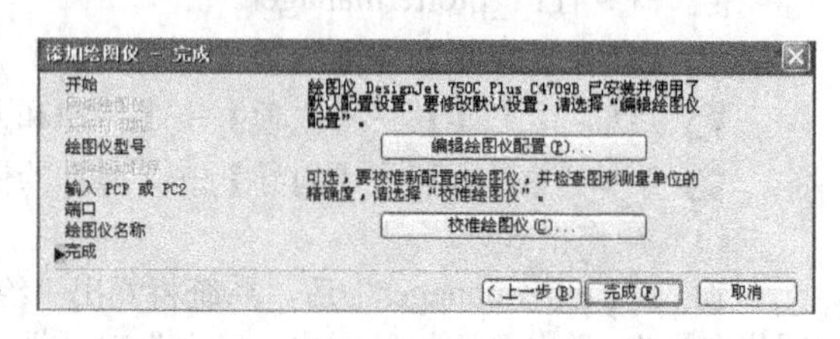

图 10.16 “添加绘图仪—完成”对话框

10.3.2 配置打印设备

打印机或绘图仪添加完成后，还需对其配置进行修改调整。

（1）命令功能

修改 PC3 文件的绘图仪端口连接和输出设置，包括介质、图形、物理笔配置、自定义特性、初始化字符串、校准和用户定义的图纸尺寸。可以将这些配置选项从一个 PC3 文件拖到另一个 PC3 文件。

（2）命令调用

双击“绘图仪”对话框中新添加的打印机名称。

菜单：【文件】→【打印…】。

命令行：plot。

（3）操作格式

输入命令后，在“打印—模型”对话框（参见图 10.17）中选择“特性”，将弹出如图 10.18 所示的“绘图仪配置编辑器”对话框。

（4）选项说明

- “常规”：包含关于绘图仪配置（PC3）文件的基本信息。
- “端口”：更改配置打印机与用户计算机或网络系统之间的通信设置。
- “设备和文档设置”：控制 PC3 文件中的许多设置。

单击“自定义特性”对绘图仪重新进行配置，其他选项一般不作修改。

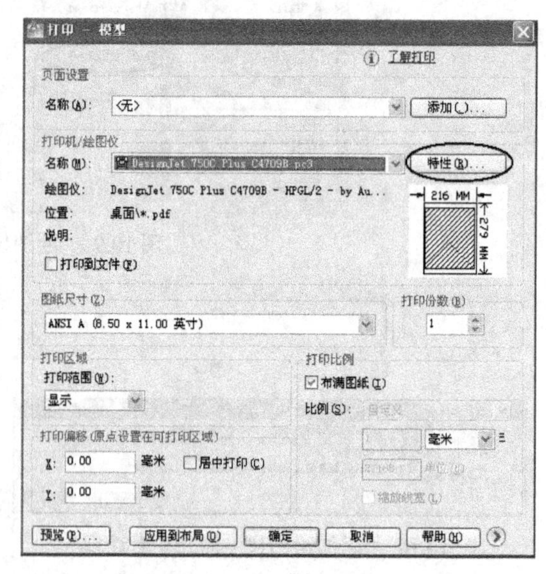

图 10.17 “打印—模型”对话框

10.3.3 页面设置

（1）命令功能

设置打印图纸的大小、放置方式、打印内容等。

（2）命令调用

命令行：PAGESETUP。

菜单：【文件】→【页面设置管理器…】。

（3）操作格式

输入命令后，将弹出“页面设置管理器”对话框，如图10.19所示。

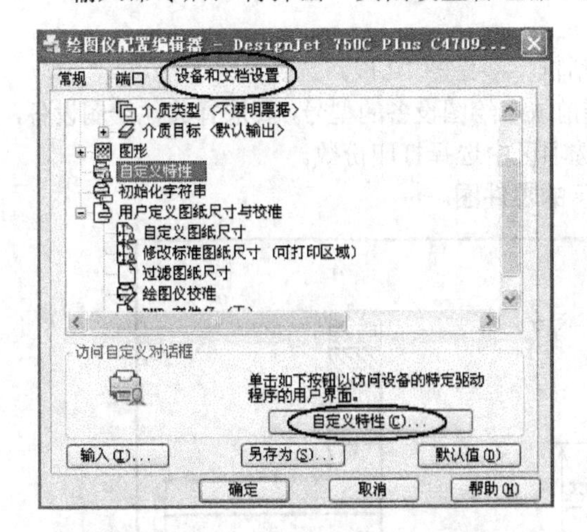

图10.18 “绘图仪配置编辑器”对话框

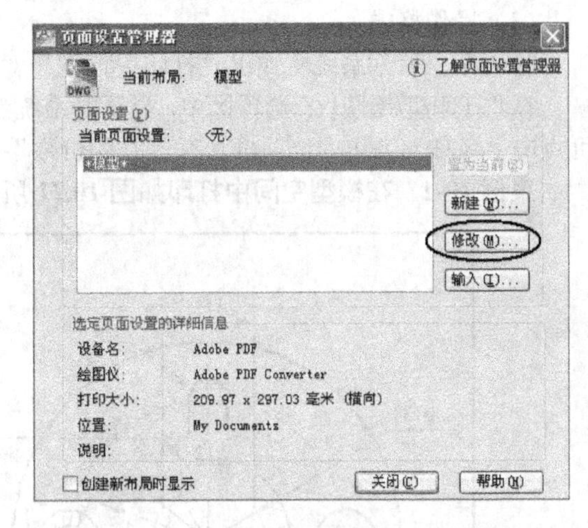

图10.19 “页面设置管理器”对话框

点击 修改(M)... 按钮，将弹出“页面设置－模型”对话框，如图10.20所示。选择打印机和图纸尺寸，设置打印区域、打印比例和图形方向，最后单击“确定”按钮，完成页面设置。

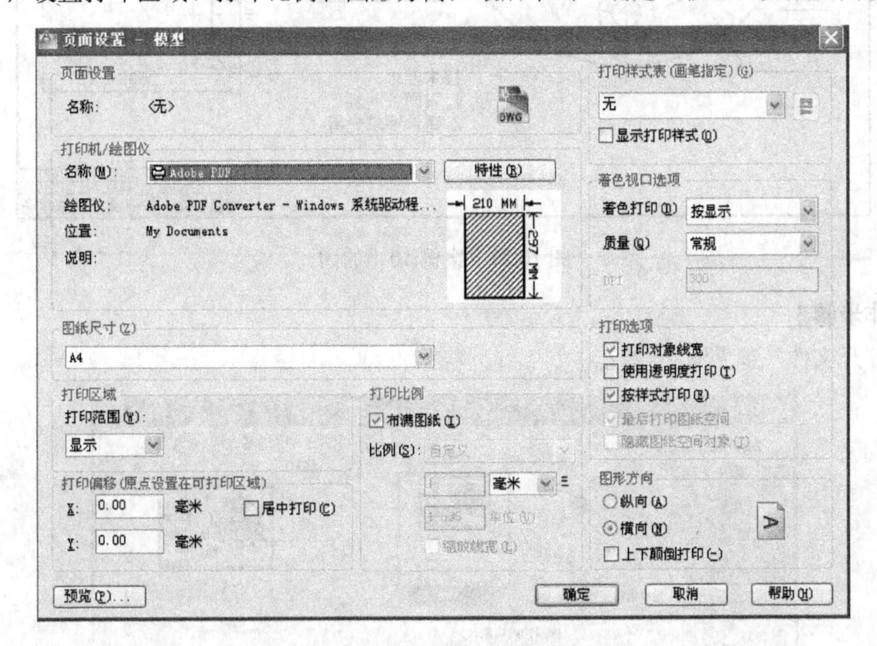

图10.20 “页面设置－模型”对话框

10.3.4 打印图形

（1）命令功能

将图形打印到绘图仪、打印机或文件。

（2）命令调用

命令行：plot。

应用程序菜单：【打印】→【打印】。

菜单：【文件】→【打印…】。

工具栏：【标准】→打印图标。

（3）操作格式

输入命令后，系统将弹出“打印—模型”对话框，参见图 10.17。

在“打印机/绘图仪”选项区中，显示着系统当前缺省绘图设备的型号，要选择其他绘图设备，可点击“名称”旁边的选项框。在“打印份数”选项区中选择打印份数。

案例 10-1　在模型空间中打印如图 10.21 所示的零件图。

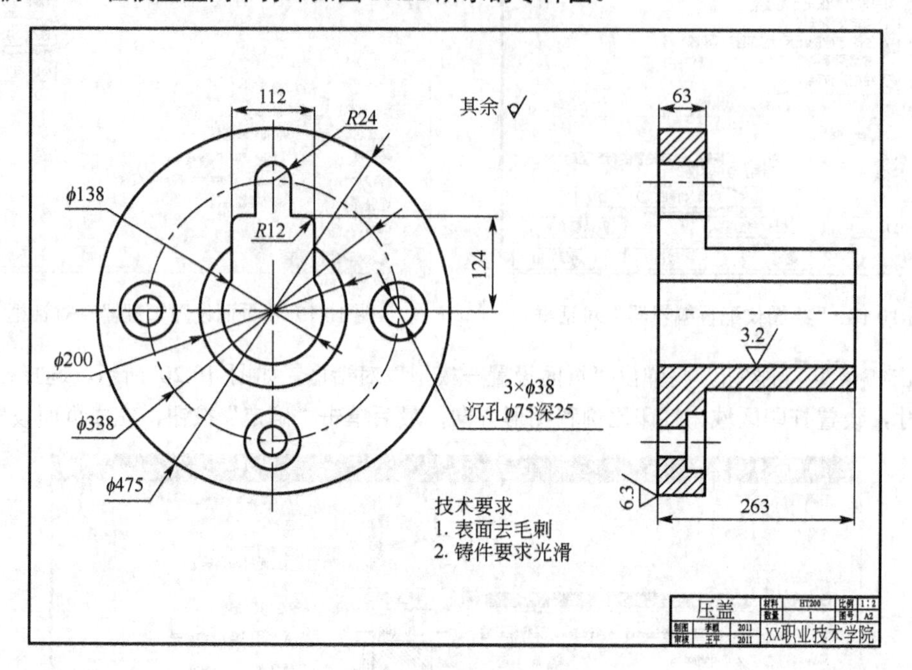

图 10.21　案例 10-1 的图

【操作步骤】

① 打开文件（参见图 10.22）。

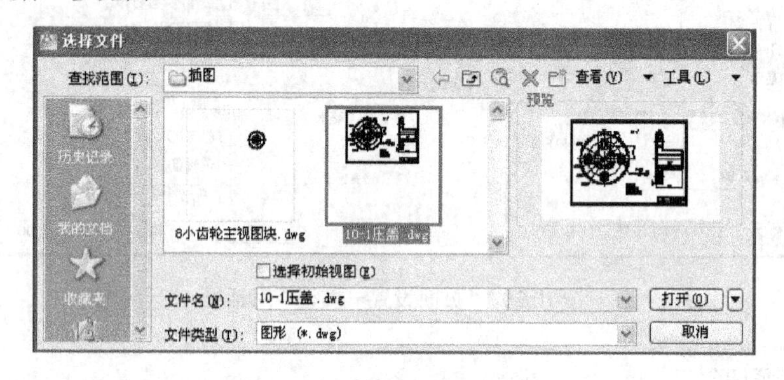

图 10.22　“选择文件”对话框

② 单击【文件】→【打印…】，打开“打印—模型”对话框，在【名称】下拉列表中选绘图仪名称；在【图纸尺寸】下选择图纸尺寸；在【打印份数】下，输入要打印的份数；在【打印区域】下，指定图形中要打印的部分；在【打印比例】下，选择缩放比例；在【打印偏移】下，选择居中打印。参见图 10.23。

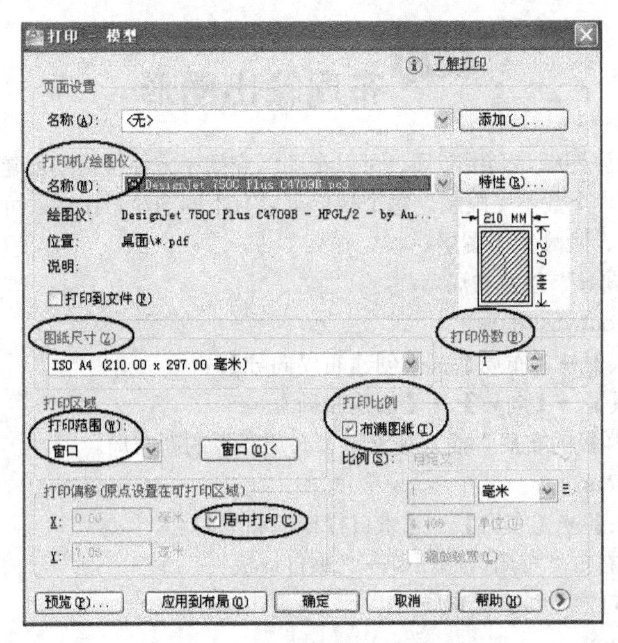

图 10.23 “打印—模型”对话框

③ 单击【预览…】，打开“预览”对话框，参见图 10.24。

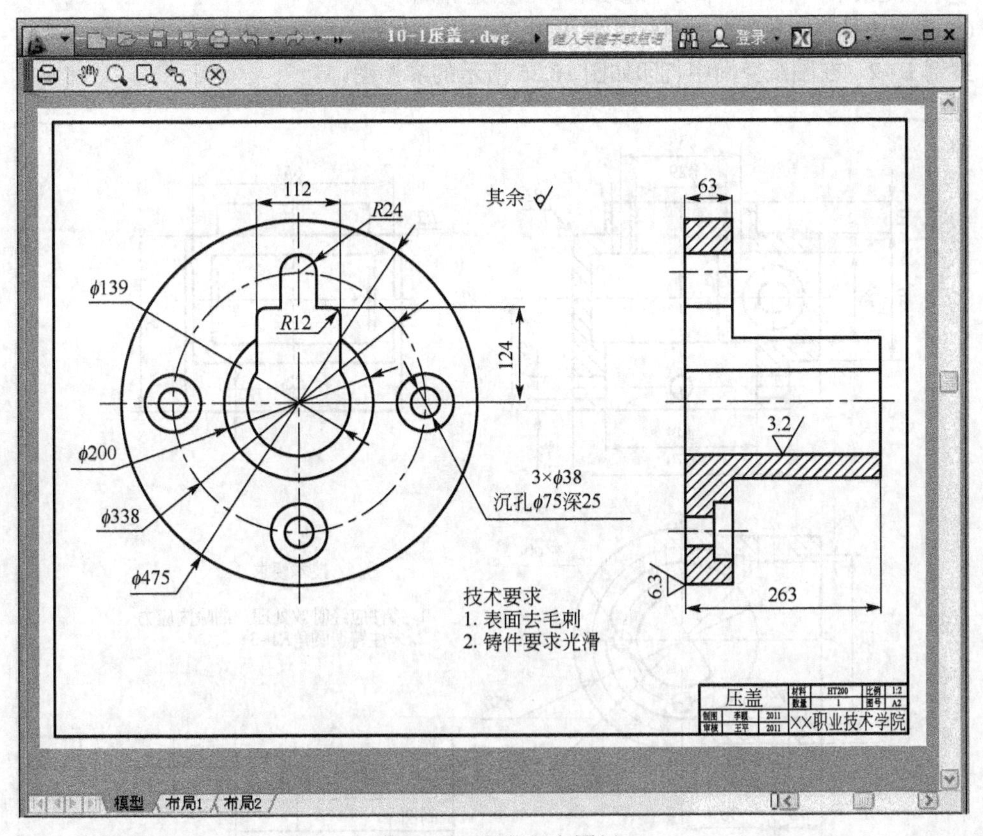

图 10.24 预览打印图纸

④ 返回“打印—模型”对话框，单击【确定】，结束命令。

10.4 布局输出图形

一个布局就是一张图纸。利用布局，可以在图纸空间中方便快捷地创建并定位多个视口，视口可以是任意形状的，个数不受限制。每个视口可以有不同的显示比例，可以分别生成图框、标题栏，可以分别冻结、隐藏某个图层。

① 使用“布局向导”创建布局。

命令行：layoutwizard。

菜单：【插入】→【布局】→【创建布局向导】。

菜单：【工具】→【向导】→【创建布局】。

② 使用“来自样板的布局”插入基于现有布局样板的新布局。

命令行：layout。

菜单：【插入】→【布局】→【来自样板的布局】。

快捷菜单：右击“布局”选项卡→“来自样板”。

③ 使用“布局向导”创建新布局。

命令行：layout。

菜单：【插入】→【布局】→【新建布局】。

快捷菜单：右击“布局”选项卡→“新建布局”。

④ 通过设计中心从已有的图形文件中或样板文件中拖动已创建好的布局到当前文件中。

案例 10-2　在图纸空间中打印如图 10.25 所示的零件图。

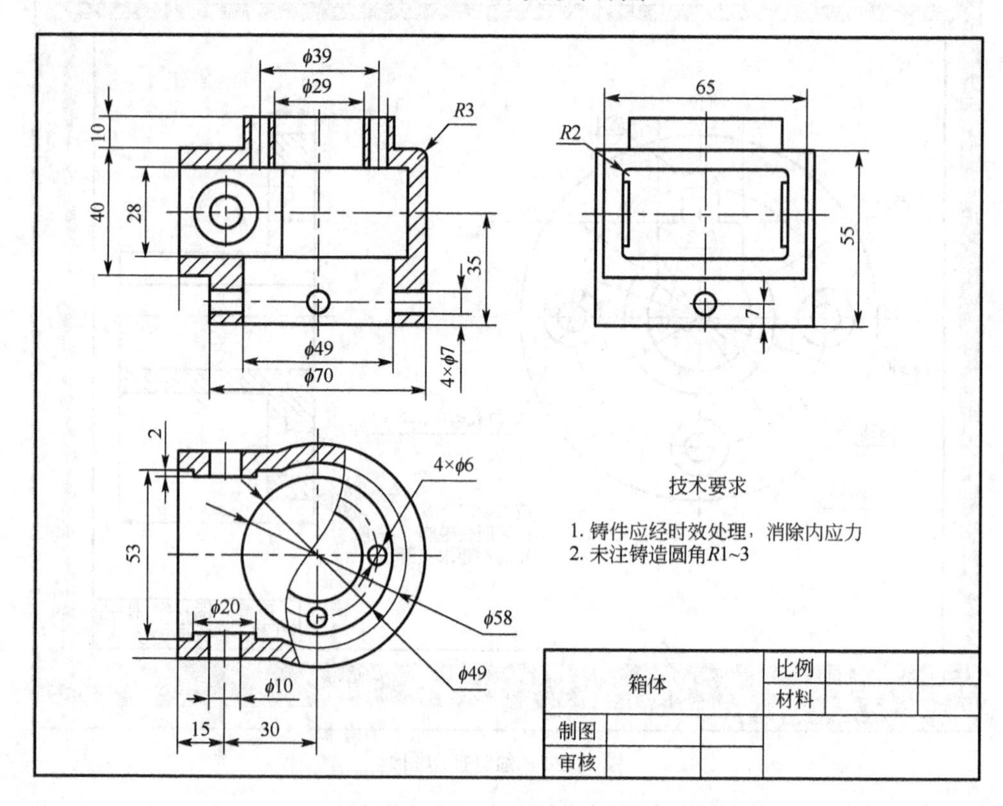

图 10.25　案例 10-2 的图

【操作步骤】

① 选择菜单：【工具】→【向导】→【创建布局】，打开“创建布局—开始”对话框，输入“GB A3 幅面”，参见图10.26。

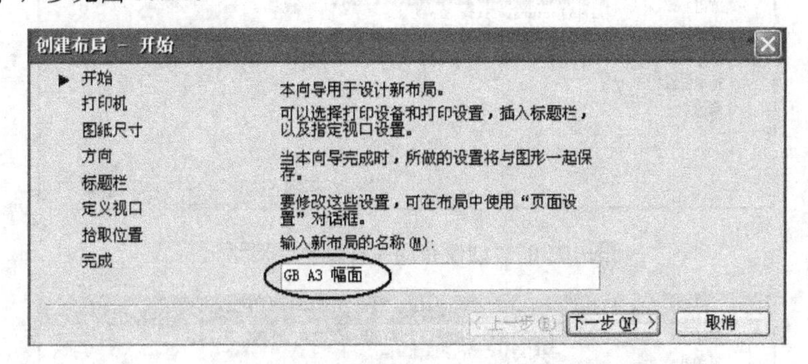

图10.26 “创建布局—开始”对话框

② 依次点下一步，分别设置打印机、图纸尺寸、方向、标题栏、定义视口、拾取位置等选项，参见图10.27～图10.33。效果图见图10.34。

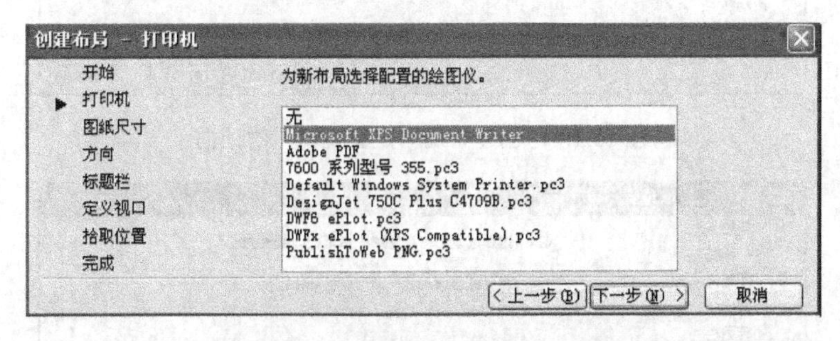

图10.27 “创建布局—打印机”对话框

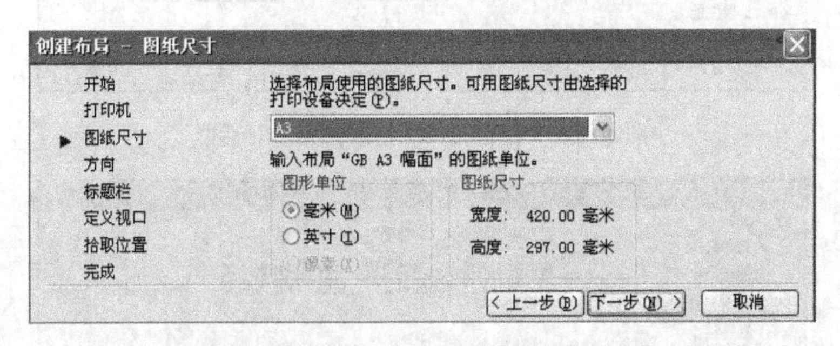

图10.28 “创建布局—图纸尺寸”对话框

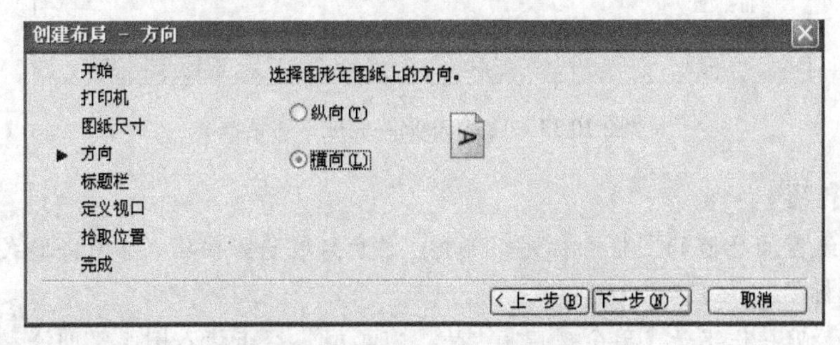

图10.29 “创建布局—方向”对话框

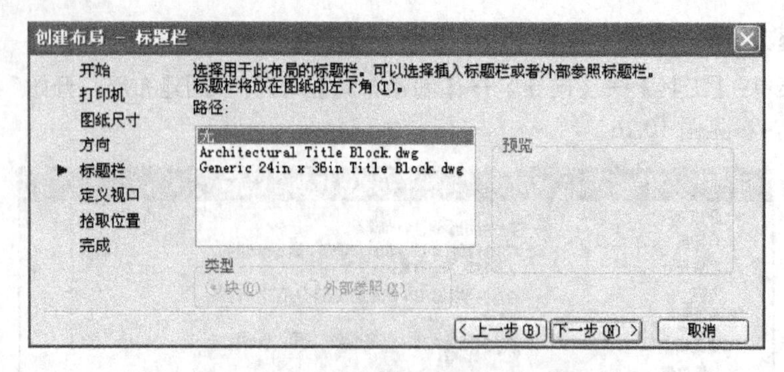

图 10.30 “创建布局—标题栏”对话框

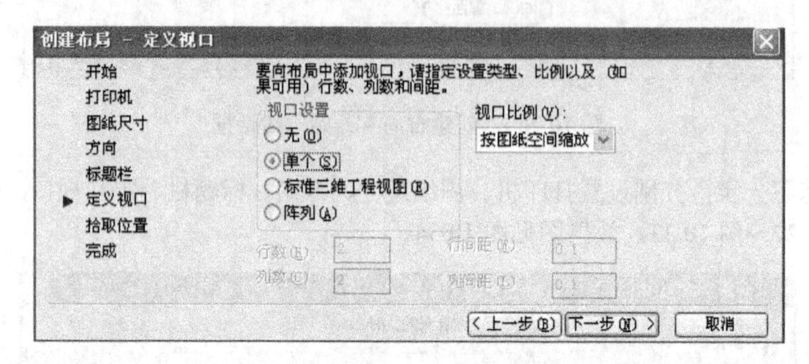

图 10.31 “创建布局—定义视口”对话框

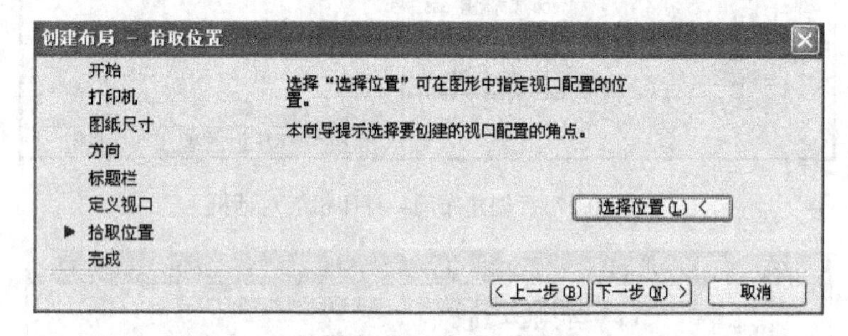

图 10.32 “创建布局—拾取位置”对话框

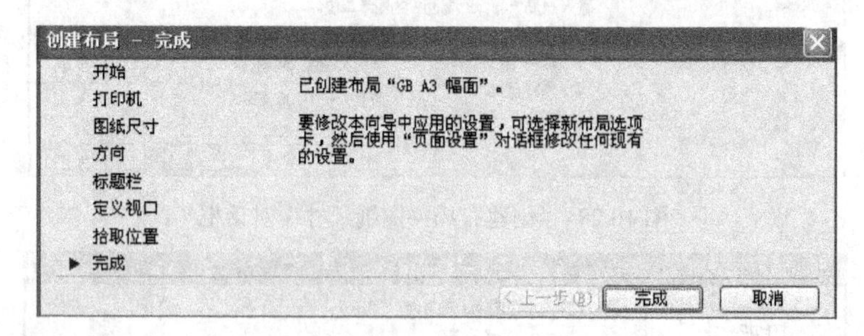

图 10.33 “创建布局—完成”对话框

【提示与技巧】

- ✓ 可以将图纸空间已有的图框和标题栏删掉，界面只有一张白纸。以图块形式插入带属性的图框和标题栏。
- ✓ 在【视口】工具栏单击【单个视口】，接受“布满”，双击进入图纸空间浮动视口，调整图形。

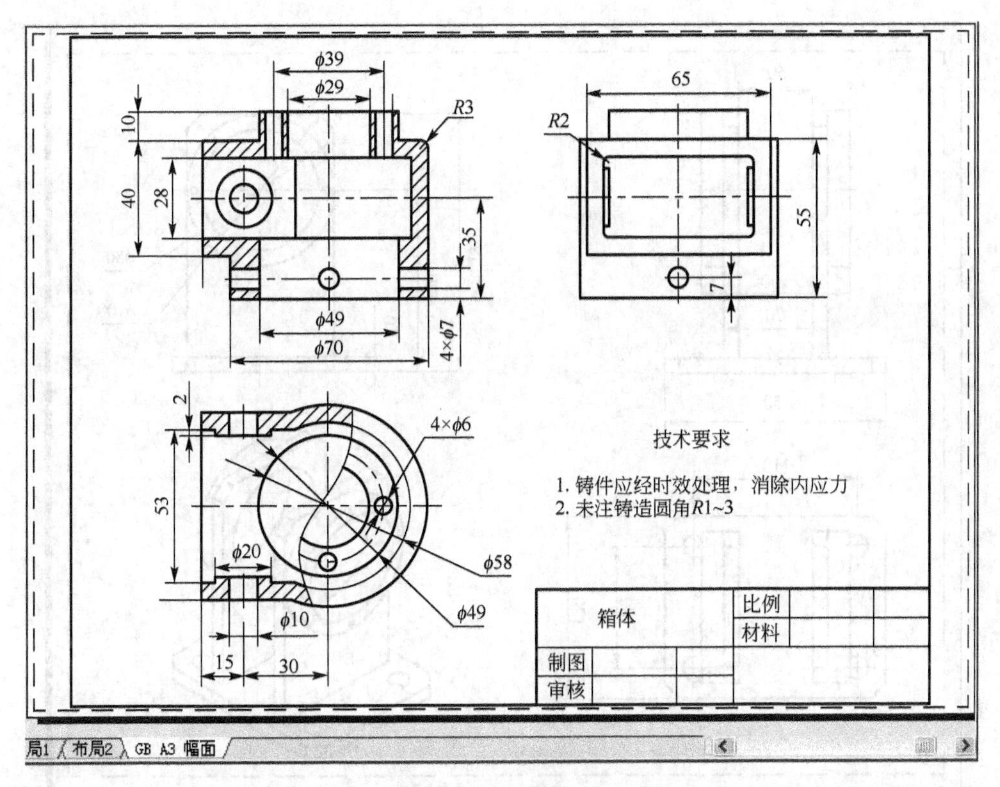

图 10.34　效果图

10.5 综合案例：打印并列视图

10.5.1　操作任务

将图 10.35 所示模型利用图纸空间打印输出，参见图 10.36。

10.5.2　操作目的

通过此图形，灵活掌握利用图纸空间打印输出并列视图的方法和步骤。

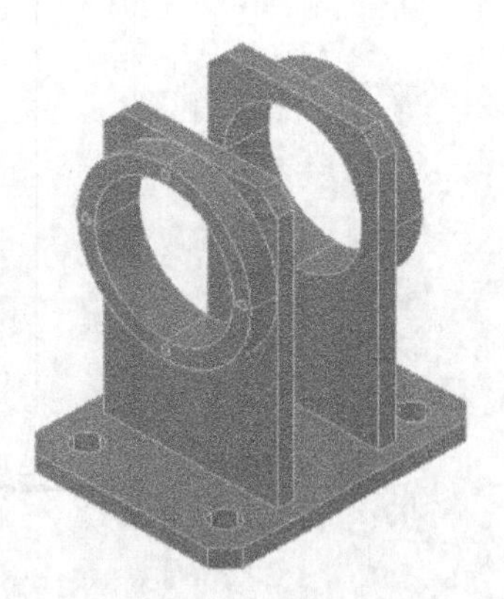

图 10.35　模型

10.5.3　操作要点

① 注意页面设置、视口、三维视点、消隐等命令的综合运用。
② 进一步熟悉机械图识图和绘图的基本技能。

10.5.4　操作步骤

① 打开已绘制完成模型的图形文件。
② 从模型空间进入图纸空间。
首次进入图纸空间时，系统将自动显示单一视口，如图 10.37 所示。
③ 删除单一视口。
系统自动显示的单一视口往往不能满足用户的需要，手动选中单一视口的边框，按【Delete】删除单一视口。

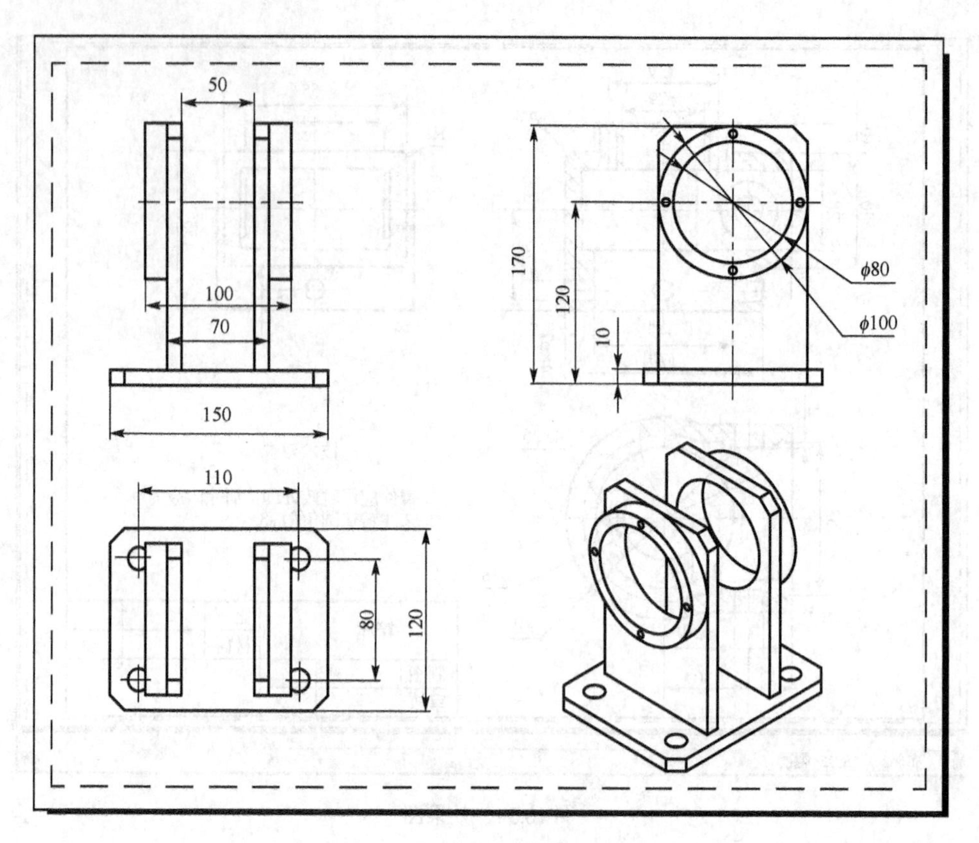

图 10.36　布局

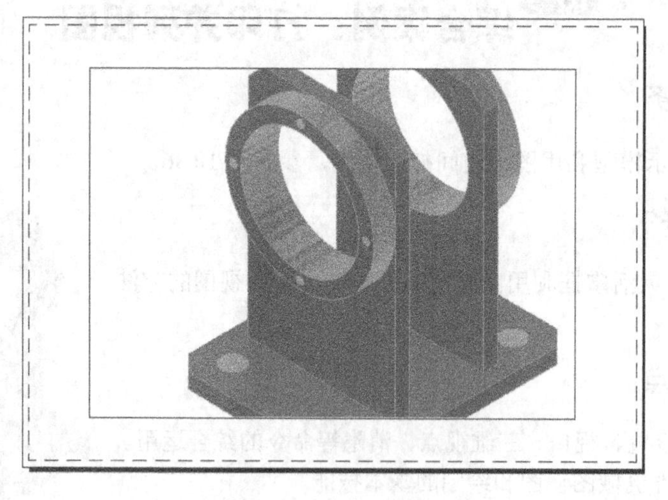

图 10.37　单一视口

④ 新建图层。

建立名为“vport”的新图层，并设为当前层。这样做的目的是通过控制该层的开/关来控制视口边框的可见性。

⑤ 新建四个视口，选择“布满”，出现如图 10.38 所示的四个并列视口。

⑥ 在所需要编辑的视口内部任意位置双击，此时视口的边框加粗。调整各视口的视图，如图 10.39 所示。

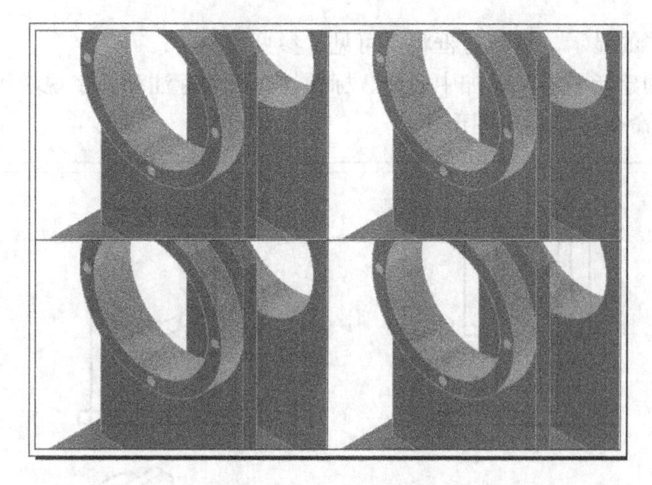

图 10.38 并列视口

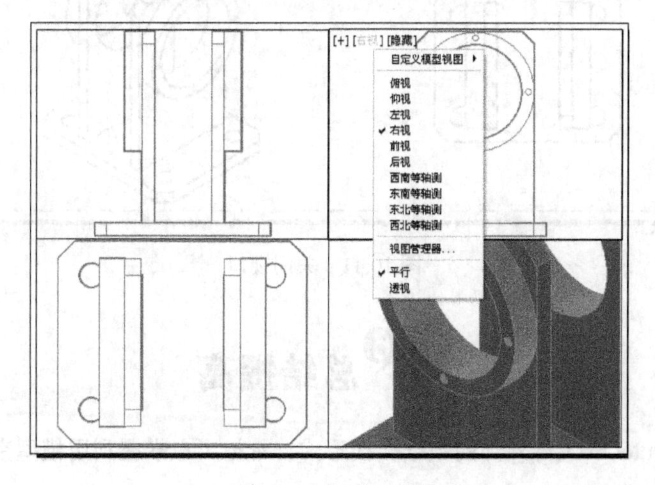

图 10.39 调整视图

⑦ 用“zoom”和“pan”命令调整各视口的显示比例和位置，并将各视图对齐，如图 10.40 所示。

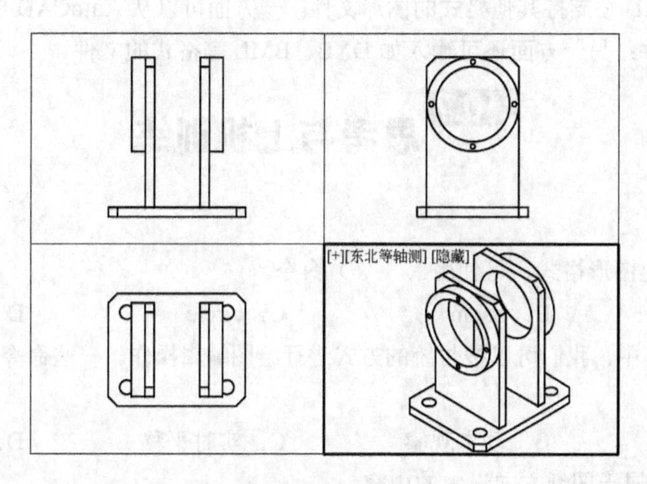

图 10.40 缩放视图

⑧ 关闭当前层的显示，视口边框将不可见，参见图 10.41。

⑨ 可以继续创建新图层，添加中心线、标题栏、尺寸标注和文字说明等。

⑩ 用“plot”命令打印输出图形。

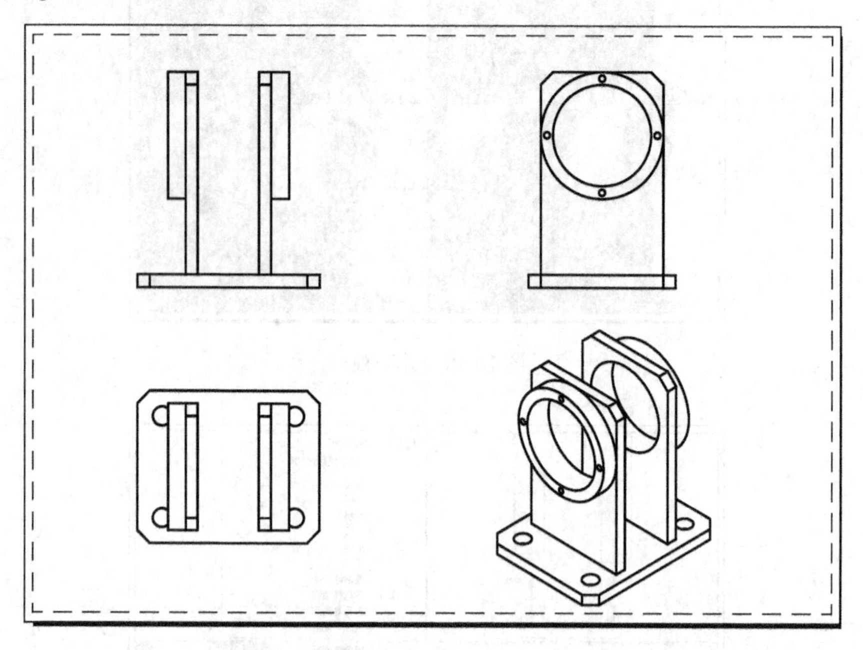

图 10.41　关闭视口

10.6 总结提高

本章介绍了 AutoCAD 与外部的数据交换形式，希望用户掌握利用模型空间和图纸空间打印输出图纸的方法。

AutoCAD 与其他标准 Windows 应用程序一样，可利用 Windows 系统的剪贴板和 OLE 特性来静态、动态地共享和交换数据。

此外，AutoCAD 还支持其他格式的图形文件。一方面可以从 AutoCAD 中输出其他如 3DS、WMF 等格式的文件；另一方面还可输入如 DXB、BML 等格式的文件。

10.7 思考与上机训练

10.7.1 选择题

1．输出为其他图形格式，可使用（　　）命令。

A．export　　B．zoom　　C．circle　　D．exit

2．在模型空间中，我们可以按传统的方式进行绘图编辑操作。一些命令只适用于模型空间，如（　　）命令。

A．缩放　　B．动态观察　　C．实时平移　　D．新建视口

3．（　　）不属于图纸方向设置的内容。

A．反向　　B．横向　　C．纵向　　D．逆向

4. 可以用（　　）命令把 AutoCAD 的图形转换成图像格式（如 BMP、EPS、WMF）。

A. 保存　　B. 发送　　C. 另存为　　D. 输出

5. 在 AutoCAD 中，要将左右两个视口改为左上、左下、右三个视口可选择（　　）命令。

A. “视图” / “视口” / “一个视口”

B. “视图” / “视口” / “三个视口”

C. “视图” / “视口” / “合并”

D. “视图” / “视口” / “两个视口”

6. 模型空间是（　　）。

A. 主要为设计建模用，但也可以打印　　B. 和图纸空间设置一样

C. 为了建立模型而设定的，不能打印　　D. 和布局设置一样

7. 布局空间（layout）的设置（　　）。

A. 必须设置为一个模型空间，一个布局

B. 一个模型空间可以有多个布局

C. 一个布局可以有多个模型空间

D. 一个文件中可以有多个模型空间、多个布局

8. 在保护图纸安全的前提下，和别人进行设计交流的途径为（　　）。

A. 把图纸文件缩小到别人看不太清楚为止

B. 利用电子打印进行.dmf 文件的交流

C. 不让别人看.dwg 文件，直接口头交流

D. 只看.dwg 文件，不进行标注

9. 打印图形时，图形的打印区域形式有（　　）。

A. 显示　　B. 范围　　C. 视图、窗口　　D. 图形界限

10. 可以在 AutoCAD 软件中应用的输出设备有（　　）。

A. AutoCAD 下非系统打印机　　B. 绘图仪

C. Windows 系统打印机　　D. 只能是 Windows 系统打印机

【友情提示】:

1. A　2. B　3. D　4. D　5. D　6. A　7. B　8. B　9. ABCD　10. ABC

10.7.2 思考题

1. AutoCAD 的图形转换支持哪些格式？如何操作？
2. 什么是 OLE？
3. 什么是模型空间与图纸空间？又具有什么特点？
4. 切换模型空间与图纸空间常用的方法有哪些？
5. 如何添加打印机？
6. 打印图形时，一般应设置哪些打印参数？
7. 当设置完成打印参数后，应如何保存以便以后再次使用？

10.7.3 操作题

1. 将图 LX10.1 所示模型在模型空间中组织出图，如图 LX10.2 所示。
2. 将图 LX10.3 所示模型在布局空间中组织出图，如图 LX10.4 所示。

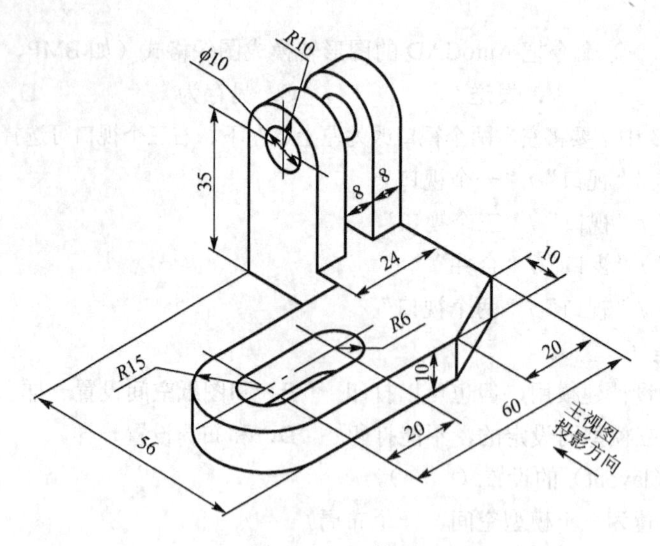

图 LX10.1　模型

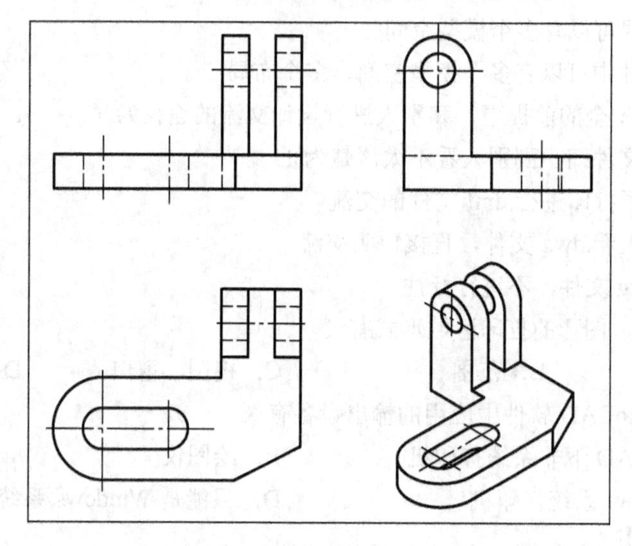

图 LX10.2

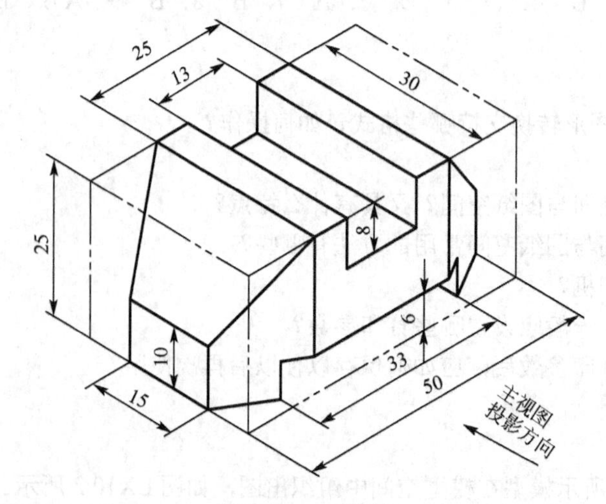

图 LX10.3　模型

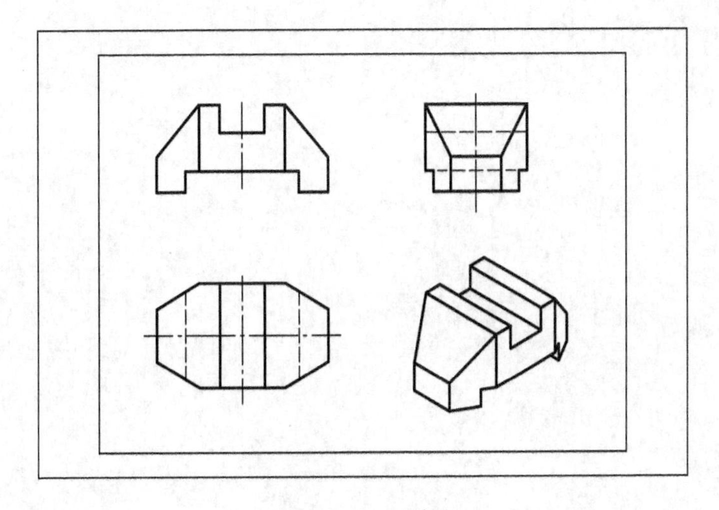

图 LX10.4　图纸

3．按图 LX10.5（a）所示尺寸绘制拨叉轮，然后删除尺寸和中心线，见图 LX10.5（b），将其在图纸空间中组织出图，如图 LX10.6 所示。

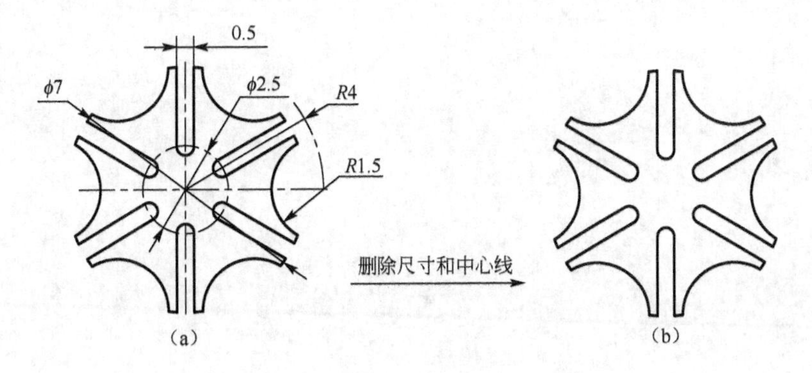

图 LX10.5　拨叉轮

图 LX10.6　图纸

格式要求：左下角（3，4），右上角（45，33），左上侧视窗比例 2XP，左下为 1XP，右侧为 4XP。

附　　录

附录A　中华人民共和国国家标准

机械工程CAD制图规则

Mechanical engineering drawings rules of CAD
GB/T14665—1998 代替 GB/T14665—1993

1. 范围

本标准规定了机械工程中用计算机辅助设计（以下简称CAD）时的制图规则。本标准适用于在计算机及其外围设备中进行显示、绘制、打印的机械工程图样及有关技术文件。

2. 引用标准

下列标准所包含的条文，通过在本标准中引用而构成为本标准的条文。本标准出版时，所示版本均为有效。所有标准都会被修订，使用本标准的各方应探讨使用下列标准最新版本的可能性。

GB/T 4458.4—1984 机械制图 尺寸注法

GB/T 10609.4—1989 技术制图 对缩微复制原件的要求

GB/T 13362.4—1992 机械制图用计算机信息交换 常用长仿宋矢量字体、代（符）号

GB/T 13362.5—1992 机械制图用计算机信息交换 常用长仿宋矢量字体、代（符）号 数据集

GB/T 14691—1993 技术制图 字体

GB/T 17450—1998 技术制图 图线

3. 基本原则

（1）凡在计算机及其外围设备中绘制机械工程图样时，如涉及本标准中未规定的内容，应符合有关标准和规定。

（2）在机械工程制图中用CAD绘制的机械工程图样，首先应考虑表达准确，看图方便。在完整、清晰、准确地表达机件各部分形状的前提下，力求制图简便。

（3）用CAD绘制机械图样时，尽量采用CAD新技术。

4. 图线

在机械工程的CAD制图中，所用图线，除按照以下的规定外，还应遵守GB/T17450中的规定。

（1）图线组别

为了便于机械工程的CAD制图需要，将GB/T17450中所规定的8种线型分为以下几组，见表1。一般优先采用第4组。

（2）图线的结构

① 双折线

② 虚线（F型线）

③ 点画线（G型线、J型线）

④ 双点画线（K型线）

表1

组别	1	2	3	4	5	一般用途
线宽/	2.0	1.4	1.0	0.7	0.5	粗实线、粗点画线
mm	1.0	0.7	0.5	0.35	0.25	细实线、波浪线、双折线、虚线、细点画线、双点画线

（3）合图线的优先顺序

当两个以上不同类型的图线重合时，应遵守以下的优先顺序：

① 可见轮廓线和棱线（粗实线，A 型线）

② 不可见轮廓线和棱线（虚线，F 型线）

③ 剖切平面迹线（细点画线，G 型线）

④ 轴线和对称中心线（细点画线，G 型线）

⑤ 假想轮廓线（双点画线，K 型线）

⑥ 尺寸界线和分界线（细实线，B 型线）

（4）非连续线的画法

① 相交线

图线应尽量相交在线段上。绘制圆时，应画出圆心符号。

② 接触与连接线和转弯线的画法

图线在接触与连接或转弯时应尽可能在线段上相连。

（5）图线颜色

屏幕上显示图线，一般应按表 2 中提供的颜色显示，并要求相同类型的图线应采用同样的颜色。

表 2

粗实线		A	绿色
细实线		B	白色
波浪线		C	
双折线		D	
虚线		F	黄色
细点画线		G	红色
粗点画线		I	棕色
双点画线		K	粉色

5．字体

机械工程的 CAD 制图所使用的字体，应按 GB/T13362.4、GB/T13362.5 中的要求，做到字体端正、笔画清楚，排列整齐、间隔均匀。

（1）数字

一般应以斜体输出。

（2）小数点

小数点进行输出时，应占一个字位，并位于中间靠下处。

（3）字母

一般应以斜体输出。

（4）汉字

汉字在输出时一般采用正体，并采用国家正式公布和推行的简化字。

（5）标点符号

标点符号应按其含义正确使用，除省略号和破折号为两个字位外，其余均为一个符号一个字位。

（6）字体与图纸幅面之间的选用关系参见表 3。

表 3

<table>
<tr><td rowspan="3">字　体</td><td colspan="5">h</td></tr>
<tr><td colspan="5">图幅</td></tr>
<tr><td>A0</td><td>A1</td><td>A2</td><td>A3</td><td>A4</td></tr>
<tr><td>汉字</td><td colspan="2" rowspan="2">5</td><td colspan="3" rowspan="2">3.5</td></tr>
<tr><td>字母与数字</td></tr>
</table>

注：*h* 为汉字、字母和数字的高度。

（7）字体的最小字（词）距、行距以及间隔线或基准线与书写字体的最小距离见表4。

表4

字　体	最小距离	
汉字	字距	1.5
	行距	2
	间隔线或基准线与汉字的间距	1
字母与数字	字符	0.5
	词距	1.5
	行距	1
	间隔线或基准线与字母、数字的间距	1

注：当汉字与字母、数字混合使用时，字体的最小字距、行距等应根据汉字的规定使用。

6. 尺寸线的终端形式

机械工程的CAD制图中所使用的尺寸线的终端形式（箭头）有如下几种供选用，其具体尺寸比例一般参照GB4458.4中的有关规定。

（1）在图样中一般按实心箭头、开口箭头、空心箭头、斜线的顺序选用。

（2）当尺寸线的终端采用斜线时，尺寸线与尺寸界线必须互相垂直。

（3）同一张图样中一般只采用一种尺寸线终端的形式。当采用箭头位置不够时，允许用圆点或斜线代替箭头。

7. 图形符号的表示

在机械工程的CAD制图中，所用到的图形符号，应严格遵守有关标准或规定的要求。

（1）第一角画法和第三角画法的识别图形符号表示。

（2）圆心符号用细实线绘制，其长短一般在12*d*左右选用（*d*为细实线宽度）。

8. 图样中各种线型在计算机中的分层

图样中的各种线型在计算机中的分层标识可参照表5的要求。

表5

标识号	描　述	图　例	线型按GB/T17450
01	粗实线剖切面的粗剖切线		A
02	细实线 细波浪线 细折断线		B C D
03	粗虚线		E
04	细虚线		F
05	细点画线 剖切面的剖切线		G
06	粗点画线		J
07	细双点画线		K
08	尺寸线，投影连线，尺寸终端与符号细实线		
09	参考圆，包括引出线和终端（如箭头）		
10	剖面符号		
11	文本（细实线）		ABCD
12	尺寸值和公差		423±1
13	文本（粗实线）		KLMN
14、15、16	用户选用		

附录B 制图员国家职业标准模拟题

1. 职 业 概 况

1.1 职业名称

制图员。

1.2 职业定义

使用绘图仪器、设备，根据工程或产品的设计方案、草图和技术性说明，绘制其正图（原图）、底图及其他技术图样的人员。

1.3 职业等级

本职业共设四个等级，分别为：初级（国家职业资格五级）、中级（国家职业资格四级）、高级（国家职业资格三级）、技师（国家职业资格二级）。

1.4 职业环境

室内，常温。

1.5 职业能力特征

具有一定的空间想象、语言表达、计算能力；手指灵活、色觉正常。

1.6 基本文化程度

高中毕业（或同等学力）。

1.7 培训要求

1.7.1 培训期限

全日制职业学校教育，根据其培养目标和教育计划确定。晋级培训期限：初级不少于 200 标准学时；中级不少于 350 标准学时；高级不少于 500 标准学时；技师不少于 800 标准学时。

1.7.2 培训教师

培训初级制图员的教师应具有本职业高级以上职业资格证书；培训中、高级制图员的教师应具有本职业技师职业资格证书或相关专业中级以上专业技术职务任职资格；培训技师的教师应具备本职业技师职业资格证书 3 年以上或相关专业高级专业技术职务任职资格。

1.7.3 培训场地设备

采光、照明良好的教室；绘图工具、设备及计算机。

1.8 鉴定要求

1.8.1 适用对象

从事或准备从事本职业的人员。

1.8.2 申报条件

初级（具备以下条件之一者）

（1）经本职业初级正规培训达规定标准学时数，并取得毕（结）业证书。

（2）在本职业连续见习工作 2 年以上。

（3）本职业学徒期满。

中级（具备以下条件之一者）

（1）取得本职业初级职业资格证书后，连续从事本职业工作 2 年以上，经本职业中级正规培训达规定标准学时数，并取得毕（结）业证书。

（2）取得本职业初级职业资格证书后，连续从事本职业工作 3 年以上。

（3）连续从事本职业工作 5 年以上。

（4）取得经劳动保障行政部门审核认定的、以中级技能为培养目标的中等以上职业学校本职业（专业）毕业证书。

高级（具备以下条件之一者）

（1）取得本职业中级职业资格证书后，连续从事本职业工作 2 年以上，经本职业高级正规培训达规定标准学时数，并取得毕（结）业证书。

（2）取得本职业中级职业资格证书后，连续从事本职业工作 3 年以上。

（3）取得高级技工学校或经劳动保障行政部门审核认定的、以高级技能为培养目标的高级职业技术学校本职业（专业）毕业证书。

（4）取得本职业中级职业资格证书的大专以上本专业或相关专业毕业生，连续从事本职业工作 2 年以上。

技师（具备以下条件之一者）

（1）取得本职业高级职业资格证书后，连续从事本职业工作 3 年以上，经本职业技师正规培训达规定标准学时数，并取得毕（结）业证书。

（2）取得本职业高级职业资格证书后，连续从事本职业工作 5 年以上。

（3）取得本职业高级职业资格证书的高级技工学校本职业（专业）毕业生，连续从事本职业工作 2 年以上。

1.8.3　鉴定方式

分为理论知识考试和技能操作考核。理论知识考试采用闭卷笔试方式，技能操作考核采用现场实际操作方式。理论知识考试和技能操作考核均实行百分制，成绩皆达 60 分以上者为合格。技师还需进行综合评审。

1.8.4　考评人员与考生配比

理论知识考试考评人员与考生配比为 1∶15，每个标准教室不少于 2 名考评人员；技能操作考核考评员与考生配比为 1∶5，且不少于 3 名考评员。

1.8.5　鉴定时间

理论知识考试时间为 120min；技能操作考核时间为 180min。

1.8.6　鉴定场所设备

理论知识考试：采光、照明良好的教室。

技能操作考核：计算机、绘图软件及图形输出设备。

2. 基本要求

2.1　职业道德

2.1.1　职业道德基本知识

2.1.2　职业守则

（1）忠于职守，爱岗敬业。

（2）讲究质量，注重信誉。

（3）积极进取，团结协作。

（4）遵纪守法，讲究公德。

2.2　基础知识

2.2.1　制图的基本知识

（1）国家标准制图的基本知识。

（2）绘图仪器及工具的使用与维护知识。

2.2.2　计算机绘图的基本知识

（1）计算机绘图系统硬件的构成原理。

（2）计算机绘图软件类型。

2.2.3　专业图样的基础知识

2.2.4　相关法律、法规知识

（1）劳动法的相关知识。

（2）技术制图的标准。

3. 工作要求

本标准对初级、中级、高级和技师的技能要求依次递进，高级别包括低级别的要求。

3.1 初级

职业功能	工作内容	技能要求	相关知识
绘制二维图	描图	能描绘墨线图	描图的知识
	手工绘图	1. 能绘制螺纹连接的装配图 2. 能绘制和阅读支架类零件图 3. 能绘制和阅读箱体类零件图	1. 几何绘图知识 2. 三视图投影知识 3. 绘制视图、剖视图、断面图知识 4. 尺寸标注的知识 5. 专业图的知识
	计算机绘图	1. 能使用一种软件绘制简单的二维图形并标注尺寸 2. 能使用打印机或绘图机输出图纸	1. 调出图框、标题栏的知识 2. 绘制直线、曲线的知识 3. 曲线编辑的知识 4. 文字标注的知识
绘制三维图	描图	能描绘正等轴测图	绘制正等轴测图的基本知识
图档管理	图纸折叠	能按要求折叠图纸	折叠图纸的要求
	图纸装订	能按要求将图纸装订成册	装订图纸的要求

3.2 中级

职业功能	工作内容	技能要求	相关知识
绘制二维图	手工绘图	1. 能绘制螺纹连接的装配图 2. 能绘制和阅读支架类零件图 3. 能绘制和阅读箱体类零件图	1. 截交线的绘图知识 2. 绘制相贯线的知识 3. 一次变换投影面的知识 4. 组合体的知识
	计算机绘图	能绘制简单的二维专业图形	1. 图层设置的知识 2. 工程标注的知识 3. 调用图符的知识 4. 属性查询的知识
绘制三维图	描图	1. 能够绘制斜二测图 2. 能够绘制正二测图	1. 绘制斜二测图的知识 2. 绘制正二测图的知识
	手工绘制轴测图	1. 能绘制正等轴测图 2. 能绘制正等轴测剖视图	1. 绘制正等轴测图的知识 2. 绘制正等轴测剖视图的知识
图档管理	软件管理	能用软件对成套图纸进行管理	管理软件的使用知识

3.3 高级

职业功能	工作内容	相关知识	技能要求
绘制二维图	手工绘图	1. 能绘制各种标准件和常用件 2. 能绘制和阅读不少于 15 个零件的装配图	1. 变换投影面的知识 2. 绘制两回转体轴线垂直交叉相贯线的知识
	手工绘制草图	能绘制箱体类零件草图	1. 测量工具的使用知识 2. 绘制专业示意图的知识
	计算机绘图	1. 能根据零件图绘制装配图 2. 能根据装配图绘制零件图	1. 图块制作和调用的知识 2. 图库的使用知识 3. 属性修改的知识

4. 比 重 表

4.1 理论知识

项目		初级/%	中级/%	高级/%	技师/%
基本要求	职业道德	5	5	5	5
	基础知识	25	15	15	15

续表

项目			初级/%	中级/%	高级/%	技师/%
相关知识	绘制二维图	描图	5	—	—	—
		手工绘图	40	30	30	5
		计算机绘图	5	5	5	—
		手工绘制草图	—	—	10	—
		手工绘制专业图	10	15	15	15
		手工绘制展开图	—	—	—	10
	绘制三维图	描图	5	5	—	—
		手工绘制轴测图	—	20	15	5
		手工绘图	—	—	—	25
		计算机绘图	—	—	—	10
	图档管理	图纸折叠	3	—	—	—
		图纸装订	2	—	—	—
		软件管理	—	5	—	—
		图纸归档管理	—	—	5	—
	转换不同标准体系图样	第一角和第三角投影图的相互转换	—	—	—	5
指导培训	业务培训	—	—	—	5	
合计			100	100	100	100

4.2 技能操作

项目			初级/%	中级/%	高级/%	技师/%
技能要求	绘制二维图	描图	5	—	—	—
		手工绘图	22	20	15	—
		计算机绘图	55	55	60	—
		手工绘制草图	—	—	15	—
		手工绘制专业图	—	—	—	25
		手工绘制展开图	—	—	—	20
	绘制三维图	描图	13	5	—	—
		手工绘制轴测图	—	15	5	—
		手工绘图	—	—	—	5
		计算机绘图	—	—	—	35
	图档管理	图纸折叠	3	—	—	—
		图纸装订	2	—	—	—
		软件管理	—	5	—	—
		图纸归档管理	—	—	5	—
	转换不同标准体系图样	第一角和第三角投影图的相互转换	—	—	—	10
指导培训	业务培训	—	—	—	5	
合计			100	100	100	100

5. 计算机模拟题

一、考试内容

在计算机上完成试卷题目要求的内容。

二、考试要求

1. 按1：1比例绘图。

2．尺寸标注按图中格式。

尺寸参数：字高为3.5mm，箭头长度为4 mm，尺寸界限延伸长度为2mm，其余参数使用系统缺省配置。

3．分层绘图。

图层、颜色、线型要求如下：

层名	颜色	线型	用途	层名	颜色	线型	用途
0	黑/白	实线	粗实线	3	绿	实线	细实线
1	红	点画线	中心线	4	黄	实线	尺寸
2	洋红	虚线	虚线	5	蓝	实线	标注

其余参数使用系统缺省配置。另外需要建立的图层，考生自行设置。

4．各题图形的位置可自行确定。

5．存盘前使图框充满屏幕。

6．存盘时文件名采用考试号码。

三、模拟试题

1．在A3图幅内绘制全部图形，用粗实线画出边框（400×277），按尺寸在右下角绘制标题栏，在对应框内填写姓名和考号，字高5。（10分）

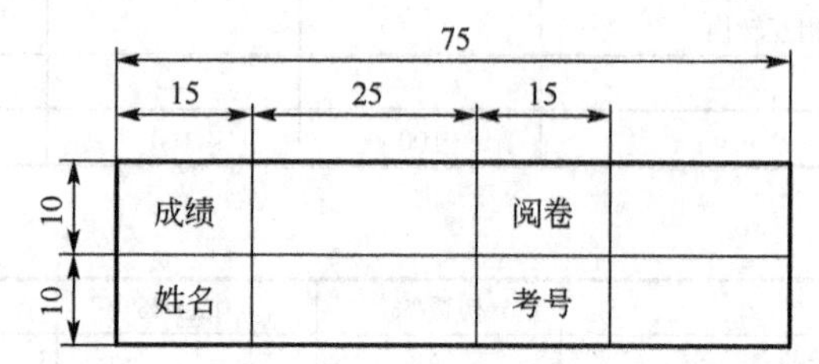

2．按标注尺寸1∶1抄画主、左视图，并补画俯视图（不标尺寸）。（30分）

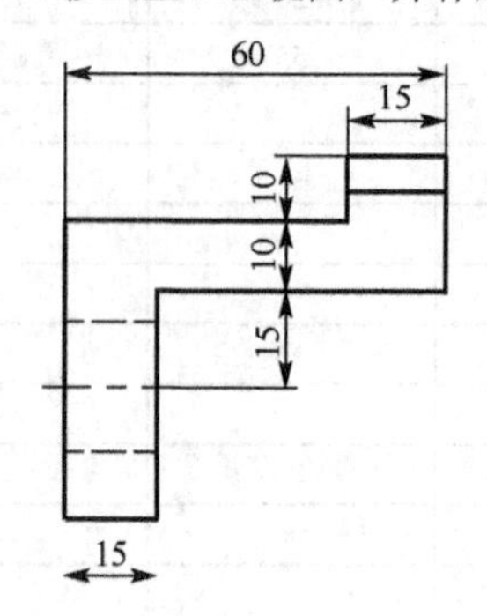

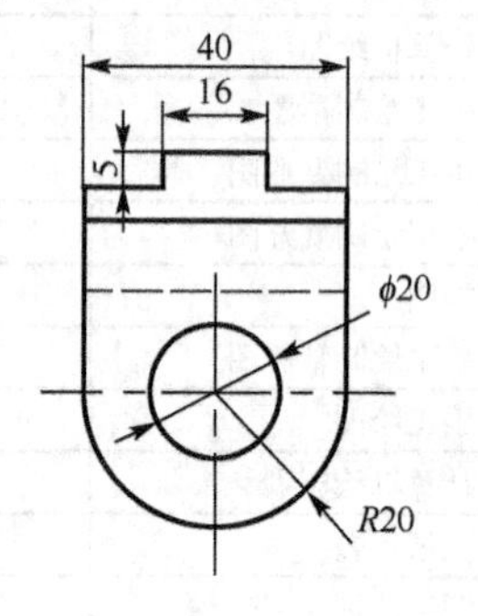

3．按标注尺寸1∶1绘制图形，并标注尺寸。（20分）

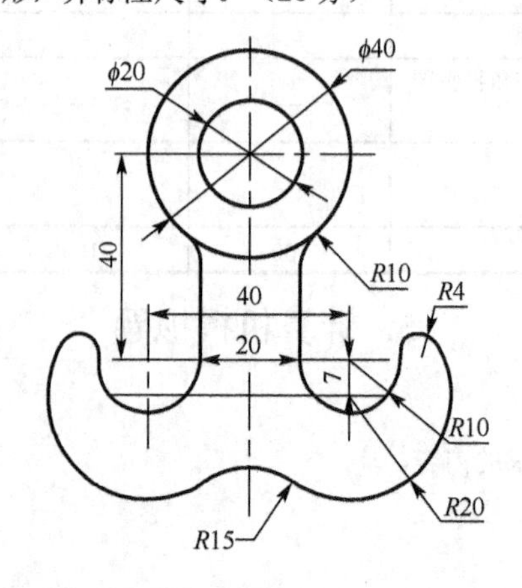

4．任选题。（40 分）

（1）按标注尺寸 1∶1 抄画零件图，并标全尺寸。

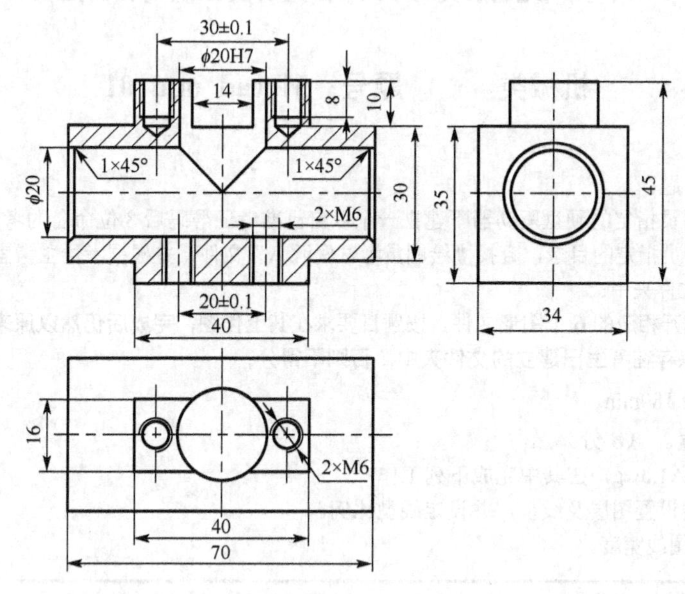

（2）绘制螺栓的装配图，并标注尺寸和引出注释。

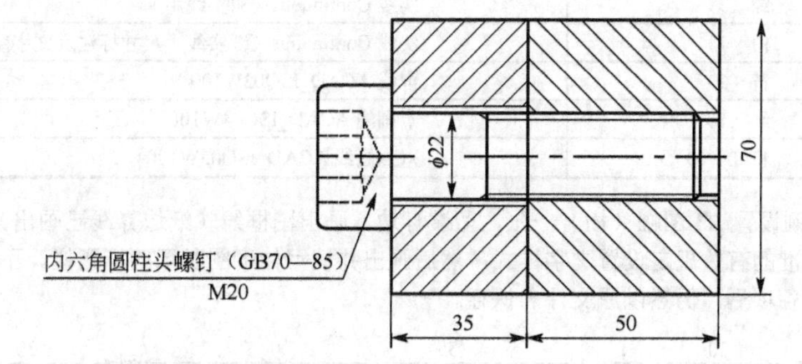

（3）按标注尺寸 1∶1 抄画零件图，并标全尺寸。

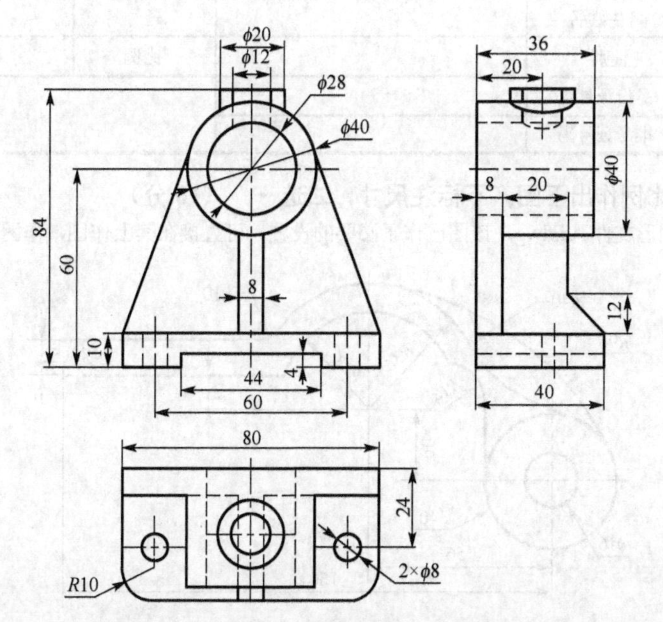

附录 C　计算机辅助设计中级绘图员技能鉴定试题

机械类　　　题号：M_cad_mid_01

【考试说明】：

1．本试卷共 6 题；

2．考生在考评员指定的硬盘驱动器下建立一个以自己准考证号码后 8 位命名的考生文件夹；

3．考生在考评员指定的目录，查找“绘图员考试资源 A”文件，并根据考场主考官提供的密码解压到考生已建立的考生文件夹中；

4．然后依次打开相应的 6 个图形文件，按题目要求在其上作图，**完成后仍然以原来图形文件名保存作图结果，确保文件保存在考生已建立的文件夹中，否则不得分；**

5．考试时间为 180min。

一、基本设置。（8 分）

打开图形文件 A1.dwg，在其中完成下列工作：

1．按以下规定设置图层及线型，并设定线型比例。

绘图时不考虑图线宽度。

图层名称	颜色（颜色号）	线　　型
01	绿（3）	实线 Continuous（粗实线用）
02	白（7）	实线 Continuous（细实线、尺寸标注及文字用）
04	黄（2）	虚线 ACAD_ISO02W100
05	红（1）	点画线 ACAD_ISO04W100
07	粉红（6）	双点画线 ACAD_ISO05W100

2．按 1:1 比例设置 A3 图幅（横）一张，留装订边，画出图框线（纸边界线已画出）。

3．按国家标准的有关规定设置文字样式，然后画出并填写如下图所示的标题栏。不标注尺寸。

4．完成以上各项后，仍然以原文件名保存。

30	55	25	30
考生姓名		题号	A1
性别		比例	1:1
身份证号码			
准考证号码			

4×8=32

二、用 1∶1 比例作出下图，不标注尺寸，二选一。（10 分）

绘图前先打开图形文件 A2.dwg，该图已作了必要的设置，可直接在其上作图，作图结果以原文件名保存。

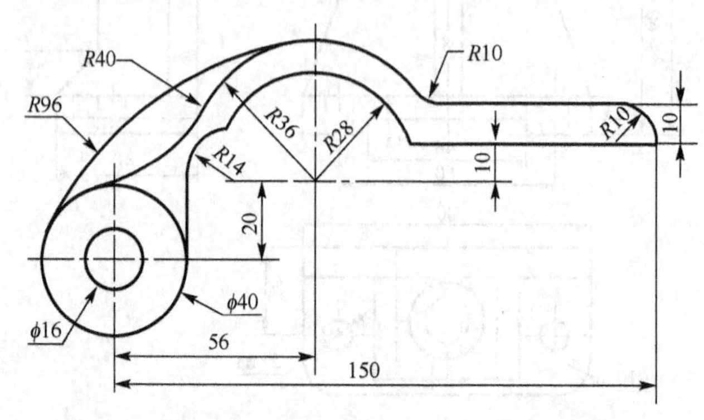

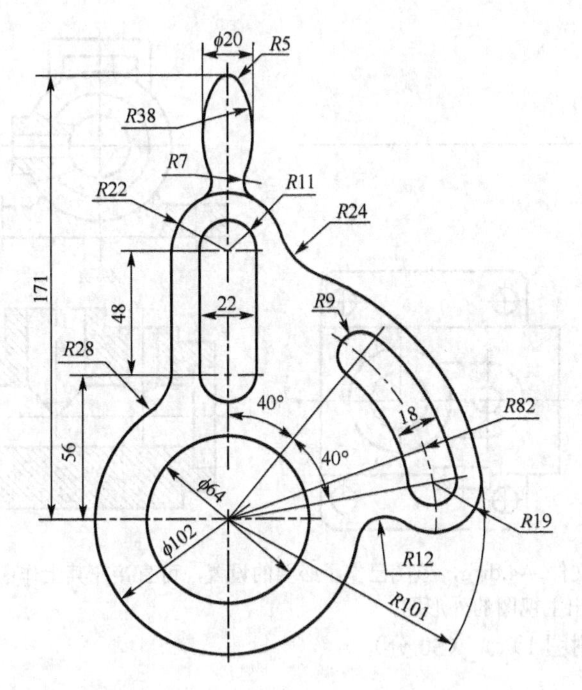

三、根据已知立体的 **2** 个投影作出第 **3** 个投影。（**10** 分）

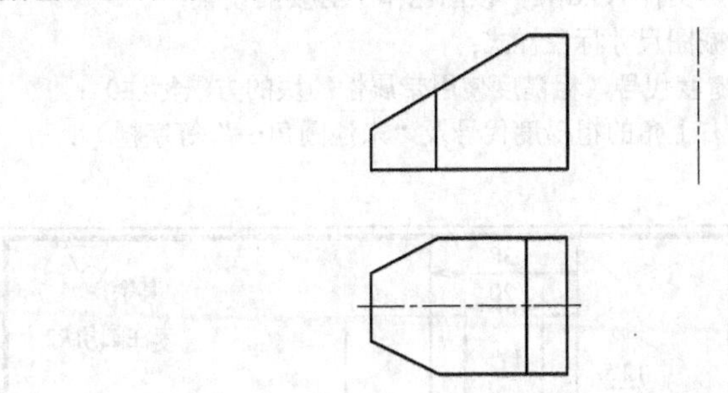

绘图前先打开图形文件 A3.dwg，该图已作了必要的设置，可直接在其上作图，作图结果以原文件名保存。

四、二选一。（1）把下图所示立体的主视图画成半剖视图，左视图画成全剖视图；（2）画出主视图的外形图。（10 分）

注意：

作图结果以原文件名保存。

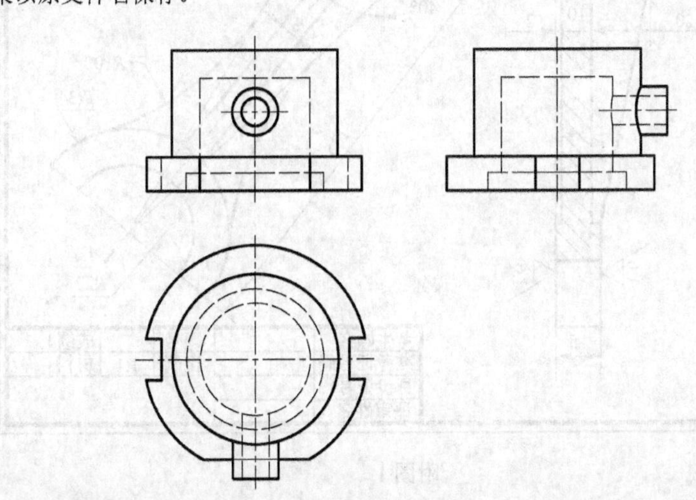

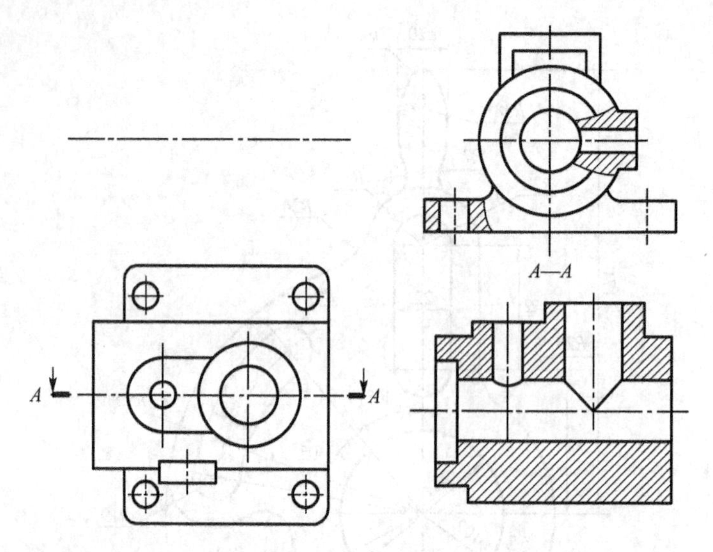

绘图前先打开图形文件 A4.dwg，该图已作了必要的设置，可直接在其上作图，题（1）主视图的右半部分取剖视，题（2）画出主视图的外形图。

五、画零件图（附图 1）。（50 分）

具体要求：

1．画 2 个视图，绘图前先打开图形文件 A5.dwg，该图已作了必要的设置；

2．按国家标准有关规定，设置机械图尺寸标注样式；

3．标注 *A*—*A* 剖视图的尺寸与粗糙度代号（粗糙度使用带属性的块的方法标注）；

4．不画图框及标题栏，不用注写右上角的粗糙度代号及“未注圆角…”等字样）；

5．作图结果以原文件名保存。

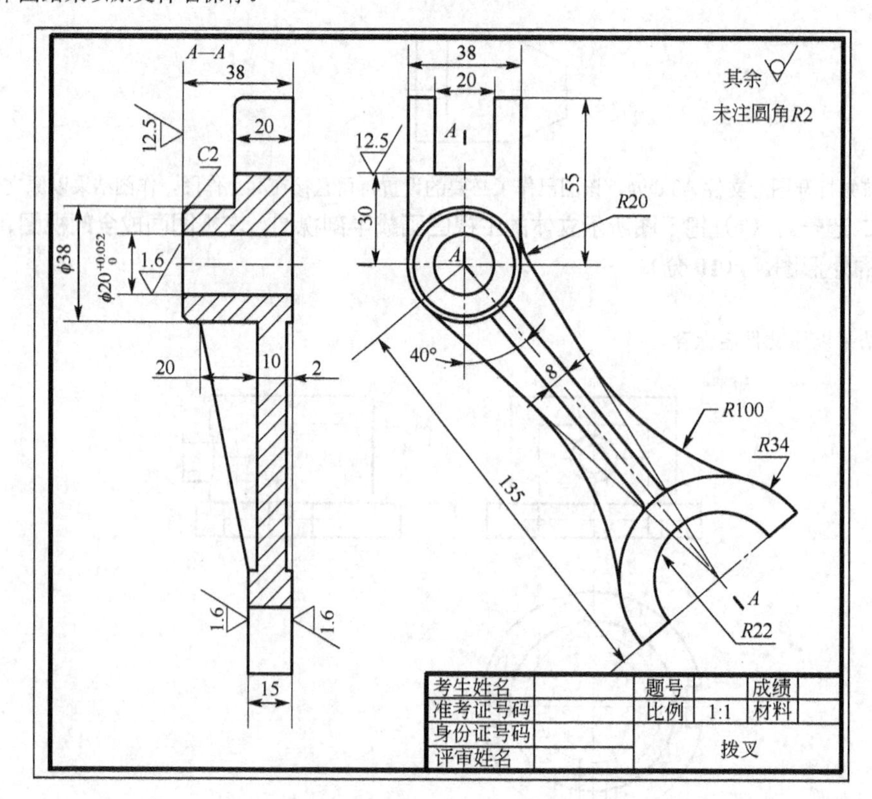

附图 1

六、由给出的结构齿轮组件装配图（附图 2）拆画零件 1 轴套的零件图。（12 分）

具体要求：

1. 绘图前先打开图形文件 A6.dwg，该图已作了必要的设置，可直接在该装配图上进行编辑以形成零件图，也可以全部删除重新作图；

2. 选取合适的视图；

3. 标注尺寸，如装配图标注有某尺寸的公差代号，则零件图上该尺寸也要标注上相应的代号。不标注表面粗糙度符号和形位公差符号，也不填写技术要求。

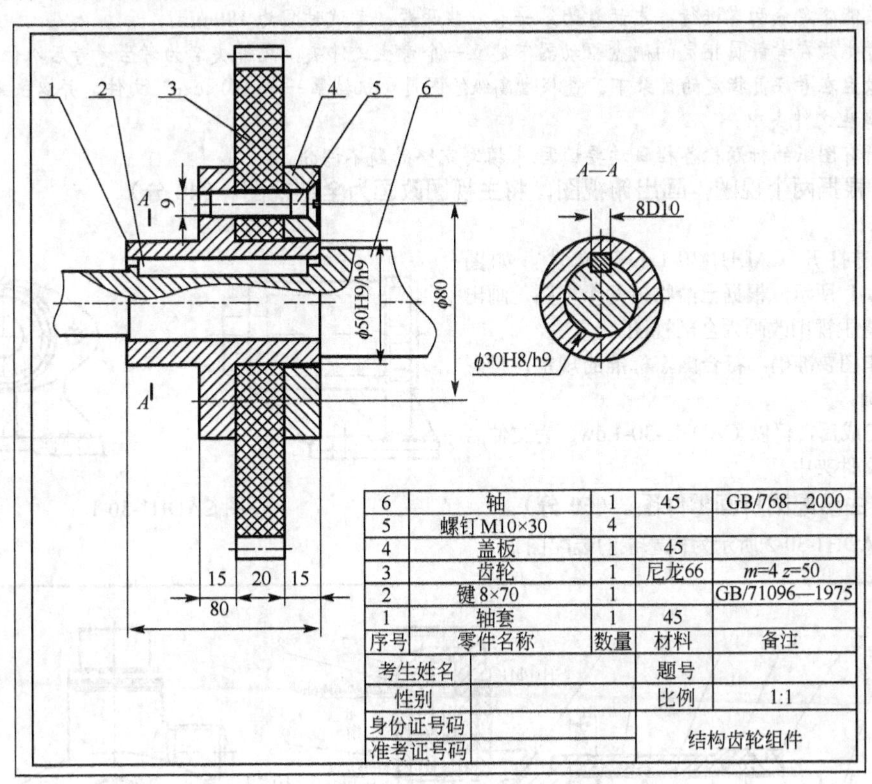

附图 2

附录D　计算机辅助设计高级绘图员技能鉴定试题

机械类　第一卷　题号：CADH1-30

【考试说明】：

1. 技能鉴定分两卷进行，本试卷为第一卷，共两题，考试时间为180min。

2. 考生须在考评员指定的硬盘驱动器下建立一个考生文件夹，文件夹名为考生考号后八位数字。

3. 考生在考评员指定的目录下，查找“高级绘图员（机械第一卷 B）.exe”文件，并双击文件，将文件解压到考生文件夹中。

4. 所有图纸的标题栏各栏目均要填写,未填写完整的题不评分。

一、根据两个视图，画出俯视图，将主视图改画为全剖视图。（40分）

要求：

1．请打开 CADH1-30-1.dwg 文件，如图CADH1-30-1 所示，根据已给物体两个视图，画出俯视图，将主视图改画为全剖视图。

2．作图要准确，符合国家标准的规定，投影关系要正确。

3．完成后，仍以 CADH1-30-1.dwg 为文件名存入考生文件夹中。

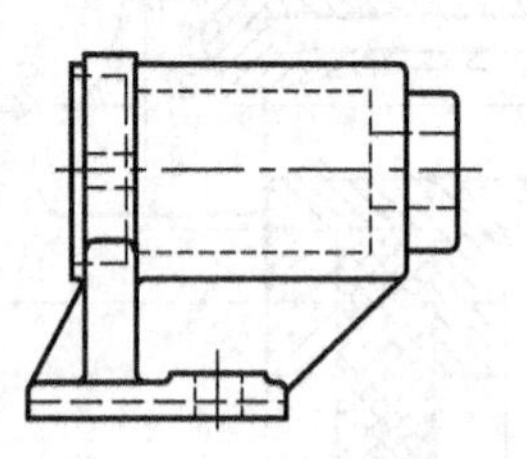

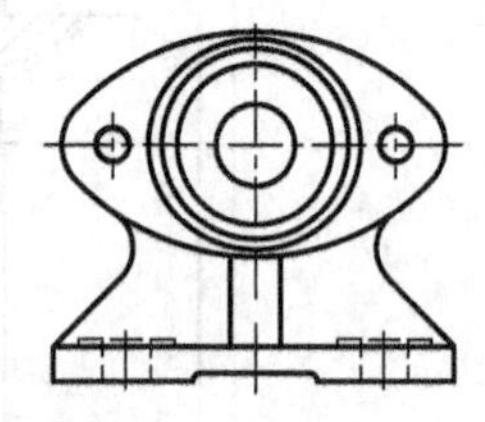

图 CADH1-30-1

二、由装配图拆画零件图。（60分）

图 CADH1-30-2 所示为柱塞泵的装配图。

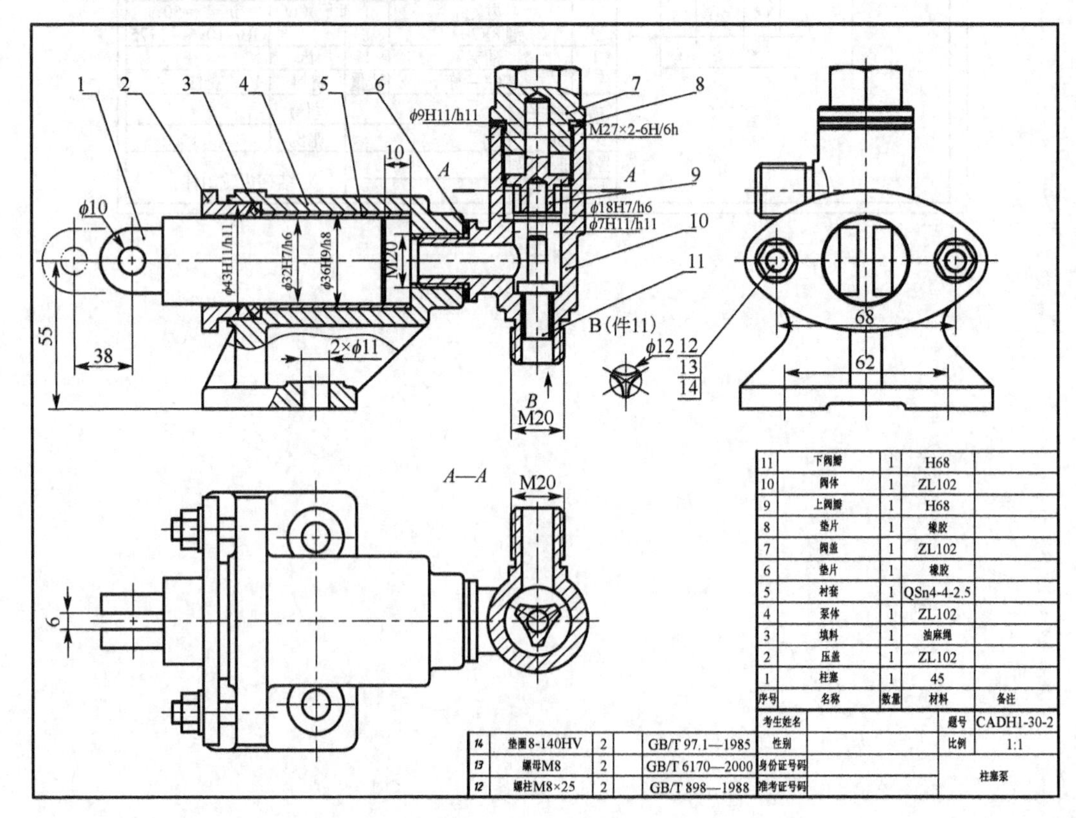

序号	名称	数量	材料	备注
11	下阀瓣	1	H68	
10	阀体	1	ZL102	
9	上阀瓣	1	H68	
8	垫片	1	橡胶	
7	阀盖	1	ZL102	
6	垫片	1	橡胶	
5	衬套	1	QSn4-4-2.5	
4	泵体	1	ZL102	
3	填料	1	油麻绳	
2	压盖	1	ZL102	
1	柱塞	1	45	

14	垫圈8-140HV	2	GB/T 97.1—1985
13	螺母M8	2	GB/T 6170—2000
12	螺柱M8×25	2	GB/T 898—1988

考生姓名		题号	CADH1-30-2
性别		比例	1:1
身份证号码		柱塞泵	
准考证号码			

图 CADH1-30-2　柱塞泵的装配图

要求：

1. 请打开 CADH1-30-2.dwg 文件，根据所给的装配图，拆画出阀体 10、下阀瓣 11 的零件图，装配图上没有提供的资料，应自行设定。

2. 设置一个 A3 图幅的布局，以阀体命名这个布局。将阀体零件图以 1:1 比例放置其中。不标注零件尺寸、公差代号、表面粗糙度代号。

3. 设置一个 A4 图幅的布局，以下阀瓣命名这个布局。将下阀瓣零件图以 1:1 比例放置其中；并标注零件尺寸、公差代号、表面粗糙度代号。零件尺寸从装配图中测量，公差代号和表面粗糙度代号的数值自定。

4. 各零件图按需要可作合适的剖视图、断面图等。

5. 完成后，仍以 CADH1-30-2.dwg 为文件名，保存到考生文件夹中。

工作原理：

柱塞泵是输送液体的增压设备。由传动机构带动柱塞按 *A* 向移动时，泵体内空间增大，压力降低，进口处液体冲开下阀瓣，进入泵体。此时上阀瓣是关闭的（图 CADH1-30-2-1）。

当柱塞按 *B* 向移动时，泵体内空间减小，液体受压，压住下阀瓣，关闭进口，冲开上阀瓣，使液体由出口流出（图 CADH1-30-2-2）。

柱塞不断往复运动使液体可连续地被吸入和输出。

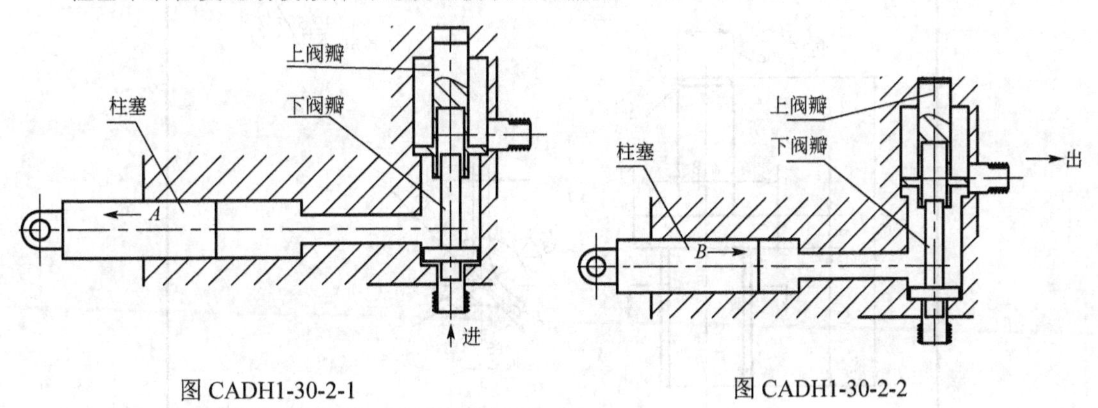

图 CADH1-30-2-1　　　　图 CADH1-30-2-2

【友情提示】

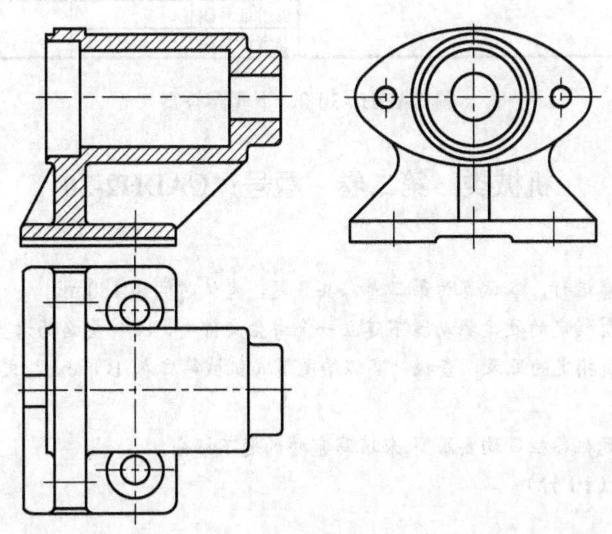

图 CADH1-30-1 答案

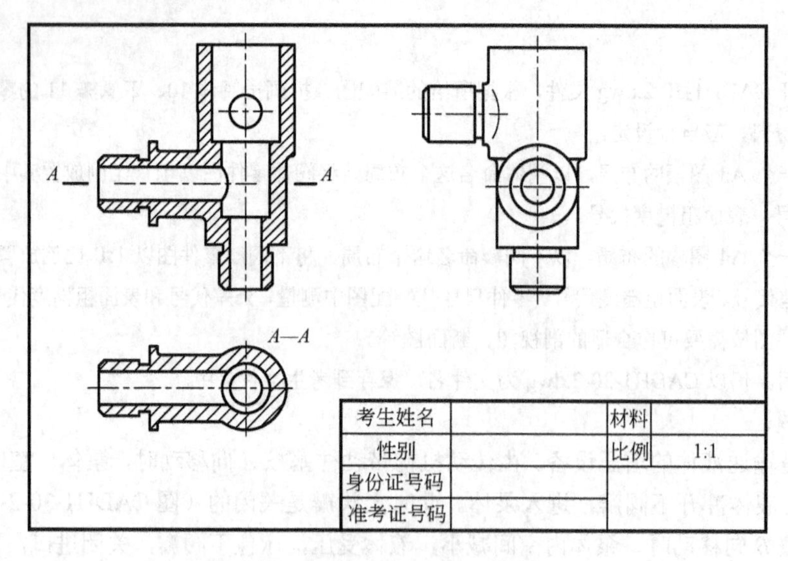

图 CADH1-30-2　阀体答案

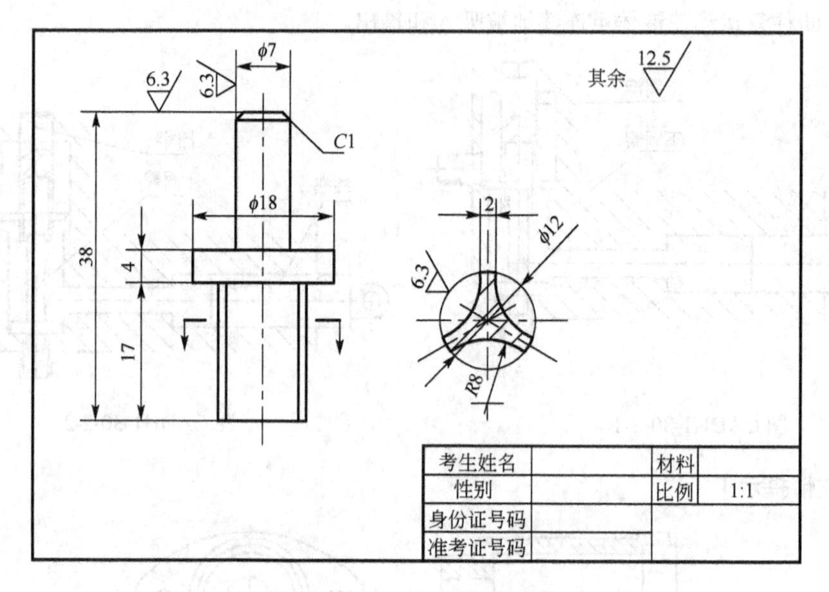

图 CADH1-30-2　下阀瓣答案

机械类　第二卷　题号：CADH2-30

【考试说明】

1. 技能鉴定分两卷进行，本试卷为第二卷，共 3 题，考试时间为 180min。

2. 考生须在考评员指定的硬盘驱动器下建立一个考生文件夹，文件夹名为考生考号后八位数字。

3. 考生根据考评员指定的目录，查找“高级绘图员（机械第二卷 B）.exe”文件，并双击文件，将文件解压到考生文件夹中。

4. 所有图纸的标题栏各栏目均要填写,未填写完整的题不评分。

一、曲面造型。（10 分）

要求：

1. 请打开 CADH2-30-1.dwg 文件，按图 CADH2-1 所示形状和尺寸作出曲面造型；

2．曲面经线数取 36，纬线数取 12；

3．设置 A4 图纸空间，建立四个视口，并设置视点，视点的坐标为：(0,–1,0)，(–1,0,0)，(0,0,1)，(–1, –1, –1)；

4．不标注尺寸；

5．完成后，仍以 CADH2-30-1.dwg 为文件名存入考生文件夹中。

二、实体建模及编辑工程图。（60 分）

要求：

1．看懂图 CADH2-30-2 所示的零件图，创建其实体模型（螺纹部分可省略），并以 CADH2- 30-2.DWG 为文件名存入考生文件夹。

2．给实体赋铜（COPPER）的材质。

3．设置位于实体的右、前、上方的白色点光源灯。

4．在西南等轴测图中渲染实体。并输出渲染效果图形文件 CADH2-30-2.BMP，保存到考生文件夹中。

5．设置 A3 图幅的布局，对所创建的实体按零件图的要求生成零件的主、左视图，并作 *A*—*A* 剖视、左视图作题目所示的局部剖视。

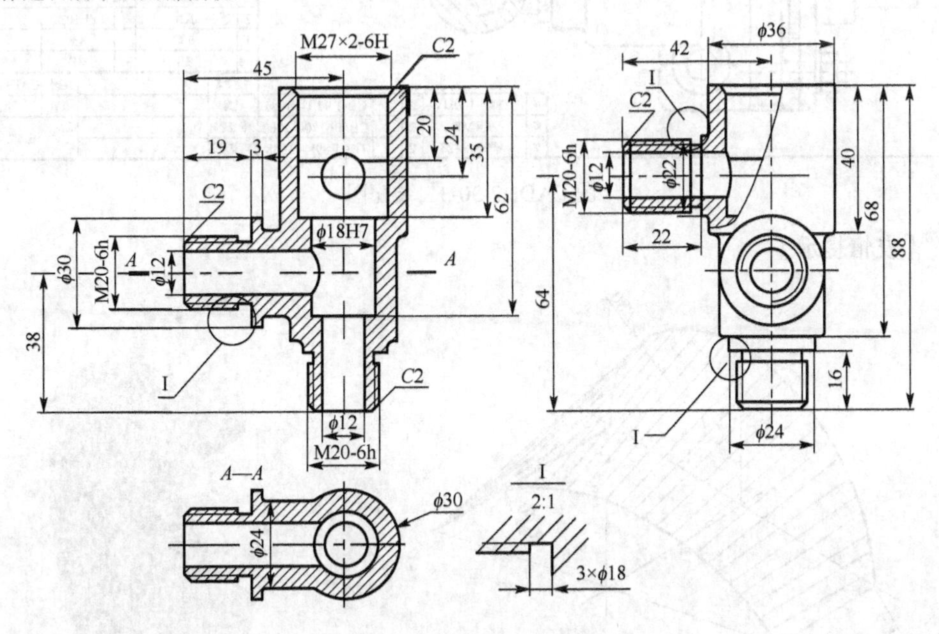

图 CADH2-30-2　零件图

6．标注 *A*—*A* 剖视图上的尺寸。

7．完成操作后，仍以 CADH2-30-2.dwg 为文件名存入考生文件夹。

三、装配体。（30 分）

要求：

1．打开 CADH2-30-3.dwg，文件中已提供了零件 7、8、9、11 的三维实体，零件 10 为题二所创造的实体。

2．根据图 CADH2-30-3 所示的装配图，组装装配体的三维实体，包括零件 7～11，其中零件 10 作全剖视。完成后以原文件名保存在考生文件夹中。

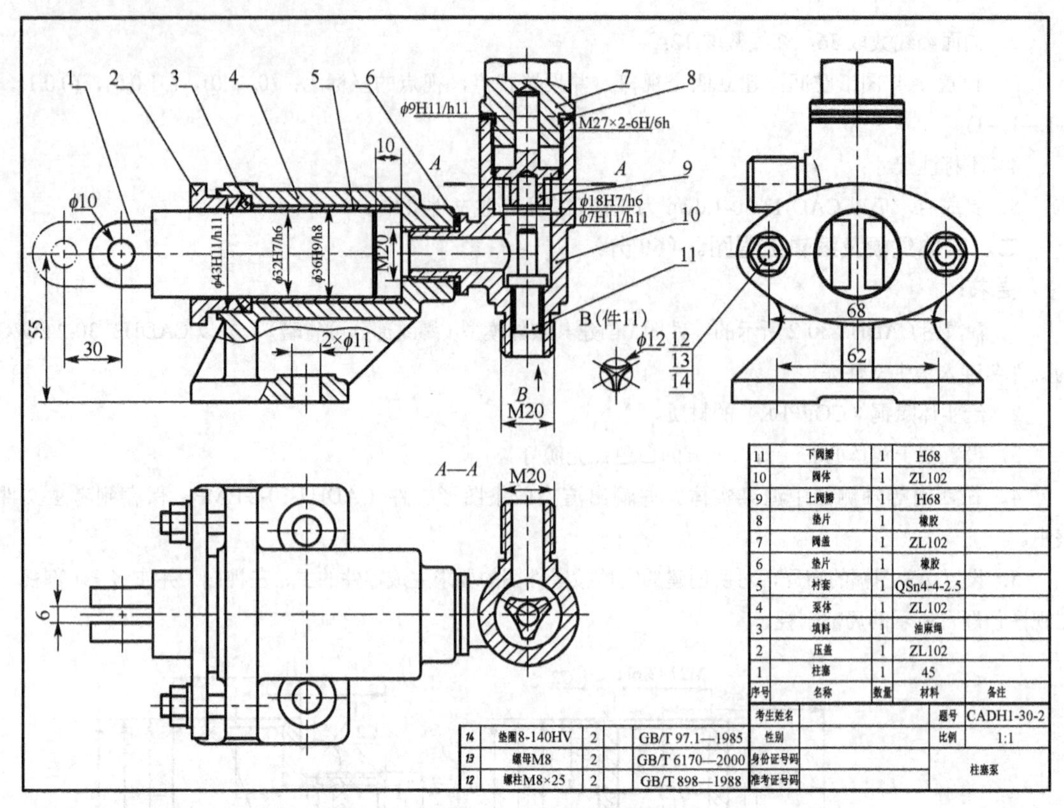

11	下阀瓣	1	H68	
10	阀体	1	ZL102	
9	上阀瓣	1	H68	
8	垫片	1	橡胶	
7	阀盖	1	ZL102	
6	垫片	1	橡胶	
5	衬套	1	QSn4-4-2.5	
4	泵体	1	ZL102	
3	填料	1	油麻绳	
2	压盖	1	ZL102	
1	柱塞	1	45	
序号	名称	数量	材料	备注

14	垫圈8-140HV	2		GB/T 97.1—1985	性别		比例	1:1
13	螺母M8	2		GB/T 6170—2000	身份证号码		柱塞泵	
12	螺柱M8×25	2		GB/T 898—1988	准考证号码			

考生姓名		题号	CADH1-30-2

图 CADH2-30-3　装配图

【友情提示】

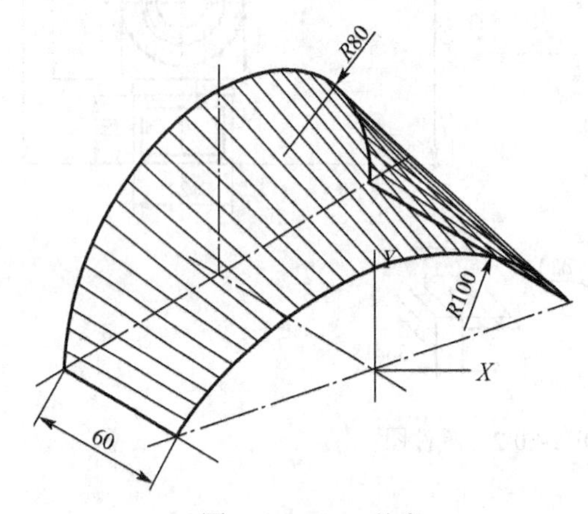

图 CADH2-1　答案

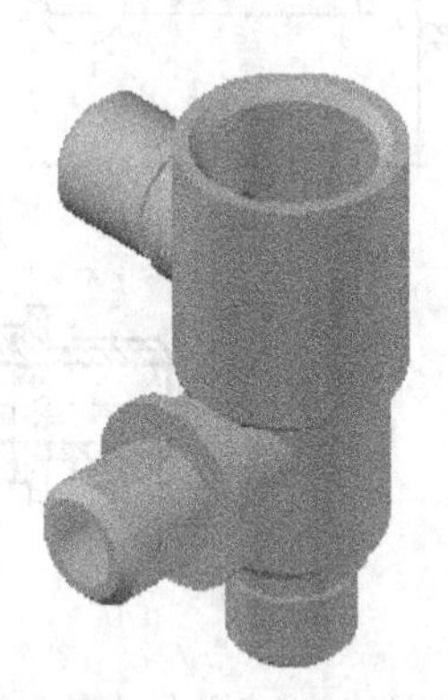

图 CADH2-30-2　实体建模答案

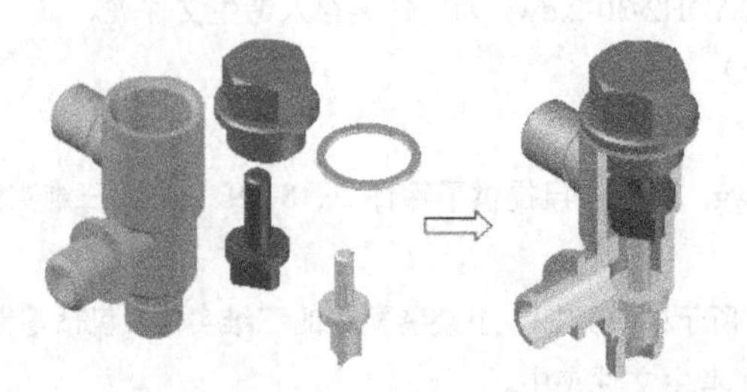

图 CADH2-30-3　装配并作全剖视答案

附录E AutoCAD工程师认证考试试题

单项选择题（共50道，每道2分，60分合格）

1．（　　）命令可以在不分解标注的情况下，取消一个标注与对象之间的关联性。

A．dimdisassoc　　B．disdimassoc　　C．dimdisassociate　　D．disdimassociate

2．假设B.dwg中有一个半径30的圆，A.dwg外部参照了B.dwg，并在A.dwg中为该圆标注了半径（dimassoc=2）。若这时在B.dwg中将圆的半径改为50，那么在A.dwg中对该圆的半径标注（　　）做到及时更新。

A．在A.dwg中“重载”B.dwg

B．在A.dwg中输入dimregen命令

C．在B.dwg中输入dimregen命令

D．在AutoCAD2005之前的版本中，A.dwg中圆的半径会自动更新为50，而相应的对圆的半径标注则不能做到自动更新，需要在A.dwg中输入regendim命令才能进行更新；在AutoCAD2005中这一长期困扰用户的问题已经得到很好的解决，一举实现了“标注对象随着外部参照几何图形的改变而自动更新”

3．如题3图，旋转直线时对应的“对齐标注”不转动，以下不可能的原因是（　　）。

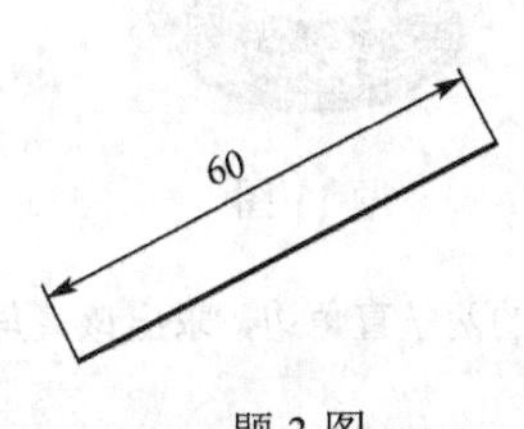

题3图

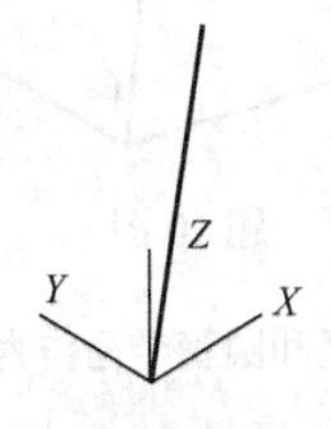

题4图

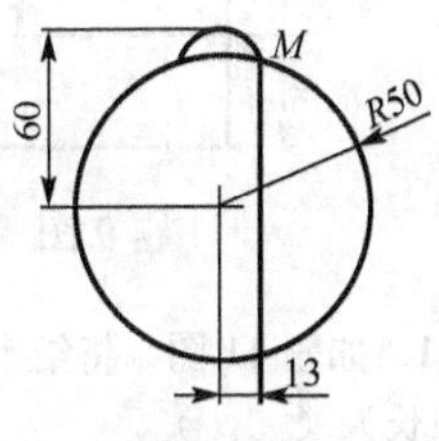

题5图

A．dimassoc=0　　B．dimassoc=1　　C．dimassociate=0

D．该文件是AutoCAD2002以前的版本生成的，还没有用dimreassociate命令重新将该标注与物体关联起来

4．如题4图，求直线与名为UFO的UCS的*XY*平面的夹角（　　）。

A．27.4541　　B．27.4542　　C．27.4543　　D．27.4544

5．如题5图，绘制圆弧时，点*M*可以通过（　　）方法，在不添加辅助线的情况下直接捕捉到。

A．“捕捉自”　　B．“捕捉到最近点”

C．“临时追踪点”　　D．“极轴追踪”

6．如题6图，点*O*是空间直线与矩形的交点，连接点*O*与矩形的角点*M*，求空间直线与*OM*的夹角（　　）。

A．29.4662　　B．29.4663　　C．29.4664　　D．29.4665

7．如题7图，三维实体的质量为（四个侧面向里倾斜角度均为∠1:20）（　　）。

A．97465　　B．97470　　C．97475　　D．97480

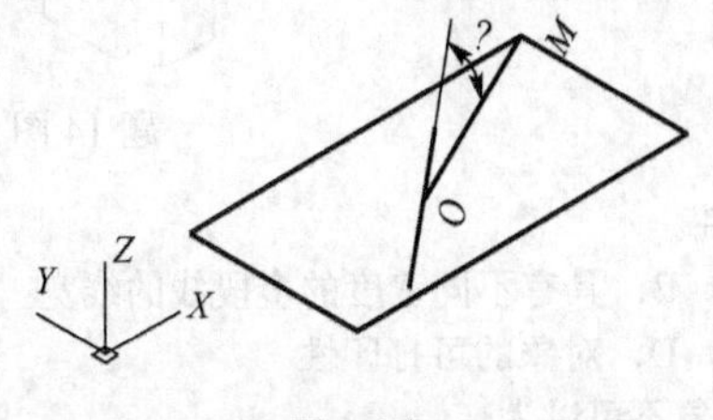

题6图

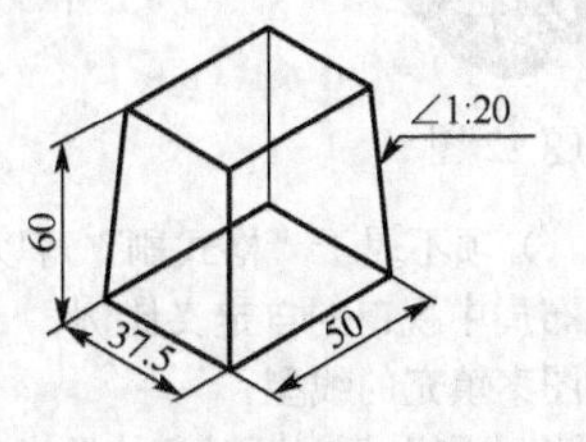

题7图

8. 如题 8 图，左图减去右图后的体积为（　　）。

A．13911.6778　　B．13911.6777　　C．13911.6776　　D．13911.6775

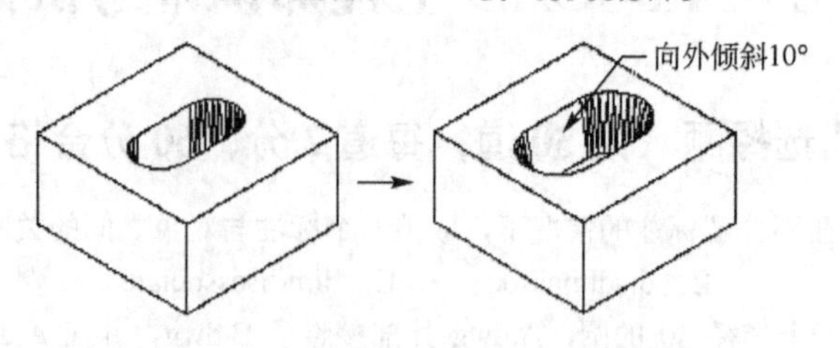

题 8 图

9. 如题 9 图，给出了圆柱体的主视图，用 *AB*“刀”横着切过去，请问 *AB*“刀”与圆柱体相交平面的面积（　　）。

A．2563.1611　　B．2563.1612　　C．2563.1613　　D．2563.1614

10. 如题 10 图，点 *P* 到四边形 *ABCD* 的距离为（　　）。

A．101.4118　　B．101.4119　　C．101.4120　　D．101.4121

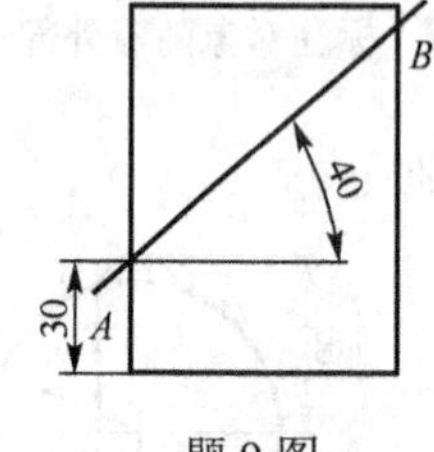

题 9 图

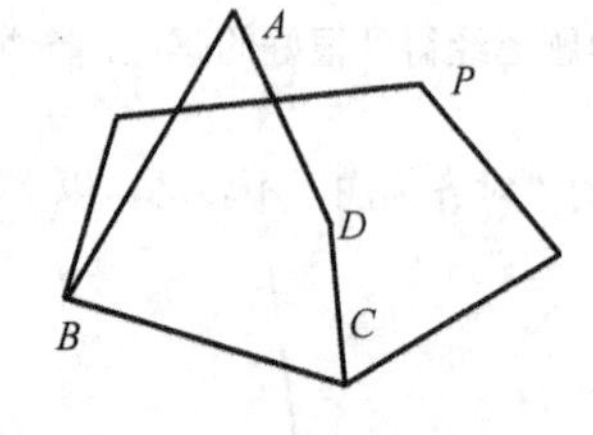

题 10 图

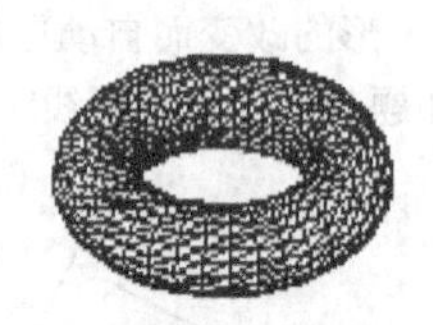

题 11 图

11. 如题 11 图，将给出圆环的圆环体半径和圆管半径作为直角三角形的两条直角边，求出该直角三角形的周长为（　　）。

A．24.0946　　B．24.0947　　C．24.0948　　D．24.0949

12. 如题 12 图，橄榄球的圆环体半径和圆管半径分别为（　　）。

A．–3，6　　B．–3，6.5　　C．–3.5，6.5　　D．–3.5，7

13. 如题 13 图，图中所指对象的质量为（　　）。

A．48096.8956　　B．48096.8957　　C．48096.8958　　D．48096.8959

14. 如题 14 图，图中共有（　　）组三维实体相互碰在了一起。

A．12　　B．14　　C．16　　D．18

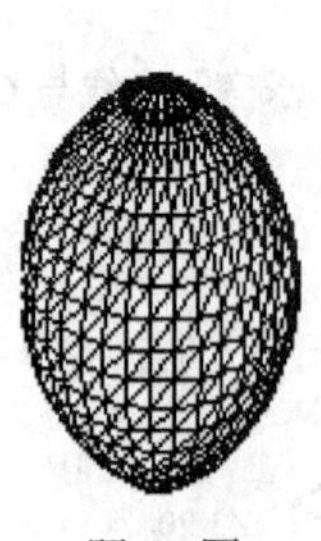

题 12 图

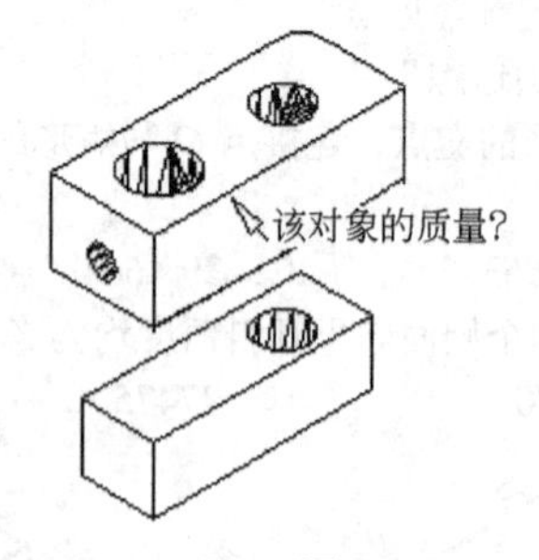

题 13 图

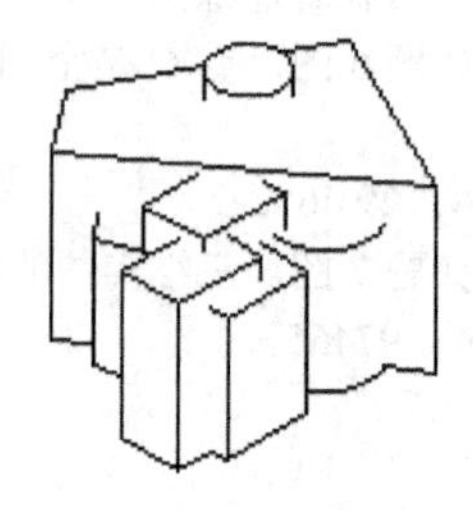

题 14 图

15. （　　）项不属于“格式刷”可以复制的特性。

A．布局中视口的自定义比例　　B．具有不同宽度的多段线的线宽

C．图案填充的线型　　D．对象的可打印性

16. 用“格式刷”复制源对象的厚度，其目标对象不可以为（　　）。

A．属性　　B．三维多段线　　C．面域　　D．文字

17．如题 17 图，删除名为“*A1”、“A2”的组后，图中还有（　　）对象。

A．84　　B．86　　C．88　　D．90

题 17 图

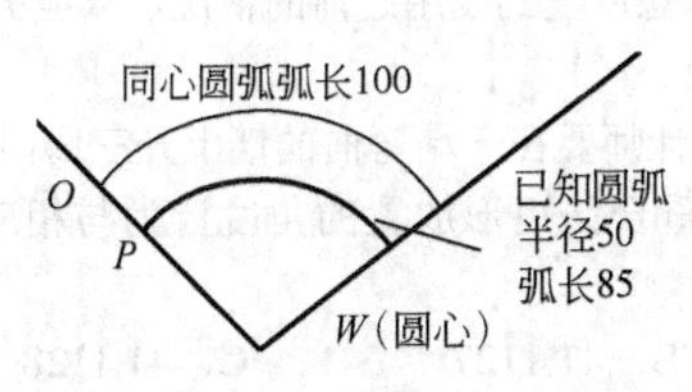

题 19 图

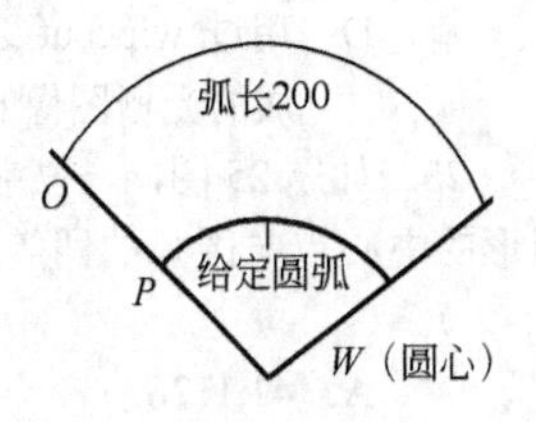

题 20 图

18．不能选中已经设定的组，以下（　　）原因不可能。

A．在“对象编组”对话框中，组的可选择性为否

B．不小心按了 Shift+Ctrl+A

C．该组为未命名的组，例如*A1、*A2 等

D．在“选项”对话框的“选择”选项卡下进行了某种设置

19．如题 19 图，根据已知圆弧，绘制一弧长等于 100 的同心圆弧，求点 *O* 相对点 *P* 的坐标（　　）。

A．$X=-6.2144$　$Y=6.2634$　　B．$X=-6.2145$　$Y=6.2635$

C．$X=-6.2146$　$Y=6.2636$　　D．$X=-6.2147$　$Y=6.2637$

20．如题 20 图，根据给定的圆弧，绘制一条弧长等于 200 的同心圆弧，求点 *O* 相对点 *P* 的坐标（　　）。

A．$X=-61.9497$　$Y=62.4381$　　B．$X=-61.9498$　$Y=62.4382$

C．$X=-61.9499$　$Y=62.4383$　　D．$X=-61.9491$　$Y=62.4384$

21．如题 21 图，三角形 *ABC* 的面积（　　）。

A．451.8608　　B．451.8609　　C．451.8610　　D．451.8611

22．如题 22 图，绘制一个圆，圆心在直线 *AC* 上，与直线 *AB* 相切且过点 *C*，该圆半径为（　　）。

A．233.5007　　B．233.5008　　C．233.5009　　D．233.5006

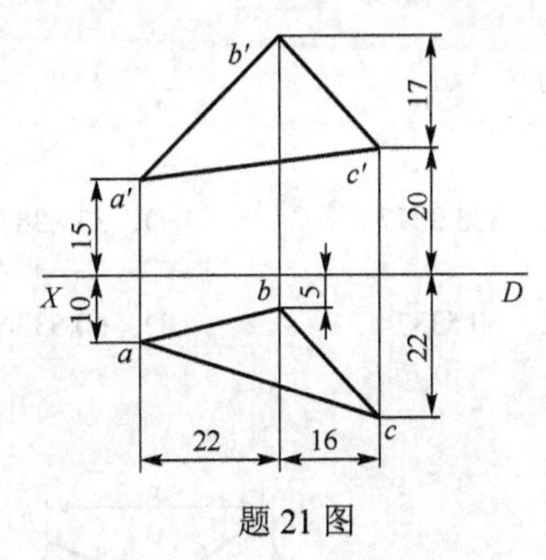

题 21 图

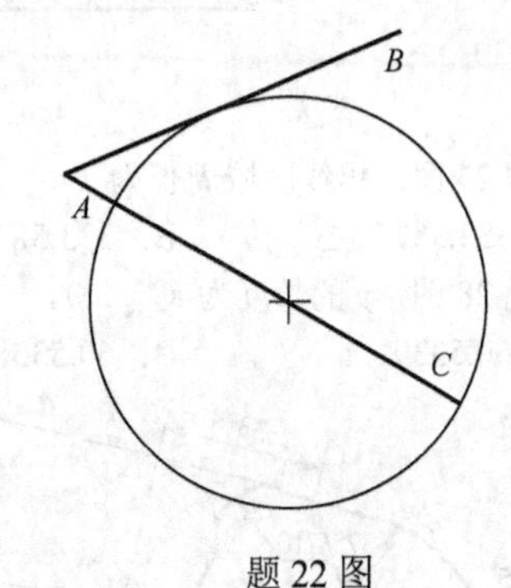

题 22 图

23．如题 23 图，将矩形围住的那道墙向 DI 方向水平移动 200，最简单的方法是（　　）。

A．偏移面　　B．拉伸面

C．移动面　　D．将该墙用 SL 切下来，移动用 UNI 合并

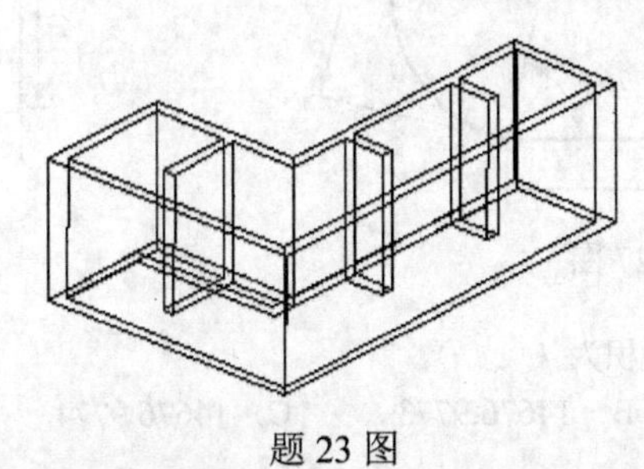

题 23 图

24．对 wipeout 命令描述不正确的是（　　）。

A．它并没有把在它下面的对象修剪掉，仅仅只是“遮住”了

B．用选择多段线的方式生成光栅图像，仅仅在原对象之上加了一层光栅图像，并没有改变原对象

C．可以改变所生成的光栅图像的透明度

D．用过 wipeout 之后，想恢复到没用之前的情况，只能另寻它途，wipeout 不提供删除自己所生成的光栅图像的选项

25．如题 25 图，一位室内设计师要在一堵弯曲的墙上开三扇门，现将这一设计方案简化如下，要求：矩形的中心点与圆弧的四等分点重合；矩形放置的角度皆为与相应的四等分点相切，*AB* 连线的角度为（　　）。

A．41.1126　　B．41.1127　　C．41.1128　　D．41.1129

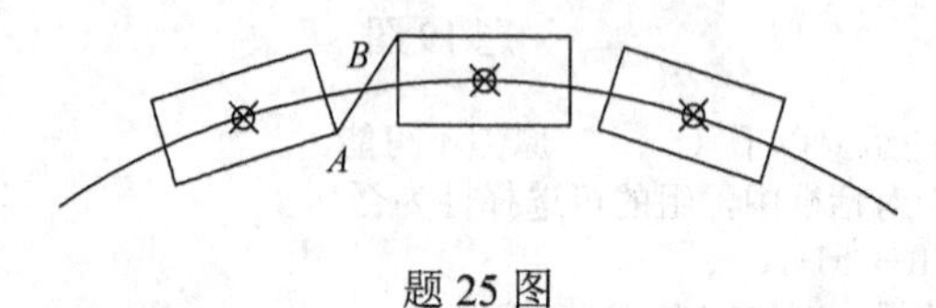

题 25 图

26．如题 26 图，粗线区域面积为（　　）。

A．9921.2414　　B．9921.2413　　C．9921.2412　　D．9921.2411

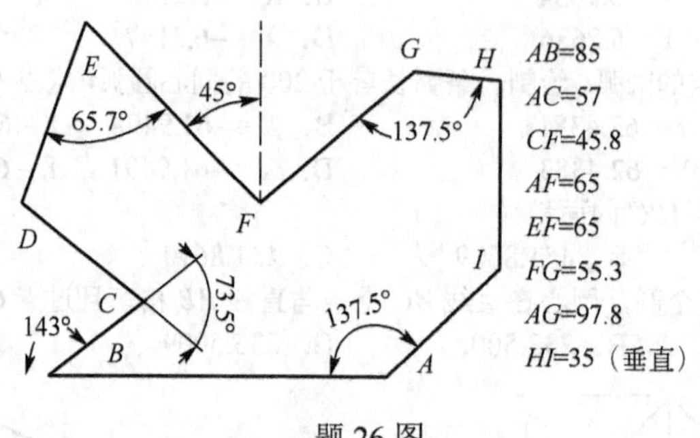

题 26 图

27．如题 27 图，粗线区域周长为（　　）。

A．333.3875　　B．333.3876　　C．333.3877　　D．333.3878

28．如题 28 图，*y* 的长度为（　　）。

A．60.5339　　B．60.5338　　C．60.5337　　D．60.5336

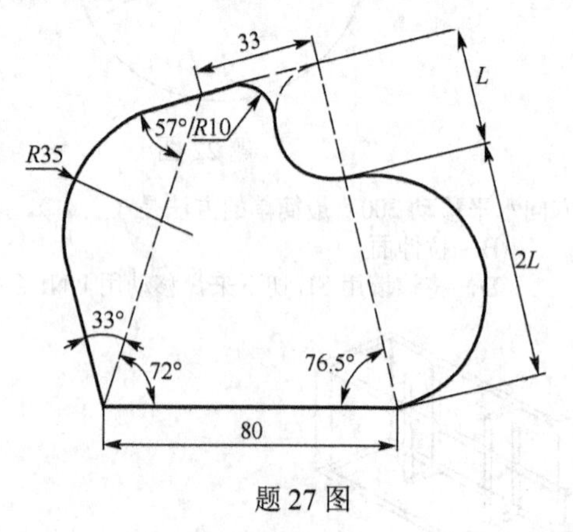

题 27 图

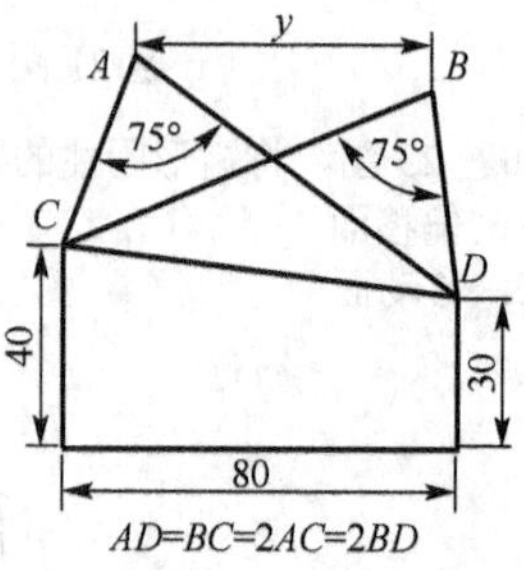

AD=BC=2AC=2BD

题 28 图

29．如题 29 图，粗线区域面积为（　　）。

A．14676.9772　　B．14676.9773　　C．14676.9774　　D．14676.9775

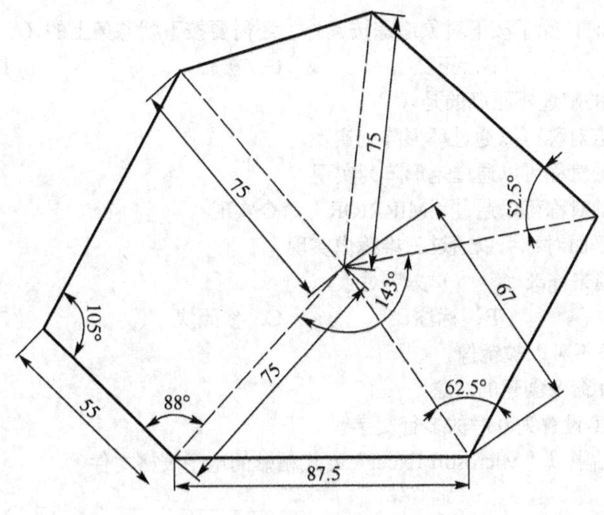

题 29 图

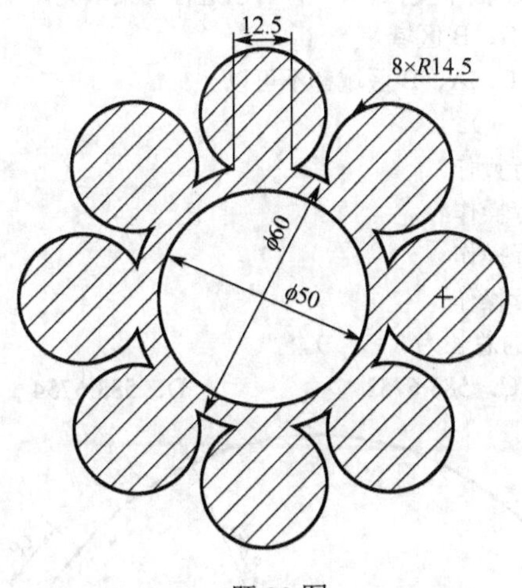

题 30 图

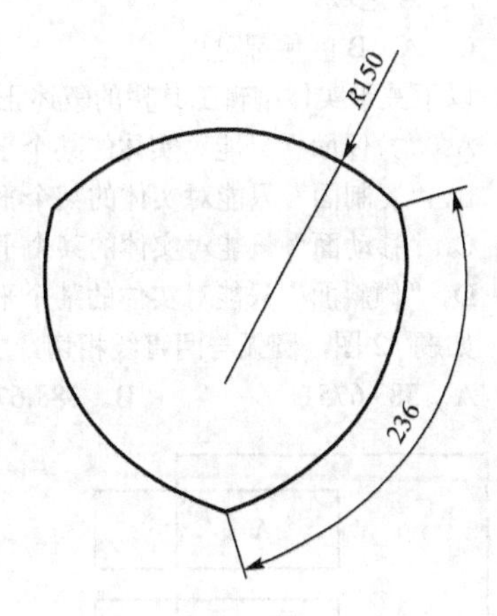

题 31 图

30．如题 30 图，阴影部分面积为（　　）。

A．6008.7439　　B．6008.7438　　C．6008.7437　　D．6008.7436

31．如题 31 图，三段全等圆弧所围成区域的面积为（　　）。

A．38885.11517　　B．38885.11518　　C．38885.11519　　D．38885.11520

32．使用“定数等分”命令将下列对象五等分，在（　　）对象上产生的点最多。

A．直线　　B．圆　　C．圆弧　　D．三维样条曲线

33．使用 AutoCAD2005 自带多行文字编辑器书写“6^3”，编辑器中应填写的文字为（　　）。

A．6#3　　B．6^3　　C．6/3　　D．63^

34．鼠标中键可以执行两种操作，一种是实时平移，一种是弹出对象捕捉菜单，可以通过以下（　　）系统变量切换两种功能。

A．Zoomfactor　　B．Mbuttonpan　　C．Blipmode　　D．Apbox

35．以下关于“Revolve”命令的叙述正确的是（　　）。

A．截面轮廓线可以是一个或多个不闭合的对象

B．截面轮廓与旋转轴可以不共面

C．截面轮廓可以跨越旋转轴的两侧

D．旋转轴一定要是一条实际存在的直线

36. 应用对象追踪时，除了按下对象追踪按键外，还需要按下状态条上的（　　）按键。

A．对象捕捉　　B．正交　　C．极轴　　D．捕捉

37. 以下关于对称的叙述不正确的是（　　）。

A．平面中的点对称可以通过环形阵列实现

B．平面中的轴对称可以通过矩形阵列实现

C．平面中的轴对称可以通过“MIRRIOR”命令实现

D．三维中的平面对称可以通过三维镜像实现

38. ED 命令可以用来修改（　　）文字对象。

A．属性　　B．标注　　C．参照块　　D．外部参照

39.（　　）类对象不可以被镜像。

A．用 Wipeout 命令创建的对象

B．MIRRTEXT 设置为 0 时的多行文字

C．选择性粘贴中以“Microsoft Excel”方式粘贴的电子表格文件

D．节点

40. 如题 40 图，左侧矩形为当前视图平面（显示区域），右上长方形为使用“REC”命令创建的矩形，右下长方形为使用直线命令创建的矩形。保持当前视图平面不变，（　　）可以进行图案填充。

A．A 区域　　B．B 区域

C．A、B 区域都可以　　D．A、B 区域都不可以

41. 以下关于实体编辑工具栏的叙述正确的是（　　）。

A．“拉伸面”只能对实体的某个平的表面进行操作

B．“复制面”只能对实体的某个平的表面进行操作

C．“移动面”只能对实体的某个平的表面进行操作

D．“倾斜面”只能对实体的某个平的表面进行操作

42. 如题 42 图，圆弧与两直线相切，求该多段线的总长为（　　）。

A．583.6751　　B．583.6752　　C．583.6753　　D．583.6754

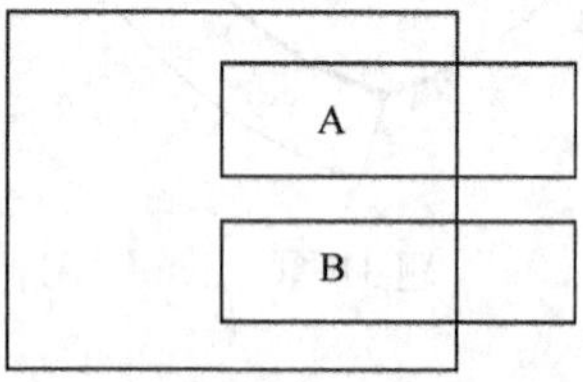

题 40 图

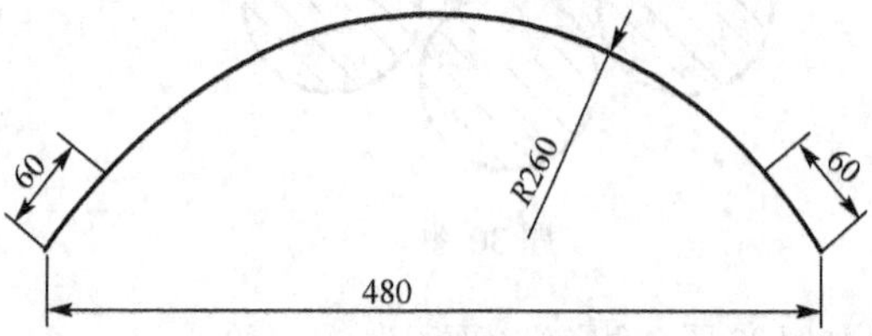

题 42 图

43. 以下关于面域的叙述错误的是（　　）。

A．在 AutoCAD 中面域只能有一侧是可见的

B．只在一个平面中的三维多段线可以被创建为面域

C．面域可以通过命令“REG”、“BO”以及分解实体或复制面得到

D．面域具有集合的性质

44. 在 AutoCAD 中，以下对坐标系的描述错误的是（　　）。

A．坐标系分为世界坐标系和用户坐标系

B．世界坐标系绝对不可能改变

C．用户坐标系可随时改变

D．世界坐标系和用户坐标系只能存在一个

45. 在极轴追踪中新建一个 15° 的增量角、一个 5° 的附加角，则叙述正确的是（　　）。

A．可以直接沿着 10°方向绘制一条直线

B．可以直接沿着–10°方向绘制一条直线

C．可以直接沿着-5°方向绘制一条直线

D．可以直接沿着-15°方向绘制一条直线

46．如题46图，直线*AB*处于当前UCS的*XY*平面内，直线*CD*垂直于当前*XY*平面，与*AB*交于点*O*，以下（　　）方法不可以将*OC*段的直线修剪掉。

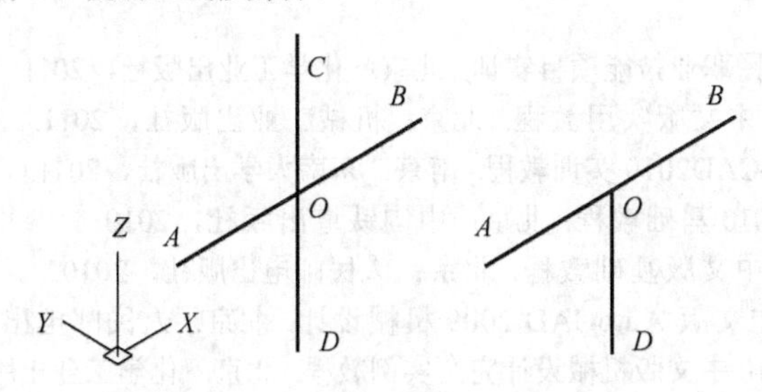

题46图

A．将Trim的“P”选项改为“N”　　B．将Trim的“P”选项改为“U”

C．将Trim的“P”选项改为“V”　　D．执行Trim前，应用UCS命令的“V”选项

47．已知两条异面直线，直线1过（20.3，0，53.1）和（38.2，40，31.5）两点，直线2过（24.1，81.6，0）和（86.2，37.9，-76.4）两点，求两条异面直线的公垂线长度（两异面直线的最短距离）为（　　）。

A．31.0554　　B．31.0555　　C．31.0556　　D．31.0557

48．模型空间中有一条构造线，对象线型为“dashed”，但无论怎样缩放，都体现不出该对象为虚线，可能是因为以下（　　）原因造成的。

A．构造线不能够设置线型，改为直线即可

B．着色模式改为“二维线框”

C．对象的线型只有在图层中设置才有效

D．全局线型比例因子太大或太小

49．创建半径为1.111的内接正六边形，定义成块，在插入此块时，*X*比例为0.555，*Y*比例为2.0，两角点之间最长距离为（　　）。

A．3.8977　　B．3.8978　　C．3.8979　　D．3.8980

50．执行OPEN，没出现对话框，提示在命令行中直接键入文件名，是因为（　　）。

A．CMDDIA=0　　B．FILEDIA=0

C．OPENDIA=0　　D．禁用Start up（启动）对话框

【友情提示——答案】

1. **C**	2. **B**	3. **C**	4. **C**	5. **C**	6. **A**	7. **B**	8. **B**	9. **B**	10. **C**
11. **C**	12. **D**	13. **A**	14. **C**	15. **B**	16. **B**	17. **A**	18. **C**	19. **C**	20. **C**
21. **B**	22. **C**	23. **C**	24. **C**	25. **C**	26. **C**	27. **B**	28. **A**	29. **D**	30. **A**
31. **A**	32. **B**	33. **D**	34. **B**	35. **B**	36. **A**	37. **C**	38. **B**	39. **C**	40. **A**
41. **A**	42. **B**	43. **A**	44. **D**	45. **D**	46. **D**	47. **B**	48. **B**	49. **A**	50. **B**

参 考 文 献

[1] 庄竞. AutoCAD 机械制图职业技能项目实训. 北京：化学工业出版社，2011.
[2] 陈志民. AutoCAD2010 中文版实用教程. 北京：机械工业出版社，2011.
[3] 王华康. 循序渐进 AutoCAD2010 实训教程. 南京：东南大学出版社，2011.
[4] 武晓丽等. AutoCAD 2010 基础教程. 北京：中国铁道出版社，2010.
[5] 姜勇等. AutoCAD2010 中文版基础教程. 北京：人民邮电出版社，2010.
[6] 史宇宏等. 边用边学中文版 AutoCAD 2009 机械设计. 北京：人民邮电出版社，2009.
[7] 路纯红等. AutoCAD2010 中文版机械设计完全实例教程. 北京：化学工业出版社，2010.
[8] 钟日铭. AutoCAD 2010 中文版机械设计基础与实战. 北京：机械工业出版社，2010.
[9] 潘苏蓉等. AutoCAD2010 基础教程与应用实例. 北京：机械工业出版社，2010.
[10] 文东等. AutoCAD 2009 中文版机械设计基础与项目实训. 北京：中国人民大学出版社，2009.
[11] 王征. 中文版 AutoCAD2010 实用教程. 北京：清华大学出版社，2009.
[12] 姜勇等. AutoCAD 机械制图教程. 北京：人民邮电出版社，2008.
[13] 时国庆等. AutoCAD 中文版典型机械设计. 北京：人民邮电出版社，2009.
[14] 丁爱萍. AutoCAD 实例教程. 西安：西安电子科技大学出版社，2009.
[15] 方晨. AutoCAD 机械制图习题精解. 上海：上海科学普及出版社，2009.
[16] 时国庆等. AutoCAD 中文版典型机械设计图册. 北京：人民邮电出版社，2009.
[17] 李志国等. AutoCAD 2009 中文版机械设计案例教程. 北京：清华大学出版社，2009.
[18] 庄竞等. AutoCAD 2006 机械制图教程. 北京：化学工业出版社，2007.
[19] 庄竞等. AutoCAD2006 机械制图同步实训. 北京：化学工业出版社，2008.